HISTOIRE NATURELLE, GÉNÉRALE ET PARTICULIÈRE, *AVEC LA DESCRIPTION* DU CABINET DU ROY.

par Buffon et Daubenton

Tome Premier.

A PARIS,
DE L'IMPRIMERIE ROYALE.

M. DCCXLIX.

AU ROY.

SIRE,

L'Histoire & les monumens immortaliseront les qualités héroïques & les vertus pacifiques que l'Univers admire dans la personne de VOTRE MAJESTÉ*: Cet ouvrage, qui contient l'histoire de la Nature, entrepris* *par vos ordres, consacrera à la postérité votre goût pour les Sciences, & la protection éclatante dont vous les honorez. Sensible à toutes les sortes de gloire, grand en tout, excellent en vous-même,* SIRE, *vous serez à jamais l'exemple des Héros & le modèle des Rois.*

Nous sommes avec un très-profond respect,

SIRE,

DE VOTRE MAJESTÉ,

Les très-humbles, très-obéissans & très-fidèles sujets & serviteurs,

BUFFON, Intendant de votre Jardin des Plantes.

DAUBENTON, Garde & Démonstrateur de votre Cabinet d'Histoire Naturelle.

TABLE

De ce qui eſt contenu dans ce Volume.

Preuves de la théorie de la Terre.

Par M. DE BUFFON.

PREMIER

HISTOIRE NATURELLE.

Premier Discours.

Res ardua vetustis novitatem dare, novis auctoritatem, obsoletis nitorem, obscuris lucem, fastiditis gratiam, dubiis fidem, omnibus verò naturam, & naturæ suæ omnia. Plin. in Præf. ad Vespas.

De Seve inv. D. Sornique Sculp.

HISTOIRE NATURELLE.

PREMIER DISCOURS.

De la manière d'étudier & de traiter l'Hiſtoire Naturelle.

L'HISTOIRE Naturelle priſe dans toute ſon étendue, eſt une Hiſtoire immenſe, elle embraſſe tous les objets que nous préſente l'Univers. Cette multitude prodigieuſe de Quadrupèdes, d'Oiſeaux, de Poiſſons, d'Inſectes, de Plantes, de Minéraux, &c. offre à la curioſité de l'eſprit humain un vaſte ſpectacle, dont l'enſemble eſt ſi grand, qu'il paroît & qu'il eſt en effet inépuiſable dans les détails. Une ſeule partie de l'Hiſtoire Naturelle, comme l'Hiſtoire des Inſectes, ou l'Hiſtoire des Plantes, ſuffit pour occuper pluſieurs hommes ; & les plus habiles Obſervateurs n'ont donné après un travail de pluſieurs années, que des ébauches aſſez imparfaites des objets trop multipliez que préſentent ces branches particulières de l'Hiſtoire Naturelle, auxquelles ils s'étoient uniquement attachez : cependant ils ont fait tout ce qu'ils pouvoient faire, & bien loin de s'en prendre aux Obſervateurs, du peu d'avancement de la Science, on ne ſçauroit trop louer leur aſſiduité au travail & leur patience, on ne peut même leur refuſer des qualités plus élevées ; car il y a une eſpèce de force de génie & de courage d'eſprit à pouvoir enviſager, ſans s'étonner, la Nature dans la multitude innombrable de ſes productions, & à ſe croire capable de les comprendre & de les comparer ; il y a une eſpèce de goût à les aimer, plus grand que le goût qui n'a pour but que des objets particuliers ; & l'on peut dire que l'amour de l'étude de la Nature ſuppoſe dans l'eſprit deux qualités qui paroiſſent oppoſées, les grandes vûes d'un génie ardent qui embraſſe tout d'un coup d'œil, & les petites attentions d'un inſtinct laborieux qui ne s'attache qu'à un ſeul point.

Le premier obſtacle qui ſe préſente dans l'étude de l'Hiſtoire Naturelle, vient de cette grande multitude d'objets ; mais la variété de ces mêmes objets, & la difficulté de raſſembler les productions diverſes des différens climats, forment un autre obſtacle à l'avancement de nos connoiſſances, qui paroît invincible, & qu'en effet le travail ſeul ne peut ſurmonter ; ce n'eſt qu'à force de temps, de ſoins, de dépenſes, & ſouvent par des haſards heureux, qu'on peut ſe procurer des individus bien conſervez de chaque eſpèce d'animaux, de plantes ou de minéraux, & former une collection bien rangée de tous les ouvrages de la Nature.

Mais lorſqu'on eſt parvenu à raſſembler des échantillons de tout ce qui peuple l'Univers, lorſqu'après bien des peines on a mis dans un même lieu des modèles de tout ce qui ſe trouve répandu avec profuſion ſur la terre, & qu'on jette pour la première fois les yeux ſur ce magaſin rempli de choſes diverſes, nouvelles & étrangères, la première ſenſation qui en réſulte, eſt un étonnement mêlé d'admiration, & la première réflexion qui ſuit, eſt un retour humiliant ſur nous-mêmes. On ne s'imagine pas qu'on puiſſe avec le temps parvenir au point de reconnoître tous ces différens objets, qu'on puiſſe parvenir non ſeulement à les reconnoître par la forme, mais encore à ſçavoir tout ce qui a rapport à la naiſſance, la production, l'organiſation, les uſages, en un mot à l'hiſtoire de chaque choſe en particulier : cependant, en ſe familiariſant avec ces mêmes objets, en les voyant ſouvent, &, pour ainſi dire, ſans deſſein, ils forment peu à peu des impreſſions durables, qui bien tôt ſe lient dans notre eſprit par des rapports fixes & invariables ; & de-là nous nous élevons à des vûes plus générales, par leſquelles nous pouvons embraſſer à la fois pluſieurs objets différens ; & c'eſt alors qu'on eſt en état d'étudier avec ordre, de réfléchir avec fruit, & de se frayer des routes pour arriver à des découvertes utiles.

On doit donc commencer par voir beaucoup & revoir souvent ; quelque nécessaire que l'attention soit à tout, ici on peut s'en dispenser d'abord : je veux parler de cette attention scrupuleuse, toûjours utile lorsqu'on sçait beaucoup, & souvent nuisible à ceux qui commencent à s'instruire. L'essentiel est de leur meubler la tête d'idées & de faits, de les empêcher, s'il est possible, d'en tirer trop tôt des raisonnemens & des rapports ; car il arrive toûjours que par l'ignorance de certains faits, & par la trop petite quantité d'idées, ils épuisent leur esprit en fausses combinaisons, & se chargent la mémoire de conséquences vagues & de résultats contraires à la vérité, lesquels forment dans la suite des préjugés qui s'effacent difficilement.

C'est pour cela que j'ai dit qu'il falloit commencer par voir beaucoup ; il faut aussi voir presque sans dessein, parce que si vous avez résolu de ne considérer les choses que dans une certaine vûe, dans un certain ordre, dans un certain système, eussiez-vous pris le meilleur chemin, vous n'arriverez jamais à la même étendue de connoissances à laquelle vous pourrez prétendre, si vous laissez dans les commencemens votre esprit marcher de lui-même, se reconnoître, s'assurer sans secours, & former seul la première chaîne qui représente l'ordre de ses idées.

Ceci est vrai sans exception, pour toutes les personnes dont l'esprit est fait & le raisonnement formé ; les jeunes gens au contraire doivent être guidez plûtôt & conſeillez à propos, il faut même les encourager par ce qu'il y a de plus piquant dans la ſcience, en leur faiſant remarquer les choſes les plus ſingulières, mais ſans leur en donner d'explications préciſes ; le myſtère à cet âge excite la curioſité, au lieu que dans l'âge mûr il n'inſpire que le dégoût ; les enfans ſe laſſent aiſément des choſes qu'ils ont déjà vûes, ils revoient avec indifférence, à moins qu'on ne leur préſente les mêmes objets ſous d'autres points de vûe ; & au lieu de leur répéter ſimplement ce qu'on leur a déjà dit, il vaut mieux y ajoûter des circonſtances, même étrangères ou inutiles ; on perd moins à les tromper qu'à les dégoûter.

Lorſqu'après avoir vû & revû pluſieurs fois les choſes, ils commenceront à ſe les repréſenter en gros, que d'eux-mêmes ils ſe feront des diviſions, qu'ils commenceront à apercevoir des diſtinctions générales, le goût de la ſcience pourra naître, & il faudra l'aider. Ce goût ſi néceſſaire à tout, mais en même temps ſi rare, ne ſe donne point par les préceptes ; en vain l'éducation voudroit y ſuppléer, en vain les pères contraignent-ils leurs enfans, ils ne les ameneront jamais qu'à ce point commun à tous les hommes, à ce degré d'intelligence & de mémoire qui ſuffit à la ſociété ou aux affaires ordinaires ; mais c'eſt à la Nature à qui on doit cette première étincelle de génie, ce germe de goût dont nous parlons, qui ſe développe enſuite plus ou moins, ſuivant les différentes circonſtances & les différens objets.

Auſſi doit-on préſenter à l'eſprit des jeunes gens des choſes de toute eſpèce, des études de tout genre, des objets de toutes ſortes, afin de reconnoître le genre auquel leur eſprit ſe porte avec plus de force, ou ſe livre avec plus de plaiſir : l'Hiſtoire Naturelle doit leur être préſentée à ſon tour, & préciſément dans ce temps où la raiſon commence à ſe développer, dans cet âge où ils pourroient commencer à croire qu'ils ſçavent déjà beaucoup ; rien n'eſt plus capable de rabaiſſer leur amour propre, & de leur faire ſentir combien il y a de choſes qu'ils ignorent ; & indépendamment de ce premier effet qui ne peut qu'être utile, une étude même légère de l'Hiſtoire Naturelle élevera leurs idées, & leur donnera des connoiſſances d'une infinité de choſes que le commun des hommes ignore, & qui ſe retrouvent ſouvent dans l'uſage de la vie.

Mais revenons à l'homme qui veut s'appliquer ſérieuſement à l'étude de la Nature, & reprenons-le au point où nous l'avons laiſſé, à ce point où il commence à généraliſer ſes idées, & à ſe former une méthode d'arrangement & des ſyſtèmes d'explication : c'eſt alors qu'il doit conſulter les gens inſtruits, lire les bons auteurs, examiner leurs différentes méthodes, & emprunter des lumières de tous côtés. Mais comme il arrive ordinairement qu'on ſe prend alors d'affection & de goût pour certains auteurs, pour une certaine méthode, & que ſouvent, ſans un examen aſſez mûr, on ſe livre à un ſyſtème quelquefois mal fondé, il eſt bon que nous donnions ici quelques notions préliminaires

préliminaires ſur les méthodes qu'on a imaginées pour faciliter l'intelligence de l'Hiſtoire Naturelle : ces méthodes ſont très-utiles, lorſqu'on ne les emploie qu'avec les reſtrictions convenables ; elles abrègent le travail, elles aident la mémoire, & elles offrent à l'eſprit une ſuite d'idées, à la vérité compoſée d'objets différens entr'eux, mais qui ne laiſſent pas d'avoir des rapports communs, & ces rapports forment des impreſſions plus fortes que ne pourroient faire des objets détachez qui n'auroient aucune relation. Voilà la principale utilité des méthodes, mais l'inconvénient eſt de vouloir trop alonger ou trop reſſerrer la chaîne, de vouloir ſoûmettre à des loix arbitraires les loix de la Nature, de vouloir la diviſer dans des points où elle eſt indiviſible, & de vouloir meſurer ſes forces par notre foible imagination. Un autre inconvénient qui n'eſt pas moins grand, & qui eſt le contraire du premier, c'eſt de s'aſſujétir à des méthodes trop particulières, de vouloir juger du tout par une ſeule partie, de réduire la Nature à de petits ſyſtèmes qui lui ſont étrangers, & de ſes ouvrages immenſes en former arbitrairement autant d'aſſemblages détachez ; enfin de rendre, en multipliant les noms & les repréſentations, la langue de la ſcience plus difficile que la Science elle-même.

Nous ſommes naturellement portez à imaginer en tout une eſpèce d'ordre & d'uniformité, & quand on n'examine que légèrement les ouvrages de la Nature, il paroît à cette première vûe, qu'elle a toûjours travaillé ſur un même plan : comme nous ne connoiſſons nous-mêmes qu'une voie pour arriver à un but, nous nous persuadons que la Nature fait & opère tout par les mêmes moyens & par des opérations semblables; cette manière de penser a fait imaginer une infinité de faux rapports entre les productions naturelles, les plantes ont été comparées aux animaux, on a cru voir végéter les minéraux, leur organisation si différente, & leur méchanique si peu ressemblante a été souvent réduite à la même forme. Le moule commun de toutes ces choses si dissemblables entr'elles, est moins dans la Nature que dans l'esprit étroit de ceux qui l'ont mal connue, & qui sçavent aussi peu juger de la force d'une vérité, que des justes limites d'une analogie comparée. En effet, doit-on, parce que le sang circule, assurer que la sève circule aussi! doit-on conclurre de la végétation connue des plantes à une pareille végétation dans les minéraux, du mouvement du sang à celui de la sève, de celui de la sève au mouvement du suc pétrifiant! n'est-ce pas porter dans la réalité des ouvrages du Créateur, les abstractions de notre esprit borné, & ne lui accorder, pour ainsi dire, qu'autant d'idées que nous en avons! Cependant on a dit, & on dit tous les jours des choses aussi peu fondées, & on bâtit des systèmes sur des faits incertains, dont l'examen n'a jamais été fait, & qui ne servent qu'à montrer le penchant qu'ont les hommes à vouloir trouver de la ressemblance dans les objets les plus différens, de la régularité où il ne règne que de la variété, & de l'ordre dans les choses qu'ils n'aperçoivent que confusément.

Car lorſque, ſans s'arrêter à des connoiſſances ſuperficielles dont les réſultats ne peuvent nous donner que des idées incomplétes des productions & des opérations de la Nature, nous voulons pénétrer plus avant, & examiner avec des yeux plus attentifs la forme & la conduite de ſes ouvrages, on eſt auſſi ſurpris de la variété du deſſein, que de la multiplicité des moyens d'exécution. Le nombre des productions de la Nature, quoique prodigieux, ne fait alors que la plus petite partie de notre étonnement; ſa méchanique, ſon art, ſes reſſources, ſes déſordres même, emportent toute notre admiration; trop petit pour cette immenſité, accablé par le nombre des merveilles, l'eſprit humain ſuccombe : il ſemble que tout ce qui peut être, eſt; la main du Créateur ne paroît pas s'être ouverte pour donner l'être à un certain nombre déterminé d'eſpèces; mais il ſemble qu'elle ait jetté tout-à-la fois un monde d'êtres relatifs & non relatifs, une infinité de combinaiſons harmoniques & contraires, & une perpétuité de deſtructions & de renouvellemens. Quelle idée de puiſſance ce ſpectacle ne nous offre-t-il pas! quel ſentiment de reſpect cette vûe de l'Univers ne nous inſpire-t-elle pas pour ſon Auteur! Que ſeroit-ce ſi la foible lumière qui nous guide, devenoit aſſez vive pour nous faire apercevoir l'ordre général des cauſes & de la dépendance des effets! mais l'eſprit le plus vaſte, & le génie le plus puiſſant, ne s'élevera jamais à ce haut point de connoiſſance : les premières cauſes nous ſeront à jamais cachées, les réſultats généraux de ces cauſes nous ſeront auſſi difficiles à connoître que les cauſes mêmes; tout ce qui nous eſt poſſible, c'eſt d'apercevoir quelques effets particuliers, de les comparer, de les combiner, & enfin, d'y reconnoître plûtôt un ordre relatif à notre propre nature, que convenable à l'exiſtence des choſes que nous conſidérons.

Mais puiſque c'eſt la ſeule voie qui nous ſoit ouverte, puiſque nous n'avons pas d'autres moyens pour arriver à la connoiſſance des choſes naturelles, il faut aller juſqu'où cette route peut nous conduire, il faut raſſembler tous les objets, les comparer, les étudier, & tirer de leurs rapports combinez toutes les lumières qui peuvent nous aider à les apercevoir nettement & à les mieux connoître.

La première vérité qui ſort de cet examen ſérieux de la Nature, eſt une vérité peut-être humiliante pour l'homme; c'eſt qu'il doit ſe ranger lui-même dans la claſſe des animaux, auxquels il reſſemble par tout ce qu'il a de matériel, & même leur inſtinct lui paroîtra peut-être plus ſûr que ſa raiſon, & leur induſtrie plus admirable que ſes arts. Parcourant enſuite ſucceſſivement & par ordre les différens objets qui compoſent l'Univers, & ſe mettant à la tête de tous les êtres créez, il verra avec étonnement qu'on peut deſcendre par des degrés preſqu'inſenſibles, de la créature la plus parfaite juſqu'à la matière la plus informe, de l'animal le mieux organiſé juſqu'au minéral le plus brut; il reconnoîtra que ces nuances imperceptibles ſont le grand œuvre de la Nature; il les trouvera ces nuances, non ſeulement dans les grandeurs & dans les formes, mais dans les mouvemens, dans les générations, dans les ſucceſſions de toute eſpèce.

En approfondiſſant cette idée, on voit clairement qu'il eſt impoſſible de donner un ſyſtème général, une méthode parfaite, non ſeulement pour l'Hiſtoire Naturelle entière, mais même pour une ſeule de ſes branches; car pour faire un ſyſtème, un arrangement, en un mot une méthode générale, il faut que tout y ſoit compris; il faut diviſer ce tout en différentes claſſes, partager ces claſſes en genres, ſous-diviſer ces genres en eſpèces, & tout cela ſuivant un ordre dans lequel il entre néceſſairement de l'arbitraire. Mais la Nature marche par des gradations inconnues, & par conſéquent elle ne peut pas ſe prêter totalement à ces diviſions, puiſqu'elle paſſe d'une eſpèce à une autre eſpèce, & ſouvent d'un genre à un autre genre, par des nuances imperceptibles; de ſorte qu'il ſe trouve un grand nombre d'eſpèces moyennes & d'objets mi-partis qu'on ne ſçait où placer, & qui dérangent néceſſairement le projet du ſyſtème général : cette vérité eſt trop importante pour que je ne l'appuie pas de tout ce qui peut la rendre claire & évidente.

Prenons pour exemple la Botanique, cette belle partie de l'Hiſtoire Naturelle, qui par ſon utilité a mérité de tout temps d'être la plus cultivée, & rappellons à l'examen les principes de toutes les méthodes que les Botaniſtes nous ont données; nous verrons avec quelque ſurpriſe qu'ils ont eu tous en vûe de comprendre dans leurs méthodes généralement toutes les eſpèces de plantes, & qu'aucun d'eux n'a parfaitement réuſſi; il ſe trouve toûjours dans chacune de ces méthodes un certain nombre de plantes anomales dont l'eſpèce eſt moyenne entre deux genres, & ſur laquelle il ne leur a pas été poſſible de prononcer juſte, parce qu'il n'y a pas plus de raiſon de rapporter cette eſpèce à l'un plûtôt qu'à l'autre de ces deux genres: en effet ſe propoſer de faire une méthode parfaite, c'eſt ſe propoſer un travail impoſſible; il faudroit un ouvrage qui repréſentât exactement tous ceux de la Nature, & au contraire tous les jours il arrive qu'avec toutes les méthodes connues, & avec tous les ſecours qu'on peut tirer de la Botanique la plus éclairée, on trouve des eſpèces qui ne peuvent ſe rapporter à aucun des genres compris dans ces méthodes: ainſi l'expérience eſt d'accord avec la raiſon ſur ce point, & l'on doit être convaincu qu'on ne peut pas faire une méthode générale & parfaite en Botanique. Cependant il ſemble que la recherche de cette méthode générale ſoit une eſpèce de pierre philoſophale pour les Botaniſtes, qu'ils ont tous cherchée avec des peines & des travaux infinis; tel a paſſé quarante ans, tel autre en a paſſé cinquante à faire ſon ſyſtème, & il eſt arrivé en Botanique ce qui eſt arrivé en Chymie, c'eſt qu'en cherchant la pierre philoſophale que l'on n'a pas trouvée, on a trouvé une infinité de choſes utiles; & de même en voulant faire une méthode générale & parfaite en Botanique, on a plus étudié & mieux connu les plantes & leurs uſages: ſeroit-il vrai qu'il faut un but imaginaire aux hommes pour les soûtenir dans leurs travaux, & que s'ils étoient bien persuadez qu'ils ne feront que ce qu'en effet ils peuvent faire, ils ne feroient rien du tout!

Cette prétention qu'ont les Botanistes, d'établir des systèmes généraux, parfaits & méthodiques, est donc peu fondée; aussi leurs travaux n'ont pû aboutir qu'à nous donner des méthodes défectueuses, lesquelles ont été successivement détruites les unes par les autres, & ont subi le sort commun à tous les systèmes fondez sur des principes arbitraires; & ce qui a le plus contribué à renverser les unes de ces méthodes par les autres, c'est la liberté que les Botanistes se sont donnée de choisir arbitrairement une seule partie dans les plantes, pour en faire le caractère spécifique : les uns ont établi leur méthode sur la figure des feuilles, les autres sur leur position, d'autres sur la forme des fleurs, d'autres sur le nombre de leurs pétales, d'autres enfin sur le nombre des étamines; je ne finirois pas si je voulois rapporter en détail toutes les méthodes qui ont été imaginées, mais je ne veux parler ici que de celles qui ont été reçues avec applaudissement, & qui ont été suivies chacune à leur tour, sans que l'on ait fait assez d'attention à cette erreur de principe qui leur est commune à toutes, & qui consiste à vouloir juger d'un tout, & de la combinaison de plusieurs touts, par une seule partie, & par la comparaison des différences de cette seule partie : car vouloir juger de la différence des plantes uniquement par celle de leurs feuilles ou de leurs fleurs, c'est comme si on vouloit connoître la différence des animaux par la différence de leurs peaux ou par celle des parties de la génération ; & qui ne voit que cette façon de connoître n'eſt pas une ſcience, & que ce n'eſt tout au plus qu'une convention, une langue arbitraire, un moyen de s'entendre, mais dont il ne peut réſulter aucune connoiſſance réelle!

Me ſeroit-il permis de dire ce que je penſe ſur l'origine de ces différentes méthodes, & ſur les cauſes qui les ont multipliées au point qu'actuellement la Botanique elle-même eſt plus aiſée à apprendre que la nomenclature, qui n'en eſt que la langue! Me ſeroit-il permis de dire qu'un homme auroit plûtôt fait de graver dans ſa mémoire les figures de toutes les plantes, & d'en avoir des idées nettes, ce qui eſt la vraie Botanique, que de retenir tous les noms que les différentes méthodes donnent à ces plantes, & que par conſéquent la langue eſt devenue plus difficile que la ſcience! voici, ce me ſemble, comment cela eſt arrivé. On a d'abord diviſé les végétaux ſuivant leurs différentes grandeurs, on a dit, il y a de grands arbres, de petits arbres, des arbriſſeaux, des ſous-arbriſſeaux, de grandes plantes, de petites plantes & des herbes. Voilà le fondement d'une méthode que l'on diviſe & ſous-diviſe enſuite par d'autres relations de grandeurs & de formes, pour donner à chaque eſpèce un caractère particulier. Après la méthode faite ſur ce plan, il eſt venu des gens qui ont examiné cette diſtribution, & qui ont dit : mais cette méthode fondée ſur la grandeur relative des végétaux ne peut pas ſe ſoûtenir, car il y a dans une ſeule eſpèce, comme dans celle du chêne, des grandeurs ſi différentes, qu'il y a des eſpèces de chêne qui

qui s'élèvent à cent pieds de hauteur, & d'autres eſpèces de chêne qui ne s'élèvent jamais à plus de deux pieds ; il en eſt de même, proportion gardée, des châtaigniers, des pins, des aloés, & d'une infinité d'autres eſpèces de plantes. On ne doit donc pas, a-t-on dit, déterminer les genres des plantes par leur grandeur, puiſque ce ſigne eſt équivoque & incertain, & l'on a abandonné avec raiſon cette méthode. D'autres ſont venus enſuite, qui, croyant faire mieux, ont dit : il faut pour connoître les plantes, s'attacher aux parties les plus apparentes, & comme les feuilles ſont ce qu'il y a de plus apparent, il faut arranger les plantes par la forme, la grandeur & la poſition des feuilles. Sur ce projet, on a fait une autre méthode, on l'a ſuivie pendant quelque temps, mais enſuite on a reconnu que les feuilles de preſque toutes les plantes varient prodigieuſement ſelon les différens âges & les différens terreins, que leur forme n'eſt pas plus conſtante que leur grandeur, que leur poſition eſt encore plus incertaine ; on a donc été auſſi peu content de cette méthode que de la précédente. Enfin quelqu'un a imaginé, & je crois que c'eſt Geſner, que le Créateur avoit mis dans la fructification des plantes un certain nombre de caractères différens & invariables, & que c'étoit de ce point dont il falloit partir pour faire une méthode ; & comme cette idée s'eſt trouvée vraie juſqu'à un certain point, en ſorte que les parties de la génération des plantes ſe ſont trouvées avoir quelques différences plus conſtantes que toutes les autres parties de la plante, priſes ſéparément, on a vû tout d'un coup s'élever plusieurs méthodes de Botanique, toutes fondées à peu près sur ce même principe ; parmi ces méthodes celle de M. de Tournefort est la plus remarquable, la plus ingénieuse, & la plus compléte. Cet illustre Botaniste a senti les défauts d'un système qui seroit purement arbitraire ; en homme d'esprit, il a évité les absurdités qui se trouvent dans la plûpart des autres méthodes de ses Contemporains, & il a fait ses distributions & ses exceptions avec une science & une adresse infinies ; il avoit, en un mot, mis la Botanique au point de se passer de toutes les autres méthodes, & il l'avoit rendu susceptible d'un certain degré de perfection ; mais il s'est élevé un autre Méthodiste qui, après avoir loué son système, a tâché de le détruire pour établir le sien, & qui ayant adopté avec M. de Tournefort les caractères tirez de la fructification, a employé toutes les parties de la génération des plantes, & sur-tout les étamines, pour en faire la distribution de ses genres ; & méprisant la sage attention de M. de Tournefort à ne pas forcer la Nature au point de confondre, en vertu de son système, les objets les plus différens, comme les arbres avec les herbes, a mis ensemble & dans les mêmes classes le mûrier & l'ortie, la tulipe & l'épine-vinette, l'orme & la carotte, la rose & la fraise, le chêne & la pimprenelle. N'est-ce pas se jouer de la Nature & de ceux qui l'étudient ! & si tout cela n'étoit pas donné avec une certaine apparence d'ordre mystérieux, & enveloppé de grec & d'érudition Botanique, auroit-on tant tardé à faire apercevoir le ridicule d'une pareille méthode, ou plûtôt à montrer la confusion qui résulte d'un assemblage si bizarre! Mais ce n'est pas tout, & je vais insister, parce qu'il est juste de conserver à M. de Tournefort la gloire qu'il a méritée par un travail sensé & suivi, & parce qu'il ne faut pas que les gens qui ont appris la Botanique par la méthode de Tournefort, perdent leur temps à étudier cette nouvelle méthode où tout est changé jusqu'aux noms & aux surnoms des plantes. Je dis donc, que cette nouvelle méthode qui rassemble dans la même classe des genres de plantes entièrement dissemblables, a encore indépendamment de ces disparates, des défauts essentiels, & des inconvéniens plus grands que toutes les méthodes qui ont précédé. Comme les caractères des genres sont pris de parties presqu'infiniment petites, il faut aller le microscope à la main, pour reconnoître un arbre ou une plante; la grandeur, la figure, le port extérieur, les feuilles, toutes les parties apparentes ne servent plus à rien, il n'y a que les étamines, & si l'on ne peut pas voir les étamines, on ne sçait rien, on n'a rien vû. Ce grand arbre que vous apercevez, n'est peut-être qu'une pimprenelle, il faut compter ses étamines pour sçavoir ce que c'est, & comme ces étamines sont souvent si petites qu'elles échappent à l'œil simple ou à la loupe, il faut un microscope; mais malheureusement encore pour le système, il y a des plantes qui n'ont point d'étamines, il y a des plantes dont le nombre des étamines varie, & voilà la méthode en défaut comme les autres, malgré la loupe & le microſcope.*

Après cette expoſition ſincère des fondemens ſur leſquels on a bâti les différens ſyſtèmes de Botanique, il eſt aiſé de voir que le grand défaut de tout ceci eſt une erreur de Métaphyſique dans le principe même de ces méthodes. Cette erreur conſiſte à méconnoître la marche de la Nature, qui ſe fait toûjours par nuances, & à vouloir juger d'un tout par une ſeule de ſes parties : erreur bien évidente, & qu'il eſt étonnant de retrouver par-tout; car preſque tous les Nomenclateurs n'ont employé qu'une partie, comme les dents, les ongles ou ergots, pour ranger les animaux, les feuilles ou les fleurs pour diſtribuer les plantes, au lieu de ſe ſervir de toutes les parties, & de chercher les différences ou les reſſemblances dans l'individu tout entier : c'eſt renoncer volontairement au plus grand nombre des avantages que la Nature nous offre pour la connoître, que de refuſer de ſe ſervir de toutes les parties des objets que nous conſidérons; & quand même on ſeroit aſſuré de trouver dans quelques parties priſes ſéparément, des caractères conſtans & invariables,

* *Hoc verò ſyſtema, Linnæi ſcilicet, jam cognitis plantarum methodis longè viliùs & inferiùs non ſolùm, ſed & inſuper nimis coactum, lubricum & fallax, imò luſorium deprehenderim; & quidem in tantùm, ut non ſolùm quoad diſpoſitionem ac denominationem plantarum enormes confuſiones poſt ſe trahat, ſed & vix non plenaria doctrinæ Botanicæ ſolidioris obſcuratio & perturbatio inde fuerit metuenda.* Vaniloq. Botan. ſpecimen refutatum à Siegeſbeck. *Petropoli 1741.*

il ne faudroit pas pour cela réduire la connoiſſance des productions naturelles à celle de ces parties conſtantes qui ne donnent que des idées particulières & très-imparfaites du tout, & il me paroît que le ſeul moyen de faire une méthode inſtructive & naturelle, c'eſt de mettre enſemble les choſes qui ſe reſſemblent, & de ſéparer celles qui diffèrent les unes des autres. Si les individus ont une reſſemblance parfaite, ou des différences ſi petites qu'on ne puiſſe les apercevoir qu'avec peine, ces individus ſeront de la même eſpèce; ſi les différences commencent à être ſenſibles, & qu'en même temps il y ait toûjours beaucoup plus de reſſemblance que de différence, les individus ſeront d'une autre eſpèce, mais du même genre que les premiers; & ſi ces différences ſont encore plus marquées, ſans cependant excéder les reſſemblances, alors les individus ſeront non ſeulement d'une autre eſpèce, mais même d'un autre genre que les premiers & les ſeconds, & cependant ils ſeront encore de la même claſſe, parce qu'ils ſe reſſemblent plus qu'ils ne diffèrent; mais ſi au contraire le nombre des différences excède celui des reſſemblances, alors les individus ne ſont pas même de la même claſſe. Voilà l'ordre méthodique que l'on doit ſuivre dans l'arrangement des productions naturelles; bien entendu que les reſſemblances & les différences ſeront priſes non ſeulement d'une partie, mais du tout enſemble, & que cette méthode d'inſpection ſe portera ſur la forme, ſur la grandeur, ſur le port extérieur, ſur les différentes parties, ſur leur nombre, ſur leur poſition, ſur la ſubſtance même de la choſe, & qu'on ſe ſervira de ces élémens en petit ou en grand nombre, à meſure qu'on en aura beſoin; de ſorte que ſi un individu, de quelque nature qu'il ſoit, eſt d'une figure aſſez ſingulière pour être toûjours reconnu au premier coup d'œil, on ne lui donnera qu'un nom; mais ſi cet individu a de commun avec un autre la figure, & qu'il en diffère conſtamment par la grandeur, la couleur, la ſubſtance, ou par quelqu'autre qualité très-ſenſible, alors on lui donnera le même nom, en y ajoûtant un adjectif pour marquer cette différence; & ainſi de ſuite, en mettant autant d'adjectifs qu'il y a de différences, on ſera ſûr d'exprimer tous les attributs différens de chaque eſpèce, & on ne craindra pas de tomber dans les inconvéniens des méthodes trop particulières dont nous venons de parler, & ſur leſquelles je me ſuis beaucoup étendu, parce que c'eſt un défaut commun à toutes les méthodes de Botanique & d'Hiſtoire Naturelle, & que les ſyſtèmes qui ont été faits pour les animaux ſont encore plus défectueux que les méthodes de Botanique; car, comme nous l'avons déjà inſinué, on a voulu prononcer ſur la reſſemblance & la différence des animaux, en n'employant que le nombre des doigts ou ergots, des dents & des mammelles; projet qui reſſemble beaucoup à celui des étamines, & qui eſt en effet du même Auteur.

Il réſulte de tout ce que nous venons d'expoſer, qu'il y a dans l'étude de l'Hiſtoire Naturelle deux écueils également dangereux, le premier, de n'avoir aucune méthode, & le second, de vouloir tout rapporter à un systême particulier. Dans le grand nombre de gens qui s'appliquent maintenant à cette science, on pourroit trouver des exemples frappans de ces deux manières si opposées, & cependant toutes deux vicieuses : la plûpart de ceux qui, sans aucune étude précédente de l'Histoire Naturelle, veulent avoir des cabinets de ce genre, sont de ces personnes aisées, peu occupées, qui cherchent à s'amuser, & regardent comme un mérite d'être mises au rang des curieux ; ces gens-là commencent par acheter, sans choix, tout ce qui leur frappe les yeux; ils ont l'air de desirer avec passion les choses qu'on leur dit être rares & extraordinaires, ils les estiment au prix qu'ils les ont acquises, ils arrangent le tout avec complaisance, ou l'entassent avec confusion, & finissent bien tôt par se dégoûter: d'autres au contraire, & ce sont les plus sçavans, après s'être remplis la tête de noms, de phrases, de méthodes particulières, viennent à en adopter quelqu'une, ou s'occupent à en faire une nouvelle, & travaillant ainsi toute leur vie sur une même ligne & dans une fausse direction, & voulant tout ramener à leur point de vûe particulier, ils se rétrécissent l'esprit, cessent de voir les objets tels qu'ils sont, & finissent par embarrasser la science & la charger du poids étranger de toutes leurs idées.

On ne doit donc pas regarder les méthodes que les Auteurs nous ont données sur l'Histoire Naturelle en général, ou sur quelques-unes de ses parties, comme les fondemens de la science, & on ne doit s'en servir que comme de ſignes dont on eſt convenu pour s'entendre. En effet, ce ne ſont que des rapports arbitraires & des points de vûe différens ſous leſquels on a conſidéré les objets de la Nature, & en ne faiſant uſage des méthodes que dans cet eſprit, on peut en tirer quelqu'utilité; car quoique cela ne paroiſſe pas fort néceſſaire, cependant il pourroit être bon qu'on ſçût toutes les eſpèces de plantes dont les feuilles ſe reſſemblent, toutes celles dont les fleurs ſont ſemblables, toutes celles qui nourriſſent de certaines eſpèces d'inſectes, toutes celles qui ont un certain nombre d'étamines, toutes celles qui ont de certaines glandes excrétoires; & de même dans les animaux, tous ceux qui ont un certain nombre de mammelles, tous ceux qui ont un certain nombre de doigts. Chacune de ces méthodes n'eſt, à parler vrai, qu'un Dictionnaire où l'on trouve les noms rangez dans un ordre relatif à cette idée, & par conſéquent auſſi arbitraire que l'ordre alphabétique; mais l'avantage qu'on en pourroit tirer, c'eſt qu'en comparant tous ces réſultats, on ſe retrouveroit enfin à la vraie méthode, qui eſt la deſcription compléte & l'hiſtoire exacte de chaque choſe en particulier.

C'eſt ici le principal but qu'on doive ſe propoſer: on peut ſe ſervir d'une méthode déjà faite comme d'une commodité pour étudier, on doit la regarder comme une facilité pour s'entendre; mais le ſeul & le vrai moyen d'avancer la ſcience, eſt de travailler à la deſcription & à l'hiſtoire des différentes choſes qui en font l'objet.

Les

Les choſes par rapport à nous ne ſont rien en elles-mêmes, elles ne ſont encore rien lorſqu'elles ont un nom, mais elles commencent à exiſter pour nous lorſque nous leur connoiſſons des rapports, des propriétés; ce n'eſt même que par ces rapports que nous pouvons leur donner une définition : or la définition telle qu'on la peut faire par une phraſe, n'eſt encore que la repréſentation très-imparfaite de la choſe, & nous ne pouvons jamais bien définir une choſe ſans la décrire exactement. C'eſt cette difficulté de faire une bonne définition, que l'on retrouve à tout moment dans toutes les méthodes, dans tous les abrégés qu'on a tâché de faire pour ſoulager la mémoire; auſſi doit-on dire que dans les choſes naturelles il n'y a rien de bien défini que ce qui eſt exactement décrit : or pour décrire exactement, il faut avoir vû, revû, examiné, comparé la choſe qu'on veut décrire, & tout cela ſans préjugé, ſans idée de ſyſtème, ſans quoi la deſcription n'a plus le caractère de la vérité, qui eſt le ſeul qu'elle puiſſe comporter. Le ſtyle même de la deſcription doit être ſimple, net & meſuré, il n'eſt pas ſuſceptible d'élévation, d'agrémens, encore moins d'écarts, de plaiſanterie ou d'équivoque; le ſeul ornement qu'on puiſſe lui donner, c'eſt de la nobleſſe dans l'expreſſion, du choix & de la propriété dans les termes.

Dans le grand nombre d'Auteurs qui ont écrit ſur l'Hiſtoire Naturelle, il y en a fort peu qui aient bien décrit. Repréſenter naïvement & nettement les choſes, ſans les charger ni les diminuer, & ſans y rien ajoûter de ſon imagination, eſt un talent d'autant plus louable qu'il eſt moins brillant, & qu'il ne peut être ſenti que d'un petit nombre de perſonnes capables d'une certaine attention néceſſaire pour ſuivre les choſes juſque dans les petits détails : rien n'eſt plus commun que des ouvrages embarraſſez d'une nombreuſe & sèche nomenclature, de méthodes ennuyeuſes & peu naturelles dont les Auteurs croient ſe faire un mérite ; rien de ſi rare que de trouver de l'exactitude dans les deſcriptions, de la nouveauté dans les faits, de la fineſſe dans les obſervations.

Aldrovande, le plus laborieux & le plus ſçavant de tous les Naturaliſtes, a laiſſé après un travail de ſoixante ans, des volumes immenſes ſur l'Hiſtoire Naturelle, qui ont été imprimez ſucceſſivement, & la plûpart après ſa mort : on les réduiroit à la dixième partie ſi on en ôtoit toutes les inutilités & toutes les choſes étrangères à ſon ſujet, à cette prolixité près, qui, je l'avoue, eſt accablante, ſes livres doivent être regardez comme ce qu'il y a de mieux ſur la totalité de l'Hiſtoire Naturelle ; le plan de ſon ouvrage eſt bon, ſes diſtributions ſont ſenſées, ſes diviſions bien marquées, ſes deſcriptions aſſez exactes, monotones, à la vérité, mais fidèles : l'hiſtorique eſt moins bon, ſouvent il eſt mêlé de fabuleux, & l'Auteur y laiſſe voir trop de penchant à la crédulité.

J'ai été frappé en parcourant cet Auteur, d'un défaut ou d'un excès qu'on retrouve preſque dans tous les livres faits il y a cent ou deux cens ans, & que les Sçavans d'Allemagne ont encore aujourd'hui ; c'eſt de cette quantité d'érudition inutile dont ils grossissent à dessein leurs ouvrages, en sorte que le sujet qu'ils traitent, est noyé dans une quantité de matières étrangères sur lesquelles ils raisonnent avec tant de complaisance & s'étendent avec si peu de ménagement pour les lecteurs, qu'ils semblent avoir oublié ce qu'ils avoient à vous dire, pour ne vous raconter que ce qu'ont dit les autres. Je me représente un homme comme Aldrovande, ayant une fois conçu le dessein de faire un corps complet d'Histoire Naturelle, je le vois dans sa bibliothèque lire successivement les Anciens, les Modernes, les Philosophes, les Théologiens, les Jurisconsultes, les Historiens, les Voyageurs, les Poëtes, & lire sans autre but que de saisir tous les mots, toutes les phrases qui de près ou de loin ont rapport à son objet; je le vois copier & faire copier toutes ces remarques & les ranger par lettres alphabétiques, & après avoir rempli plusieurs porte-feuilles de notes de toute espèce, prises souvent sans examen & sans choix, commencer à travailler un sujet particulier, & ne vouloir rien perdre de tout ce qu'il a ramassé; en sorte qu'à l'occasion de l'Histoire Naturelle du coq ou du bœuf, il vous raconte tout ce qui a jamais été dit des coqs ou des bœufs, tout ce que les Anciens en ont pensé, tout ce qu'on a imaginé de leurs vertus, de leur caractère, de leur courage, toutes les choses auxquelles on a voulu les employer, tous les contes que les bonnes femmes en ont faits, tous les miracles qu'on leur a fait faire dans certaines religions, tous les sujets de superstition qu'ils ont fournis, toutes les comparaifons que les Poëtes en ont tirées, tous les attributs que certains peuples leur ont accordez, toutes les repréfentations qu'on en fait dans les hiéroglyphes, dans les armoiries, en un mot toutes les hiftoires & toutes les fables dont on s'eft jamais avifé au fujet des coqs ou des bœufs. Qu'on juge après cela de la portion d'Hiftoire Naturelle qu'on doit s'attendre à trouver dans ce fatras d'écritures; & fi en effet l'Auteur ne l'eût pas mife dans des articles féparez des autres, elle n'auroit pas été trouvable, ou du moins elle n'auroit pas valu la peine d'y être cherchée.

On s'eft tout-à-fait corrigé de ce défaut dans ce fiécle; l'ordre & la précifion avec laquelle on écrit maintenant ont rendu les Sciences plus agréables, plus aifées, & je fuis perfuadé que cette différence de ftyle contribue peut-être autant à leur avancement que l'efprit de recherche qui règne aujourd'hui; car nos prédéceffeurs cherchoient comme nous, mais ils ramaffoient tout ce qui fe préfentoit, au lieu que nous rejetons ce qui nous paroît avoir peu de valeur, & que nous préférons un petit ouvrage bien raifonné à un gros volume bien fçavant; feulement il eft à craindre que venant à méprifer l'érudition, nous ne venions auffi à imaginer que l'efprit peut fuppléer à tout, & que la Science n'eft qu'un vain nom.

Les gens fenfez cependant fentiront toûjours que la feule & vraie fcience eft la connoiffance des faits, l'efprit ne peut pas y fuppléer, & les faits font dans les Sciences ce qu'eft l'expérience dans la vie civile. On pourroit donc divifer toutes les Sciences en deux claffes principales, qui contiendroient tout ce qu'il convient à l'homme de fçavoir; la première eft l'Hiftoire Civile, & la feconde, l'Hiftoire Naturelle, toutes deux fondées fur des faits qu'il eft fouvent important & toûjours agréable de connoître: la première eft l'étude des hommes d'Etat, la feconde eft celle des Philofophes; & quoique l'utilité de celle-ci ne foit peut-être pas auffi prochaine que celle de l'autre, on peut cependant affurer que l'Hiftoire Naturelle eft la fource des autres fciences phyfiques & la mère de tous les arts: combien de remèdes excellens la Médecine n'a-t-elle pas tiré de certaines productions de la Nature jufqu'alors inconnues! combien de richeffes les arts n'ont-ils pas trouvé dans plufieurs matières autrefois méprifées! Il y a plus, c'eft que toutes les idées des arts ont leurs modèles dans les productions de la Nature: Dieu a créé, & l'homme imite; toutes les inventions des hommes, foit pour la néceffité, foit pour la commodité, ne font que des imitations affez groffières de ce que la Nature exécute avec la dernière perfection.

Mais fans infifter plus long-temps fur l'utilité qu'on doit tirer de l'Hiftoire Naturelle, foit par rapport aux autres fciences, foit par rapport aux arts, revenons à notre objet principal, à la manière de l'étudier & de la traiter. La defcription exacte & l'hiftoire fidèle de chaque chofe eft, comme nous l'avons dit, le feul but qu'on doive fe propofer d'abord. Dans la defcription l'on doit faire entrer la forme, la grandeur, le poids, les couleurs, les fituations de repos & de mouvemens, la poſition des parties, leurs rapports, leur figure, leur action & toutes les fonctions extérieures ; ſi l'on peut joindre à tout cela l'expoſition des parties intérieures, la deſcription n'en ſera que plus compléte ; ſeulement on doit prendre garde de tomber dans de trop petits détails, ou de s'appeſantir ſur la deſcription de quelque partie peu importante, & de traiter trop légèrement les choſes eſſentielles & principales. L'hiſtoire doit ſuivre la deſcription, & doit uniquement rouler ſur les rapports que les choſes naturelles ont entre elles & avec nous : l'hiſtoire d'un animal doit être non pas l'hiſtoire de l'individu, mais celle de l'eſpèce entière de ces animaux ; elle doit comprendre leur génération, le temps de la pregnation, celui de l'accouchement, le nombre des petits, les ſoins des pères & des mères, leur eſpèce d'éducation, leur inſtinct, les lieux de leur habitation, leur nourriture, la manière dont ils ſe la procurent, leurs mœurs, leurs ruſes, leur chaſſe, enſuite les ſervices qu'ils peuvent nous rendre, & toutes les utilités ou les commodités que nous pouvons en tirer ; & lorſque dans l'intérieur du corps de l'animal il y a des choſes remarquables, ſoit par la conformation, ſoit pour les uſages qu'on en peut faire, on doit les ajoûter ou à la deſcription ou à l'hiſtoire ; mais ce ſeroit un objet étranger à l'Hiſtoire Naturelle que d'entrer dans un examen anatomique trop circonſtancié, ou du moins ce n'eſt pas ſon objet principal, & il faut réſerver ces détails pour ſervir de mémoires ſur l'anatomie comparée.

Ce plan général doit être ſuivi & rempli avec toute l'exactitude poſſible, & pour ne pas tomber dans une répétition trop fréquente du même ordre, pour éviter la monotonie du ſtyle, il faut varier la forme des deſcriptions & changer le fil de l'hiſtoire, ſelon qu'on le jugera néceſſaire; de même pour rendre les deſcriptions moins sèches, y mêler quelques faits, quelques comparaiſons, quelques réflexions ſur les uſages des différentes parties, en un mot, faire en ſorte qu'on puiſſe vous lire ſans ennui auſſi bien que ſans contention.

A l'égard de l'ordre général & de la méthode de diſtribution des différens ſujets de l'Hiſtoire Naturelle, on pourroit dire qu'il eſt purement arbitraire, & dès-lors on eſt aſſez le maître de choiſir celui qu'on regarde comme le plus commode ou le plus communément reçu; mais avant que de donner les raiſons qui pourroient déterminer à adopter un ordre plûtôt qu'un autre, il eſt néceſſaire de faire encore quelques réflexions, par leſquelles nous tâcherons de faire ſentir ce qu'il peut y avoir de réel dans les diviſions que l'on a faites des productions naturelles.

Pour le reconnoître il faut nous défaire un inſtant de tous nos préjugés, & même nous dépouiller de nos idées. Imaginons un homme qui a en effet tout oublié ou qui s'éveille tout neuf pour les objets qui l'environnent, plaçons cet homme dans une campagne où les animaux, les oiſeaux, les poiſſons, les plantes, les pierres ſe préſentent ſucceſſivement à ſes yeux. Dans les premiers inſtans cet homme ne diſtinguera rien & confondra tout; mais laiſſons ſes idées s'affermir peu à peu par des ſenſations réitérées des mêmes objets; bien tôt il ſe formera une idée générale de la matière animée, il la diſtinguera aiſément de la matière inanimée, & peu de temps après il diſtinguera très-bien la matière animée de la matière végétative, & naturellement il arrivera à cette première grande diviſion, *Animal, Végétal* & *Minéral;* & comme il aura pris en même temps une idée nette de ces grands objets ſi différens, la *Terre*, l'*Air* & l'*Eau*, il viendra en peu de temps à ſe former une idée particulière des animaux qui habitent la terre, de ceux qui demeurent dans l'eau, & de ceux qui s'élèvent dans l'air, & par conſéquent il ſe fera aiſément à lui-même cette ſeconde diviſion, *Animaux quadrupèdes, Oiſeaux, Poiſſons;* il en eſt de même dans le règne végétal, des arbres & des plantes, il les diſtinguera très-bien, ſoit par leur grandeur, ſoit par leur ſubſtance, ſoit par leur figure. Voilà ce que la ſimple inſpection doit néceſſairement lui donner, & ce qu'avec une très-légère attention il ne peut manquer de reconnoître; c'eſt là auſſi ce que nous devons regarder comme réel, & ce que nous devons reſpecter comme une diviſion donnée par la Nature même. Enſuite mettons-nous à la place de cet homme, ou ſuppoſons qu'il ait acquis autant de connoiſſances, & qu'il ait autant d'expérience que nous en avons, il viendra à juger les objets de l'Hiſtoire Naturelle par les rapports qu'ils auront avec lui; ceux qui lui ſeront les plus néceſſaires, les plus utiles, tiendront le premier

premier rang, par exemple, il donnera la préférence dans l'ordre des animaux au cheval, au chien, au bœuf, &c. & il connoîtra toûjours mieux ceux qui lui seront les plus familiers; ensuite il s'occupera de ceux qui, sans être familiers, ne laissent pas que d'habiter les mêmes lieux, les mêmes climats, comme les cerfs, les lièvres & tous les animaux sauvages, & ce ne sera qu'après toutes ces connoissances acquises que sa curiosité le portera à rechercher ce que peuvent être les animaux des climats étrangers, comme les éléphans, les dromadaires, &c. Il en sera de même pour les poissons, pour les oiseaux, pour les insectes, pour les coquillages, pour les plantes, pour les minéraux, & pour toutes les autres productions de la Nature; il les étudiera à proportion de l'utilité qu'il en pourra tirer, il les considérera à mesure qu'ils se présenteront plus familièrement, & il les rangera dans sa tête relativement à cet ordre de ses connoissances, parce que c'est en effet l'ordre selon lequel il les a acquises, & selon lequel il lui importe de les conserver.

Cet ordre le plus naturel de tous, est celui que nous avons cru devoir suivre. Notre méthode de distribution n'est pas plus mystérieuse que ce qu'on vient de voir, nous partons des divisions générales telles qu'on vient de les indiquer, & que personne ne peut contester, & ensuite nous prenons les objets qui nous intéressent le plus par les rapports qu'ils ont avec nous, & de-là nous passons peu à peu jusqu'à ceux qui sont les plus éloignez & qui nous sont étrangers, & nous croyons que cette façon ſimple & naturelle de conſidérer les choſes, eſt préférable aux méthodes les plus recherchées & les plus compoſées, parce qu'il n'y en a pas une, & de celles qui ſont faites, & de toutes celles que l'on peut faire, où il n'y ait plus d'arbitraire que dans celle-ci, & qu'à tout prendre il nous eſt plus facile, plus agréable & plus utile de conſidérer les choſes par rapport à nous, que ſous aucun autre point de vûe.

Je prévois qu'on pourra nous faire deux objections, la première, c'eſt que ces grandes diviſions que nous regardons comme réelles, ne ſont peut-être pas exactes, que, par exemple, nous ne ſommes pas ſûrs qu'on puiſſe tirer une ligne de ſéparation entre le règne animal & le règne végétal, ou bien entre le règne végétal & le minéral, & que dans la Nature il peut ſe trouver des choſes qui participent également des propriétés de l'un & de l'autre, leſquelles par conſéquent ne peuvent entrer ni dans l'une ni dans l'autre de ces diviſions.

A cela je réponds que s'il exiſte des choſes qui ſoient exactement moitié animal & moitié plante, ou moitié plante & moitié minéral, &c. elles nous ſont encore inconnues; en ſorte que dans le fait la diviſion eſt entière & exacte, & l'on ſent bien que plus les diviſions ſeront générales, moins il y aura de riſque de rencontrer des objets mi partis qui participeroient de la nature des deux choſes compriſes dans ces diviſions, en ſorte que cette même objection que nous avons employée avec avantage contre les diſtributions particulières, ne peut avoir lieu lorſqu'il s'agira de diviſions auſſi générales que l'eſt celle-ci, ſur-tout ſi l'on ne rend pas ces diviſions excluſives, & ſi l'on ne prétend pas y comprendre ſans exception, non ſeulement tous les êtres connus, mais encore tous ceux qu'on pourroit découvrir à l'avenir. D'ailleurs, ſi l'on y fait attention, l'on verra bien que nos idées générales n'étant compoſées que d'idées particulières, elles ſont relatives à une échelle continue d'objets, de laquelle nous n'apercevons nettement que les milieux, & dont les deux extrémités fuient & échappent toûjours de plus en plus à nos conſidérations, de ſorte que nous ne nous attachons jamais qu'au gros des choſes, & que par conſéquent on ne doit pas croire que nos idées, quelque générales qu'elles puiſſent être, comprennent les idées particulières de toutes les choſes exiſtantes & poſſibles.

La ſeconde objection qu'on nous fera ſans doute, c'eſt qu'en ſuivant dans notre ouvrage l'ordre que nous avons indiqué, nous tomberons dans l'inconvénient de mettre enſemble des objets très-différens; par exemple, dans l'hiſtoire des animaux, ſi nous commençons par ceux qui nous ſont les plus utiles, les plus familiers; nous ſerons obligez de donner l'hiſtoire du chien après ou avant celle du cheval, ce qui ne paroît pas naturel, parce que ces animaux ſont ſi différens à tous autres égards, qu'ils ne paroiſſent point du tout faits pour être mis ſi près l'un de l'autre dans un traité d'Hiſtoire Naturelle; & on ajoûtera peut-être qu'il auroit mieux valu ſuivre la méthode ancienne de la diviſion des animaux en *Solipèdes, Pieds-Fourchus* & *Fiſſipèdes*, ou la méthode nouvelle de la diviſion des animaux par les dents & les mamelles, &c.

Cette objection, qui d'abord pourroit paroître ſpécieuſe, s'évanouira dès qu'on l'aura examinée. Ne vaut-il pas mieux ranger, non ſeulement dans un traité d'Hiſtoire Naturelle, mais même dans un tableau ou par-tout ailleurs, les objets dans l'ordre & dans la poſition où ils ſe trouvent ordinairement, que de les forcer à ſe trouver enſemble en vertu d'une ſuppoſition ! Ne vaut-il pas mieux faire ſuivre le cheval qui eſt ſolipède, par le chien qui eſt fiſſipède, & qui a coûtume de le ſuivre en effet, que par un zèbre qui nous eſt peu connu, & qui n'a peut-être d'autre rapport avec le cheval que d'être ſolipède ! D'ailleurs n'y a-t-il pas le même inconvénient pour les différences dans cet arrangement que dans le nôtre ! un lion parce qu'il eſt fiſſipède reſſemble-t-il à un rat qui eſt auſſi fiſſipède, plus qu'un cheval ne reſſemble à un chien ! un éléphant ſolipède reſſemble-t-il plus à un âne ſolipède auſſi, qu'à un cerf qui eſt pied-fourchu ! Et ſi on veut ſe ſervir de la nouvelle méthode dans laquelle les dents & les mamelles ſont les caractères ſpécifiques, & ſur leſquelles ſont fondées les diviſions & les diſtributions, trouvera-t-on qu'un lion reſſemble plus à une chauve-ſouris, qu'un cheval ne reſſemble à un chien ! ou bien, pour faire notre comparaiſon encore plus exactement, un cheval reſſemble-t-il plus à un cochon qu'à un chien, ou un chien reſſemble-t-il plus à une taupe qu'à un cheval * ? Et puiſqu'il y a autant d'inconvéniens & des différences auſſi grandes dans ces méthodes d'arrangement que dans la nôtre, & que d'ailleurs ces méthodes n'ont pas les mêmes avantages, & qu'elles ſont beaucoup plus éloignées de la façon ordinaire & naturelle de conſidérer les choſes, nous croyons avoir eu des raiſons ſuffiſantes pour lui donner la préférence, & ne ſuivre dans nos diſtributions que l'ordre des rapports que les choſes nous ont paru avoir avec nous-mêmes.

Nous n'examinerons pas en détail toutes les méthodes artificielles que l'on a données pour la diviſion des animaux, elles ſont toutes plus ou moins ſujettes aux inconvéniens dont nous avons parlé au ſujet des méthodes de Botanique, & il nous paroît que l'examen d'une ſeule de ces méthodes ſuffit pour faire découvrir les défauts des autres; ainſi nous nous bornerons ici à examiner celle de M. Linnæus qui eſt la plus nouvelle, afin qu'on ſoit en état de juger ſi nous avons eu raiſon de la rejeter, & de nous attacher ſeulement à l'ordre naturel dans lequel tous les hommes ont coûtume de voir & de conſidérer les choſes.

M. Linnæus diviſe tous les animaux en ſix claſſes, ſçavoir, les *Quadrupèdes*, les *Oiſeaux*, les *Amphibies*, les *Poiſſons*, les *Inſectes* & les *Vers*. Cette première diviſion eſt, comme l'on voit, très-arbitraire & fort incomplète, car elle ne nous donne aucune idée de certains genres d'animaux, qui ſont cependant très-

* Voyez Linn. *ſyſt. nat. p. 65. & ſuiv.*

considérables & très-étendus, les serpens, par exemple, les coquillages, les crustacées, & il paroît au premier coup d'œil qu'ils ont été oubliez; car on n'imagine pas d'abord que les serpens soient des amphibies, les crustacées des insectes & les coquillages des vers; au lieu de ne faire que six classes, si cet auteur en eût fait douze ou davantage, & qu'il eût dit les quadrupèdes, les oiseaux, les reptiles, les amphibies, les poissons cétacées, les poissons ovipares, les poissons mous, les crustacées, les coquillages, les insectes de terre, les insectes de mer, les insectes d'eau douce, &c. il eût parlé plus clairement, & ses divisions eussent été plus vraies & moins arbitraires; car en général plus on augmentera le nombre des divisions des productions naturelles, plus on approchera du vrai, puisqu'il n'existe réellement dans la nature que des individus, & que les genres, les ordres & les classes n'existent que dans notre imagination.

Si l'on examine les caractères généraux qu'il emploie, & la manière dont il fait ses divisions particulières, on y trouvera encore des défauts bien plus essentiels; par exemple, un caractère général comme celui pris des mamelles pour la division des quadrupèdes, devroit au moins appartenir à tous les quadrupèdes, cependant depuis Aristote on sçait que le cheval n'a point de mamelles.

Il divise la classe des quadrupèdes en cinq ordres, le premier *Anthropomorpha*, le second *Feræ*, le troisième *Glires*, le quatrième *Jumenta*, & le cinquième *Pecora*; & ces cinq ordres renferment, selon lui, tous les animaux quadrupèdes. On va voir par l'exposition & l'énumération même de ces cinq ordres, que cette division est non seulement arbitraire, mais encore très-mal imaginée ; car cet Auteur met dans le premier ordre l'homme, le singe, le paresseux & le lézard écailleux. Il faut bien avoir la manie de faire des classes pour mettre ensemble des êtres aussi différens que l'homme & le paresseux, ou le singe & le lézard écailleux. Passons au second ordre qu'il appelle *Feræ*, les bêtes féroces; il commence en effet par le lion, le tigre, mais il continue par le chat, la belette, la loutre, le veau-marin, le chien, l'ours, le blaireau, & il finit par le hérisson, la taupe & la chauve-souris. Auroit-on jamais cru que le nom de *Feræ* en latin, *bêtes sauvages ou féroces* en françois, eût pû être donné à la chauve-souris, à la taupe, au hérisson; que les animaux domestiques, comme le chien & le chat, fussent des bêtes sauvages? & n'y a-t-il pas à cela une aussi grande équivoque de bons sens que de mots? Mais voyons le troisième ordre *Glires* les loirs, ces loirs de M. Linnæus sont le porc-épic, le lièvre, l'écureuil, le castor & les rats; j'avoue que dans tout cela je ne vois qu'une espèce de rats qui soit en effet un loir. Le quatrième ordre est celui des *Jumenta* ou bêtes de sommes, ces bêtes de somme sont l'éléphant, l'hippopotame, la musaraigne, le cheval & le cochon; autre assemblage, comme on voit, qui est aussi gratuit & aussi bizarre que si l'Auteur eût travaillé dans le dessein de le rendre tel. Enfin le cinquième ordre *Pecora* ou le bétail, comprend le chameau, le cerf, le bouc, le bélier & le bœuf; mais quelle différence n'y a-t-il pas entre un chameau & un bélier, ou entre un cerf & un bouc! & quelle raiſon peut-on avoir pour prétendre que ce ſoit des animaux du même ordre, ſi ce n'eſt que voulant abſolument faire des ordres, & n'en faire qu'un petit nombre, il faut bien y recevoir des bêtes de toute eſpèce! Enſuite en examinant les dernières diviſions des animaux en eſpèces particulières, on trouve que le loup-cervier n'eſt qu'une eſpèce de chat, le renard & le loup une eſpèce de chien, la civette une eſpèce de blaireau, le cochon d'inde une eſpèce de lièvre, le rat d'eau une eſpèce de caſtor, le rhinocéros une eſpèce d'éléphant, l'âne une eſpèce de cheval, &c. & tout cela parce qu'il y a quelques petits rapports entre le nombre des mamelles & des dents de ces animaux, ou quelque reſſemblance légère dans la forme de leurs cornes.

Voilà pourtant, & ſans rien y omettre, à quoi ſe réduit ce ſyſtème de la Nature pour les animaux quadrupèdes. Ne ſeroit-il pas plus ſimple, plus naturel & plus vrai de dire qu'un âne eſt un âne, & un chat un chat, que de vouloir, ſans ſçavoir pourquoi, qu'un âne ſoit un cheval, & un chat un loup-cervier!

On peut juger par cet échantillon de tout le reſte du ſyſtème. Les ſerpens, ſelon cet Auteur, ſont des amphibies, les écreviſſes ſont des inſectes, & non ſeulement des inſectes, mais des inſectes du même ordre que les poux & les puces, & tous les coquillages, les cruſtacées & les

& les poiſſons mous ſont des vers; les huitres, les moules, les ourſins, les étoiles de mer, les sèches, &c. ne ſont, ſelon cet Auteur, que des vers. En faut-il davantage pour faire ſentir combien toutes ces diviſions ſont arbitraires, & cette méthode mal fondée!

On reproche aux Anciens de n'avoir pas fait des méthodes, & les Modernes ſe croient fort au deſſus d'eux parce qu'ils ont fait un grand nombre de ces arrangemens méthodiques & de ces dictionnaires dont nous venons de parler, ils ſe ſont perſuadez que cela ſeul ſuffit pour prouver que les Anciens n'avoient pas à beaucoup près autant de connoiſſances en Hiſtoire Naturelle que nous en avons; cependant c'eſt tout le contraire, & nous aurons dans la ſuite de cet ouvrage mille occaſions de prouver que les Anciens étoient beaucoup plus avancez & plus inſtruits que nous ne le ſommes, je ne dis pas en Phyſique, mais dans l'Hiſtoire Naturelle des animaux & des minéraux, & que les faits de cette Hiſtoire leur étoient bien plus familiers qu'à nous qui aurions dû profiter de leurs découvertes & de leurs remarques. En attendant qu'on en voie des exemples en détail, nous nous contenterons d'indiquer ici les raiſons générales qui ſuffiroient pour le faire penſer, quand même on n'en auroit pas des preuves particulières.

La langue grecque eſt une des plus anciennes, & celle dont on a fait le plus long-temps uſage : avant & depuis Homère on a écrit & parlé grec juſqu'au treize ou quatorzième siècle, & actuellement encore le grec corrompu par les idiomes étrangers ne diffère pas autant du grec ancien, que l'italien diffère du latin. Cette langue, qu'on doit regarder comme la plus parfaite & la plus abondante de toutes, étoit dès le temps d'Homère portée à un grand point de perfection, ce qui suppose nécessairement une ancienneté considérable avant le siècle même de ce grand Poëte; car l'on pourroit estimer l'ancienneté ou la nouveauté d'une langue par la quantité plus ou moins grande des mots, & la variété plus ou moins nuancée des constructions : or nous avons dans cette langue les noms d'une très-grande quantité de choses qui n'ont aucun nom en latin ou en françois, les animaux les plus rares, certaines espèces d'oiseaux ou de poissons, ou de minéraux qu'on ne rencontre que très-difficilement, très-rarement, ont des noms & des noms constans dans cette langue; preuve évidente que ces objets de l'Histoire Naturelle étoient connus, & que les Grecs non seulement les connoissoient, mais même qu'ils en avoient une idée précise, qu'ils ne pouvoient avoir acquise que par une étude de ces mêmes objets, étude qui suppose nécessairement des observations & des remarques : ils ont même des noms pour les variétés, & ce que nous ne pouvons représenter que par une phrase, se nomme dans cette langue par un seul substantif. Cette abondance de mots, cette richesse d'expressions nettes & précises ne supposent-elles pas la même abondance d'idées & de connoissances?

Ne voit-on pas que des gens qui avoient nommé beaucoup plus de choses que nous, en connoissoient par conséquent beaucoup plus! & cependant ils n'avoient pas fait, comme nous, des méthodes & des arrangemens arbitraires; ils pensoient que la vraie science est la connoissance des faits, que pour l'acquerir il falloit se familiariser avec les productions de la Nature, donner des noms à toutes, afin de les faire reconnoître, de pouvoir s'en entretenir, de se représenter plus souvent les idées des choses rares & singulières, & de multiplier ainsi des connoissances qui sans cela se seroient peut-être évanouies, rien n'étant plus sujet à l'oubli que ce qui n'a point de nom. Tout ce qui n'est pas d'un usage commun ne se soûtient que par le secours des représentations.

D'ailleurs les Anciens qui ont écrit sur l'Histoire Naturelle étoient de grands hommes, & qui ne s'étoient pas bornez à cette seule étude; ils avoient l'esprit élevé, des connoissances variées, approfondies, & des vûes générales, & s'il nous paroît au premier coup d'œil qu'il leur manquât un peu d'exactitude dans de certains détails, il est aisé de reconnoître, en les lisant avec réflexion, qu'ils ne pensoient pas que les petites choses méritassent une attention aussi grande que celle qu'on leur a donnée dans ces derniers temps; & quelque reproche que les Modernes puissent faire aux Anciens, il me paroît qu'Aristote, Théophraste & Pline qui ont été les premiers Naturalistes, sont aussi les plus grands à certains égards. L'histoire des animaux d'Aristote est peut-être encore aujourd'hui ce que nous avons de mieux fait en ce genre, & il feroit fort à defirer qu'il nous eût laiffé quelque chofe d'auffi complet fur les végétaux & fur les minéraux, mais les deux livres des plantes que quelques Auteurs lui attribuent, ne reffemblent pas à fes autres ouvrages & ne font pas en effet de lui *. Il eft vrai que la Botanique n'étoit pas fort en honneur de fon temps : les Grecs, & même les Romains, ne la regardoient pas comme une fcience qui dût exifter par elle-même & qui dût faire un objet à part, ils ne la confidéroient que relativement à l'Agriculture, au Jardinage, à la Médecine & aux Arts; & quoique Théophrafte, difciple d'Ariftote, connût plus de cinq cens genres de plantes, & que Pline en cite plus de mille, ils n'en parlent que pour nous en apprendre la culture, ou pour nous dire que les unes entrent dans la compofition des drogues, que les autres font d'ufage pour les Arts, que d'autres fervent à orner nos jardins, &c. en un mot, ils ne les confidèrent que par l'utilité qu'on en peut tirer, & ils ne fe font pas attachez à les décrire exactement.

L'hiftoire des animaux leur étoit mieux connue que celle des plantes. Alexandre donna des ordres & fit des dépenfes très-confidérables pour raffembler des animaux & en faire venir de tous les pays, & il mit Ariftote en état de les bien obferver; il paroît par fon ouvrage qu'il les connoiffoit peut-être mieux, & fous des vûes plus générales qu'on ne les connoît aujourd'hui. Enfin quoique les

* Voyez le Commentaire de Scaliger.

Modernes aient ajoûté leurs découvertes à celles des Anciens, je ne vois pas que nous ayions fur l'Hiftoire Naturelle beaucoup d'ouvrages modernes qu'on puiffe mettre au deffus de ceux d'Ariftote & de Pline; mais comme la prévention naturelle qu'on a pour fon fiècle, pourroit perfuader que ce que je viens de dire, eft avancé témérairement, je vais faire en peu de mots l'expofition du plan de leurs ouvrages.

Ariftote commence fon Hiftoire des animaux par établir des différences & des reffemblances générales entre les différens genres d'animaux; au lieu de les divifer par de petits caractères particuliers, comme l'ont fait les Modernes, il rapporte hiftoriquement tous les faits & toutes les obfervations qui portent fur des rapports généraux & fur des caractères fenfibles; il tire ces caractères de la forme, de la couleur, de la grandeur & de toutes les qualités extérieures de l'animal entier, & auffi du nombre & de la pofition de fes parties, de la grandeur, du mouvement, de la forme de fes membres, des rapports femblables ou différens qui fe trouvent dans ces mêmes parties comparées, & il donne par-tout des exemples pour fe faire mieux entendre : il confidère auffi les différences des animaux par leur façon de vivre, leurs actions & leurs mœurs, leurs habitations, &c. il parle des parties qui font communes & effentielles aux animaux, & de celles qui peuvent manquer & qui manquent en effet à plufieurs efpèces d'animaux : le fens du toucher, dit-il, eft la feule chofe qu'on doive regarder comme néceſſaire, & qui ne doit manquer à aucun animal; & comme ce ſens eſt commun à tous les animaux, il n'eſt pas poſſible de donner un nom à la partie de leur corps, dans laquelle réſide la faculté de ſentir. Les parties les plus eſſentielles ſont celles par leſquelles l'animal prend ſa nourriture, celles qui reçoivent & digèrent cette nourriture, & celles par où il en rend le ſuperflu. Il examine enſuite les variétés de la génération des animaux, celles de leurs membres & de leurs différentes parties qui ſervent à leurs mouvemens & à leurs fonctions naturelles. Ces obſervations générales & préliminaires font un tableau dont toutes les parties ſont intéreſſantes, & ce grand Philoſophe dit auſſi qu'il les a préſentées ſous cet aſpect, pour donner un avant-goût de ce qui doit ſuivre & faire naître l'attention qu'exige l'hiſtoire particulière de chaque animal, ou plûtôt de chaque choſe.

Il commence par l'homme & il le décrit le premier, plûtôt parce qu'il eſt l'animal le mieux connu, que parce qu'il eſt le plus parfait; & pour rendre ſa deſcription moins sèche & plus piquante, il tâche de tirer des connoiſſances morales en parcourant les rapports phyſiques du corps humain, il indique les caractères des hommes par les traits de leur viſage : ſe bien connoître en phyſionomie ſeroit en effet une ſcience bien utile à celui qui l'auroit acquiſe; mais peut-on la tirer de l'Hiſtoire Naturelle? Il décrit donc l'homme par toutes ſes parties extérieures & intérieures, & cette deſcription eſt la ſeule qui ſoit entière : au lieu de décrire chaque animal en particulier, il les fait connoître tous par les rapports que toutes les parties de leur corps ont avec celles du corps de l'homme; lorſqu'il décrit, par exemple, la tête humaine, il compare avec elle la tête de différentes eſpèces d'animaux, il en eſt de même de toutes les autres parties; à la deſcription du poumon de l'homme, il rapporte hiſtoriquement tout ce qu'on ſçavoit des poumons des animaux, & il fait l'hiſtoire de ceux qui en manquent; de même à l'occaſion des parties de la génération, il rapporte toutes les variétés des animaux dans la manière de s'accoupler, d'engendrer, de porter & d'accoucher, &c. à l'occaſion du ſang il fait l'hiſtoire des animaux qui en ſont privez, & ſuivant ainſi ce plan de comparaiſon, dans lequel, comme l'on voit, l'homme ſert de modèle, & ne donnant que les différences qu'il y a des animaux à l'homme, & de chaque partie des animaux à chaque partie de l'homme, il retranche à deſſein toute deſcription particulière, il évite par-là toute répétition, il accumule les faits, & il n'écrit pas un mot qui ſoit inutile; auſſi a-t-il compris dans un petit volume un nombre preſqu'infini de différens faits, & je ne crois pas qu'il ſoit poſſible de réduire à de moindres termes tout ce qu'il avoit à dire ſur cette matière, qui paroît ſi peu ſuſceptible de cette préciſion, qu'il falloit un génie comme le ſien pour y conſerver en même temps de l'ordre & de la netteté. Cet ouvrage d'Ariſtote s'eſt préſenté à mes yeux comme une table de matières qu'on auroit extraite avec le plus grand ſoin, de pluſieurs milliers de volumes remplis de defcriptions & d'obfervations de toute efpèce, c'eft l'abrégé le plus fçavant qui ait jamais été fait, fi la fcience eft en effet l'hiftoire des faits : & quand même on fuppoferoit qu'Ariftote auroit tiré de tous les livres de fon temps ce qu'il a mis dans le fien, le plan de l'ouvrage, fa diftribution, le choix des exemples, la jufteffe des comparaifons, une certaine tournure dans les idées, que j'appellerois volontiers le caractère philofophique, ne laiffent pas douter un inftant qu'il ne fût lui-même bien plus riche que ceux dont il auroit emprunté.

Pline a travaillé fur un plan bien plus grand, & peut-être trop vafte, il a voulu tout embraffer, & il femble avoir mefuré la Nature & l'avoir trouvé trop petite encore pour l'étendue de fon efprit; fon Hiftoire Naturelle comprend, indépendamment de l'hiftoire des animaux, des plantes & des minéraux, l'hiftoire du ciel & de la terre, la médecine, le commerce, la navigation, l'hiftoire des arts libéraux & méchaniques, l'origine des ufages, enfin toutes les fciences naturelles & tous les arts humains; & ce qu'il y a d'étonnant, c'eft que dans chaque partie Pline eft également grand, l'élévation des idées, la nobleffe du ftyle relèvent encore fa profonde érudition; non feulement il fçavoit tout ce qu'on pouvoit fçavoir de fon temps, mais il avoit cette facilité de penfer en grand qui multiplie la fcience, il avoit cette fineffe de réflexion de laquelle dépendent l'élégance & le goût, & il communique à fes lecteurs une certaine liberté d'efprit, une hardieffe de penfer qui eft le germe de la Philofophie.

Philoſophie. Son ouvrage tout auſſi varié que la Nature la peint toûjours en beau, c'eſt, ſi l'on veut, une compilation de tout ce qui avoit été écrit avant lui, une copie de tout ce qui avoit été fait d'excellent & d'utile à ſçavoir; mais cette copie a de ſi grands traits, cette compilation contient des choſes raſſemblées d'une manière ſi neuve, qu'elle eſt préférable à la plûpart des ouvrages originaux qui traitent des mêmes matières.

Nous avons dit que l'hiſtoire fidèle & la deſcription exacte de chaque choſe étoient les deux ſeuls objets que l'on devoit ſe propoſer d'abord dans l'étude de l'Hiſtoire Naturelle. Les Anciens ont bien rempli le premier, & ſont peut-être autant au deſſus des Modernes par cette première partie, que ceux-ci ſont au deſſus d'eux par la ſeconde; car les Anciens ont très-bien traité l'hiſtorique de la vie & des mœurs des animaux, de la culture & des uſages des plantes, des propriétés & de l'emploi des minéraux, & en même temps ils ſemblent avoir négligé à deſſein la deſcription de chaque choſe : ce n'eſt pas qu'ils ne fuſſent très-capables de la bien faire, mais ils dédaignoient apparemment d'écrire des choſes qu'ils regardoient comme inutiles, & cette façon de penſer tenoit à quelque choſe de général & n'étoit pas auſſi déraiſonnable qu'on pourroit le croire, & même ils ne pouvoient guère penſer autrement. Premièrement ils cherchoient à être courts & à ne mettre dans leurs ouvrages que les faits eſſentiels & utiles, parce qu'ils n'avoient pas, comme nous, la facilité de multiplier les livres, & de les grossir impunément. En second lieu ils tournoient toutes les Sciences du côté de l'utilité, & donnoient beaucoup moins que nous à la vaine curiosité; tout ce qui n'étoit pas intéressant pour la société, pour la santé, pour les arts, étoit négligé, ils rapportoient tout à l'homme moral, & ils ne croyoient pas que les choses qui n'avoient point d'usage, fussent dignes de l'occuper; un insecte inutile dont nos Observateurs admirent les manœuvres, une herbe sans vertu dont nos Botanistes observent les étamines, n'étoient pour eux qu'un insecte ou une herbe : on peut citer pour exemple le 27e Livre de Pline, *Reliqua herbarum genera*, où il met ensemble toutes les herbes dont il ne fait pas grand cas, qu'il se contente de nommer par lettres alphabétiques, en indiquant seulement quelqu'un de leurs caractères généraux & de leurs usages pour la Médecine. Tout cela venoit du peu de goût que les Anciens avoient pour la Physique, ou, pour parler plus exactement, comme ils n'avoient aucune idée de ce que nous appellons Physique particulière & expérimentale, ils ne pensoient pas que l'on pût tirer aucun avantage de l'examen scrupuleux & de la description exacte de toutes les parties d'une plante ou d'un petit animal, & ils ne voyoient pas les rapports que cela pouvoit avoir avec l'explication des phénomènes de la Nature.

Cependant cet objet est le plus important, & il ne faut pas s'imaginer, même aujourd'hui, que dans l'étude de l'Histoire Naturelle on doive se borner uniquement à faire des descriptions exactes & à s'assurer seulement des faits particuliers, c'eſt à la vérité, & comme nous l'avons dit, le but eſſentiel qu'on doit ſe propoſer d'abord; mais il faut tâcher de s'élever à quelque choſe de plus grand & plus digne encore de nous occuper, c'eſt de combiner les obſervations, de généraliſer les faits, de les lier enſemble par la force des analogies, & de tâcher d'arriver à ce haut degré de connoiſſances où nous pouvons juger que les effets particuliers dépendent d'effets plus généraux, où nous pouvons comparer la Nature avec elle-même dans ſes grandes opérations, & d'où nous pouvons enfin nous ouvrir des routes pour perfectionner les différentes parties de la Phyſique. Une grande mémoire, de l'aſſiduité & de l'attention ſuffiſent pour arriver au premier but; mais il faut ici quelque choſe de plus, il faut des vûes générales, un coup d'œil ferme & un raiſonnement formé plus encore par la réflexion que par l'étude; il faut enfin cette qualité d'eſprit qui nous fait ſaiſir les rapports éloignez, les raſſembler & en former un corps d'idées raiſonnées, après en avoir apprécié au juſte les vrai-ſemblances & en avoir peſé les probabilités.

C'eſt ici où l'on a beſoin de méthode pour conduire ſon eſprit, non pas de celle dont nous avons parlé, qui ne ſert qu'à arranger arbitrairement des mots, mais de cette méthode qui ſoûtient l'ordre même des choſes, qui guide notre raiſonnement, qui éclaire nos vûes, les étend & nous empêche de nous égarer.

Les plus grands Philoſophes ont ſenti la néceſſité de cette méthode, & même ils ont voulu nous en donner des principes & des essais ; mais les uns ne nous ont laissé que l'histoire de leurs pensées, & les autres la fable de leur imagination ; & si quelques-uns se sont élevez à ce haut point de Métaphysique d'où l'on peut voir les principes, les rapports & l'ensemble des Sciences, aucun ne nous a sur cela communiqué ses idées, aucun ne nous a donné des conseils, & la méthode de bien conduire son esprit dans les Sciences est encore à trouver : au défaut de préceptes on a substitué des exemples, au lieu de principes on a employé des définitions, au lieu de faits avérez, des suppositions hasardées.

Dans ce siècle même où les Sciences paroissent être cultivées avec soin, je crois qu'il est aisé de s'apercevoir que la Philosophie est négligée, & peut-être plus que dans aucun autre siècle ; les arts qu'on veut appeller scientifiques, ont pris sa place ; les méthodes de Calcul & de Géométrie, celles de Botanique & d'Histoire Naturelle, les formules, en un mot, & les dictionnaires occupent presque tout le monde ; on s'imagine sçavoir davantage, parce qu'on a augmenté le nombre des expressions symboliques & des phrases sçavantes, & on ne fait point attention que tous ces arts ne sont que des échafaudages pour arriver à la science, & non pas la science elle-même, qu'il ne faut s'en servir que lorsqu'on ne peut s'en passer, & qu'on doit toûjours se défier qu'ils ne viennent à nous manquer lorsque nous voudrons les appliquer à l'édifice.

La vérité, cet être métaphysique dont tout le monde croit avoir une idée claire, me paroît confondue dans un ſi grand nombre d'objets étrangers auxquels on donne ſon nom, que je ne ſuis pas ſurpris qu'on ait de la peine à la reconnoître. Les préjugés & les fauſſes applications ſe ſont multipliez à meſure que nos hypothèſes ont été plus ſçavantes, plus abſtraites & plus perfectionnées; il eſt donc plus difficile que jamais de reconnoître ce que nous pouvons ſçavoir, & de le diſtinguer nettement de ce que nous devons ignorer. Les réflexions ſuivantes ſerviront au moins d'avis ſur ce ſujet important.

Le mot de vérité ne fait naître qu'une idée vague, il n'a jamais eu de définition préciſe, & la définition elle-même priſe dans un ſens général & abſolu, n'eſt qu'une abſtraction qui n'exiſte qu'en vertu de quelque ſuppoſition; au lieu de chercher à faire une définition de la vérité, cherchons donc à faire une énumération, voyons de près ce qu'on appelle communément vérités, & tâchons de nous en former des idées nettes.

Il y a pluſieurs eſpèces de vérités, & on a coûtume de mettre dans le premier ordre les vérités mathématiques, ce ne ſont cependant que des vérités de définition; ces définitions portent ſur des ſuppoſitions ſimples, mais abſtraites, & toutes les vérités en ce genre ne ſont que des conſéquences compoſées, mais toûjours abſtraites, de ces définitions. Nous avons fait les ſuppoſitions, nous les avons combinées de toutes les façons, ce corps de combinaiſons eſt la ſcience mathématique; il n'y a donc rien dans cette ſcience que ce que nous y avons mis, & les vérités qu'on en tire ne peuvent être que des expreſſions différentes ſous leſquelles ſe préſentent les ſuppoſitions que nous avons employées ; ainſi les vérités mathématiques ne ſont que les répétitions exactes des définitions ou ſuppoſitions. La dernière conſéquence n'eſt vraie que parce qu'elle eſt identique avec celle qui la précède, & que celle-ci l'eſt avec la précédente, & ainſi de ſuite en remontant juſqu'à la première ſuppoſition ; & comme les définitions ſont les ſeuls principes ſur leſquels tout eſt établi, & qu'elles ſont arbitraires & relatives, toutes les conſéquences qu'on en peut tirer ſont également arbitraires & relatives. Ce qu'on appelle vérités mathématiques ſe réduit donc à des identités d'idées & n'a aucune réalité ; nous ſuppoſons, nous raiſonnons ſur nos ſuppoſitions, nous en tirons des conſéquences, nous concluons, la concluſion ou dernière conſéquence eſt une propoſition vraie relativement à notre ſuppoſition, mais cette vérité n'eſt pas plus réelle que la ſuppoſition elle-même. Ce n'eſt point ici le lieu de nous étendre ſur les uſages des ſciences mathématiques, non plus que ſur l'abus qu'on en peut faire, il nous ſuffit d'avoir prouvé que les vérités mathématiques ne ſont que des vérités de définition ou, ſi l'on veut, des expreſſions différentes de la même choſe, & qu'elles ne ſont vérités que relativement à ces mêmes définitions que nous avons faites ; c'eſt par cette raiſon qu'elles ont l'avantage d'être toûjours exactes & démonſtratives, mais abſtraites, intellectuelles & arbitraires.

Les vérités phyſiques, au contraire, ne ſont nullement arbitraires & ne dépendent point de nous, au lieu d'être fondées sur des suppositions que nous ayions faites, elles ne sont appuyées que sur des faits; une suite de faits semblables ou, si l'on veut, une répétition fréquente & une succession non interrompue des mêmes évènemens, fait l'essence de la vérité physique: ce qu'on appelle vérité physique n'est donc qu'une probabilité, mais une probabilité si grande qu'elle équivaut à une certitude. En Mathématique on suppose, en Physique on pose & on établit; là ce sont des définitions, ici ce sont des faits; on va de définitions en définitions dans les Sciences abstraites, on marche d'observations en observations dans les Sciences réelles; dans les premières on arrive à l'évidence, dans les dernières à la certitude. Le mot de vérité comprend l'une & l'autre & répond par conséquent à deux idées différentes, sa signification est vague & composée, il n'étoit donc pas possible de la définir généralement, il falloit, comme nous venons de le faire, en distinguer les genres afin de s'en former une idée nette.

Je ne parlerai pas des autres ordres de vérités; celles de la Morale, par exemple, qui sont en partie réelles & en partie arbitraires, demanderoient une longue discussion qui nous éloigneroit de notre but, & cela d'autant plus qu'elles n'ont pour objet & pour fin que des convenances & des probabilités.

L'évidence mathématique & la certitude physique sont donc les deux seuls points sous lesquels nous devons considérer la vérité; dès qu'elle s'éloignera de l'une ou de l'autre, ce n'est plus que vrai-semblance & probabilité.

Examinons donc ce que nous pouvons sçavoir de science évidente ou certaine, après quoi nous verrons ce que nous ne pouvons connoître que par conjecture, & enfin ce que nous devons ignorer.

Nous sçavons ou nous pouvons sçavoir de science évidente toutes les propriétés ou plûtôt tous les rapports des nombres, des lignes, des surfaces & de toutes les autres quantités abstraites; nous pourrons les sçavoir d'une manière plus compléte à mesure que nous nous exercerons à résoudre de nouvelles questions, & d'une manière plus sûre à mesure que nous rechercherons les causes des difficultés. Comme nous sommes les créateurs de cette science, & qu'elle ne comprend absolument rien que ce que nous avons nous-mêmes imaginé, il ne peut y avoir ni obscurités ni paradoxes qui soient réels ou impossibles, & on en trouvera toûjours la solution en examinant avec soin les principes supposez & en suivant toutes les démarches qu'on a faites pour y arriver.; comme les combinaisons de ces principes & des façons de les employer sont innombrables, il y a dans les Mathématiques un champ d'une immense étendue de connoissances acquises & à acquerir, que nous serons toûjours les maîtres de cultiver quand nous voudrons, & dans lequel nous recueillerons toûjours la même abondance de vérités.

Mais ces vérités auroient été perpétuellement de pure spéculation, de simple curiosité & d'entière inutilité, si on n'avoit pas trouvé les moyens de les associer aux vérités physiques; avant que de considérer les avantages de cette de cette union, voyons ce que nous pouvons eſpérer de ſçavoir en ce genre.

Les phénomènes qui s'offrent tous les jours à nos yeux, qui ſe ſuccèdent & ſe répètent ſans interruption & dans tous les cas, ſont le fondement de nos connoiſſances phyſiques. Il ſuffit qu'une choſe arrive toûjours de la même façon pour qu'elle faſſe une certitude ou une vérité pour nous, tous les faits de la Nature que nous avons obſervez, ou que nous pourrons obſerver, ſont autant de vérités, ainſi nous pouvons en augmenter le nombre autant qu'il nous plaira, en multipliant nos obſervations; notre ſcience n'eſt ici bornée que par les limites de l'Univers.

Mais lorſqu'après avoir bien conſtaté les faits par des obſervations réitérées, lorſqu'après avoir établi de nouvelles vérités par des expériences exactes, nous voulons chercher les raiſons de ces mêmes faits, les cauſes de ces effets, nous nous trouvons arrêtez tout-à-coup, réduits à tâcher de déduire les effets, d'effets plus généraux, & obligez d'avouer que les cauſes nous ſont & nous ſeront perpétuellement inconnues, parce que nos ſens étant eux-mêmes les effets de cauſes que nous ne connoiſſons point, ils ne peuvent nous donner des idées *que des effets*, & jamais des cauſes; il faudra donc nous réduire à appeller cauſe un effet général, & renoncer à ſçavoir au delà.

Ces effets généraux ſont pour nous les vraies loix de la Nature; tous les phénomènes que nous reconnoîtrons tenir à ces loix & en dépendre, ſeront autant de faits expliquez, autant de vérités compriſes; ceux que nous ne pourrons y rapporter, ſeront de ſimples faits qu'il faut mettre en réſerve, en attendant qu'un plus grand nombre d'obſervations & une plus longue expérience nous apprennent d'autres faits & nous découvrent la cauſe phyſique, c'eſt-à-dire, l'effet général dont ces effets particuliers dérivent. C'eſt ici où l'union des deux ſciences Mathématique & Phyſique peut donner de grands avantages, l'une donne le combien, & l'autre le comment des choſes; & comme il s'agit ici de combiner & d'eſtimer des probabilités pour juger ſi un effet dépend plûtôt d'une cauſe que d'une autre, lorſque vous avez imaginé par la Phyſique le comment, c'eſt-à-dire, lorſque vous avez vû qu'un tel effet pourroit bien dépendre de telle cauſe, vous appliquez enſuite le calcul pour vous aſſurer du combien de cet effet combiné avec ſa cauſe, & ſi vous trouvez que le réſultat s'accorde avec les obſervations, la probabilité que vous avez deviné juſte, augmente ſi fort qu'elle devient une certitude; au lieu que ſans ce ſecours elle ſeroit demeurée ſimple probabilité.

Il eſt vrai que cette union des Mathématiques & de la Phyſique ne peut ſe faire que pour un très-petit nombre de ſujets; il faut pour cela que les phénomènes que nous cherchons à expliquer, ſoient ſuſceptibles d'être conſidérez d'une manière abſtraite, & que de leur nature ils ſoient dénuez de preſque toutes qualités phyſiques, car pour peu qu'ils ſoient compoſez, le calcul ne peut plus s'y appliquer. La plus belle & la plus heureuſe application qu'on en ait jamais faite, eſt au ſyſtème du monde; & il faut avouer que ſi Newton ne nous eût donné que les idées phyſiques de ſon ſyſtème, ſans les avoir appuyées ſur des évaluations préciſes & mathématiques, elles n'auroient pas eu à beaucoup près la même force ; mais on doit ſentir en même temps qu'il y a très-peu de ſujets auſſi ſimples, c'eſt-à-dire, auſſi dénuez de qualités phyſiques que l'eſt celui-ci ; car la diſtance des planètes eſt ſi grande qu'on peut les conſidérer les unes à l'égard des autres comme n'étant que des points ; on peut en même temps, ſans ſe tromper, faire abſtraction de toutes les qualités phyſiques des planètes, & ne conſidérer que leur force d'attraction : leurs mouvemens ſont d'ailleurs les plus réguliers que nous connoiſſions, & n'éprouvent aucun retardement par la réſiſtance : tout cela concourt à rendre l'explication du ſyſtème du monde un problème de mathématique, auquel il ne falloit qu'une idée phyſique heureuſement conçue pour le réaliſer ; & cette idée eſt d'avoir penſé que la force qui fait tomber les graves à la ſurface de la terre, pourroit bien être la même que celle qui retient la lune dans ſon orbite.

Mais, je le répète, il y a bien peu de ſujets en Phyſique où l'on puiſſe appliquer auſſi avantageuſement les ſciences abſtraites, & je ne vois guère que l'Aſtronomie & l'Optique auxquelles elles puiſſent être d'une grande utilité ; l'Aſtronomie par les raiſons que nous venons d'expoſer, & l'Optique parce que la lumière étant un corps preſqu'infiniment petit, dont les effets s'opèrent en ligne droite avec une viteſſe preſqu'infinie, ſes propriétés ſont preſque mathématiques, ce qui fait qu'on peut y appliquer avec quelque ſuccès le calcul & les mesures géométriques. Je ne parlerai pas des Méchaniques, parce que la Méchanique *rationnelle* est elle-même une science mathématique & abstraite, de laquelle la Méchanique pratique ou l'art de faire & de composer les machines, n'emprunte qu'un seul principe par lequel on peut juger tous les effets en faisant abstraction des frottemens & des autres qualités physiques. Aussi m'a-t-il toûjours paru qu'il y avoit une espèce d'abus dans la manière dont on professe la Physique expérimentale, l'objet de cette Science n'étant point du tout celui qu'on lui prête. La démonstration des effets méchaniques, comme de la puissance des leviers, des poulies, de l'équilibre des solides & des fluides, de l'effet des plans inclinez, de celui des forces centrifuges, &c. appartenant entiérement aux Mathématiques, & pouvant être saisie par les yeux de l'esprit avec la dernière évidence, il me paroît superflu de la représenter à ceux du corps; le vrai but est au contraire de faire des expériences sur toutes les choses que nous ne pouvons pas mesurer par le calcul, sur tous les effets dont nous ne connoissons pas encore les causes, & sur toutes les propriétés dont nous ignorons les circonstances, cela seul peut nous conduire à de nouvelles découvertes ; au lieu que la démonstration des effets mathématiques ne nous apprendra jamais que ce que nous sçavions déjà.

Mais cet abus n'est rien en comparaison des inconvéniens où l'on tombe lorsqu'on veut appliquer la Géométrie & le calcul à des sujets de Physique trop compliquez, à des objets dont nous ne connoiſſons pas aſſez les propriétés pour pouvoir les meſurer; on eſt obligé dans tous ces cas de faire des ſuppoſitions toûjours contraires à la Nature, de dépouiller le ſujet de la plûpart de ſes qualités, d'en faire un être abſtrait qui ne reſſemble plus à l'être réel, & lorſqu'on a beaucoup raiſonné & calculé ſur les rapports & les propriétés de cet être abſtrait, & qu'on eſt arrivé à une concluſion toute auſſi abſtraite, on croit avoir trouvé quelque choſe de réel, & on tranſporte ce réſultat idéal dans le ſujet réel, ce qui produit une infinité de fauſſes conſéquences & d'erreurs.

C'eſt ici le point le plus délicat & le plus important de l'étude des ſciences : ſçavoir bien diſtinguer ce qu'il y a de réel dans un ſujet, de ce que nous y mettons d'arbitraire en le conſidérant, reconnoître clairement les propriétés qui lui appartiennent & celles que nous lui prêtons, me paroît être le fondement de la vraie méthode de conduire ſon eſprit dans les ſciences ; & ſi on ne perdoit jamais de vûe ce principe, on ne feroit pas une fauſſe démarche, on éviteroit de tomber dans ces erreurs ſçavantes qu'on reçoit ſouvent comme des vérités, on verroit diſparoître les paradoxes, les queſtions inſolubles des ſciences abſtraites, on reconnoîtroit les préjugés & les incertitudes que nous portons nous-mêmes dans les ſciences réelles, on viendroit alors à s'entendre ſur la Métaphyſique des ſciences, on ceſſeroit de diſputer, & on ſe réuniroit pour marcher dans la même route à la ſuite de l'expérience, & arriver enfin à la connoiſſance de toutes les vérités qui ſont du reſſort de l'eſprit humain.

Lorſque les ſujets ſont trop compliquez pour qu'on puiſſe y appliquer avec avantage le calcul & les meſures, comme le ſont preſque tous ceux de l'Hiſtoire Naturelle & de la Phyſique particulière, il me paroît que la vraie méthode de conduire ſon eſprit dans ces recherches, c'eſt d'avoir recours aux obſervations, de les raſſembler, d'en faire de nouvelles, & en aſſez grand nombre pour nous aſſurer de la vérité des faits principaux, & de n'employer la méthode mathématique que pour eſtimer les probabilités des conſéquences qu'on peut tirer de ces faits; ſurtout il faut tâcher de les généraliſer & de bien diſtinguer ceux qui ſont eſſentiels de ceux qui ne ſont qu'acceſſoires au ſujet que nous conſidérons; il faut enſuite les lier enſemble par les analogies, confirmer ou détruire certains points équivoques, par le moyen des expériences, former ſon plan d'explication ſur la combinaiſon de tous ces rapports, & les préſenter dans l'ordre le plus naturel. Cet ordre peut ſe prendre de deux façons, la première eſt de remonter des effets particuliers à des effets plus généraux, & l'autre de deſcendre du général au particulier: toutes deux ſont bonnes, & le choix de l'une ou de l'autre dépend plûtôt du génie de l'Auteur que de la nature des choſes, qui toutes peuvent être également bien traitées par l'une ou l'autre de ces manières. Nous allons donner des eſſais de cette méthode dans les diſcours ſuivans, de la THÉORIE DE LA TERRE, de la FORMATION DES PLANÈTES, & de la GÉNÉRATION DES ANIMAUX.

HISTOIRE NATURELLE.

Second Discours.

Vidi ego, quod fuerat quondam solidissima tellus,
Esse fretum; vidi fractas ex æquore terras;
Et procul à pelago conchæ jacuere marinæ,
Et vetus inventa est in montibus anchora summis;
Quodque fuit campus, vallem decursus aquarum
Fecit, & eluvie mons est deductus in æquor.

Ovid. Metam. lib. 15.

HISTOIRE

HISTOIRE NATURELLE.

SECOND DISCOURS.

Histoire & Théorie de la Terre.

IL n'eſt ici queſtion ni de la figure * de la Terre, ni de ſon mouvement, ni des rapports qu'elle peut avoir à l'extérieur avec les autres parties de l'Univers; c'eſt ſa conſtitution intérieure, ſa forme & ſa matière que nous nous propoſons d'examiner. L'hiſtoire générale de la terre doit précéder l'hiſtoire particulière de ſes productions, & les détails des faits ſinguliers de la vie & des

* Voyez ci-après les Preuves de la théorie de la Terre, art. 1.

mœurs des animaux ou de la culture & de la végétation des plantes, appartiennent peut-être moins à l'Hiſtoire Naturelle que les réſultats généraux des obſervations qu'on a faites ſur les différentes matières qui compoſent le globe terreſtre, ſur les éminences, les profondeurs & les inégalités de ſa forme, ſur le mouvement des mers, ſur la direction des montagnes, ſur la poſition des carrières, ſur la rapidité & les effets des courans de la mer, &c. Ceci eſt la Nature en grand, & ce ſont-là ſes principales opérations, elles influent ſur toutes les autres, & la théorie de ces effets eſt une première ſcience de laquelle dépend l'intelligence des phénomènes particuliers, auſſi-bien que la connoiſſance exacte des ſubſtances terreſtres; & quand même on voudroit donner à cette partie des ſciences naturelles le nom de *Phyſique*, toute Phyſique où l'on n'admet point de ſyſtèmes n'eſt-elle pas l'Hiſtoire de la Nature!

Dans des ſujets d'une vaſte étendue dont les rapports ſont difficiles à rapprocher, où les faits ſont inconnus en partie, & pour le reſte incertains, il eſt plus aiſé d'imaginer un ſyſtème que de donner une théorie; auſſi la théorie de la terre n'a-t-elle jamais été traitée que d'une manière vague & hypothétique. Je ne parlerai donc que légèrement des idées ſingulières de quelques Auteurs qui ont écrit ſur cette matière.

L'un * plus ingénieux que raiſonnable, Aſtronome convaincu du ſyſtème de Newton, enviſageant tous les

* Whiſton. Voyez les preuves de la théorie de la terre, art. 2.

événemens possibles du cours & de la direction des astres, explique, à l'aide d'un calcul mathématique, par la queue d'une comète, tous les changemens qui sont arrivez au globe terrestre.

Un autre [a], Théologien hétérodoxe, la tête échauffée de visions poëtiques, croit avoir vû créer l'Univers; osant prendre le style prophétique, après nous avoir dit ce qu'étoit la terre au sortir du néant, ce que le déluge y a changé, ce qu'elle a été & ce qu'elle est, il nous prédit ce qu'elle sera, même après la destruction du genre humain.

Un troisième [b], à la vérité meilleur observateur que les deux premiers, mais tout aussi peu réglé dans ses idées, explique par un abîme immense d'un liquide contenu dans les entrailles du globe, les principaux phénomènes de la terre, laquelle, selon lui, n'est qu'une croûte superficielle & fort mince qui sert d'enveloppe au fluide qu'elle renferme.

Toutes ces hypothèses faites au hasard, & qui ne portent que sur des fondemens ruineux, n'ont point éclairci les idées & ont confondu les faits, on a mêlé la fable à la Physique; aussi ces systèmes n'ont été reçus que de ceux qui reçoivent tout aveuglément, incapables qu'ils sont de distinguer les nuances du vrai-semblable, & plus flattez du merveilleux que frappez du vrai.

Ce que nous avons à dire au sujet de la terre sera sans doute moins extraordinaire, & pourra paroître commun

[a] Burnet. Voyez les preuves de la théorie de la terre, art. 3.

[b] Woodward. Voyez les preuves, art. 4.

en comparaiſon des grands ſyſtèmes dont nous venons de parler; mais on doit ſe ſouvenir qu'un Hiſtorien eſt fait pour décrire & non pour inventer, qu'il ne doit ſe permettre aucune ſuppoſition, & qu'il ne peut faire uſage de ſon imagination que pour combiner les obſervations, généraliſer les faits, & en former un enſemble qui préſente à l'eſprit un ordre méthodique d'idées claires & de rapports ſuivis & vrai-ſemblables; je dis vrai-ſemblables, car il ne faut pas eſpérer qu'on puiſſe donner des démonſtrations exactes ſur cette matière, elles n'ont lieu que dans les ſciences mathématiques, & nos connoiſſances en Phyſique & en Hiſtoire Naturelle dépendent de l'expérience & ſe bornent à des inductions.

Commençons donc par nous repréſenter ce que l'expérience de tous les tems & ce que nos propres obſervations nous apprennent au ſujet de la terre. Ce globe immenſe nous offre à la ſurface, des hauteurs, des profondeurs, des plaines, des mers, des marais, des fleuves, des cavernes, des gouffres, des volcans, & à la première inſpection nous ne découvrons en tout cela aucune régularité, aucun ordre. Si nous pénétrons dans ſon intérieur, nous y trouvons des métaux, des minéraux, des pierres, des bitumes, des ſables, des terres, des eaux & des matières de toute eſpèce, placées comme au haſard & ſans aucune règle apparente; en examinant avec plus d'attention, nous voyons des montagnes * affaiſſées, des rochers

* *Vid. Senec. quæſt. lib. 6. cap. 21. Strab. Geograph. lib. 1. Oroſius lib. 2. cap. 18. Plin. lib. 2. cap. 19.* Hiſt. de l'Acad. des Sc. *année 1708. p. 23.*

fendus & brisez, des contrées englouties, des isles nouvelles, des terreins submergez, des cavernes comblées; nous trouvons des matières pesantes souvent posées sur des matières légères, des corps durs environnez de substances molles, des choses sèches, humides, chaudes, froides, solides, friables, toutes mêlées & dans une espèce de confusion qui ne nous présente d'autre image que celle d'un amas de débris & d'un monde en ruine.

Cependant nous habitons ces ruines avec une entière sécurité; les générations d'hommes, d'animaux, de plantes se succèdent sans interruption, la terre fournit abondamment à leur subsistance; la mer a des limites & des loix, ses mouvemens y sont assujétis, l'air a ses courans * réglez, les saisons ont leurs retours périodiques & certains, la verdure n'a jamais manqué de succéder aux frimats : tout nous paroît être dans l'ordre; la terre qui tout à l'heure n'étoit qu'un cahos, est un séjour délicieux où règnent le calme & l'harmonie, où tout est animé & conduit avec une puissance & une intelligence qui nous remplissent d'admiration & nous élèvent jusqu'au Créateur.

Ne nous pressons donc pas de prononcer sur l'irrégularité que nous voyons à la surface de la terre, & sur le désordre apparent qui se trouve dans son intérieur, car nous en reconnoîtrons bien-tôt l'utilité & même la nécessité; & en y faisant plus d'attention nous y trouverons peut-être un ordre que nous ne soupçonnions pas, & des rapports généraux que nous n'apercevions pas au premier

* Voyez les preuves, art. 14.

coup d'œil. A la vérité nos connoiſſances à cet égard ſeront toûjours bornées : nous ne connoiſſons point encore la ſurface entière [a] du globe, nous ignorons en partie ce qui ſe trouve au fond des mers; il y en a dont nous n'avons pû ſonder les profondeurs : nous ne pouvons pénétrer que dans l'écorce de la terre, & les plus [b] grandes cavités, les mines [c] les plus profondes ne deſcendent pas à la huit millième partie de ſon diamètre; nous ne pouvons donc juger que de la couche extérieure & preſque ſuperficielle, l'intérieur de la maſſe nous eſt entièrement inconnu : on ſçait que, volume pour volume, la terre pèſe quatre fois plus que le Soleil; on a auſſi le rapport de ſa peſanteur avec les autres planètes, mais ce n'eſt qu'une eſtimation relative, l'unité de meſure nous manque, le poids réel de la matière nous étant inconnu, en ſorte que l'intérieur de la terre pourroit être ou vuide ou rempli d'une matière mille fois plus peſante que l'or, & nous n'avons aucun moyen de le reconnoître; à peine pouvons nous former ſur cela quelques [d] conjectures raiſonnables.

Il faut donc nous borner à examiner & à décrire la ſurface de la terre, & la petite épaiſſeur intérieure dans laquelle nous avons pénétré. La première choſe qui ſe préſente, c'eſt l'immenſe quantité d'eau qui couvre la plus grande partie du globe; ces eaux occupent toûjours

[a] Voyez les preuves, art. 6.

[b] *V. Tranſ. Phil. Abrigd. vol. 2. p. 323.*

[c] Voyez *Boyle's Works,* vol. 3. p. 232.

[d] Voyez les preuves, art. 1.

les parties les plus basses, elles sont aussi toûjours de niveau, & elles tendent perpétuellement à l'équilibre & au repos : cependant nous les voyons [a] agitées par une forte puissance, qui s'opposant à la tranquillité de cet élément, lui imprime un mouvement périodique & réglé, soûlève & abaisse alternativement les flots, & fait un balancement de la masse totale des mers en les remuant jusqu'à la plus grande profondeur. Nous sçavons que ce mouvement est de tous les temps, & qu'il durera autant que la lune & le soleil qui en sont les causes.

Considérant ensuite le fond de la mer, nous y remarquons autant d'inégalités [b] que sur la surface de la terre; nous y trouvons des hauteurs [c], des vallées, des plaines, des profondeurs, des rochers, des terreins de toute espèce; nous voyons que toutes les isles ne sont que les sommets [d] de vastes montagnes, dont le pied & les racines sont couvertes de l'élément liquide; nous y trouvons d'autres sommets de montagnes qui sont presqu'à fleur d'eau, nous y remarquons des courans [e] rapides qui semblent se soustraire au mouvement général : on les voit [f] se porter quelquefois constamment dans la même direction, quelquefois rétrograder & ne jamais excéder leurs limites, qui paroissent aussi invariables que celles qui bornent les efforts des fleuves de la terre. Là sont

[a] Voyez les preuves, art. 12.

[b] Voyez les preuves, art. 13.

[c] Voyez la Carte dressée en 1737 par M. Buache, des profondeurs de l'Océan entre l'Afrique & l'Amérique.

[d] Voyez *Varen. Geogr. gen. page 218.*

[e] Voyez les preuves, art. 13.

[f] Voyez Varen. p. 140. Voyez aussi les Voyages de Pirard, pag. 137.

ces contrées orageuſes où les vents en fureur précipitent la tempête, où la mer & le ciel également agitez ſe choquent & ſe confondent : ici ſont des mouvemens inteſtins, des bouillonnemens [a], des trombes [b] & des agitations extraordinaires cauſées par des volcans dont la bouche ſubmergée vomit le feu du ſein des ondes, & pouſſe juſqu'aux nues une épaiſſe vapeur mêlée d'eau, de ſoufre & de bitume. Plus loin je vois ces gouffres [c] dont on n'oſe approcher, qui ſemblent attirer les vaiſſeaux pour les engloutir : au delà j'aperçois ces vaſtes plaines toûjours calmes & tranquilles [d], mais tout auſſi dangereuſes, où les vents n'ont jamais exercé leur empire, où l'art du Nautonnier devient inutile, où il faut reſter & périr; enfin portant les yeux juſqu'aux extrémités du globe, je vois ces glaces [e] énormes qui ſe détachent des continens des poles, & viennent comme des montagnes flottantes voyager & ſe fondre juſque dans les régions tempérées. [f]

Voilà les principaux objets que nous offre le vaſte empire de la mer; des milliers d'habitans de différentes eſpèces en peuplent toute l'étendue, les uns couverts d'écailles légères en traverſent avec rapidité les différens pays, d'autres chargez d'une épaiſſe coquille ſe traînent peſamment & marquent avec lenteur leur route ſur le ſable; d'autres à qui la Nature a donné des nageoires en

[a] Voyez les Voyages de Shaw, tom. 2. p. 56.

[b] Voyez les preuves, art. 16.

[c] Le Maleſtroom dans la mer de Norvége.

[d] Les calmes & les tornados de la mer Ethiopique.

[e] Voyez les preuves, art. 6 & 10.

[f] Voyez la Carte de l'expédition de M. Bouvet, dreſſée par M. Buache en 1739.

forme

forme d'aîles, s'en servent pour s'élever & se soûtenir dans les airs; d'autres enfin à qui tout mouvement a été refusé, croissent & vivent attachez aux rochers; tous trouvent dans cet élément leur pâture; le fond de la mer produit abondamment des plantes, des mousses & des végétations encore plus singulières; le terrein de la mer est de sable, de gravier, souvent de vase, quelquefois de terre ferme, de coquillages, de rochers, & partout il ressemble à la terre que nous habitons.

Voyageons maintenant sur la partie sèche du globe, quelle différence prodigieuse entre les climats! quelle variété de terreins! quelle inégalité de niveau! mais observons exactement & nous reconnoîtrons que les grandes [a] chaînes de montagnes se trouvent plus voisines de l'équateur que des poles; que dans l'ancien continent elles s'étendent d'orient en occident beaucoup plus que du nord au sud, & que dans le nouveau monde elles s'étendent au contraire du nord au sud beaucoup plus que d'orient en occident; mais ce qu'il y a de très-remarquable, c'est que la forme de ces montagnes & leurs contours qui paroissent absolument irréguliers [b], ont cependant des directions suivies & correspondantes [c] entr'elles, en sorte que les angles saillans d'une montagne se trouvent toûjours opposez aux angles rentrans de la montagne voisine qui en est séparée par un vallon ou par une profondeur. J'observe aussi que les collines opposées ont toûjours à

[a] Voyez les preuves, art. 9.

[b] Voyez les preuves, art. 9 & 12.

[c] Voyez Lettres Phil. de Bourguet, pag. 181.

très-peu près la même hauteur, & qu'en général les montagnes occupent le milieu des continens & partagent dans la plus grande longueur les isles, les promontoires & les autres [a] terres avancées : je suis de même la direction des plus grands fleuves, & je vois qu'elle est toûjours presque perpendiculaire à la côte de la mer dans laquelle ils ont leur embouchure, & que dans la plus grande partie de leur cours ils vont à peu près [b] comme les chaînes de montagnes dont ils prennent leurs sources & leur direction. Examinant ensuite les rivages de la mer, je trouve qu'elle est ordinairement bornée par des rochers, des marbres & d'autres pierres dures, ou bien par des terres & des sables qu'elle a elle-même accumulez ou que les fleuves ont amenez, & je remarque que les côtes voisines, & qui ne sont séparées que par un bras ou par un petit trajet de mer, sont composées des mêmes matières, & que les lits de terre sont les mêmes de l'un & de l'autre côté [c]; je vois que les volcans se [d] trouvent tous dans les hautes montagnes, qu'il y en a un grand nombre dont les feux sont entièrement éteints, que quelques-uns de ces volcans ont des correspondances [e] soûterraines, & que leurs explosions se font quelquefois en même temps. J'aperçois une correspondance semblable entre certains lacs & les mers voisines; ici sont des fleuves & des torrens [f] qui se perdent tout à coup & paroissent se

[a] *Vid. Varenii Geogr. p. 69.*
[b] Voyez les preuves, art. 10.
[c] Voyez les preuves, art. 7.
[d] Voyez les preuves, art. 16.
[e] *V. Kircher. Mund. subter. in præf.*
[f] Voyez *Varen. Geogr. p. 43.*

précipiter dans les entrailles de la terre; là eſt une mer intérieure où ſe rendent cent rivières qui y portent de toutes parts une énorme quantité d'eau, ſans jamais augmenter ce lac immenſe, qui ſemble rendre par des voies ſoûterraines tout ce qu'il reçoit par ſes bords; & chemin faiſant je reconnois aiſément les pays anciennement habitez, je les diſtingue de ces contrées nouvelles où le terrein paroît encore tout brut, où les fleuves ſont remplis de cataractes, où les terres ſont en partie ſubmergées, marécageuſes ou trop arides, où la diſtribution des eaux eſt irrégulière, où des bois incultes couvrent toute la ſurface des terreins qui peuvent produire.

Entrant dans un plus grand détail, je vois que la première couche [a] qui enveloppe le globe eſt par-tout d'une même ſubſtance; que cette ſubſtance qui ſert à faire croître & à nourrir les végétaux & les animaux, n'eſt elle-même qu'un composé de parties animales & végétales détruites, ou plûtôt réduites en petites parties, dans leſquelles l'ancienne organiſation n'eſt pas ſenſible. Pénétrant plus avant je trouve la vraie terre, je vois des couches de ſable, de pierres à chaux, d'argille, de coquillages, de marbres, de gravier, de craie, de plâtre, &c. & je remarque que ces [b] couches ſont toûjours poſées parallèlement les unes [c] ſur les autres, & que chaque couche a la même épaiſſeur dans toute ſon étendue: je vois que dans les collines voiſines les mêmes matières ſe

[a] Voyez les preuves, art. 7.
[b] Voyez les preuves, art. 7.
[c] Voyez Woodward, pag. 41, &c.

trouvent au même niveau, quoique les collines ſoient ſéparées par des intervalles profonds & conſidérables. J'obſerve que dans tous les lits de terre & [a] même dans les couches plus ſolides, comme dans les rochers, dans les carrières de marbres & de pierres, il y a des fentes, que ces fentes ſont perpendiculaires à l'horizon, & que dans les plus grandes, comme dans les plus petites profondeurs, c'eſt une eſpèce de règle que la Nature ſuit conſtamment. Je vois de plus que dans l'intérieur de la terre, ſur la cime des monts [b] & dans les lieux les plus éloignez de la mer, on trouve des coquilles, des ſquelettes de poiſſons de mer, des plantes marines, &c. qui ſont entièrement ſemblables aux coquilles, aux poiſſons, aux plantes actuellement vivantes dans la mer, & qui en effet ſont abſolument les mêmes. Je remarque que ces coquilles pétrifiées ſont en prodigieuſe quantité, qu'on en trouve dans une infinité d'endroits, qu'elles ſont renfermées dans l'intérieur des rochers & des autres maſſes de marbre & de pierre dure, auſſi-bien que dans les craies & dans les terres; & que non ſeulement elles ſont renfermées dans toutes ces matières, mais qu'elles y ſont incorporées, pétrifiées & remplies de la ſubſtance même qui les environne: enfin je me trouve convaincu par des obſervations réitérées que les marbres, les pierres, les craies, les marnes, les argiles, les ſables & preſque toutes les matières terreſtres ſont remplies de [c] coquilles & d'autres

[a] Voyez les preuves, art. 8.

[b] Voyez les preuves, art. 8.

[c] Voyez Stenon, Woodward, Ray, Bourguet, Scheuchzer, les Tranſ. phil. les Mém. de l'Acad. &c.

débris de la mer, & cela par toute la terre & dans tous les lieux où l'on a pû faire des obſervations exactes.

Tout cela poſé, raiſonnons.

Les changemens qui ſont arrivez au globe terreſtre depuis deux & même trois mille ans, ſont fort peu conſidérables en comparaiſon des révolutions qui ont dû ſe faire dans les premiers temps après la création, car il eſt aiſé de démontrer que comme toutes les matières terreſtres n'ont acquis de la ſolidité que par l'action continuée de la gravité & des autres forces qui rapprochent & réuniſſent les particules de la matière, la ſurface de la terre devoit être au commencement beaucoup moins ſolide qu'elle ne l'eſt devenue dans la ſuite, & que par conſéquent les mêmes cauſes qui ne produiſent aujourd'hui que des changemens preſqu'inſenſibles dans l'eſpace de pluſieurs ſiècles, devoient cauſer alors de très-grandes révolutions dans un petit nombre d'années; en effet il paroît certain que la terre actuellement sèche & habitée a été autrefois ſous les eaux de la mer, & que ces eaux étoient ſupérieures aux ſommets des plus hautes montagnes, puiſqu'on trouve ſur ces montagnes & juſque ſur leurs ſommets des productions marines & des coquilles, qui comparées avec les coquillages vivans ſont les mêmes, & qu'on ne peut douter de leur parfaite reſſemblance ni de l'identité de leurs eſpèces. Il paroît auſſi que les eaux de la mer ont ſéjourné quelque temps ſur cette terre, puiſqu'on trouve en pluſieurs endroits des bancs de coquilles ſi prodigieux & ſi étendus, qu'il n'eſt pas poſſible qu'une auſſi grande [a] multitude d'animaux ait été tout-à-la-fois vivante en même temps : cela ſemble prouver auſſi que quoique les matières qui compoſent la ſurface de la terre fuſſent alors dans un état de molleſſe qui les rendoit ſuſceptibles d'être aiſément diviſées, remuées & tranſportées par les eaux, ces mouvemens ne ſe ſont pas faits tout à coup, mais ſucceſſivement & par degrés; & comme on trouve quelquefois des productions de la mer à mille & douze cens pieds de profondeur, il paroît que cette épaiſſeur de terre ou de pierre étant ſi conſidérable, il a fallu des années pour la produire : car quand on voudroit ſuppoſer que dans le déluge univerſel tous les coquillages euſſent été enlevez du fond des mers & tranſportez ſur toutes les parties de la terre, outre que cette ſuppoſition ſeroit difficile à établir [b], il eſt clair que comme on trouve ces coquilles incorporées & petrifiées dans les marbres & dans les rochers des plus hautes montagnes, il faudroit donc ſuppoſer que ces marbres & ces rochers euſſent été tous formez en même temps & préciſément dans l'inſtant du déluge, & qu'avant cette grande révolution il n'y avoit ſur le globe terreſtre ni montagnes, ni marbres, ni rochers, ni craies, ni aucune autre matière ſemblable à celles que nous connoiſſons, qui preſque toutes contiennent des coquilles & d'autres débris des productions de la mer. D'ailleurs la ſurface de la terre devoit avoir acquis au temps du déluge un degré conſidérable de ſolidité, puiſque la gravité

[a] Voyez les preuves, art. 8.

[b] Voyez les preuves, art. 5.

avoit agi ſur les matières qui la compoſent, pendant plus de ſeize ſiècles, & par conſéquent il ne paroît pas poſſible que les eaux du déluge aient pû bouleverſer les terres à la ſurface du globe juſqu'à d'auſſi grandes profondeurs dans le peu de temps que dura l'inondation univerſelle.

Mais ſans inſiſter plus long-temps ſur ce point qui ſera diſcuté dans la ſuite, je m'en tiendrai maintenant aux obſervations qui ſont conſtantes, & aux faits qui ſont certains. On ne peut douter que les eaux de la mer n'aient ſéjourné ſur la ſurface de la terre que nous habitons, & que par conſéquent cette même ſurface de notre continent n'ait été pendant quelque temps le fond d'une mer, dans laquelle tout ſe paſſoit comme tout ſe paſſe actuellement dans la mer d'aujourd'hui : d'ailleurs les couches des différentes matières qui compoſent la terre étant, comme nous l'avons remarqué *, poſées parallèlement & de niveau, il eſt clair que cette poſition eſt l'ouvrage des eaux qui ont amaſſé & accumulé peu à peu ces matières & leur ont donné la même ſituation que l'eau prend toûjours elle-même, c'eſt-à-dire, cette ſituation horizontale que nous obſervons preſque par-tout ; car dans les plaines les couches ſont exactement horizontales, & il n'y a que dans les montagnes où elles ſoient inclinées, comme ayant été formées par des ſédimens dépoſez ſur une baſe inclinée, c'eſt-à-dire, ſur un terrein penchant : or je dis que ces couches ont été formées peu à peu, & non pas tout d'un coup par quelque révolution

* Voyez les preuves, art. 7.

que ce ſoit, parce que nous trouvons ſouvent des couches de matière plus peſante, poſées ſur des couches de matière beaucoup plus légère ; ce qui ne pourroit être, ſi, comme le veulent quelques Auteurs, toutes ces matières [a] diſſoutes & mêlées en même temps dans l'eau, ſe fuſſent enſuite précipitées au fond de cet élément, parce qu'alors elles euſſent produit une toute autre compoſition que celle qui exiſte, les matières les plus peſantes ſeroient deſcendues les premières & au plus bas, & chacune ſe ſeroit arrangée ſuivant ſa gravité ſpécifique, dans un ordre relatif à leur peſanteur particulière, & nous ne trouverions pas des rochers maſſifs ſur des arènes légères, non plus que des charbons de terre ſous des argilles, des glaiſes ſous des marbres, & des métaux ſur des ſables.

Une choſe à laquelle nous devons encore faire attention, & qui confirme ce que nous venons de dire ſur la formation des couches par le mouvement & par le ſédiment des eaux, c'eſt que toutes les autres cauſes de révolution ou de changement ſur le globe ne peuvent produire les mêmes effets. Les montagnes les plus élevées ſont composées de couches parallèles tout de même que les plaines les plus baſſes, & par conſéquent on ne peut pas attribuer l'origine & la formation des montagnes à des ſecouſſes, à des tremblemens de terre, non plus qu'à des volcans ; & nous avons des preuves que s'il ſe forme [b] quelquefois de petites éminences par ces mouvemens convulſifs de la terre, ces éminences ne ſont pas compoſées de couches parallèles, que les matiéres de ces

[a] Voyez les preuves, art. 4.

[b] Voyez les preuves, art. 17.

éminences

éminences n'ont intérieurement aucune liaiſon, aucune poſition régulière, & qu'enfin ces petites collines formées par les volcans ne préſentent aux yeux que le déſordre d'un tas de matière rejetée confuſément; mais cette eſpèce d'organiſation de la terre que nous découvrons partout, cette ſituation horizontale & parallèle des couches, ne peuvent venir que d'une cauſe conſtante & d'un mouvement réglé & toûjours dirigé de la même façon.

Nous ſommes donc aſſurez par des obſervations exactes, réitérées & fondées ſur des faits inconteſtables, que la partie sèche du globe que nous habitons a été long-temps ſous les caux de la mer, par conſéquent cette même terre a éprouvé pendant tout ce temps les mêmes mouvemens, les mêmes changemens qu'éprouvent actuellement les terres couvertes par la mer. Il paroît que notre terre a été un fond de mer; pour trouver donc ce qui s'eſt paſſé autrefois ſur cette terre, voyons ce qui ſe paſſe aujourd'hui ſur le fond de la mer, & de là nous tirerons des inductions raiſonnables ſur la forme extérieure & la compoſition intérieure des terres que nous habitons.

Souvenons-nous donc que la mer a de tout temps, & depuis la création, un mouvement de flux & de reflux cauſé principalement par la lune; que ce mouvement qui dans vingt-quatre heures fait deux fois élever & baiſſer les eaux, s'exerce avec plus de force ſous l'équateur que dans les autres climats. Souvenons-nous auſſi que la terre a un mouvement rapide ſur ſon axe, & par conſéquent une force centrifuge plus grande à l'équateur que dans toutes les autres parties du globe; que cela ſeul, indépendamment des obſervations actuelles & des meſures, nous prouve qu'elle n'eſt pas parfaitement ſphérique, mais qu'elle eſt plus élevée ſous l'équateur que ſous les poles; & concluons de ces premières obſervations que quand même on ſuppoſeroit que la terre eſt ſortie des mains du Créateur parfaitement ronde en tout ſens (ſuppoſition gratuite & qui marqueroit bien le cercle étroit de nos idées) ſon mouvement diurne & celui du flux & du reflux auroient élevé peu à peu les parties de l'équateur, en y amenant ſucceſſivement les limons, les terres, les coquillages, &c. Ainſi les plus grandes inégalités du globe doivent ſe trouver & ſe trouvent en effet voiſines de l'équateur; & comme ce mouvement de flux & de reflux * ſe fait par des alternatives journalières & répétées ſans interruption, il eſt fort naturel d'imaginer qu'à chaque fois les eaux emportent d'un endroit à l'autre une petite quantité de matière, laquelle tombe enſuite comme un ſédiment au fond de l'eau, & forme ces couches parallèles & horizontales qu'on trouve par-tout; car la totalité du mouvement des eaux dans le flux & reflux étant horizontale, les matières entraînées ont néceſſairement ſuivi la même direction & ſe ſont toutes arrangées parallèlement & de niveau.

Mais, dira-t-on, comme le mouvement du flux & reflux eſt un balancement égal des eaux, une eſpèce d'oſcillation régulière, on ne voit pas pourquoi tout ne ſeroit pas

* Voyez les preuves, art. 12.

compensé, & pourquoi les matières apportées par le flux ne seroient pas remportées par le reflux, & dès-lors la cause de la formation des couches disparoît, & le fond de la mer doit toûjours rester le même, le flux détruisant les effets du reflux, & l'un & l'autre ne pouvant causer aucun mouvement, aucune altération sensible dans le fond de la mer, & encore moins en changer la forme primitive en y produisant des hauteurs & des inégalités.

A cela je réponds que le balancement des eaux n'est point égal, puisqu'il produit un mouvement continuel de la mer de l'orient vers l'occident, que de plus l'agitation causée par les vents s'oppose à l'égalité du flux & du reflux, & que de tous les mouvemens dont la mer est susceptible, il résultera toûjours des transports de terre & des dépôts de matières dans de certains endroits, que ces amas de matière seront composez de couches parallèles & horizontales, les combinaisons quelconques des mouvemens de la mer tendant toûjours à remuer les terres & à les mettre de niveau les unes sur les autres dans les lieux où elles tombent en forme de sédiment; mais de plus il est aisé de répondre à cette objection par un fait, c'est que dans toutes les extrémités de la mer où l'on observe le flux & le reflux, dans toutes les côtes qui la bornent, on voit que le flux amène une infinité de choses que le reflux ne remporte pas, qu'il y a des terreins que la mer couvre insensiblement *, & d'autres qu'elle laisse à découvert après y avoir apporté des terres, des sables,

* Voyez les preuves, art. 19.

des coquilles, &c. qu'elle dépose, & qui prennent naturellement une situation horizontale, & que ces matières accumulées par la suite des temps & élevées jusqu'à un certain point, se trouvent peu à peu hors d'atteinte aux eaux, restent ensuite pour toûjours dans l'état de terre sèche & font partie des continens terrestres.

Mais pour ne laisser aucun doute sur ce point important, examinons de près la possibilité ou l'impossibilité de la formation d'une montagne dans le fond de la mer par le mouvement & par le sédiment des eaux. Personne ne peut nier que sur une côte contre laquelle la mer agit avec violence dans le temps qu'elle est agitée par le flux, ces efforts réitérez ne produisent quelque changement, & que les eaux n'emportent à chaque fois une petite portion de la terre de la côte; & quand même elle seroit bornée de rochers, on sçait que l'eau use peu à peu ces rochers *, & que par conséquent elle en emporte de petites parties à chaque fois que la vague se retire après s'être brisée : ces particules de pierre ou de terre seront nécessairement transportées par les eaux jusqu'à une certaine distance & dans de certains endroits où le mouvement de l'eau se trouvant ralenti, abandonnera ces particules à leur propre pesanteur, & alors elles se précipiteront au fond de l'eau en forme de sédiment, & là elles formeront une première couche horizontale ou inclinée, suivant la position de la surface du terrein sur laquelle tombe cette première couche, laquelle sera bien-tôt

* Voyez les Voyages de Shaw, tom. 2. p. 69.

couverte & ſurmontée d'une autre couche ſemblable & produite par la même cauſe, & inſenſiblement il ſe formera dans cet endroit un dépôt conſidérable de matière, dont les couches ſeront poſées parallèlement les unes ſur les autres; cet amas augmentera toûjours par les nouveaux ſédimens que les eaux y tranſporteront, & peu à peu par ſucceſſion de temps il ſe formera une élévation, une montagne dans le fond de la mer, qui ſera entièrement ſemblable aux éminences & aux montagnes que nous connoiſſons ſur la terre, tant pour la compoſition intérieure que pour la forme extérieure. S'il ſe trouve des coquilles dans cet endroit du fond de la mer où nous ſuppoſons que ſe fait notre dépôt, les ſédimens couvriront ces coquilles & les rempliront, elles ſeront incorporées dans les couches de cette matière dépoſée, & elles feront partie des maſſes formées par ces dépôts, on les y trouvera dans la ſituation qu'elles auront acquiſe en y tombant, ou dans l'état où elles auront été ſaiſies; car dans cette opération celles qui ſe ſeront trouvées au fond de la mer lorſque les premières couches ſe ſeront dépoſées, ſe trouveront dans la couche la plus baſſe, & celles qui ſeront tombées depuis dans ce même endroit, ſe trouveront dans les couches plus élevées.

Tout de même lorſque le fond de la mer ſera remué par l'agitation des eaux, il ſe fera néceſſairement des tranſports de terre, de vaſe, de coquilles & d'autres matières dans de certains endroits où elles ſe dépoſeront en forme de ſédimens : or nous ſommes aſſurez par les

Plongeurs [a] qu'aux plus grandes profondeurs où ils puiſſent deſcendre, qui ſont de vingt braſſes, le fond de la mer eſt remué au point que l'eau ſe mêle avec la terre, qu'elle devient trouble, & que la vaſe & les coquillages ſont emportez par le mouvement des eaux à des diſtances conſidérables; par conſéquent dans tous les endroits de la mer où l'on a pû deſcendre, il ſe fait des tranſports de terre & de coquilles qui vont tomber quelque part & former, en ſe dépoſant, des couches parallèles & des éminences qui ſont compoſées comme nos montagnes le ſont; ainſi le flux & le reflux, les vents, les courans, & tous les mouvemens des eaux produiront des inégalités dans le fond de la mer, parce que toutes ces cauſes détachent du fond & des côtes de la mer, des matières qui ſe précipitent enſuite en forme de ſédimens.

Au reſte il ne faut pas croire que ces tranſports de matières ne puiſſent pas ſe faire à des diſtances conſidérables, puiſque nous voyons tous les jours des graines & d'autres productions des Indes orientales & occidentales arriver [b] ſur nos côtes; à la vérité elles ſont ſpécifiquement plus légères que l'eau, au lieu que les matières dont nous parlons ſont plus peſantes, mais comme elles ſont réduites en poudre impalpable elles ſe ſoûtiendront aſſez long-temps dans l'eau pour être tranſportées à de grandes diſtances.

Ceux qui prétendent que la mer n'eſt pas remuée à

[a] Voyez *Boyle's Works*, vol. 3. p. 232.

[b] Particulièrement ſur les côtes d'Ecoſſe & d'Irlande. V. *Ray's Diſcourſes.*

de grandes profondeurs, ne font pas attention que le flux & le reflux ébranlent & agitent à la fois toute la maſſe des mers, & que dans un globe qui ſeroit entièrement liquide il y auroit de l'agitation & du mouvement juſqu'au centre; que la force qui produit celui du flux & du reflux, eſt une force pénétrante qui agit ſur toutes les parties proportionnellement à leurs maſſes; qu'on pourroit même meſurer & déterminer par le calcul la quantité de cette action ſur un liquide à différentes profondeurs, & qu'enfin ce point ne peut être conteſté qu'en ſe refuſant à l'évidence du raiſonnement & à la certitude des obſervations.

Je puis donc ſuppoſer légitimement que le flux & le reflux, les vents & toutes les autres cauſes qui peuvent agiter la mer, doivent produire par le mouvement des eaux, des éminences & des inégalités dans le fond de la mer, qui ſeront toûjours compoſées de couches horizontales, ou également inclinées; ces éminences pourront avec le temps augmenter conſidérablement, & devenir des collines qui dans une longue étendue de terrein ſe trouveront, comme les ondes qui les auront produites, dirigées du même ſens, & formeront peu à peu une chaîne de montagnes. Ces hauteurs une fois formées feront obſtacle à l'uniformité du mouvement des eaux, & il en réſultera des mouvemens particuliers dans le mouvement général de la mer. Entre deux hauteurs voiſines il ſe formera néceſſairement un courant * qui ſuivra leur direction commune, & coulera comme coulent

* Voyez les preuves, art. 13.

les fleuves de la terre, en formant un canal dont les angles seront alternativement opposez dans toute l'étendue de son cours : ces hauteurs formées au dessus de la surface du fond pourront augmenter encore de plus en plus; car les eaux qui n'auront que le mouvement du flux déposeront sur la cime le sédiment ordinaire, & celles qui obéiront au courant entraîneront au loin les parties qui se seroient déposées entre deux, & en même temps elles creuseront un vallon au pied de ces montagnes, dont tous les angles se trouveront correspondans, & par l'effet de ces deux mouvemens & de ces dépôts le fond de la mer aura bien-tôt été sillonné, traversé de collines & de chaînes de montagnes, & semé d'inégalités telles que nous les y trouvons aujourd'hui. Peu à peu les matières molles dont les éminences étoient d'abord composées, se seront durcies par leur propre poids, les unes formées de parties purement argilleuses auront produit ces collines de glaise qu'on trouve en tant d'endroits, d'autres composées de parties sablonneuses & crystallines ont fait ces énormes amas de rochers & de cailloux d'où l'on tire le crystal & les pierres précieuses; d'autres faites de parties pierreuses mêlées de coquilles ont formé ces lits de pierres & de marbres où nous retrouvons ces coquilles aujourd'hui; d'autres enfin composées d'une matière encore plus *coquilleuse* & plus terrestre ont produit les marnes, les craies & les terres; toutes sont posées par lits, toutes contiennent des substances hétérogènes, les débris des productions marines s'y trouvent en abondance & à peu près peu près ſuivant le rapport de leur peſanteur, les coquilles les plus légères ſont dans les craies, les plus peſantes dans les argilles & dans les pierres, & elles ſont remplies de la matière même des pierres & des terres où elles ſont renfermées, preuve inconteſtable qu'elles ont été tranſportées avec la matière qui les environne & qui les remplit, & que cette matière étoit réduite en particules impalpables; enfin toutes ces matières dont la ſituation s'eſt établie par le niveau des eaux de la mer, conſervent encore aujourd'hui leur première poſition.

On pourra nous dire que la plûpart des collines & des montagnes dont le ſommet eſt de rocher, de pierre ou de marbre, ont pour baſe des matières plus légères; que ce ſont ordinairement ou des monticules de glaiſe ferme & ſolide, ou des couches de ſable qu'on retrouve dans les plaines voiſines juſqu'à une diſtance aſſez grande, & on nous demandera comment il eſt arrivé que ces marbres & ces rochers ſe ſoient trouvez au deſſus de ces ſables & de ces glaiſes. Il me paroît que cela peut s'expliquer aſſez naturellement; l'eau aura d'abord tranſporté la glaiſe ou le ſable qui faiſoit la première couche des côtes ou du fond de la mer, ce qui aura produit au bas une éminence compoſée de tout ce ſable ou de toute cette glaiſe raſſemblée, après cela les matières plus fermes & plus peſantes qui ſe ſeront trouvées au deſſous, auront été attaquées & tranſportées par les eaux en pouſſière impalpable au deſſus de cette éminence de glaiſe ou de ſable, & cette pouſſière de pierre aura formé les rochers & les carrières que nous trouvons au deſſus des collines. On peut croire qu'étant les plus peſantes, ces matières étoient autrefois au deſſous des autres, & qu'elles ſont aujourd'hui au deſſus, parce qu'elles ont été enlevées & tranſportées les dernières par le mouvement des eaux.

Pour confirmer ce que nous avons dit, examinons encore plus en détail la ſituation des matières qui compoſent cette première épaiſſeur du globe terreſtre, la ſeule que nous connoiſſions. Les carrières ſont compoſées de différens lits ou couches preſque toutes horizontales ou inclinées ſuivant la même pente; celles qui poſent ſur des glaiſes ou ſur des baſes d'autres matières ſolides, ſont ſenſiblement de niveau, ſur-tout dans les plaines. Les carrières où l'on trouve les cailloux & les grès diſperſez, ont à la vérité une poſition moins régulière, cependant l'uniformité de la Nature ne laiſſe pas de s'y reconnoître; car la poſition horizontale ou toûjours également penchante des couches ſe trouve dans les carrières de roc vif & dans celles des grès en grande maſſe, elle n'eſt altérée & interrompue que dans les carrières de cailloux & de grès en petite maſſe, dont nous ferons voir que la formation eſt poſtérieure à celle de toutes les autres matières; car le roc vif, le ſable vitrifiable, les argilles, les marbres, les pierres calcinables, les craies, les marnes, ſont toutes diſpoſées par couches parallèles toûjours horizontales, ou également inclinées. On reconnoît aiſément dans ces dernières matières la première formation, car les couches ſont exactement horizontales & fort minces, & elles ſont arrangées les unes ſur les autres comme les feuillets d'un livre; les couches de ſable, d'argille molle, de glaiſe dure, de craie, de coquilles, ſont auſſi toutes ou horizontales ou inclinées ſuivant la même pente : les épaiſſeurs des couches ſont toûjours les mêmes dans toute leur étendue, qui ſouvent occupe un eſpace de pluſieurs lieues, & que l'on pourroit ſuivre bien plus loin ſi l'on obſervoit exactement. Enfin toutes les matières qui compoſent la première épaiſſeur du globe, ſont diſpoſées de cette façon, & quelque part qu'on fouille, on trouvera des couches, & on ſe convaincra par ſes yeux de la vérité de ce qui vient d'être dit.

Il faut excepter à certains égards les couches de ſable ou de gravier entraîné du ſommet des montagnes par la pente des eaux; ces veines de ſable ſe trouvent quelquefois dans les plaines où elles s'étendent même aſſez conſidérablement, elles ſont ordinairement poſées ſous la première couche de la terre labourable, & dans les lieux plats elles ſont de niveau comme les couches plus anciennes & plus intérieures, mais au pied & ſur la croupe des montagnes ces couches de ſable ſont fort inclinées, & elles ſuivent le penchant de la hauteur ſur laquelle elles ont coulé : les rivières & les ruiſſeaux ont formé ces couches, & en changeant ſouvent de lit dans les plaines, ils ont entraîné & dépoſé par-tout ces ſables & ces graviers. Un petit ruiſſeau coulant des hauteurs voiſines ſuffit, avec le temps, pour étendre une couche de ſable ou de gravier ſur toute la ſuperficie d'un vallon, quelque ſpacieux qu'il ſoit, & j'ai ſouvent obſervé dans une campagne environnée de collines, dont la baſe eſt de glaiſe auſſi-bien que la première couche de la plaine, qu'au deſſus d'un ruiſſeau qui y coule, la glaiſe ſe trouve immédiatement ſous la terre labourable, & qu'au deſſous du ruiſſeau il y a une épaiſſeur d'environ un pied de ſable ſur la glaiſe, qui s'étend à une diſtance conſidérable. Ces couches produites par les rivières & par les autres eaux courantes, ne ſont pas de l'ancienne formation, elles ſe reconnoiſſent aiſément à la différence de leur épaiſſeur, qui varie & n'eſt pas la même par-tout comme celle des couches anciennes, à leurs interruptions fréquentes, & enfin à la matière même qu'il eſt aiſé de juger & qu'on reconnoît avoir été lavée, roulée & arrondie. On peut dire la même choſe des couches de tourbes & de végétaux pourris qui ſe trouvent au deſſous de la première couche de terre dans les terreins marécageux; ces couches ne ſont pas anciennes, & elles ont été produites par l'entaſſement ſucceſſif des arbres & des plantes qui peu à peu ont comblé ces marais. Il en eſt encore de même de ces couches limonneuſes que l'inondation des fleuves a produites dans différens pays; tous ces terreins ont été nouvellement formez par les eaux courantes ou ſtagnantes, & ils ne ſuivent pas la pente égale ou le niveau auſſi exactement que les couches anciennement produites par le mouvement régulier des ondes de la mer. Dans les couches que les rivières ont formées on trouve des coquilles fluviatiles, mais il y en a peu de marines, & le peu qu'on y en trouve, eſt briſé, déplacé, iſolé, au lieu que dans les couches anciennes les coquilles marines ſe trouvent en quantité, il n'y en a point de fluviatiles, & ces coquilles de mer y ſont bien conſervées & toutes placées de la même manière, comme ayant été tranſportées & poſées en même temps par la même cauſe; & en effet pourquoi ne trouve-t-on pas les matières entaſſées irrégulièrement, au lieu de les trouver par couches? pourquoi les marbres, les pierres dures, les craies, les argilles, les plâtres, les marnes, &c. ne ſont-ils pas diſperſez ou joints par couches irrégulières ou verticales? pourquoi les choſes peſantes ne ſont-elles pas toûjours au deſſous des plus légères? Il eſt aiſé d'apercevoir que cette uniformité de la Nature, cette eſpèce d'organiſation de la terre, cette jonction des différentes matières par couches parallèles & par lits, ſans égard à leur peſanteur, n'ont pû être produites que par une cauſe auſſi puiſſante & auſſi conſtante que celle de l'agitation des eaux de la mer, ſoit par le mouvement réglé des vents, ſoit par celui du flux & du reflux, &c.

Ces cauſes agiſſent avec plus de force ſous l'équateur que dans les autres climats, car les vents y ſont plus conſtans & les marées plus violentes que par-tout ailleurs; auſſi les plus grandes chaînes de montagnes ſont voiſines de l'équateur, les montagnes de l'Afrique & du Pérou ſont les plus hautes qu'on connoiſſe, & après avoir traverſé des continens entiers, elles s'étendent encore à des diſtances très-conſidérables ſous les eaux de la mer océane.

Les montagnes de l'Europe & de l'Afie qui s'étendent depuis l'Efpagne jufqu'à la Chine, ne font pas auffi élevées que celles de l'Amérique méridionale & de l'Afrique. Les montagnes du Nord ne font, au rapport des voyageurs, que des collines en comparaifon de celles des pays méridionaux; d'ailleurs le nombre des ifles eft fort peu confidérable dans les mers feptentrionales, tandis qu'il y en a une quantité prodigieufe dans la zone torride; & comme une ifle n'eft qu'un fommet de montagnes, il eft clair que la furface de la terre a beaucoup plus d'inégalités vers l'équateur que vers le nord.

Le mouvement général du flux & du reflux a donc produit les plus grandes montagnes qui fe trouvent dirigées d'occident en orient dans l'ancien continent, & du nord au fud dans le nouveau, dont les chaînes font d'une étendue très-confidérable; mais il faut attribuer aux mouvemens particuliers des courans, des vents & des autres agitations irrégulières de la mer, l'origine de toutes les autres montagnes; elles ont vrai-femblablement été produites par la combinaifon de tous ces mouvemens, dont on voit bien que les effets doivent être variez à l'infini, puifque les vents, la pofition différente des ifles & des côtes ont altéré de tous les temps & dans tous les fens poffibles la direction du flux & du reflux des eaux : ainfi il n'eft point étonnant qu'on trouve fur le globe des éminences confidérables dont le cours eft dirigé vers différentes plages: il fuffit pour notre objet d'avoir démontré que les montagnes n'ont point été placées au hazard, & qu'elles n'ont point été produites par des tremblemens de terre ou par d'autres caufes accidentelles, mais qu'elles font un effet réfultant de l'ordre général de la Nature, auffi-bien que l'efpèce d'organifation qui leur eft propre & la pofition des matières qui les compofent.

Mais comment eft-il arrivé que cette terre que nous habitons, que nos ancêtres ont habitée comme nous, qui de temps immémorial eft un continent fec, ferme & éloigné des mers, ayant été autrefois un fond de mer, foit actuellement fupérieure à toutes les eaux & en foit fi diftinctement féparée! Pourquoi les eaux de la mer n'ont-elles pas refté fur cette terre, puifqu'elles y ont féjourné fi long-temps! Quel accident, quelle caufe a pû produire ce changement dans le globe! eft-il même poffible d'en concevoir une affez puiffante pour opérer un tel effet!

Ces queftions font difficiles à réfoudre, mais les faits étant certains, la manière dont ils font arrivez peut demeurer inconnue fans préjudicier au jugement que nous devons en porter; cependant fi nous voulons y réfléchir, nous trouverons par induction des raifons très-plaufibles de ces changemens *. Nous voyons tous les jours la mer gagner du terrein dans de certaines côtes & en perdre dans d'autres; nous fçavons que l'Océan a un mouvement général & continuel d'orient en occident, nous entendons de loin les efforts terribles que la mer fait contre les baffes terres & contre les rochers qui la bornent, nous connoiffons des provinces entières où on eft

* Voyez les preuves, art. 19.

obligé de lui oppoſer des digues que l'induſtrie humaine a bien de la peine à ſoûtenir contre la fureur des flots, nous avons des exemples de pays récemment ſubmergez & de débordemens réguliers; l'Hiſtoire nous parle d'inondations encore plus grandes & de déluges : tout cela ne doit-il pas nous porter à croire qu'il eſt en effet arrivé de grandes révolutions ſur la ſurface de la terre, & que la mer a pû quitter & laiſſer à découvert la plus grande partie des terres qu'elle occupoit autrefois? Par exemple, ſi nous nous prêtons un inſtant à ſuppoſer que l'ancien & le nouveau monde ne faiſoient autrefois qu'un ſeul continent, & que par un violent tremblement de terre le terrein de l'ancienne Atlantide de Platon ſe ſoit affaiſſé, la mer aura néceſſairement coulé de tous côtés pour former l'Océan Atlantique, & par conſéquent aura laiſſé à découvert de vaſtes continens qui ſont peut-être ceux que nous habitons; ce changement a donc pû ſe faire tout à coup par l'affaiſſement de quelque vaſte caverne dans l'intérieur du globe, & produire par conſéquent un déluge univerſel; ou bien ce changement ne s'eſt pas fait tout à coup, & il a fallu peut-être beaucoup de temps, mais enfin il s'eſt fait, & je crois même qu'il s'eſt fait naturellement; car pour juger de ce qui eſt arrivé & même de ce qui arrivera, nous n'avons qu'à examiner ce qui arrive. Il eſt certain par les obſervations réitérées de tous les voyageurs *, que l'Océan a un mouvement conſtant d'orient en occident; ce mouvement ſe fait ſentir non

* Voyez *Varen. Geogr. gen.* p. 119.

ſeulement

ſeulement entre les tropiques comme celui du vent d'eſt, mais encore dans toute l'étendue des zones tempérées & froides où l'on a navigé : il ſuit de cette obſervation qui eſt conſtante, que la mer Pacifique fait un effort continuel contre les côtes de la Tartarie, de la Chine & de l'Inde; que l'Océan Indien fait effort contre la côte orientale de l'Afrique, & que l'Océan Atlantique agit de même contre toutes les côtes orientales de l'Amérique : ainſi la mer a dû & doit toûjours gagner du terrein ſur les côtes orientales, & en perdre ſur les côtes occidentales. Cela ſeul ſuffiroit pour prouver la poſſibilité de ce changement de terre en mer & de mer en terre; & ſi en effet il s'eſt opéré par ce mouvement des eaux d'orient en occident, comme il y a grande apparence, ne peut-on pas conjecturer très-vrai-ſemblablement que le pays le plus ancien du monde eſt l'Aſie & tout le continent oriental! que l'Europe au contraire & une partie de l'Afrique, & ſur-tout les côtes occidentales de ces continens, comme l'Angleterre, la France, l'Eſpagne, la Mauritanie, &c. ſont des terres plus nouvelles! L'hiſtoire paroît s'accorder ici avec la Phyſique, & confirmer cette conjecture qui n'eſt pas ſans fondement.

Mais il y a bien d'autres cauſes qui concourent avec le mouvement continuel de la mer d'orient en occident pour produire l'effet dont nous parlons. Combien n'y a-t-il pas de terres plus baſſes que le niveau de la mer & qui ne ſont défendues que par un iſthme, un banc de rochers, ou par des digues encore plus foibles! l'effort des eaux détruira peu à peu ces barrières, & dès-lors ces pays seront submergez. De plus ne sçait-on pas que les montagnes s'abaissent * continuellement par les pluies qui en détachent les terres & les entraînent dans les vallées! ne sçait-on pas que les ruisseaux roulent les terres des plaines & des montagnes dans les fleuves, qui portent à leur tour cette terre superflue dans la mer! ainsi peu-à peu le fond des mers se remplit, la surface des continens s'abaisse & se met de niveau, & il ne faut que du temps pour que la mer prenne successivement la place de la terre.

Je ne parle point de ces causes éloignées qu'on prévoit moins qu'on ne les devine, de ces secousses de la Nature dont le moindre effet seroit la catastrophe du monde: le choc ou l'approche d'une comète, l'absence de la lune, la présence d'une nouvelle planète, &c. sont des suppositions sur lesquelles il est aisé de donner carrière à son imagination; de pareilles causes produisent tout ce qu'on veut, & d'une seule de ces hypothèses on va tirer mille romans physiques que leurs Auteurs appelleront Théorie de la Terre. Comme historiens nous nous refusons à ces vaines spéculations, elles roulent sur des possibilités qui, pour se réduire à l'acte, supposent un bouleversement de l'Univers, dans lequel notre globe, comme un point de matière abandonnée, échappe à nos yeux & n'est plus un objet digne de nos regards; pour les fixer il faut le prendre tel qu'il est, en bien observer

* Voyez *Ray's Discourses, pag. 226.* Plot Hist. Nat. &c.

toutes les parties, & par des inductions conclurre du présent au passé; d'ailleurs des causes dont l'effet est rare, violent & subit, ne doivent pas nous toucher, elles ne se trouvent pas dans la marche ordinaire de la Nature, mais des effets qui arrivent tous les jours, des mouvemens qui se succèdent & se renouvellent sans interruption, des opérations constantes & toûjours réitérées, ce sont là nos causes & nos raisons.

Ajoûtons-y des exemples, combinons la cause générale avec les causes particulières, & donnons des faits dont le détail rendra sensibles les différens changemens qui sont arrivez sur le globe, soit par l'irruption de l'Océan dans les terres, soit par l'abandon de ces mêmes terres lorsqu'elles se sont trouvées trop élevées.

La plus grande irruption de l'Océan dans les terres est celle [a] qui a produit la mer [b] méditerranée; entre deux promontoires avancez l'Océan [c] coule avec une très-grande rapidité par un passage étroit, & forme ensuite une vaste mer qui couvre un espace, lequel, sans y comprendre la mer Noire, est environ sept fois grand comme la France. Ce mouvement de l'Océan par le détroit de Gibraltar est contraire à tous les autres mouvemens de la mer dans tous les détroits qui joignent l'Océan à l'Océan; car le mouvement général de la mer est d'orient en occident, & celui-ci seul est d'occident en orient, ce qui prouve que la mer Méditerranée n'est point un

[a] Voyez les preuves, art 11 & 19.

[b] Voyez *Ray's Discourses*, p. 209.

[c] Voyez *Trans. Phil. Abrig'd.* vol. 2 pag. 289.

golphe ancien de l'Océan, mais qu'elle a été formée par une irruption des eaux, produite par quelques causes accidentelles, comme feroit un tremblement de terre, lequel auroit affaissé les terres à l'endroit du détroit, ou un violent effort de l'Océan causé par les vents, qui auroit rompu la digue entre les promontoires de Gibraltar & de Ceuta. Cette opinion est appuyée du témoignage des Anciens * qui ont écrit que la mer Méditerranée n'existoit point autrefois, & elle est, comme on voit, confirmée par l'Histoire Naturelle & par les observations qu'on a faites sur la nature des terres à la côte d'Afrique & à celle d'Espagne, où l'on trouve les mêmes lits de pierre, les mêmes couches de terre en deçà & au delà du détroit, à peu près comme dans de certaines vallées où les deux collines qui les surmontent se trouvent être composées des mêmes matières & au même niveau.

L'Océan s'étant donc ouvert cette porte, a d'abord coulé par le détroit avec une rapidité beaucoup plus grande qu'il ne coule aujourd'hui, & il a inondé le continent qui joignoit l'Europe à l'Afrique; les eaux ont couvert toutes les basses terres dont nous n'apercevons aujourd'hui que les éminences & les sommets dans l'Italie & dans les isles de Sicile, de Malthe, de Corse, de Sardaigne, de Chypre, de Rhodes & de l'Archipel.

Je n'ai pas compris la mer Noire dans cette irruption de l'Océan, parce qu'il paroît que la quantité d'eau qu'elle reçoit du Danube, du Niéper, du Don & de

* Diodore de Sicile, Strabon.

plusieurs autres fleuves qui y entrent, est plus que suffisante pour la former, & que d'ailleurs elle [a] coule avec une très-grande rapidité par le Bosphore dans la mer Méditerranée. On pourroit même présumer que la mer Noire & la mer Caspienne ne faisoient autrefois que deux grands lacs qui peut-être étoient joints par un détroit de communication, ou bien par un marais ou un petit laç qui réunissoit les eaux du Don & du Volga auprès de Tria, où ces deux fleuves sont fort voisins l'un de l'autre, & l'on peut croire que ces deux mers ou ces deux lacs étoient autrefois d'une bien plus grande étendue qu'ils ne sont aujourd'hui; peu à peu ces grands fleuves, qui ont leurs embouchûres dans la mer Noire & dans la mer Caspienne, auront amené une assez grande quantité de terre pour fermer la communication, remplir le détroit & séparer ces deux lacs; car on sçait qu'avec le temps les grands fleuves remplissent les mers & forment des continens nouveaux, comme la province de l'embouchûre du fleuve jaune à la Chine, la Louisiane à l'embouchûre du Mississipi, & la partie septentrionale de l'Egypte qui doit son origine [b] & son existence aux inondations [c] du Nil. La rapidité de ce fleuve entraîne les terres de l'intérieur de l'Afrique, & il les dépose ensuite dans ses débordemens en si grande quantité qu'on peut fouiller jusqu'à cinquante pieds dans l'épaisseur de ce limon déposé par les inondations du Nil; de même les terreins

[a] Voyez *Transf. Phil. Abrig'd. vol. 2. pag. 289.*

[b] Voyez les voyages de Shaw, vol. 2. page 173. jusqu'à la page 188.

[c] Voyez les preuves, art. 19.

de la province de la rivière Jaune & de la Louisiane ne se sont formez que par le limon des fleuves.

Au reste la mer Caspienne est actuellement un vrai lac qui n'a aucune communication avec les autres mers, pas même avec le lac Aral qui paroît en avoir fait partie, & qui n'en est séparé que par un vaste pays de sable dans lequel on ne trouve ni fleuves, ni rivières, ni aucun canal par lequel la mer Caspienne puisse verser ses eaux. Cette mer n'a donc aucune communication extérieure avec les autres mers, & je ne sçais si l'on est bien fondé à soupçonner qu'elle en a d'intérieure avec la mer Noire ou avec le golphe Persique. Il est vrai que la mer Caspienne reçoit le Volga & plusieurs autres fleuves qui semblent lui fournir plus d'eau que l'évaporation n'en peut enlever, mais indépendamment de la difficulté de cette estimation il paroît que si elle avoit communication avec l'une ou l'autre de ces mers, on y auroit reconnu un courant rapide & constant qui entraîneroit tout vers cette ouverture qui serviroit de décharge à ses eaux, & je ne sçache pas qu'on ait jamais rien observé de semblable sur cette mer; des Voyageurs exacts, sur le témoignage desquels on peut compter, nous assurent le contraire, & par conséquent il est nécessaire que l'évaporation enlève de la mer Caspienne une quantité d'eau égale à celle qu'elle reçoit.

On pourroit encore conjecturer avec quelque vrai-semblance que la mer Noire sera un jour séparée de la Méditerranée, & que le Bosphore se remplira lorsque les grands fleuves qui ont leurs embouchûres dans le Pont-Euxin auront amené une aſſez grande quantité de terre pour fermer le détroit; ce qui peut arriver avec le temps, & par la diminution ſucceſſive des fleuves, dont la quantité des eaux diminue à meſure que les montagnes & les pays élevez dont ils tirent leurs ſources, s'abaiſſent par le dépouillement des terres que les pluies entraînent & que les vents enlèvent.

La mer Caſpienne & la mer Noire doivent donc être regardées plûtôt comme des lacs que comme des mers ou des golphes de l'Océan; car elles reſſemblent à d'autres lacs qui reçoivent un grand nombre de fleuves & qui ne rendent rien par les voies extérieures, comme la mer Morte, pluſieurs lacs en Afrique, &c. d'ailleurs les eaux de ces deux mers ne ſont pas à beaucoup près auſſi ſalées que celles de la Méditerranée ou de l'Océan, & tous les voyageurs aſſurent que la navigation eſt très-difficile ſur la mer Noire & ſur la mer Caſpienne, à cauſe de leur peu de profondeur & de la quantité d'écueils & de bas-fonds qui s'y rencontrent, en ſorte qu'elles ne peuvent porter que de petits vaiſſeaux *; ce qui prouve encore qu'elles ne doivent pas être regardées comme des golphes de l'Océan, mais comme des amas d'eau formez par les grands fleuves dans l'intérieur des terres.

Il arriveroit peut-être une irruption conſidérable de l'Océan dans les terres, ſi on coupoit l'iſthme qui ſépare l'Afrique de l'Aſie, comme les Rois d'Egypte, & depuis les Califes en ont eu le projet; & je ne ſçais ſi le canal

* Voyez les Voyages de Pietro della Valle, vol. 3. pag. 236.

de communication qu'on a prétendu reconnoître entre ces deux mers, eſt aſſez bien conſtaté, car la mer Rouge doit être plus élevée que la mer Méditerranée; cette mer étroite eſt un bras de l'Océan qui dans toute ſon étendue ne reçoit aucun fleuve du côté de l'Égypte, & fort peu de l'autre côté: elle ne ſera donc pas ſujette à diminuer comme les mers ou les lacs qui reçoivent en même temps les terres & les eaux que les fleuves y amènent, & qui ſe rempliſſent peu à peu. L'Océan fournit à la mer Rouge toutes ſes eaux, & le mouvement du flux & du reflux y eſt extrêmement ſenſible; ainſi elle participe immédiatement aux grands mouvemens de l'Océan. Mais la mer Méditerranée eſt plus baſſe que l'Océan, puiſque les eaux y coulent avec une très-grande rapidité par le détroit de Gibraltar: d'ailleurs elle reçoit le Nil qui coule parallèlement à la côte occidentale de la mer Rouge & qui traverſe l'Égypte dans toute ſa longueur, dont le terrein eſt par lui-même extrêmement bas; ainſi il eſt très-vraiſemblable que la mer Rouge eſt plus élevée que la Méditerranée, & que ſi on ôtoit la barrière en coupant l'iſthme de Suez, il s'enſuivroit une grande inondation & une augmentation conſidérable de la mer Méditerranée, à moins qu'on ne retînt les eaux par des digues & des écluſes de diſtance en diſtance, comme il eſt à préſumer qu'on l'a fait autrefois ſi l'ancien canal de communication a exiſté.

Mais ſans nous arrêter plus long-temps à des conjectures qui, quoique fondées, pourroient paroître trop haſardées,

hasardées, sur-tout à ceux qui ne jugent des possibilités que par les événemens actuels, nous pouvons donner des exemples récens & des faits certains sur le changement de mer en terre * & de terre en mer. A Venise le fond de la mer Adriatique s'élève tous les jours, & il y a déjà long-temps que les lagunes & la ville feroient partie du continent, si on n'avoit pas un très-grand soin de nettoyer & vuider les canaux : il en est de même de la plûpart des ports, des petites baies & des embouchûres de toutes les rivières. En Hollande le fond de la mer s'élève aussi en plusieurs endroits, car le petit golfe de Zuyderzée & le détroit du Texel ne peuvent plus recevoir de vaisseaux aussi grands qu'autrefois. On trouve à l'embouchûre de presque tous les fleuves, des isles, des sables, des terres amoncelées & amenées par les eaux, & il n'est pas douteux que la mer ne se remplisse dans tous les endroits où elle reçoit de grandes rivières. Le Rhin se perd dans les sables qu'il a lui-même accumulez ; le Danube, le Nil & tous les grands fleuves ayant entraîné beaucoup de terrein, n'arrivent plus à la mer par un seul canal, mais ils ont plusieurs bouches dont les intervalles ne sont remplis que des sables ou du limon qu'ils ont chariez. Tous les jours on dessèche des marais, on cultive des terres abandonnées par la mer, on navige sur des pays submergez ; enfin nous voyons sous nos yeux d'assez grands changemens de terres en eau & d'eau en terres, pour être assurez que ces changemens se sont faits, se font & se feront ;

* Voyez les preuves, art. 19.

en ſorte qu'avec le temps les golfes deviendront des continens, les iſthmes ſeront un jour des détroits, les marais deviendront des terres arides, & les ſommets de nos montagnes les écueils de la mer.

Les eaux ont donc couvert & peuvent encore couvrir ſucceſſivement toutes les parties des continens terreſtres, & dès-lors on doit ceſſer d'être étonné de trouver partout des productions marines & une compoſition dans l'intérieur qui ne peut être que l'ouvrage des eaux. Nous avons vû comment ſe ſont formées les couches horizontales de la terre, mais nous n'avons encore rien dit des fentes perpendiculaires qu'on remarque dans les rochers, dans les carrières, dans les argilles, &c. & qui ſe trouvent auſſi généralement * que les couches horizontales dans toutes les matières qui compoſent le globe; ces fentes perpendiculaires ſont à la vérité beaucoup plus éloignées les unes des autres que les couches horizontales, & plus les matières ſont molles, plus ces fentes paroiſſent être éloignées les unes des autres. Il eſt fort ordinaire dans les carrières de marbre ou de pierre dure, de trouver les fentes perpendiculaires éloignées ſeulement de quelques pieds; ſi la maſſe des rochers eſt fort grande, on les trouve éloignées de quelques toiſes, quelquefois elles deſcendent depuis le ſommet des rochers juſqu'à leur baſe, ſouvent elles ſe terminent à un lit inférieur du rocher, mais elles ſont toûjours perpendiculaires aux couches horizontales dans toutes les matières calcinables,

* Voyez les preuves, art. 17.

comme les craies, les marnes, les pierres, les marbres, &c. au lieu qu'elles ſont plus obliques & plus irrégulièrement poſées dans les matières vitrifiables, dans les carrières de grès & les rochers de caillou, où elles ſont intérieurement garnies de pointes de cryſtal & de minéraux de toute eſpèce, & dans les carrières de marbre ou de pierre calcinable, elles ſont remplies de ſpar, de gypſe, de gravier & d'un ſable terreux qui eſt bon pour bâtir & qui contient beaucoup de chaux; dans les argilles, dans les craies, dans les marnes & dans toutes les autres eſpèces de terre, à l'exception des tufs, on trouve ces fentes perpendiculaires ou vuides, ou remplies de quelques matières que l'eau y a conduites.

Il me ſemble qu'on ne doit pas aller chercher loin la cauſe & l'origine de ces fentes perpendiculaires; comme toutes les matières ont été amenées & dépoſées par les eaux, il eſt naturel de penſer qu'elles étoient détrempées & qu'elles contenoient d'abord une grande quantité d'eau, peu à peu elles ſe ſont durcies & reſſuyées, & en ſe deſſéchant elles ont diminué de volume, ce qui les a fait fendre de diſtance en diſtance: elles ont dû ſe fendre perpendiculairement, parce que l'action de la peſanteur des parties les unes ſur les autres eſt nulle dans cette direction, & qu'au contraire elle eſt tout-à-fait oppoſée à cette *diſruption* dans la ſituation horizontale, ce qui a fait que la diminution de volume n'a pû avoir d'effet ſenſible que dans la direction verticale. Je dis que c'eſt la diminution du volume par le deſſéchement qui ſeule a produit ces fentes perpendiculaires, & que ce n'eſt pas l'eau contenue dans l'intérieur de ces matières qui a cherché des iſſues & qui a formé ces fentes; car j'ai ſouvent obſervé que les deux parois de ces fentes ſe répondent dans toute leur hauteur auſſi exactement que deux morceaux de bois qu'on viendroit de fendre: leur intérieur eſt rude & ne paroît pas avoir eſſuyé le frottement des eaux qui auroient à la longue poli & uſé les ſurfaces; ainſi ces fentes ſe ſont faites ou tout à coup, ou peu à peu par le deſſéchement, comme nous voyons les gerçures ſe faire dans les bois, & la plus grande partie de l'eau s'eſt évaporée par les pores. Mais nous ferons voir dans notre diſcours ſur les minéraux, qu'il reſte encore de cette eau primitive dans les pierres & dans pluſieurs autres matières, & qu'elle ſert à la production des cryſtaux, des minéraux & de pluſieurs autres ſubſtances terreſtres.

L'ouverture de ces fentes perpendiculaires varie beaucoup pour la grandeur, quelques-unes n'ont qu'un demi-pouce, un pouce, d'autres ont un pied, deux pieds, il y en a qui ont quelquefois pluſieurs toiſes, & ces dernières forment entre les deux parties du rocher ces précipices qu'on rencontre ſi ſouvent dans les Alpes & dans toutes les hautes montagnes : on voit bien que celles dont l'ouverture eſt petite, ont été produites par le ſeul deſſéchement, mais celles qui préſentent une ouverture de quelques pieds de largeur ne ſe ſont pas augmentées à ce point par cette ſeule cauſe, c'eſt auſſi parce que la baſe qui porte le rocher ou les terres ſupérieures, s'eſt affaiſſée un peu plus d'un côté que de l'autre, & un petit affaiſſement dans la baſe, par exemple, une ligne ou deux, ſuffit pour produire dans une hauteur conſidérable des ouvertures de pluſieurs pieds & même de pluſieurs toiſes; quelquefois auſſi les rochers coulent un peu ſur leur baſe de glaiſe ou de ſable, & les fentes perpendiculaires deviennent plus grandes par ce mouvement. Je ne parle pas encore de ces larges ouvertures, de ces énormes coupures qu'on trouve dans les rochers & dans les montagnes; elles ont été produites par de grands affaiſſemens, comme ſeroit celui d'une caverne intérieure qui ne pouvant plus ſoûtenir le poids dont elle eſt chargée, s'affaiſſe & laiſſe un intervalle conſidérable entre les terres ſupérieures. Ces intervalles ſont différens des fentes perpendiculaires, ils paroiſſent être des portes ouvertes par les mains de la Nature pour la communication des Nations. C'eſt de cette façon que ſe préſentent les portes qu'on trouve dans les chaînes de montagnes & les ouvertures des détroits de la mer, comme les Thermopyles, les portes du Caucaſe, des Cordillères, &c. la porte du détroit de Gibraltar entre les monts Calpe & Abyla, la porte de l'Helleſpont, &c. Ces ouvertures n'ont point été formées par la ſimple ſéparation des matières, comme les fentes dont nous venons de parler *, mais par l'affaiſſement & la deſtruction d'une partie même des terres qui a été ou engloutie ou renverſée.

Ces grands affaiſſemens, quoique produits par des cauſes

* Voyez les preuves, art. 17.

accidentelles [a] & ſecondaires, ne laiſſent pas que de tenir une des premières places entre les principaux faits de l'Hiſtoire de la Terre, & ils n'ont pas peu contribué à changer la face du globe. La plûpart ſont cauſez par des feux intérieurs, dont l'exploſion fait les tremblemens de terre & les volcans : rien n'eſt comparable à la force [b] de ces matières enflammées & reſſerrées dans le ſein de la terre, on a vû des villes entières englouties, des provinces bouleverſées, des montagnes renverſées par leur effort; mais quelque grande que ſoit cette violence, & quelque prodigieux que nous en paroiſſent les effets, il ne faut pas croire que ces feux viennent d'un feu central, comme quelques Auteurs l'ont écrit, ni même qu'ils viennent d'une grande profondeur, comme c'eſt l'opinion commune; car l'air eſt abſolument néceſſaire à leur embraſement, au moins pour l'entretenir; on peut s'aſſurer en examinant les matières qui ſortent des volcans dans les plus violentes éruptions, que le foyer de la matière enflammée n'eſt pas à une grande profondeur, & que ce ſont des matières ſemblables à celles qu'on trouve ſur la croupe de la montagne, qui ne ſont défigurées que par la calcination & la fonte des parties métalliques qui y ſont mêlées; & pour ſe convaincre que ces matières jetées par les volcans ne viennent pas d'une grande profondeur, il n'y a qu'à faire attention à la hauteur de la montagne & juger de la force immenſe qui ſeroit néceſſaire pour pouſſer des

[a] Voyez les preuves, art. 17.

[b] V. *Agricola, de rebus quæ effluunt è terra. Tranſ. Phil. Ab. vol. 2. p. 391. Ray's Diſcourſes, pag. 272, &c.*

pierres & des minéraux à une demi-lieue de hauteur; car l'Etna, l'Hécla & plufieurs autres volcans ont au moins cette élévation au deffus des plaines. Or on fçait que l'action du feu fe fait en tout fens; elle ne pourroit donc pas s'exercer en haut avec une force capable de lancer de groffes pierres à une demi-lieue en hauteur, fans *réagir* avec la même force en bas & vers les côtés, cette réaction auroit bien-tôt détruit & percé la montagne de tous côtés, parce que les matières qui la compofent ne font pas plus dures que celles qui font lancées; & comment imaginer que la cavité qui fert de tuyau ou de canon pour conduire ces matières jufqu'à l'embouchûre du volcan, puiffe réfifter à une fi grande violence? d'ailleurs fi cette cavité defcendoit fort bas, comme l'orifice extérieur n'eft pas fort grand, il feroit comme impoffible qu'il en fortît à la fois une auffi grande quantité de matières enflammées & liquides, parce qu'elles fe choqueroient entr'elles & contre les parois du tuyau, & qu'en parcourant un efpace auffi long, elles s'éteindroient & fe durciroient. On voit fouvent couler du fommet du volcan dans les plaines, des ruiffeaux de bitume & de foufre fondu qui viennent de l'intérieur, & qui font jettez au dehors avec les pierres & les minéraux. Eft-il naturel d'imaginer que des matières fi peu folides, & dont la maffe donne fi peu de prife à une violente action, puiffent être lancées d'une grande profondeur? Toutes les obfervations qu'on fera fur ce fujet, prouveront que le feu des volcans n'eft pas éloigné du fommet de la montagne, & qu'il s'en faut bien qu'il ne deſcende [a] au niveau des plaines.

Cela n'empêche pas cependant que ſon action ne ſe faſſe ſentir dans ces plaines par des ſecouſſes & des tremblemens de terre qui s'étendent quelquefois à une très-grande diſtance, qu'il ne puiſſe y avoir des voies ſoûterraines par-où la flamme & la fumée peuvent ſe [b] communiquer d'un volcan à un autre, & que dans ce cas ils ne puiſſent agir & s'enflammer preſqu'en même temps; mais c'eſt du foier de l'embraſement dont nous parlons, il ne peut être qu'à une petite diſtance de la bouche du volcan, & il n'eſt pas néceſſaire pour produire un tremblement de terre dans la plaine, que ce foier ſoit au deſſous du niveau de la plaine, ni qu'il y ait des cavités intérieures remplies du même feu; car une violente exploſion, telle qu'eſt celle d'un volcan, peut, comme celle d'un magaſin à poudre, donner une ſecouſſe aſſez violente pour qu'elle produiſe par ſa réaction un tremblement de terre.

Je ne prétends pas dire pour cela qu'il n'y ait des tremblemens de terre produits immédiatement par des feux ſoûterrains, mais [c] il y en a qui viennent de la ſeule exploſion des volcans. Ce qui confirme tout ce que je viens d'avancer à ce ſujet, c'eſt qu'il eſt très-rare de trouver des volcans dans les plaines, ils ſont au contraire tous dans les plus hautes montagnes, & ils ont tous leur bouche au ſommet; ſi le feu intérieur qui les conſume,

[a] V. *Borelli, de Incendiis Ætnæ, &c.*

[b] Voyez *Tranſ. Phil. Abrig'd. vol. 2. page 392.*

[c] Voyez les preuves, art. 16.

s'étendoit

s'étendoit jusque dessous les plaines, ne le verroit-on pas dans le temps de ces violentes éruptions s'échapper & s'ouvrir un passage au travers du terrein des plaines! & dans le temps de la première éruption, ces feux n'auroient-ils pas plûtôt percé dans les plaines & au pied des montagnes où ils n'auroient trouvé qu'une foible résistance, en comparaison de celle qu'ils ont dû éprouver, s'il est vrai qu'ils aient ouvert & fendu une montagne d'une demi-lieue de hauteur pour trouver une issue!

Ce qui fait que les volcans sont toûjours dans les montagnes, c'est que les minéraux, les pyrites & les soufres se trouvent en plus grande quantité & plus à découvert dans les montagnes que dans les plaines, & que ces lieux élevez recevant plus aisément & en plus grande abondance les pluies & les autres impressions de l'air, ces matières minérales qui y sont exposées, se mettent en fermentation & s'échauffent jusqu'au point de s'enflammer.

Enfin on a souvent observé qu'après de violentes éruptions pendant lesquelles le volcan rejette une très-grande quantité de matières, le sommet de la montagne s'affaisse & diminue à peu près de la même quantité qu'il seroit nécessaire qu'il diminuât pour fournir les matières rejetées; autre preuve qu'elles ne viennent pas de la profondeur intérieure du pied de la montagne, mais de la partie voisine du sommet, & du sommet même.

Les tremblemens de terre ont donc produit dans plusieurs endroits des affaissemens considérables, & ont fait quelques-unes des grandes séparations qu'on trouve dans les chaînes des montagnes : toutes les autres ont été produites en même temps que les montagnes mêmes, par le mouvement des courans de la mer ; & par-tout où il n'y a pas eu de bouleversemens, on trouve les couches horizontales & les angles correspondans des montagnes[a]. Les volcans ont aussi formé des cavernes & des excavations soûterraines qu'il est aisé de distinguer de celles qui ont été formées par les eaux, qui ayant entraîné de l'intérieur des montagnes les sables & les autres matières divisées, n'ont laissé que les pierres & les rochers qui contenoient ces sables, & ont ainsi formé les cavernes que l'on remarque dans les lieux élevez ; car celles qu'on trouve dans les plaines ne sont ordinairement que des carrières anciennes ou des mines de sel & d'autres minéraux, comme la carrière de Mastrick & les mines de Pologne, &c. qui sont dans des plaines ; mais les cavernes naturelles appartiennent aux montagnes, & elles reçoivent les eaux du sommet & des environs, qui y tombent comme dans des réservoirs, d'où elles coulent ensuite sur la surface de la terre lorsqu'elles trouvent une issue. C'est à ces cavités que l'on doit attribuer l'origine des fontaines abondantes & des grosses sources, & lorsqu'une caverne s'affaisse & se comble, il s'ensuit ordinairement[b] une inondation.

On voit par tout ce que nous venons de dire, combien les feux soûterrains contribuent à changer la surface & l'intérieur du globe : cette cause est assez puissante

[a] Voyez les preuves, art. 17.

[b] V. *Trans. Phil. Abr. vol. 2. p. 322.*

pour produire d'aussi grands effets, mais on ne croiroit pas que les vents pûssent [a] causer des altérations sensibles sur la terre; la mer paroît être leur empire, & après le flux & le reflux rien n'agit avec plus de puissance sur cet élément; même le flux & le reflux marchent d'un pas uniforme, & leurs effets s'opèrent d'une manière égale & qu'on prévoit, mais les vents impétueux agissent, pour ainsi dire, par caprice, ils se précipitent avec fureur & agitent la mer avec une telle violence qu'en un instant cette plaine calme & tranquille devient hérissée de vagues hautes comme des montagnes, qui viennent se briser contre les rochers & contre les côtes; les vents changent donc à tout moment la face mobile de la mer : mais la face de la terre qui nous paroît si solide, ne devroit-elle pas être à l'abri d'un pareil effet? On sçait cependant que les vents élèvent des montagnes de sable dans l'Arabie & dans l'Afrique, qu'ils en couvrent les plaines, & que souvent ils transportent ces sables à de grandes [b] distances & jusqu'à plusieurs lieues dans la mer, où ils les amoncèlent en si grande quantité qu'ils y ont formé des bancs, des dunes & des isles. On sçait que les ouragans sont le fléau des Antilles, de Madagascar & de beaucoup d'autres pays, où ils agissent avec tant de fureur qu'ils enlèvent quelquefois les arbres, les plantes, les animaux avec toute la terre cultivée; ils font remonter & tarir les rivières, ils en produisent de nouvelles, ils

[a] Voyez les preuves, art. 15.

[b] V. *Bellarmin. de Ascen. mentis in Doum. Varen. Geogr. gen. p.* 282. Voyag. de Pyrard, tom. 1, p. 170.

renverſent les montagnes & les rochers, ils font des trous & des goufres dans la terre, & changent entièrement la ſurface des malheureuſes contrées où ils ſe forment. Heureuſement il n'y a que peu de climats expoſez à la fureur impétueuſe de ces terribles agitations de l'air.

Mais ce qui produit les changemens les plus grands & les plus généraux ſur la ſurface de la terre, ce ſont les eaux du ciel, les fleuves, les rivières & les torrens. Leur première origine vient des vapeurs que le ſoleil élève au deſſus de la ſurface des mers, & que les vents tranſportent dans tous les climats de la terre; ces vapeurs ſoûtenues dans les airs & pouſſées au gré du vent, s'attachent aux ſommets des montagnes qu'elles rencontrent, & s'y accumulent en ſi grande quantité, qu'elles y forment continuellement des nuages & retombent inceſſamment en forme de pluie, de roſée, de brouillard ou de neige. Toutes ces eaux ſont d'abord deſcendues dans les plaines* ſans tenir de route fixe, mais peu à peu elles ont creuſé leur lit, & cherchant par leur pente naturelle les endroits les plus bas de la montagne & les terreins les plus faciles à diviſer ou à pénétrer, elles ont entraîné les terres & les ſables, elles ont formé des ravines profondes en coulant avec rapidité dans les plaines, elles ſe ſont ouvert des chemins juſqu'à la mer, qui reçoit autant d'eau par ſes bords qu'elle en perd par l'évaporation; & de même que les canaux & les ravines que les fleuves ont creuſez, ont des ſinuoſités & des contours dont les angles ſont

* Voyez les preuves, art. 10. & 18.

correſpondans entr'eux, en ſorte que l'un des bords formant un angle ſaillant dans les terres, le bord oppoſé fait toûjours un angle rentrant, les montagnes & les collines qu'on doit regarder comme les bords des vallées qui les ſéparent, ont auſſi des ſinuoſités correſpondantes de la même façon; ce qui ſemble démontrer que les vallées ont été les canaux des courans de la mer, qui les ont creuſez peu à peu & de la même manière que les fleuves ont creuſé leur lit dans les terres.

Les eaux qui roulent ſur la ſurface de la terre & qui y entretiennent la verdure & la fertilité, ne ſont peut-être que la plus petite partie de celles que les vapeurs produiſent; car il y a des veines d'eau qui coulent & de l'humidité qui ſe filtre à de grandes profondeurs dans l'intérieur de la terre. Dans de certains lieux, en quelque endroit qu'on fouille, on eſt ſûr de faire un puits & de trouver de l'eau, dans d'autres on n'en trouve point du tout; dans preſque tous les vallons & les plaines baſſes on ne manque guère de trouver de l'eau à une profondeur médiocre; au contraire dans tous les lieux élevez & dans toutes les plaines en montagne, on ne peut en tirer du ſein de la terre, & il faut ramaſſer les eaux du ciel. Il y a des pays d'une vaſte étendue où l'on n'a jamais pû faire un puits & où toutes les eaux qui ſervent à abreuver les habitans & les animaux ſont contenues dans des mares & des cîternes. En Orient, ſur-tout dans l'Arabie, dans l'Egypte, dans la Perſe, &c. les puits ſont extrêmement rares, auſſi-bien que les ſources d'eau douce, & ces peuples ont été obligez de faire de grands réservoirs pour recueillir les eaux des pluies & des neiges : ces ouvrages faits pour la nécessité publique, sont peut-être les plus beaux & les plus magnifiques monumens des Orientaux; il y a des réservoirs qui ont jusqu'à deux lieues de surface, & qui servent à arroser & à abreuver une province entière, au moyen des saignées & des petits ruisseaux qu'on en dérive de tous côtés. Dans d'autres pays au contraire, comme dans les plaines où coulent les grands fleuves de la terre, on ne peut pas fouiller un peu profondément sans trouver de l'eau, & dans un camp situé aux environs d'une rivière, souvent chaque tente a son puits au moyen de quelques coups de pioche.

Cette quantité d'eau qu'on trouve par-tout dans les lieux bas, vient des terres supérieures & des collines voisines, au moins pour la plus grande partie; car dans le temps des pluies & de la fonte des neiges, une partie des eaux coule sur la surface de la terre, & le reste pénètre dans l'intérieur à travers les petites fentes des terres & des rochers, & cette eau sourcille en différens endroits lorsqu'elle trouve des issues, ou bien elle se filtre dans les sables, & lorsqu'elle vient à trouver un fond de glaise ou de terre ferme & solide, elle forme des lacs, des ruisseaux, & peut-être des fleuves soûterrains dont le cours & l'embouchûre nous sont inconnus, mais dont cependant par les loix de la Nature le mouvement ne peut se faire qu'en allant d'un lieu plus élevé dans un lieu plus bas, & par conséquent ces eaux soûterraines doivent tomber dans la mer ou se rassembler dans quelque lieu bas de la terre, soit à la surface, soit dans l'intérieur du globe; car nous connoissons sur la terre quelques lacs dans lesquels il n'entre & desquels il ne sort aucune rivière, & il y en a un nombre beaucoup plus grand qui ne recevant aucune rivière considérable, sont les sources des plus grands fleuves de la terre, comme les lacs du fleuve Saint-Laurent, le lac Chiamé, d'où sortent deux grandes rivières qui arrosent les royaumes d'Asem & de Pegu, les lacs d'Assimpovals en Amérique, ceux d'Ozera en Moscovie, celui qui donne naissance au fleuve Bog, celui dont sort la grande rivière Irtis, &c. & une infinité d'autres qui semblent être les réservoirs * d'où la Nature verse de tous côtés les eaux qu'elle distribue sur la surface de la terre. On voit bien que ces lacs ne peuvent être produits que par les eaux des terres supérieures qui coulent par de petits canaux soûterrains en se filtrant à travers les graviers & les sables, & viennent toutes se rassembler dans les lieux les plus bas où se trouvent ces grands amas d'eau. Au reste il ne faut pas croire, comme quelques gens l'ont avancé, qu'il se trouve des lacs au sommet des plus hautes montagnes; car ceux qu'on trouve dans les Alpes & dans les autres lieux hauts, sont tous surmontez par des terres beaucoup plus hautes, & sont au pied d'autres montagnes peut-être plus élevées que les premières, ils tirent leur origine des eaux qui coulent à l'extérieur ou se filtrent dans l'intérieur de ces montagnes.

* Voyez les preuves, art. 11.

tout de même que les eaux des vallons & des plaines tirent leur ſource des collines voiſines & des terres plus éloignées qui les ſurmontent.

Il doit donc ſe trouver, & il ſe trouve en effet dans l'intérieur de la terre, des lacs & des eaux répandues, ſur-tout au deſſous des plaines * & des grandes vallées; car les montagnes, les collines & toutes les hauteurs qui ſurmontent les terres baſſes, ſont découvertes tout autour & préſentent dans leur penchant une coupe ou perpendiculaire ou inclinée, dans l'étendue de laquelle les eaux qui tombent ſur le ſommet de la montagne & ſur les plaines élevées, après avoir pénétré dans les terres, ne peuvent manquer de trouver iſſue & de ſortir de pluſieurs endroits en forme de ſources & de fontaines, & par conſéquent il n'y aura que peu ou point d'eau ſous les montagnes : dans les plaines au contraire, comme l'eau qui ſe filtre dans les terres ne peut trouver d'iſſue, il y aura des amas d'eau ſoûterrains dans les cavités de la terre, & une grande quantité d'eau qui ſuintera à travers les fentes des glaiſes & des terres fermes, ou qui ſe trouvera diſperſée & diviſée dans les graviers & dans les ſables. C'eſt cette eau qu'on trouve par-tout dans les lieux bas; pour l'ordinaire le fond d'un puits n'eſt autre choſe qu'un petit baſſin dans lequel les eaux qui ſuintent des terres voiſines, ſe raſſemblent en tombant d'abord goutte à goutte, & enſuite en filets d'eau continus, lorſque les routes ſont ouvertes aux eaux les plus éloignées; enſorte qu'il eſt vrai de dire que quoique dans

* Voyez les preuves, art. 18.

les plaines

les plaines basses on trouve de l'eau par-tout, on ne pourroit cependant y faire qu'un certain nombre de puits, proportionné à la quantité d'eau dispersée, ou plûtôt à l'étendue des terres plus élevées d'où ces eaux tirent leur source.

Dans la plûpart des plaines il n'est pas nécessaire de creuser jusqu'au niveau de la rivière pour avoir de l'eau ; on la trouve ordinairement à une moindre profondeur, & il n'y a pas d'apparence que l'eau des fleuves & des rivières s'étende loin en se filtrant à travers les terres ; on ne doit pas non plus leur attribuer l'origine de toutes les eaux qu'on trouve au dessous de leur niveau dans l'intérieur de la terre, car dans les torrens, dans les rivières qui tarissent, dans celles dont on détourne le cours, on ne trouve pas, en fouillant dans leur lit, plus d'eau qu'on n'en trouve dans les terres voisines ; il ne faut qu'une langue de terre de cinq ou six pieds d'épaisseur pour contenir l'eau & l'empêcher de s'échapper, & j'ai souvent observé que les bords des ruisseaux & des mares ne sont pas sensiblement humides à six pouces de distance. Il est vrai que l'étendue de la filtration est plus ou moins grande selon que le terrein est plus ou moins pénétrable ; mais si l'on examine les ravines qui se forment dans les terres & même dans les sables, on reconnoîtra que l'eau passe toute dans le petit espace qu'elle se creuse elle-même, & qu'à peine les bords sont mouillez à quelques pouces de distance dans ces sables ; dans les terres végétales même, où la filtration doit être beaucoup plus grande que dans les ſables & dans les autres terres, puiſqu'elle eſt aidée de la force du tuyau capillaire, on ne s'aperçoit pas qu'elle s'étende fort loin. Dans un jardin on arroſe abondamment, & on inonde, pour ainſi dire, une planche, ſans que les planches voiſines s'en reſſentent conſidérablement; j'ai remarqué en examinant de gros monceaux de terre de jardin de huit ou dix pieds d'épaiſſeur, qui n'avoient pas été remuez depuis quelques années & dont le ſommet étoit à peu près de niveau, que l'eau des pluies n'a jamais pénétré à plus de trois ou quatre pieds de profondeur; en ſorte qu'en remuant cette terre au printemps après un hiver fort humide, j'ai trouvé la terre de l'intérieur de ces monceaux auſſi sèche que quand on l'avoit amoncelée. J'ai fait la même obſervation ſur des terres accumulées depuis près de deux cens ans, au deſſous de trois ou quatre pieds de profondeur la terre étoit auſſi sèche que la pouſſière; ainſi l'eau ne ſe communique ni ne s'étend pas auſſi loin qu'on le croit par la ſeule filtration : cette voie n'en fournit dans l'intérieur de la terre que la plus petite partie; mais depuis la ſurface juſqu'à de grandes profondeurs l'eau deſcend par ſon propre poids, elle pénètre par des conduits naturels ou par de petites routes qu'elle s'eſt ouvertes elle-même, elle ſuit les racines des arbres, les fentes des rochers, les interſtices des terres, & ſe diviſe & s'étend de tous côtés en une infinité de petits rameaux & de filets toûjours en deſcendant, juſqu'à ce qu'elle trouve une iſſue après avoir rencontré la glaiſe ou un autre terrein ſolide, ſur lequel elle s'eſt raſſemblée.

Il feroit fort difficile de faire une évaluation un peu jufte de la quantité des eaux foûterraines qui n'ont point d'iffue apparente *. Bien des gens ont prétendu qu'elle furpaffoit de beaucoup celle de toutes les eaux qui font à la furface de la terre, & fans parler de ceux qui ont avancé que l'intérieur du globe étoit abfolument rempli d'eau, il y en a qui croient qu'il y a une infinité de fleuves, de ruiffeaux, de lacs dans la profondeur de la terre: mais cette opinion, quoique commune, ne me paroît pas fondée, & je crois que la quantité des eaux foûterraines qui n'ont point d'iffue à la furface du globe, n'eft pas confidérable; car s'il y avoit un fi grand nombre de rivières foûterraines, pourquoi ne verrions-nous pas à la furface de la terre les embouchûres de quelques-unes de ces rivières, & par conféquent des fources groffes comme des fleuves? D'ailleurs les rivières & toutes les eaux courantes produifent des changemens très-confidérables à la furface de la terre; elles entraînent les terres, creufent les rochers, déplacent tout ce qui s'oppofe à leur paffage: il en feroit de même des fleuves foûterrains, ils produiroient des altérations fenfibles dans l'intérieur du globe; mais on n'y a point obfervé de ces changemens produits par le mouvement des eaux, rien n'eft déplacé; les couches parallèles & horizontales fubfiftent par-tout, les différentes matières gardent par-tout leur pofition primitive, & ce n'eft qu'en fort peu d'endroits qu'on a obfervé quelques veines d'eau foûterraines un peu confidérables.

* Voyez les preuves, art. 10, 11 & 18.

Ainſi l'eau ne travaille point en grand dans l'intérieur de la terre, mais elle y fait bien de l'ouvrage en petit : comme elle eſt diviſée en une infinité de filets, qu'elle eſt retenue par autant d'obſtacles, & enfin qu'elle eſt diſperſée preſque par-tout, elle concourt immédiatement à la formation de pluſieurs ſubſtances terreſtres qu'il faut diſtinguer avec ſoin des matières anciennes, & qui en effet en diffèrent totalement par leur forme & par leur organiſation.

Ce ſont donc les eaux raſſemblées dans la vaſte étendue des mers, qui par le mouvement continuel du flux & du reflux ont produit les montagnes, les vallées & les autres inégalités de la terre ; ce ſont les courans de la mer qui ont creuſé les vallons & élevé les collines en leur donnant des directions correſpondantes ; ce ſont ces mêmes eaux de la mer, qui en tranſportant les terres, les ont diſpoſées les unes ſur les autres par lits horizontaux, & ce ſont les eaux du ciel qui peu à peu détruiſent l'ouvrage de la mer, qui rabaiſſent continuellement la hauteur des montagnes, qui comblent les vallées, les bouches des fleuves & les golfes, & qui ramenant tout au niveau, rendront un jour cette terre à la mer, qui s'en emparera ſucceſſivement, en laiſſant à découvert de nouveaux continens entre-coupez de vallons & de montagnes, & tout ſemblables à ceux que nous habitons aujourd'hui.

A Montbard, le 3 octobre 1744.

PREUVES
DE LA
THÉORIE
DE LA TERRE.

Fecitque cadendo
Undique ne caderet.

Manil.

N. Blakey Londinens. inv. del. — Le Fessard Sculp

PREUVES
DE LA
THÉORIE DE LA TERRE.

ARTICLE I.

De la formation des Planètes.

NOTRE objet étant l'Hiſtoire Naturelle, nous nous diſpenſerions volontiers de parler d'Aſtronomie ; mais la Phyſique de la terre tient à la Phyſique céleſte, & d'ailleurs nous croyons que pour une plus grande intelligence de ce qui a été dit, il eſt néceſſaire de donner quelques idées générales ſur la formation, le mouvement & la figure de la Terre & des Planètes.

La terre eſt un globe d'environ trois mille lieues de diamètre, elle eſt ſituée à trente millions de lieues du ſoleil, autour duquel elle fait ſa révolution en trois cens ſoixante-cinq jours. Ce mouvement de révolution eſt le réſultat de deux forces, l'une qu'on peut ſe repréſenter comme une impulſion de droite à gauche, ou de gauche à droite, & l'autre comme une attraction du haut en bas, ou du bas en haut vers un centre. La direction de ces deux forces & leurs quantités ſont combinées & proportionnées de façon qu'il en réſulte un mouvement preſqu'uniforme dans une ellipſe fort approchante d'un cercle. Semblable aux autres planètes la terre eſt opaque, elle fait ombre, elle reçoit & réfléchit la lumière du ſoleil, & elle tourne autour de cet aſtre ſuivant les loix qui conviennent à ſa diſtance & à ſa denſité relative; elle tourne auſſi ſur elle-même en vingt-quatre heures, & l'axe autour duquel ſe fait ce mouvement de rotation, eſt incliné de ſoixante-ſix degrés & demi ſur le plan de l'orbite de ſa révolution. Sa figure eſt celle d'un ſphéroïde dont les deux axes diffèrent d'environ une cent ſoixante & quinzième partie, & le plus petit axe eſt celui autour duquel ſe fait la rotation.

Ce ſont-là les principaux phénomènes de la terre, ce ſont-là les réſultats des grandes découvertes que l'on a faites par le moyen de la Géométrie, de l'Aſtronomie & de la Navigation. Nous n'entrerons point ici dans le détail qu'elles exigent pour être démontrées, & nous n'examinerons pas comment on eſt venu au point de s'aſſurer de la vérité de tous ces faits, ce ſeroit répéter ce qui a été dit; nous ferons ſeulement quelques remarques qui pourront ſervir à éclaircir ce qui eſt encore douteux ou conteſté, & en même temps nous donnerons nos idées au ſujet au sujet de la formation des planètes, & des différens états par-où il est possible qu'elles aient passé avant que d'être parvenues à l'état où nous les voyons aujourd'hui. On trouvera dans la suite de cet ouvrage des extraits de tant de systêmes & de tant d'hypothèses sur la formation du globe terrestre, sur les différens états par-où il a passé & sur les changemens qu'il a subis, qu'on ne peut pas trouver mauvais que nous joignions ici nos conjectures à celles des Philosophes qui ont écrit sur ces matières, & sur-tout lorsqu'on verra que nous ne les donnons en effet que pour de simples conjectures, auxquelles nous prétendons seulement assigner un plus grand degré de probabilité qu'à toutes celles qu'on a faites sur le même sujet; nous nous refusons d'autant moins à publier ce que nous avons pensé sur cette matière, que nous espérons par-là mettre le lecteur plus en état de prononcer sur la grande différence qu'il y a entre une hypothèse où il n'entre que des possibilités, & une théorie fondée sur des faits, entre un systême tel que nous allons en donner un dans cet article sur la formation & le premier état de la terre, & une histoire physique de son état actuel, telle que nous venons de la donner dans le discours précédent.

Galilée ayant trouvé la loi de la chûte des corps, & Képler ayant observé que les aires que les planètes principales décrivent autour du soleil, & celles que les satellites décrivent autour de leur planète principale, sont proportionnelles aux temps, & que les temps des révolutions des planètes & des satellites sont proportionnels aux racines quarrées des cubes de leurs diſtances au ſoleil ou à leurs planètes principales, Newton trouva que la force qui fait tomber les graves ſur la ſurface de la terre, s'étend juſqu'à la lune & la retient dans ſon orbite; que cette force diminue en même proportion que le quarré de la diſtance augmente, que par conſéquent la lune eſt attirée par la terre, que la terre & toutes les planètes ſont attirées par le ſoleil, & qu'en général tous les corps qui décrivent autour d'un centre ou d'un foyer des aires proportionnelles aux temps, ſont attirez vers ce point. Cette force, que nous connoiſſons ſous le nom de peſanteur, eſt donc généralement répandue dans toute la matière; les planètes, les comètes, le ſoleil, la terre, tout eſt ſujet à ſes loix, & elle ſert de fondement à l'harmonie de l'Univers; nous n'avons rien de mieux prouvé en Phyſique que l'exiſtence actuelle & individuelle de cette force dans les planètes, dans le ſoleil, dans la terre & dans toute la matière que nous touchons ou que nous apercevons. Toutes les obſervations ont confirmé l'effet actuel de cette force, & le calcul en a déterminé la quantité & les rapports; l'exactitude des Géomètres & la vigilance des Aſtronomes atteignent à peine à la préciſion de cette méchanique céleſte, & à la régularité de ſes effets.

Cette cauſe générale étant connue, on en déduiroit aiſément les phénomènes ſi l'action des forces qui les produiſent, n'étoit pas trop combinée; mais qu'on ſe repréſente un moment le ſyſtème du monde ſous ce point de vûe, & on ſentira quel cahos on a eu à débrouiller.

Les planètes principales ſont attirées par le ſoleil, le ſoleil eſt attiré par les planètes, les ſatellites ſont auſſi attirez par leurs planètes principales, chaque planète eſt attirée par toutes les autres, & elle les attire auſſi : toutes ces actions & réactions varient ſuivant les maſſes & les diſtances, elles produiſent des inégalités, des irrégularités; comment combiner & évaluer une ſi grande quantité de rapports ! Paroît-il poſſible au milieu de tant d'objets, de ſuivre un objet particulier ! Cependant on a ſurmonté ces difficultés, le calcul a confirmé ce que la raiſon avoit ſoupçonné; chaque obſervation eſt devenue une nouvelle démonſtration, & l'ordre ſyſtématique de l'Univers eſt à découvert aux yeux de tous ceux qui ſçavent reconnoître la vérité.

Une ſeule choſe arrête, & eſt en effet indépendante de cette théorie, c'eſt la force d'impulſion; l'on voit évidemment que celle d'attraction tirant toûjours les planètes vers le ſoleil, elles tomberoient en ligne perpendiculaire ſur cet aſtre, ſi elles n'en étoient éloignées par une autre force, qui ne peut être qu'une impulſion en ligne droite, dont l'effet s'exerceroit dans la tangente de l'orbite, ſi la force d'attraction ceſſoit un inſtant. Cette force d'impulſion a certainement été communiquée aux aſtres en général par la main de Dieu, lorſqu'elle donna le branle à l'Univers; mais comme on doit, autant qu'on peut, en Phyſique s'abſtenir d'avoir recours aux cauſes qui ſont hors de la Nature, il me paroît que dans le ſyſtème ſolaire on peut rendre raiſon de cette force d'impulſion d'une manière assez vrai-semblable, & qu'on peut en trouver une cause dont l'effet s'accorde avec les règles de la Méchanique, & qui d'ailleurs ne s'éloigne pas des idées qu'on doit avoir au sujet des changemens & des révolutions qui peuvent & doivent arriver dans l'Univers.

La vaste étendue du systême solaire, ou, ce qui revient au même, la sphère de l'attraction du soleil ne se borne pas à l'orbe des planètes, même les plus éloignées, mais elle s'étend à une distance indéfinie, toûjours en décroissant, dans la même raison que le quarré de la distance augmente; il est démontré que les comètes qui se perdent à nos yeux dans la profondeur du ciel, obéissent à cette force, & que leur mouvement, comme celui des planètes, dépend de l'attraction du soleil. Tous ces astres dont les routes sont si différentes, décrivent autour du soleil, des aires proportionnelles aux temps, les planètes dans des ellipses plus ou moins approchantes d'un cercle, & les comètes dans des ellipses fort alongées. Les comètes & les planètes se meuvent donc en vertu de deux forces, l'une d'attraction & l'autre d'impulsion, qui agissant à la fois & à tout instant, les obligent à décrire ces courbes; mais il faut remarquer que les comètes parcourent le systême solaire dans toute sorte de directions, & que les inclinaisons des plans de leurs orbites sont fort différentes entr'elles, en sorte que quoique sujettes, comme les planètes, à la même force d'attraction, les comètes n'ont rien de commun dans leur mouvement d'impulsion, elles paroissent à cet égard absolument indépendantes les unes des autres. Les planètes, au contraire, tournent toutes dans le même ſens autour du ſoleil, & preſque dans le même plan, n'y ayant que ſept degrés & demi d'inclinaiſon entre les plans les plus éloignés de leurs orbites : cette conformité de poſition & de direction dans le mouvement des planètes, ſuppoſe néceſſairement quelque choſe de commun dans leur mouvement d'impulſion, & doit faire ſoupçonner qu'il leur a été communiqué par une ſeule & même cauſe.

Ne peut-on pas imaginer avec quelque ſorte de vraiſemblance, qu'une comète tombant ſur la ſurface du ſoleil, aura déplacé cet aſtre, & qu'elle en aura ſéparé quelques petites parties auxquelles elle aura communiqué un mouvement d'impulſion dans le même ſens & par un même choc, en ſorte que les planètes auroient autrefois appartenu au corps du ſoleil, & qu'elles en auroient été détachées par une force impulſive commune à toutes, qu'elles conſervent encore aujourd'hui?

Cela me paroît au moins auſſi probable que l'opinion de M. Leibnitz qui prétend que les planètes & la terre ont été des ſoleils, & je crois que ſon ſyſtème, dont on trouvera le précis à l'article cinquième, auroit acquis un grand degré de généralité & un peu plus de probabilité, s'il ſe fût élevé à cette idée. C'eſt ici le cas de croire avec lui que la choſe arriva dans le temps que Moyſe dit que Dieu ſépara la lumière des ténèbres; car, ſelon Leibnitz, la lumière fut ſéparée des ténèbres lorſque les planètes s'éteignirent. Mais ici la ſéparation eſt phyſique

& réelle, puiſque la matière opaque qui compoſe les corps des planètes, fut réellement ſéparée de la matière lumineuſe qui compoſe le ſoleil.

Cette idée ſur la cauſe du mouvement d'impulſion des planètes paroîtra moins haſardée lorſqu'on raſſemblera toutes les analogies qui y ont rapport, & qu'on voudra ſe donner la peine d'en eſtimer les probabilités. La première eſt cette direction commune de leur mouvement d'impulſion, qui fait que les ſix planètes vont toutes d'occident en orient; il y a déja 64 à parier contre un qu'elles n'auroient pas eu ce mouvement dans le même ſens, ſi la même cauſe ne l'avoit pas produit, ce qu'il eſt aiſé de prouver par la doctrine des haſards.

Cette probabilité augmentera prodigieuſement par la ſeconde analogie, qui eſt que l'inclinaiſon des orbites n'excède pas 7 degrés & demi; car en comparant les eſpaces on trouve qu'il y a 24 contre un pour que deux planètes ſe trouvent dans des plans plus éloignez, & par conſéquent $\overline{24}^5$ ou 7692624 à parier contre un, que ce n'eſt pas par haſard qu'elles ſe trouvent toutes ſix ainſi placées & renfermées dans l'eſpace de 7 degrés & demi, ou, ce qui revient au même, il y a cette probabilité qu'elles ont quelque choſe de commun dans le mouvement qui leur a donné cette poſition. Mais que peut-il y avoir de commun dans l'impreſſion d'un mouvement d'impulſion, ſi ce n'eſt la force & la direction des corps qui le communiquent? on peut donc conclurre avec une très-grande vrai-ſemblance que les planètes ont reçu leur mouvement d'impulſion par un ſeul coup. Cette probabilité, qui équivaut preſque à une certitude, étant acquiſe, je cherche quel corps en mouvement a pû faire ce choc & produire cet effet, & je ne vois que les comètes capables de communiquer un auſſi grand mouvement à d'auſſi vaſtes corps.

Pour peu qu'on examine le cours des comètes, on ſe perſuadera aiſément qu'il eſt preſque néceſſaire qu'il en tombe quelquefois dans le ſoleil. Celle de 1680 en approcha de ſi près, qu'à ſon périhélie elle n'en étoit pas éloignée de la ſixième partie du diamètre ſolaire ; & ſi elle revient, comme il y a apparence, en l'année 2255, elle pourroit bien tomber cette fois dans le ſoleil ; cela dépend des rencontres qu'elle aura faites ſur ſa route, & du retardement qu'elle a ſouffert en paſſant dans l'atmoſphère du ſoleil. *Voyez Newton, 3ᵉ édit. pag. 525.*

Nous pouvons donc préſumer avec le Philoſophe que nous venons de citer, qu'il tombe quelquefois des comètes ſur le ſoleil ; mais cette chûte peut ſe faire de différentes façons : ſi elles y tombent à plomb, ou même dans une direction qui ne ſoit pas fort oblique, elles demeureront dans le ſoleil, & ſerviront d'aliment au feu qui conſume cet aſtre, & le mouvement d'impulſion qu'elles auront perdu & communiqué au ſoleil, ne produira d'autre effet que celui de le déplacer plus ou moins, ſelon que la maſſe de la comète ſera plus ou moins conſidérable ; mais ſi la chûte de la comète ſe fait dans une direction fort oblique, ce qui doit arriver plus ſouvent de cette façon que de l'autre, alors la comète ne fera que raser la surface du soleil ou la sillonner à une petite profondeur, & dans ce cas elle pourra en sortir & en chasser quelques parties de matière, auxquelles elle communiquera un mouvement commun d'impulsion, & ces parties poussées hors du corps du soleil, & la comète elle-même, pourront devenir alors des planètes qui tourneront autour de cet astre dans le même sens, & dans le même plan. On pourroit peut-être calculer quelle masse, quelle vîtesse & quelle direction devroit avoir une comète pour faire sortir du soleil une quantité de matière égale à celle que contiennent les six planètes & leurs satellites; mais cette recherche seroit ici hors de sa place, il suffira d'observer que toutes les planètes avec les satellites ne font pas la 650me partie de la masse du soleil, *Voyez Newton, pag. 405*, parce que la densité des grosses planètes, Saturne & Jupiter, est moindre que celle du soleil, & que quoique la terre soit quatre fois, & la lune près de cinq fois plus dense que le soleil, elles ne sont cependant que comme des atomes en comparaison de la masse de cet astre.

J'avoue que quelque peu considérable que soit une six cens cinquantième partie d'un tout, il paroît au premier coup d'œil qu'il faudroit, pour séparer cette partie du corps du soleil, une très-puissante comète; mais si on fait réflexion à la vîtesse prodigieuse des comètes dans leur périhélie, vîtesse d'autant plus grande que leur route est plus droite, & qu'elles approchent du soleil de plus près; si d'ailleurs ſi d'ailleurs on fait attention à la denſité, à la *fixité* & à la ſolidité de la matière dont elles doivent être compoſées, pour ſouffrir, ſans être détruites, la chaleur inconcevable qu'elles éprouvent auprès du ſoleil, & ſi on ſe ſouvient en même temps qu'elles préſentent aux yeux des obſervateurs un noyau vif & ſolide, qui réfléchit fortement la lumière du ſoleil à travers l'atmoſphère immenſe de la comète qui enveloppe & doit obſcurcir ce noyau, on ne pourra guère douter que les comètes ne ſoient compoſées d'une matière très-ſolide & très-denſe, & qu'elles ne contiennent ſous un petit volume une grande quantité de matière; que par conſéquent une comète ne puiſſe avoir aſſez de maſſe & de vîteſſe pour déplacer le ſoleil, & donner un mouvement de projectile à une quantité de matière auſſi conſidérable que l'eſt la 650me partie de la maſſe de cet aſtre. Ceci s'accorde parfaitement avec ce que l'on ſçait au ſujet de la denſité des planètes, on croit qu'elle eſt d'autant moindre que les planètes ſont plus éloignées du ſoleil & qu'elles ont moins de chaleur à ſupporter, en ſorte que Saturne eſt moins denſe que Jupiter, & Jupiter beaucoup moins denſe que la terre : & en effet, ſi la denſité des planètes étoit, comme le prétend Newton, proportionnelle à la quantité de chaleur qu'elles ont à ſupporter, Mercure ſeroit ſept fois plus denſe que la terre, & vingt-huit fois plus denſe que le ſoleil, la comète de 1680 ſeroit 28000 fois plus denſe que la terre, ou 112000 fois plus denſe que le ſoleil, & en la ſuppoſant groſſe comme la terre, elle contiendroit ſous ce volume une quantité de matière égale à peu près à la neuvième partie de la maſſe du ſoleil, ou, en ne lui donnant que la centième partie de la groſſeur de la terre, ſa maſſe ſeroit encore égale à la 900me partie du ſoleil; d'où il eſt aiſé de conclurre qu'une telle maſſe qui ne fait qu'une petite comète, pourroit ſéparer & pouſſer hors du ſoleil une 900me ou une 650me partie de ſa maſſe, ſur-tout ſi l'on fait attention à l'immenſe *vîteſſe-acquiſe* avec laquelle les comètes ſe meuvent lorſqu'elles paſſent dans le voiſinage de cet aſtre.

Une autre analogie, & qui mérite quelqu'attention, c'eſt la conformité entre la denſité de la matière des planètes & la denſité de la matière du ſoleil. Nous connoiſſons ſur la ſurface de la terre des matières 14 ou 15000 fois plus denſes les unes que les autres, les denſités de l'or & de l'air ſont à peu près dans ce rapport; mais l'intérieur de la terre & le corps des planètes ſont compoſez de parties plus ſimilaires & dont la denſité comparée varie beaucoup moins, & la conformité de la denſité de la matière des planètes & de la denſité de la matière du ſoleil eſt telle, que ſur 650 parties qui compoſent la totalité de la matière des planètes, il y en a plus de 640 qui ſont preſque de la même denſité que la matière du ſoleil, & qu'il n'y a pas dix parties ſur ces 650 qui ſoient d'une plus grande denſité; car Saturne & Jupiter ſont à peu près de la même denſité que le ſoleil, & la quantité de matière que ces deux planètes contiennent, eſt au moins 64 fois plus grande que la quantité de matière des quatre planètes inférieures, Mars, la Terre, Vénus & Mercure. On doit donc dire que la matière dont ſont composées les planètes en général, eſt à peu près la même que celle du ſoleil, & que par conſéquent cette matière peut en avoir été ſéparée.

Mais, dira-t-on, ſi la comète en tombant obliquement ſur le ſoleil, en a ſillonné la ſurface & en a fait ſortir la matière qui compoſe les planètes, il paroît que toutes les planètes, au lieu de décrire des cercles dont le ſoleil eſt le centre, auroient au contraire à chaque révolution raſé la ſurface du ſoleil, & ſeroient revenues au même point d'où elles étoient parties, comme feroit tout projectile qu'on lanceroit avec aſſez de force d'un point de la ſurface de la terre, pour l'obliger à tourner perpétuellement; car il eſt aiſé de démontrer que ce corps reviendroit à chaque révolution au point d'où il auroit été lancé, & dès-lors on ne peut pas attribuer à l'impulſion d'une comète la projection des planètes hors du ſoleil, puiſque leur mouvement autour de cet aſtre eſt différent de ce qu'il ſeroit dans cette hypothèſe.

A cela je réponds que la matière qui compoſe les planètes n'eſt pas ſortie de cet aſtre en globes tout formez, auxquels la comète auroit communiqué ſon mouvement d'impulſion, mais que cette matière eſt ſortie ſous la forme d'un torrent dont le mouvement des parties antérieures a dû être accéléré par celui des parties poſtérieures; que d'ailleurs l'attraction des parties antérieures a dû auſſi accélérer le mouvement des parties poſtérieures, & que cette accélération de mouvement, produite par l'une ou l'autre de ces causes, & peut-être par toutes les deux, a pû être telle qu'elle aura changé la première direction du mouvement d'impulsion, & qu'il a pû en résulter un mouvement tel que nous l'observons aujourd'hui dans les planètes, sur-tout en supposant que le choc de la comète a déplacé le soleil; car pour donner un exemple qui rendra ceci plus sensible, supposons qu'on tirât du haut d'une montagne une balle de mousquet, & que la force de la poudre fût assez grande pour la pousser au delà du demi-diamètre de la terre, il est certain que cette balle tourneroit autour du globe & reviendroit à chaque révolution passer au point d'où elle auroit été tirée; mais si au lieu d'une balle de mousquet nous supposons qu'on ait tiré une fusée volante où l'action du feu seroit durable & accéléreroit beaucoup le mouvement d'impulsion, cette fusée, ou plûtôt le cartouche qui la contient, ne reviendroit pas au même point, comme la balle de mousquet, mais décriroit un orbe dont le périgée seroit d'autant plus éloigné de la terre, que la force d'accélération auroit été plus grande & auroit changé davantage la première direction, toutes choses étant supposées égales d'ailleurs. Ainsi pourvû qu'il y ait eu de l'accélération dans le mouvement d'impulsion communiqué au torrent de matière par la chûte de la comète, il est très-possible que les planètes qui se sont formées dans ce torrent, aient acquis le mouvement que nous leur connoissons dans des cercles ou des ellipses dont le soleil est le centre ou le foyer.

La manière dont se font les grandes éruptions des volcans, peut nous donner une idée de cette accélération de mouvement dans le torrent dont nous parlons; on a observé que quand le Vésuve commence à mugir & à rejeter les matières dont il est embrasé, le premier tourbillon qu'il vomit, n'a qu'un certain degré de vîtesse, mais cette vîtesse est bien-tôt accélérée par l'impulsion d'un second tourbillon qui succède au premier, puis par l'action d'un troisième, & ainsi de suite, les ondes pesantes de bitume, de soufre, de cendres, de métal fondu paroissent des nuages massifs, & quoiqu'ils se succèdent toûjours à peu près dans la même direction, ils ne laissent pas de changer beaucoup celle du premier tourbillon, & de le pousser ailleurs & plus loin qu'il ne seroit parvenu tout seul.

D'ailleurs ne peut-on pas répondre à cette objection, que le soleil ayant été frappé par la comète, & ayant reçu une partie de son mouvement d'impulsion, il aura lui-même éprouvé un mouvement qui l'aura déplacé, & que quoique ce mouvement du soleil soit maintenant trop peu sensible pour que dans de petits intervalles de temps les Astronomes aient pû l'apercevoir, il se peut cependant que ce mouvement existe encore, & que le soleil se meuve lentement vers différentes parties de l'Univers, en décrivant une courbe autour du centre de gravité de tout le système? & si cela est, comme je le présume, on voit bien que les planètes, au lieu de revenir auprès du soleil à chaque révolution, auront au contraire décrit des orbites dont les points des périhélies sont d'autant plus éloignez de cet astre, qu'il s'est plus éloigné lui-même du lieu qu'il occupoit anciennement.

Je sens bien qu'on pourra me dire que si l'accélération du mouvement se fait dans la même direction, cela ne change pas le point du périhélie qui sera toûjours à la surface du soleil; mais doit-on croire que dans un torrent dont les parties se sont succédées, il n'y a eu aucun changement de direction? il est au contraire très-probable qu'il y a eu un assez grand changement de direction, pour donner aux planètes le mouvement qu'elles ont.

On pourra me dire aussi que si le soleil a été déplacé par le choc de la comète, il a dû se mouvoir uniformément, & que dès-lors ce mouvement étant commun à tout le systême, il n'a dû rien changer; mais le soleil ne pouvoit-il pas avoir avant le choc un mouvement autour du centre de gravité du systême cométaire, auquel mouvement primitif le choc de la comète aura ajoûté une augmentation ou une diminution? & cela suffiroit encore pour rendre raison du mouvement actuel des planètes.

Enfin si l'on ne veut admettre aucune de ces suppositions, ne peut-on pas présumer, sans choquer la vraisemblance, que dans le choc de la comète contre le soleil il y a eu une force élastique qui aura élevé le torrent au dessus de la surface du soleil, au lieu de le pousser directement? ce qui seul peut suffire pour écarter le point du périhélie & donner aux planètes le mouvement qu'elles ont conſervé; & cette ſuppoſition n'eſt pas dénuée de vrai-ſemblance, car la matière du ſoleil peut bien être fort élaſtique, puiſque la ſeule partie de cette matière que nous connoiſſions, qui eſt la lumière, ſemble par ſes effets être parfaitement élaſtique. J'avoue que je ne puis pas dire ſi c'eſt par l'une ou par l'autre des raiſons que je viens de rapporter, que la direction du premier mouvement d'impulſion des planètes a changé, mais ces raiſons ſuffiſent au moins pour faire voir que ce changement eſt poſſible, & même probable, & cela ſuffit auſſi à mon objet.

Mais ſans inſiſter davantage ſur les objections qu'on pourroit faire, non plus que ſur les preuves que pourroient fournir les analogies en faveur de mon hypothèſe, ſuivons-en l'objet & tirons des inductions; voyons donc ce qui a pû arriver lorſque les planètes, & ſur-tout la terre, ont reçu ce mouvement d'impulſion, & dans quel état elles ſe ſont trouvées après avoir été ſéparées de la maſſe du ſoleil. La comète ayant par un ſeul coup communiqué un mouvement de projectile à une quantité de matière égale à la 650me partie de la maſſe du ſoleil, les particules les moins denſes ſe ſeront ſéparées des plus denſes, & auront formé par leur attraction mutuelle des globes de différente denſité : Saturne, compoſé des parties les plus groſſes & les plus légères, ſe ſera le plus éloigné du ſoleil, enſuite Jupiter qui eſt plus denſe que Saturne, ſe ſera moins éloigné, & ainſi de ſuite. Les planètes les plus groſſes & les moins denſes ſont les plus éloignées, parce qu'elles ont reçu un mouvement d'impulſion plus fort que les plus petites & les plus denſes ; car la force d'impulſion ſe communiquant par les ſurfaces, le même coup aura fait mouvoir les parties les plus groſſes & les plus légères de la matière du ſoleil, avec plus de vîteſſe que les parties les plus petites & les plus maſſives; il ſe ſera donc fait une ſéparation des parties denſes de différens degrés, en ſorte que la denſité de la matière du ſoleil étant égale à cent, celle de Saturne eſt égale à 67, celle de Jupiter $= 94\frac{1}{2}$, celle de Mars $= 200$, celle de la Terre $= 400$, celle de Vénus $= 800$, & celle de Mercure $= 2800$. Mais la force d'attraction ne ſe communiquant pas, comme celle d'impulſion, par la ſurface, & agiſſant au contraire ſur toutes les parties de la maſſe, elle aura retenu les portions de matières les plus denſes, & c'eſt pour cette raiſon que les planètes les plus denſes ſont les plus voiſines du ſoleil, & qu'elles tournent autour de cet aſtre avec plus de rapidité que les planètes les moins denſes, qui ſont auſſi les plus éloignées.

Les deux groſſes planètes Jupiter & Saturne qui ſont, comme l'on ſçait, les parties principales du ſyſtème ſolaire, ont conſervé ce rapport entre leur denſité & leur mouvement d'impulſion, dans une proportion ſi juſte qu'on doit en être frappé; la denſité de Saturne eſt à celle de Jupiter comme 67 à $94\frac{1}{2}$, & leurs vîteſſes ſont à peu près comme $88\frac{2}{3}$ à $120\frac{1}{72}$, ou comme 67 à $90\frac{11}{16}$; il eſt rare que de pures conjectures on puiſſe tirer des rapports auſſi exacts. Il eſt vrai qu'en ſuivant ce rapport entre la

vîteſſe

vîtesse & la densité des planètes, la densité de la terre ne devroit être que comme $206\frac{7}{18}$, au lieu qu'elle est comme 400, de-là on peut conjecturer que notre globe étoit d'abord une fois moins dense qu'il ne l'est aujourd'hui. A l'égard des autres planètes Mars, Vénus & Mercure, comme leur densité n'est connue que par conjecture, nous ne pouvons sçavoir si cela détruiroit ou confirmeroit notre opinion sur le rapport de la vîtesse & de la densité des planètes en général. Le sentiment de Newton est que la densité est d'autant plus grande que la chaleur à laquelle la planète est exposée, est plus grande, & c'est sur cette idée que nous venons de dire que Mars est une fois moins dense que la Terre, Vénus une fois plus dense, Mercure sept fois plus dense, & la comète de 1680 28 mille fois plus dense que la terre; mais cette proportion entre la densité des planètes & la chaleur qu'elles ont à supporter, ne peut pas subsister lorsqu'on fait attention à Saturne & à Jupiter qui sont les principaux objets que nous ne devons jamais perdre de vûe dans le systême solaire; car selon ce rapport entre la densité & la chaleur, il se trouve que la densité de Saturne seroit environ comme $4\frac{7}{18}$, & celle de Jupiter comme $14\frac{17}{22}$ au lieu de 67 & de $94\frac{1}{2}$, différence trop grande pour que le rapport entre la densité & la chaleur que les planètes ont à supporter, puisse être admis; ainsi malgré la confiance que méritent les conjectures de Newton, je crois que la densité des planètes a plus de rapport avec leur vîtesse qu'avec le degré de chaleur qu'elles ont à supporter. Ceci n'eſt qu'une cauſe finale, & l'autre eſt un rapport phyſique dont l'exactitude eſt ſingulière dans les deux groſſes planètes : il eſt cependant vrai que la denſité de la terre au lieu d'être $206\frac{7}{8}$ ſe trouve être 400, & que par conſéquent il faut que le globe terreſtre ſe ſoit condenſé dans cette raiſon de $206\frac{7}{8}$ à 400.

Mais la condenſation ou la coction des planètes n'a-t-elle pas quelque rapport avec la quantité de la chaleur du ſoleil dans chaque planète! & dès-lors Saturne qui eſt fort éloigné de cet aſtre n'aura ſouffert que peu ou point de condenſation, Jupiter ſe ſera condenſé de $90\frac{11}{16}$ à $94\frac{1}{2}$: or la chaleur du ſoleil dans Jupiter étant à celle du ſoleil ſur la terre, comme $14\frac{17}{22}$ ſont à 400, les condenſations ont dû ſe faire dans la même proportion, de ſorte que Jupiter s'étant condenſé de $90\frac{11}{16}$ à $94\frac{1}{2}$, la terre auroit dû ſe condenſer en même proportion de $206\frac{7}{8}$ à $215\frac{990}{1451}$, ſi elle eût été placée dans l'orbite de Jupiter, où elle n'auroit dû recevoir du ſoleil qu'une chaleur égale à celle que reçoit cette planète; mais la terre ſe trouvant beaucoup plus près de cet aſtre, & recevant une chaleur dont le rapport à celle que reçoit Jupiter eſt de 400 à $14\frac{17}{22}$, il faut multiplier la quantité de la condenſation qu'elle auroit eue dans l'orbe de Jupiter par le rapport de 400 à $14\frac{17}{22}$, ce qui donne à peu près $234\frac{1}{2}$ pour la quantité dont la terre a dû ſe condenſer. Sa denſité étoit $206\frac{7}{8}$, en y ajoûtant la quantité de condenſation l'on trouve pour ſa denſité actuelle $440\frac{7}{8}$, ce qui approche aſſez de la denſité 400, déterminée par la parallaxe de la lune : au reſte je ne prétends pas donner ici des rapports exacts, mais ſeulement des approximations, pour faire voir que les denſités des planètes ont beaucoup de rapport avec leur vîteſſe dans leurs orbites.

La comète ayant donc par ſa chûte oblique ſillonné la ſurface du ſoleil, aura pouſſé hors du corps de cet aſtre une partie de matière égale à la 650me partie de ſa maſſe totale; cette matière qu'on doit conſidérer dans un état de fluidité, ou plûtôt de liquéfaction, aura d'abord formé un torrent, les parties les plus groſſes & les moins denſes auront été pouſſées au plus loin, & les parties les plus petites & les plus denſes n'ayant reçu que la même impulſion, ne ſe ſeront pas ſi fort éloignées, la force d'attraction du ſoleil les aura retenues, toutes les parties détachées par la comète & pouſſées les unes par les autres, auront été contraintes de circuler autour de cet aſtre, & en même temps l'attraction mutuelle des parties de la matière en aura formé des globes à différentes diſtances, dont les plus voiſins du ſoleil auront néceſſairement conſervé plus de rapidité pour tourner enſuite perpétuellement autour de cet aſtre.

Mais, dira-t-on une ſeconde fois, ſi la matière qui compoſe les planètes a été ſéparée du corps du ſoleil, les planètes devroient être, comme le ſoleil, brûlantes & lumineuſes, & non pas froides & opaques comme elles le ſont: rien ne reſſemble moins à ce globe de feu qu'un globe de terre & d'eau, & à en juger par comparaiſon, la matière de la terre & des planètes eſt tout-à-fait différente de celle du ſoleil.

A cela on peut répondre que dans la ſéparation qui s'eſt faite des particules plus ou moins denſes, la matière a changé de forme, & que la lumière ou le feu ſe ſont éteints par cette ſéparation cauſée par le mouvement d'impulſion. D'ailleurs, ne peut-on pas ſoupçonner que ſi le ſoleil ou une étoile brûlante & lumineuſe par elle-même ſe mouvoit avec autant de vîteſſe que ſe meuvent les planètes, le feu s'éteindroit peut-être, & que c'eſt par cette raiſon que toutes les étoiles lumineuſes ſont fixes & ne changent pas de lieu, & que ces étoiles que l'on appelle nouvelles, qui ont probablement changé de lieu, ſe ſont éteintes aux yeux même des obſervateurs! Ceci ſe confirme par ce qu'on a obſervé ſur les comètes, elles doivent brûler juſqu'au centre lorſqu'elles paſſent à leur périhélie; cependant elles ne deviennent pas lumineuſes par elles-mêmes, on voit ſeulement qu'elles exhalent des vapeurs brûlantes dont elles laiſſent en chemin une partie conſidérable.

J'avoue que ſi le feu peut exiſter dans un milieu où il n'y a point ou très-peu de réſiſtance, il pourroit auſſi ſouffrir un très-grand mouvement ſans s'éteindre; j'avoue auſſi que ce que je viens de dire ne doit s'entendre que des étoiles qui diſparoiſſent pour toûjours, & que celles qui ont des retours périodiques, & qui ſe montrent & diſparoiſſent alternativement, ſans changer de lieu, ſont fort différentes de celles dont je parle; les phénomènes de ces aſtres ſinguliers ont été expliquez d'une manière très-ſatisfaiſante par M. de Maupertuis dans ſon Diſcours ſur la Figure des Aſtres, & je ſuis convaincu qu'en partant des faits qui nous ſont connus, il n'eſt pas poſſible de mieux deviner qu'il l'a fait; mais les étoiles qui ont paru & enſuite diſparu pour toûjours, ſe ſont vrai-ſemblablement éteintes, ſoit par la vîteſſe de leur mouvement, ſoit par quelqu'autre cauſe, & nous n'avons point d'exemple dans la Nature qu'un aſtre lumineux tourne autour d'un autre aſtre; de vingt-huit ou trente comètes & de treize planètes qui compoſent notre ſyſtème, & qui ſe meuvent autour du ſoleil avec plus ou moins de rapidité, il n'y en a pas une de lumineuſe par elle-même.

On pourroit répondre encore que le feu ne peut pas ſubſiſter auſſi long-temps dans les petites que dans les grandes maſſes, & qu'au ſortir du ſoleil les planètes ont dû brûler pendant quelque temps, mais qu'elles ſe ſont éteintes faute de matières combuſtibles, comme le ſoleil s'éteindra probablement par la même raiſon, mais dans des âges futurs & auſſi éloignez des temps auxquels les planètes ſe ſont éteintes, que ſa groſſeur l'eſt de celle des planètes : quoi qu'il en ſoit, la ſéparation des parties plus ou moins denſes, qui s'eſt faite néceſſairement dans le temps que la comète a pouſſé hors du ſoleil la matière des planètes, me paroît ſuffiſante pour rendre raiſon de cette extinction de leurs feux.

La terre & les planètes au ſortir du ſoleil étoient donc brûlantes & dans un état de liquéfaction totale, cet état de liquéfaction n'a duré qu'autant que la violence de la chaleur qui l'avoit produit; peu à peu les planètes ſe ſont refroidies, & c'eſt dans le temps de cet état de fluidité cauſée par le feu, qu'elles auront pris leur figure, & que leur mouvement de rotation aura fait élever les parties de l'équateur en abaiſſant les poles. Cette figure qui s'accorde ſi bien avec les loix de l'Hydroſtatique, ſuppoſe néceſſairement que la terre & les planètes aient été dans un état de fluidité, & je ſuis ici de l'avis de M. Leibnitz *; cette fluidité étoit une liquéfaction cauſée par la violence de la chaleur, l'intérieur de la terre doit être une matière vitrifiée dont les ſables, les grès, le roc vif, les granites, & peut-être les argilles, ſont des fragmens & des ſcories.

On peut donc croire avec quelque vrai-ſemblance, que les planètes ont appartenu au ſoleil, qu'elles en ont été ſéparées par un ſeul coup qui leur a donné un mouvement d'impulſion dans le même ſens & dans le même plan, & que leur poſition à différentes diſtances du ſoleil ne vient que de leurs différentes denſités. Il reſte maintenant à expliquer par la même théorie le mouvement de rotation des planètes & la formation des ſatellites; mais ceci, loin d'ajoûter des difficultés ou des impoſſibilités à notre hypothèſe, ſemble au contraire la confirmer.

Car le mouvement de rotation dépend uniquement de l'obliquité du coup, & il eſt néceſſaire qu'une impulſion, dès qu'elle eſt oblique à la ſurface d'un corps, donne à ce corps un mouvement de rotation; ce mouvement de rotation ſera égal & toûjours le même, ſi le corps qui le reçoit, eſt homogène, & il ſera inégal ſi le corps eſt

* *Protogæa, aut. G. G. L. act. Er. Lipſ. an. 1692.*

composé de parties hétérogènes ou de différente densité, & de-là on doit conclurre que dans chaque planète la matière est homogène, puisque leur mouvement de rotation est égal ; autre preuve de la séparation des parties denses & moins denses lorsqu'elles se sont formées.

Mais l'obliquité du coup a pû être telle qu'il se sera séparé du corps de la planète principale de petites parties de matière, qui auront conservé la même direction de mouvement que la planète même, ces parties se seront réunies, suivant leurs densités, à différentes distances de la planète par la force de leur attraction mutuelle, & en même temps elles auront suivi nécessairement la planète dans son cours autour du soleil en tournant elles-mêmes autour de la planète, à peu près dans le plan de son orbite. On voit bien que ces petites parties que la grande obliquité du coup aura séparées, sont les satellites ; ainsi la formation, la position & la direction des mouvemens des satellites s'accordent parfaitement avec la théorie, car ils ont tous la même direction de mouvement dans des cercles concentriques autour de leur planète principale, leur mouvement est dans le même plan, & ce plan est celui de l'orbite de la planète ; tous ces effets qui leur sont communs & qui dépendent de leur mouvement d'impulsion, ne peuvent venir que d'une cause commune, c'est-à-dire, d'une impulsion commune de mouvement, qui leur a été communiquée par un seul & même coup donné sous une certaine obliquité.

Ce que nous venons de dire sur la cause du mouvement

de rotation & de la formation des ſatellites, acquerra plus de vrai-ſemblance, ſi nous faiſons attention à toutes les circonſtances des phénomènes. Les planètes qui tournent le plus vîte ſur leur axe, ſont celles qui ont des ſatellites; la Terre tourne plus vîte que Mars dans le rapport d'environ 24 à 15, la Terre a un ſatellite & Mars n'en a point; Jupiter ſur-tout, dont la rapidité autour de ſon axe eſt 5 ou 600 fois plus grande que celle de la terre, a quatre ſatellites, & il y a grande apparence que Saturne qui en a cinq & un anneau, tourne encore beaucoup plus vîte que Jupiter.

On peut même conjecturer avec quelque fondement, que l'anneau de Saturne eſt parallèle à l'équateur de cette planète, en ſorte que le plan de l'équateur de l'anneau & celui de l'équateur de Saturne ſont à peu près les mêmes; car en ſuppoſant, ſuivant la théorie précédente, que l'obliquité du coup par lequel Saturne a été mis en mouvement, ait été fort grande, la vîteſſe autour de l'axe qui aura réſulté de ce coup oblique, aura pû d'abord être telle que la force centrifuge excédoit celle de la gravité, & il ſe ſera détaché de l'équateur & des parties voiſines de l'équateur de la planète une quantité conſidérable de matière, qui aura néceſſairement pris la figure d'un anneau, dont le plan doit être à peu près le même que celui de l'équateur de la planète; & cette partie de matière qui forme l'anneau, ayant été détachée de la planète dans le voiſinage de l'équateur, Saturne en a été abaiſſé d'autant ſous l'équateur, ce qui fait que malgré la grande rapidité

rapidité que nous lui ſuppoſons autour de ſon axe, les diamètres de cette planète peuvent n'être pas auſſi inégaux que ceux de Jupiter, qui diffèrent de plus d'une onzième partie.

Quelque grande que ſoit à mes yeux la vrai-ſemblance de ce que j'ai dit juſqu'ici ſur la formation des planètes, & de leurs ſatellites, comme chacun a ſa meſure, ſur-tout pour eſtimer des probabilités de cette nature, & que cette meſure dépend de la puiſſance qu'a l'eſprit pour combiner des rapports plus ou moins éloignez, je ne prétends pas contraindre ceux qui n'en voudront rien croire. J'ai cru ſeulement devoir ſemer ces idées, parce qu'elles m'ont paru raiſonnables, & propres à éclaircir une matière ſur laquelle on n'a jamais rien écrit, quelqu'important qu'en ſoit le ſujet, puiſque le mouvement d'impulſion des planètes entre au moins pour moitié dans la compoſition du ſyſtème de l'Univers, que l'attraction ſeule ne peut expliquer. J'ajoûterai ſeulement pour ceux qui voudroient nier la poſſibilité de mon ſyſtème, les queſtions ſuivantes.

1.° N'eſt-il pas naturel d'imaginer qu'un corps qui eſt en mouvement, ait reçu ce mouvement par le choc d'un autre corps?

2.° N'eſt-il pas très-probable que pluſieurs corps qui ont la même direction dans leur mouvement, ont reçu cette direction par un ſeul ou par pluſieurs coups dirigez dans le même ſens?

3.° N'eſt-il pas tout-à-fait vrai-ſemblable que pluſieurs

corps ayant la même direction dans leur mouvement & leur position dans un même plan, n'ont pas reçu cette direction dans le même sens & cette position dans le même plan par plusieurs coups, mais par un seul & même coup ?

4°. N'est-il pas très-probable qu'en même temps qu'un corps reçoit un mouvement d'impulsion, il le reçoive obliquement, & que par conséquent il soit obligé de tourner sur lui-même, d'autant plus vîte que l'obliquité du coup aura été plus grande ! si ces questions ne paroissent pas déraisonnables, le système dont nous venons de donner une ébauche, cessera de paroître une absurdité.

Passons maintenant à quelque chose qui nous touche de plus près, & examinons la figure de la terre sur laquelle on a fait tant de recherches & de si grandes observations. La terre étant, comme il paroît par l'égalité de son mouvement diurne & la constance de l'inclinaison de son axe, composée de parties homogènes, & toutes ces parties s'attirant en raison de leurs masses, elle auroit pris nécessairement la figure d'un globe parfaitement sphérique, si le mouvement d'impulsion eût été donné dans une direction perpendiculaire à la surface; mais ce coup ayant été donné obliquement, la terre a tourné sur son axe dans le même temps qu'elle a pris sa forme, & de la combinaison de ce mouvement de rotation & de celui de l'attraction des parties il a résulté une figure sphéroïde plus élevée sous le grand cercle de rotation, & plus abaissée aux deux extrémités de l'axe, & cela, parce que l'action de la force centrifuge provenant du mouvement de rotation, diminue l'action de la gravité; ainsi la terre étant homogène, & ayant pris sa consistance en même temps qu'elle a reçu son mouvement de rotation, elle a dû prendre une figure sphéroïde dont les deux axes diffèrent d'une 230me partie. Ceci peut se démontrer à la rigueur & ne dépend point des hypothèses qu'on voudroit faire sur la direction de la pesanteur, car il n'est pas permis de faire des hypothèses contraires à des vérités établies, ou qu'on peut établir : or les loix de la pesanteur nous sont connues, nous ne pouvons douter que les corps ne pèsent les uns sur les autres en raison directe de leurs masses, & inverse du quarré de leurs distances; de même nous ne pouvons pas douter que l'action générale d'une masse quelconque ne soit composée de toutes les actions particulières des parties de cette masse, ainsi il n'y a point d'hypothèse à faire sur la direction de la pesanteur, chaque partie de matière s'attire mutuellement en raison directe de sa masse, & inverse du quarré de la distance, & de toutes ces attractions il résulte une sphère, lorsqu'il n'y a point de rotation, & il en résulte un sphéroïde lorsqu'il y a rotation. Ce sphéroïde est plus ou moins accourci aux deux extrémités de l'axe de rotation, à proportion de la vîtesse de ce mouvement, & la terre a pris, en vertu de sa vîtesse de rotation & de l'attraction mutuelle de toutes ses parties, la figure d'un sphéroïde dont les deux axes sont entr'eux comme 229 à 230.

Ainſi par ſa conſtitution originaire, par ſon homogénéité, & indépendamment de toute hypothèſe ſur la direction de la peſanteur, la terre a pris cette figure dans le temps de ſa formation, & elle eſt, en vertu des loix de la Méchanique, élevée néceſſairement d'environ ſix lieues & demie à chaque extrémité du diamètre de l'équateur de plus que ſous les poles.

Je vais inſiſter ſur cet article, parce qu'il y a encore des Géomètres qui croient que la figure de la terre dépend dans la théorie, du ſyſtème de philoſophie qu'on embraſſe, & de la direction qu'on ſuppoſe à la peſanteur. La première choſe que nous ayons à démontrer, c'eſt l'attraction mutuelle de toutes les parties de la matière, & la ſeconde l'homogénéité du globe terreſtre. Si nous faiſons voir clairement que ces deux faits ne peuvent pas être révoquez en doute, il n'y aura plus aucune hypothèſe à faire ſur la direction de la peſanteur, la terre aura eu néceſſairement la figure déterminée par Newton, & toutes les autres figures qu'on voudroit lui donner en vertu des tourbillons ou des autres hypothèſes, ne pourront ſubſiſter.

On ne peut pas douter, à moins qu'on ne doute de tout, que ce ne ſoit la force de la gravité qui retient les planètes dans leurs orbites : les ſatellites de Saturne gravitent vers Saturne, ceux de Jupiter vers Jupiter, la Lune vers la Terre, & Saturne, Jupiter, Mars, la Terre, Vénus & Mercure gravitent vers le Soleil; de même Saturne & Jupiter gravitent vers leurs ſatellites, la terre gravite vers la lune,

& le ſoleil gravite vers les planètes : la gravité eſt donc générale & mutuelle dans toutes les planètes, car l'action d'une force ne peut pas s'exercer ſans qu'il y ait réaction; toutes les planètes agiſſent donc mutuellement les unes ſur les autres : cette attraction mutuelle ſert de fondement aux loix de leur mouvement, & elle eſt démontrée par les phénomènes. Lorſque Saturne & Jupiter ſont en conjonction, ils agiſſent l'un ſur l'autre, & cette attraction produit une irrégularité dans leur mouvement autour du ſoleil; il en eſt de même de la terre & de la lune, elles agiſſent mutuellement l'une ſur l'autre, mais les irrégularités du mouvement de la lune viennent de l'attraction du ſoleil, en ſorte que le ſoleil, la terre & la lune agiſſent mutuellement les uns ſur les autres. Or cette attraction mutuelle que les planètes exercent les unes ſur les autres, eſt proportionnelle à leur quantité de matière, lorſque les diſtances ſont égales, & la même force de gravité qui fait tomber les graves ſur la ſurface de la terre, & qui s'étend juſqu'à la lune, eſt auſſi proportionnelle à la quantité de matière; donc la gravité totale d'une planète eſt compoſée de la gravité de chacune des parties qui la compoſent; donc toutes les parties de la matière, ſoit dans la terre, ſoit dans les planètes, gravitent les unes ſur les autres; donc toutes les parties de la matière s'attirent mutuellement : & cela étant une fois prouvé, la terre par ſon mouvement de rotation a dû néceſſairement prendre la figure d'un ſphéroïde dont les axes ſont entr'eux comme 229 à 230, & la direction de la peſanteur eſt néceſſairement perpendiculaire à la ſurface de ce ſphéroïde, par conſéquent il n'y a point d'hypothèſe à faire ſur la direction de la peſanteur, à moins qu'on ne nie l'attraction mutuelle & générale des parties de la matière : mais on vient de voir que l'attraction mutuelle eſt démontrée par les obſervations, & les expériences des pendules prouvent qu'elle eſt générale dans toutes les parties de la matière ; donc on ne peut pas faire de nouvelles hypothèſes ſur la direction de la peſanteur, ſans aller contre l'expérience & la raiſon.

Venons maintenant à l'homogénéité du globe terreſtre ; j'avoue que ſi l'on ſuppoſe que le globe ſoit plus denſe dans certaines parties que dans d'autres, la direction de la peſanteur doit être différente de celle que nous venons d'aſſigner, qu'elle ſera différente ſuivant les différentes ſuppoſitions qu'on fera, & que la figure de la terre deviendra différente auſſi en vertu des mêmes ſuppoſitions. Mais quelle raiſon a-t-on pour croire que cela ſoit ainſi ? Pourquoi veut-on, par exemple, que les parties voiſines du centre ſoient plus denſes que celles qui en ſont plus éloignées ? toutes les particules qui compoſent le globe ne ſe ſont-elles pas raſſemblées par leur attraction mutuelle ? dès-lors chaque particule eſt un centre, & il n'y a pas de raiſon pour croire que les parties qui ſont autour du centre de grandeur du globe, ſoient plus denſes que celles qui ſont autour d'un autre point ; mais d'ailleurs ſi une partie conſidérable du globe étoit plus denſe qu'une autre partie, l'axe de rotation ſe trouveroit plus près des parties denſes, & il en réſulteroit une inégalité dans la révolution diurne, en ſorte qu'à la ſurface de la terre nous remarquerions de l'inégalité dans le mouvement apparent des fixes, elles nous paroîtroient ſe mouvoir beaucoup plus vîte ou beaucoup plus lentement au zénith qu'à l'horizon, ſelon que nous ſerions poſez ſur les parties denſes ou légères du globe; cet axe de la terre ne paſſant plus par le centre de grandeur du globe, changeroit auſſi très-ſenſiblement de poſition : mais tout cela n'arrive pas, on ſçait au contraire que le mouvement diurne de la terre eſt égal & uniforme, on ſçait qu'à toutes les parties de la ſurface de la terre les étoiles paroiſſent ſe mouvoir avec la même vîteſſe à toutes les hauteurs, & s'il y a une nutation dans l'axe, elle eſt aſſez inſenſible pour avoir échappé aux obſervateurs; on doit donc conclurre que le globe eſt homogène ou preſque homogène dans toutes ſes parties.

Si la terre étoit un globe creux & vuide dont la croûte n'auroit, par exemple, que deux ou trois lieues d'épaiſſeur, il en réſulteroit 1° que les montagnes ſeroient dans ce cas, des parties ſi conſidérables de l'épaiſſeur totale de la croûte, qu'il y auroit une grande irrégularité dans les mouvemens de la terre par l'attraction de la lune & du ſoleil; car quand les parties les plus élevées du globe, comme les Cordillières, auroient la lune au méridien, l'attraction ſeroit beaucoup plus forte ſur le globe entier que quand les parties les plus baſſes auroient de même cet aſtre au méridien. 2° L'attraction des montagnes ſeroit beaucoup plus conſidérable qu'elle ne l'eſt en comparaison de l'attraction totale du globe, & les expériences faites à la montagne Chimboraço au Pérou, donneroient dans ce cas plus de degrés qu'elles n'ont donné de secondes pour la deviation du fil à plomb. 3° La pesanteur des corps seroit plus grande au dessus d'une haute montagne, comme le Pic de Ténériffe, qu'au niveau de la mer, en sorte qu'on se sentiroit considérablement plus pesant & qu'on marcheroit plus difficilement dans les lieux élevez que dans les lieux bas. Ces considérations & quelques autres qu'on pourroit y ajoûter, doivent nous faire croire que l'intérieur du globe n'est pas vuide & qu'il est rempli d'une matière assez dense.

D'autre côté, si au dessous de deux ou trois lieues la terre étoit remplie d'une matière beaucoup plus dense qu'aucune des matières que nous connoissons, il arriveroit nécessairement que toutes les fois qu'on descendroit à des profondeurs même médiocres, on peseroit sensiblement beaucoup plus, les pendules s'accéléreroient beaucoup plus qu'ils ne s'accélèrent en effet lorsqu'on les transporte d'un lieu élevé dans un lieu bas; ainsi nous pouvons présumer que l'intérieur de la terre est rempli d'une matière à peu près semblable à celle qui compose sa surface. Ce qui peut achever de nous déterminer en faveur de ce sentiment, c'est que dans le temps de la première formation du globe, lorsqu'il a pris la forme d'un sphéroïde applati sous les poles, la matière qui le compose, étoit en fusion, & par conséquent homogène, & à peu près également dense dans toutes ses parties, aussi-bien à la surface la surface qu'à l'intérieur. Depuis ce temps la matière de la surface, quoique la même, a été remuée & travaillée par les causes extérieures, ce qui a produit des matières de différentes densités; mais on doit remarquer que les matières qui, comme l'or & les métaux, sont les plus denses, sont aussi celles qu'on trouve le plus rarement, & qu'en conséquence de l'action des causes extérieures la plus grande partie de la matière qui compose le globe à la surface, n'a pas subi de très-grands changemens par rapport à sa densité, & les matières les plus communes, comme le sable & la glaise, ne diffèrent pas beaucoup en densité, en sorte qu'il y a tout lieu de conjecture r avec grande vrai-semblance, que l'intérieur de la terre est rempli d'une matière vitrifiée dont la densité est à peu près la même que celle du sable, & que par conséquent le globe terrestre en général peut être regardé comme homogène.

Il reste une ressource à ceux qui veulent absolument faire des suppositions, c'est de dire que le globe est composé de couches concentriques de différentes densités, car dans ce cas le mouvement diurne sera égal, & l'inclinaison de l'axe constante comme dans le cas de l'homogénéité. Je l'avoue, mais je demande en même temps s'il y a aucune raison de croire que ces couches de différentes densités existent, si ce n'est pas vouloir que les ouvrages de la Nature s'ajustent à nos idées abstraites, & si l'on doit admettre en Physique une supposition qui n'est fondée sur aucune observation, aucune analogie, &

qui ne s'accorde avec aucune des inductions que nous pouvons tirer d'ailleurs.

Il paroît donc que la terre a pris, en vertu de l'attraction mutuelle de ses parties & de son mouvement de rotation, la figure d'un sphéroïde dont les deux axes diffèrent d'une 230me partie; il paroît que c'est là sa figure primitive, qu'elle l'a prise nécessairement dans le temps de son état de fluidité ou de liquéfaction; il paroît qu'en vertu des loix de la gravité & de la force centrifuge, elle ne peut avoir d'autre figure, que du moment même de sa formation il y a eu cette différence entre les deux diamètres, de six lieues & demie d'élévation de plus sous l'équateur que sous le pole, & que par conséquent toutes les hypothèses par lesquelles on peut trouver plus ou moins de différence, sont des fictions auxquelles il ne faut faire aucune attention.

Mais, dira-t-on, si la théorie est vraie, si le rapport de 229 à 230 est le vrai rapport des axes, pourquoi les Mathématiciens envoyez en Laponie & au Pérou s'accordent-ils à donner le rapport de 174 à 175? d'où peut venir cette différence de la pratique à la théorie? &, sans faire tort au raisonnement qu'on vient de faire pour démontrer la théorie, n'est-il pas plus raisonnable de donner la préférence à la pratique & aux mesures, sur-tout quand on ne peut pas douter qu'elles n'aient été prises par les plus habiles Mathématiciens de l'Europe (*M. de Maupertuis, figure de la Terre*) & avec toutes les précautions nécessaires pour en constater le résultat?

A cela je réponds que je n'ai garde de donner atteinte

aux obſervations faites ſous l'équateur & au cercle polaire, que je n'ai aucun doute ſur leur exactitude, & que la terre peut bien être réellement élevée d'une 175me partie de plus ſous l'équateur que ſous les poles; mais en même temps je maintiens la théorie, & je vois clairement que ces deux réſultats peuvent ſe concilier. Cette différence des deux réſultats de la théorie & des meſures, eſt d'environ quatre lieues dans les deux axes, en ſorte que les parties ſous l'équateur ſont élevées de deux lieues de plus qu'elles ne doivent l'être ſuivant la théorie : cette hauteur de deux lieues répond aſſez juſte aux plus grandes inégalités de la ſurface du globe, elles proviennent du mouvement de la mer & de l'action des fluides à la ſurface de la terre. Je m'explique, il me paroît que dans le temps que la terre s'eſt formée, elle a néceſſairement dû prendre, en vertu de l'attraction mutuelle de ſes parties & de l'action de la force centrifuge, la figure d'un ſphéroïde dont les axes diffèrent d'une 230me partie; la terre ancienne & originaire a eu néceſſairement cette figure qu'elle a priſe lorſqu'elle étoit fluide, ou plûtôt liquéfiée par le feu; mais lorſqu'après ſa formation & ſon refroidiſſement les vapeurs qui étoient étendues & raréfiées, comme nous voyons l'atmoſphère & la queue d'une comète, ſe furent condenſées, elles tombèrent ſur la ſurface de la terre & formèrent l'air & l'eau, & lorſque ces eaux qui étoient à la ſurface, furent agitées par le mouvement du flux & reflux, les matières furent entraînées peu à peu des poles vers l'équateur, en ſorte qu'il eſt poſſible que les parties des poles se soient abaissées d'environ une lieue, & que les parties de l'équateur se soient élevées de la même quantité. Cela ne s'est pas fait tout à coup, mais peu à peu & dans la succession des temps, la terre étant à l'extérieur exposée aux vents, à l'action de l'air & du soleil, toutes ces causes irrégulières ont concouru avec le flux & reflux pour sillonner sa surface, y creuser des profondeurs, y élever des montagnes, ce qui a produit des inégalités, des irrégularités dans cette couche de terre remuée, dont cependant la plus grande épaisseur ne peut être que d'une lieue sous l'équateur; cette inégalité de deux lieues est peut-être la plus grande qui puisse être à la surface de la terre, car les plus hautes montagnes n'ont guère qu'une lieue de hauteur, & les plus grandes profondeurs de la mer n'ont peut-être pas une lieue. La théorie est donc vraie, & la pratique peut l'être aussi; la terre a dû d'abord n'être élevée sous l'équateur que d'environ six lieues & demie de plus qu'au pole, & ensuite par les changemens qui sont arrivez à sa surface, elle a pû s'élever davantage. L'Histoire Naturelle confirme merveilleusement cette opinion, & nous avons prouvé dans le discours précédent, que c'est le flux & reflux & les autres mouvemens des eaux qui ont produit les montagnes & toutes les inégalités de la surface du globe, que cette même surface a subi des changemens très-considérables, & qu'à de grandes profondeurs, comme sur les plus grandes hauteurs, on trouve des os, des coquilles & d'autres dépouilles d'animaux habitans des mers ou de la surface de la terre.

On peut conjecturer par ce qui vient d'être dit, que pour trouver la terre ancienne & les matières qui n'ont jamais été remuées, il faudroit creuser dans les climats voisins des poles, où la couche de terre remuée doit être plus mince que dans les climats méridionaux.

Au reste, si l'on examine de près les mesures par lesquelles on a déterminé la figure de la terre, on verra bien qu'il entre de l'hypothétique dans cette détermination, car elle suppose que la terre a une figure courbe régulière, au lieu qu'on peut penser que la surface du globe ayant été altérée par une grande quantité de causes combinées à l'infini, elle n'a peut-être aucune figure régulière, & dès-lors la terre pourroit bien n'être en effet applatie que d'une 230me partie, comme le dit Newton, & comme la théorie le demande. D'ailleurs, on sçait bien que quoiqu'on ait exactement la longueur du degré au cercle polaire & à l'équateur, on n'a pas aussi exactement la longueur du degré en France, & que l'on n'a pas vérifié la mesure de M. Picard. Ajoûtez à cela que la diminution & l'augmentation du pendule ne peuvent pas s'accorder avec le résultat des mesures, & qu'au contraire elles s'accordent à très-peu près avec la théorie de Newton; en voilà plus qu'il n'en faut pour qu'on puisse croire que la terre n'est réellement applatie que d'une 230me partie, & que s'il y a quelque différence, elle ne peut venir que des inégalités que les eaux & les autres causes extérieures ont produites à la surface; & ces inégalités étant, selon toutes les apparences, plus irrégulières que régulières, on ne doit pas faire d'hypothèſe ſur cela, ni ſuppoſer, comme on l'a fait, que les méridiens ſont des ellipſes ou d'autres courbes régulières; d'où l'on voit que quand on meſureroit ſucceſſivement pluſieurs degrés de la terre dans tous les ſens, on ne ſeroit pas encore aſſuré par-là de la quantité d'applatiſſement qu'elle peut avoir de moins ou de plus que de la 230me partie.

Ne doit-on pas conjecturer auſſi que ſi l'inclinaiſon de l'axe de la terre a changé, ce ne peut être qu'en vertu des changemens arrivez à la ſurface, puiſque tout le reſte du globe eſt homogène, que par conſéquent cette variation eſt trop peu ſenſible pour être aperçue par les Aſtronomes, & qu'à moins que la terre ne ſoit rencontrée par quelque comète, ou dérangée par quelqu'autre cauſe extérieure, ſon axe demeurera perpétuellement incliné comme il l'eſt aujourd'hui, & comme il l'a toûjours été!

Et afin de n'omettre aucune des conjectures qui me paroiſſent raiſonnables, ne peut-on pas dire que comme les montagnes & les inégalités qui ſont à la ſurface de la terre, ont été formées par l'action du flux & reflux, les montagnes & les inégalités que nous remarquons à la ſurface de la lune, ont été produites par une cauſe ſemblable; qu'elles ſont beaucoup plus élevées que celles de la terre, parce que le flux & reflux y eſt beaucoup plus fort, puiſqu'ici c'eſt la lune, & là c'eſt la terre qui le cauſe, dont la maſſe étant beaucoup plus conſidérable que celle de la lune, devroit produire des effets beaucoup plus grands ſi la lune avoit, comme la terre, un mouvement de rotation rapide par lequel elle nous préſenteroit ſucceſſivement toutes les parties de ſa ſurface ; mais comme la lune préſente toûjours la même face à la terre, le flux & le reflux ne peuvent s'exercer dans cette planète qu'en vertu de ſon mouvement de libration par lequel elle nous découvre alternativement un ſegment de ſa ſurface, ce qui doit produire une eſpèce de flux & de reflux fort différent de celui de nos mers, & dont les effets doivent être beaucoup moins conſidérables qu'ils ne le ſeroient ſi ce mouvement avoit pour cauſe une révolution de cette planète autour de ſon axe, auſſi prompte que l'eſt la rotation du globe terreſtre.

J'aurois pû faire un livre gros comme celui de Burnet ou de Whiſton, ſi j'euſſe voulu délayer les idées qui compoſent le ſyſtème qu'on vient de voir, & en leur donnant l'air géométrique, comme l'a fait ce dernier Auteur, je leur euſſe en même temps donné du poids ; mais je penſe que des hypothèſes, quelque vrai-ſemblables qu'elles ſoient, ne doivent point être traitées avec cet appareil qui tient un peu de la charlatanerie.

À Buffon, le 20 Septembre 1745.

PREUVES
DE LA
THEORIE DE LA TERRE.

ARTICLE II.

Du Syſtème de M. Whiſton.

A New Theory of the Earth, by Will. Whiſton. *London, 1708.*

CET Auteur commence ſon Traité de la Théorie de la Terre par une diſſertation ſur la création du monde; il prétend qu'on a toûjours mal entendu le texte de la Genèſe, qu'on s'eſt trop attaché à la lettre & au ſens qui ſe préſente à la première vûe, ſans faire attention à ce que la Nature, la raiſon, la Philoſophie, & même la décence exigeoient de l'E'crivain pour traiter dignement cette matière. Il dit que les notions qu'on a communément de l'ouvrage des ſix jours, ſont abſolument fauſſes, & que la deſcription de Moyſe n'eſt pas une narration exacte & philoſophique de la création de l'Univers entier & de l'origine de toutes choſes, mais une repréſentation hiſtorique de la formation du ſeul globe terreſtre. La terre, ſelon lui, exiſtoit auparavant dans le cahos, & elle a reçu dans le temps mentionné par Moyſe la forme, la ſituation & la conſiſtance néceſſaires pour pouvoir être habitée par le genre humain. Nous n'entrerons point dans

dans le détail de ſes preuves à cet égard, & nous n'entreprendrons pas d'en faire la réfutation, l'expoſition que nous venons de faire, ſuffit pour démontrer la contrariété de ſon opinion avec la foi, & par conſéquent l'inſuffiſance de ſes preuves : au reſte, il traite cette matière en Théologien controverſiſte plûtôt qu'en Philoſophe éclairé.

Partant de ces faux principes, il paſſe à des ſuppoſitions ingénieuſes, & qui, quoiqu'extraordinaires, ne laiſſent pas d'avoir un degré de vrai-ſemblance, lorſqu'on veut ſe livrer avec lui à l'enthouſiaſme du ſyſtème; il dit que l'ancien cahos, l'origine de notre terre, a été l'atmoſphère d'une comète, que le mouvement annuel de la terre a commencé dans le temps qu'elle a pris une nouvelle forme, mais que ſon mouvement diurne n'a commencé qu'au temps de la chûte du premier homme; que le cercle de l'écliptique coupoit alors le tropique du cancer au point du paradis terreſtre à la frontière d'Aſſyrie, du côté du nord-oueſt; qu'avant le déluge l'année commençoit à l'équinoxe d'automne; que les orbites originaires des planètes, & ſur-tout l'orbite de la terre, étoient avant le déluge des cercles parfaits; que le déluge a commencé le 18me jour de Novembre de l'année 2365 de la période Julienne, c'eſt-à-dire, 2349 ans avant l'ère chrétienne; que l'année ſolaire & l'année lunaire étoient les mêmes avant le déluge; & qu'elles contenoient juſte 360 jours; qu'une comète deſcendant dans le plan de l'écliptique vers ſon périhélie, a paſſé tout auprès du globe de la terre le jour même que le déluge a commencé; qu'il y a une grande chaleur dans l'intérieur du globe terrestre, qui se répand constamment du centre à la circonférence; que la constitution intérieure & totale de la terre est comme celle d'un œuf, ancien emblème du globe; que les montagnes sont les parties les plus légères de la terre, &c. Ensuite il attribue au déluge universel toutes les altérations & tous les changemens arrivez à la surface & à l'intérieur du globe, il adopte aveuglément les hypothèses de Woodward, & se sert indistinctement de toutes les observations de cet Auteur au sujet de l'état présent du globe; mais il y ajoûte beaucoup lorsqu'il vient à traiter de l'état futur de la terre; selon lui, elle périra par le feu, & sa destruction sera précédée de tremblemens épouvantables, de tonnerres & de météores effroyables, le soleil & la lune auront l'aspect hideux, les cieux paroîtront s'écrouler, l'incendie sera général sur la terre; mais lorsque le feu aura dévoré tout ce qu'elle contient d'impur, lorsqu'elle sera vitrifiée & transparente comme le crystal, les Saints & les Bienheureux viendront en prendre possession pour l'habiter jusqu'au temps du jugement dernier.

Toutes ces hypothèses semblent au premier coup d'œil, être autant d'assertions téméraires, pour ne pas dire extravagantes; cependant l'Auteur les a maniées avec tant d'adresse, & les a réunies avec tant de force, qu'elles cessent de paroître absolument chimériques: il met dans son sujet autant d'esprit & de science qu'il peut en comporter, & on sera toûjours étonné que d'un mélange d'idées aussi bizarres & auſſi peu faites pour aller enſemble, on ait pû tirer un ſyſtème éblouiſſant; ce n'eſt pas même aux eſprits vulgaires, c'eſt aux yeux des ſçavans qu'il paroîtra tel, parce que les ſçavans ſont déconcertez plus aiſément que le vulgaire par l'étalage de l'érudition, & par la force & la nouveauté des idées. Notre Auteur étoit un Aſtronome célèbre, accoûtumé à voir le ciel en raccourci, à meſurer les mouvemens des aſtres, à compaſſer les eſpaces des cieux, il n'a jamais pû ſe perſuader que ce petit grain de ſable, cette terre que nous habitons, ait attiré l'attention du Créateur au point de l'occuper plus long-temps que le Ciel & l'Univers entier, dont la vaſte étendue contient des millions de millions de ſoleils & de terres. Il prétend donc que Moyſe ne nous a pas donné l'hiſtoire de la première création, mais ſeulement le détail de la nouvelle forme que la terre a priſe, lorſque la main du Tout-puiſſant l'a tirée du nombre des comètes pour la faire planète, ou, ce qui revient au même, lorſque d'un monde en déſordre & d'un cahos informe, il en a fait une habitation tranquille & un ſéjour agréable; les comètes ſont en effet ſujettes à des viciſſitudes terribles, à cauſe de l'excentricité de leurs orbites, tantôt, comme dans celle de 1680, il y fait mille fois plus chaud qu'au milieu d'un braſier ardent, tantôt il y fait mille fois plus froid que dans la glace, & elles ne peuvent guère être habitées que par d'étranges créatures, ou, pour trancher court, elles ſont inhabitées.

Les planètes au contraire ſont des lieux de repos où

la diſtance au ſoleil ne variant pas beaucoup, la température reſte à peu près la même, & permet aux eſpèces de plantes & d'animaux de croître, de durer, & de multiplier.

Au commencement Dieu créa donc l'Univers, mais, ſelon notre Auteur, la terre confondue avec les autres aſtres errans n'étoit alors qu'une comète inhabitable, souffrant alternativement l'excès du froid & du chaud, dans laquelle les matières ſe liquéfiant, ſe vitrifiant, ſe glaçant tour à tour, formoient un cahos, un abyme enveloppé d'épaiſſes ténébres, *& tenebræ erant ſuper faciem abyſſi.* Ce cahos étoit l'atmoſphère de la comète qu'il faut ſe repréſenter comme un corps compoſé de matières hétérogènes, dont le centre étoit occupé par un noyau ſphérique, ſolide & chaud, d'environ deux mille lieues de diamètre, autour duquel s'étendoit une très-grande circonférence d'un fluide épais, mêlé d'une matière informe, confuſe, telle qu'étoit l'ancien cahos, *rudis indigeſtaque moles.* Cette vaſte atmoſphère ne contenoit que fort peu de parties sèches, ſolides ou terreſtres, encore moins de particules aqueuſes ou aëriennes, mais une grande quantité de matières fluides, denſes & peſantes, mêlées, agitées & confondues enſemble. Telle étoit la terre la veille des ſix jours; mais dès le lendemain, c'eſt-à-dire, dès le premier jour de la création, lorſque l'orbite excentrique de la comète eût été changée en une ellipſe preſque circulaire, chaque choſe prit ſa place, & les corps s'arrangèrent ſuivant la loi de leur gravité ſpécifique, les fluides pesans descendirent au plus bas, & abandonnèrent aux parties terrestres, aqueuses & aëriennes la région supérieure; celles-ci descendirent aussi dans leur ordre de pesanteur, d'abord la terre, ensuite l'eau, & enfin l'air; & cette sphère d'un cahos immense se réduisit à un globe d'un volume médiocre, au centre duquel est le noyau solide qui conserve encore aujourd'hui la chaleur que le soleil lui a autrefois communiquée lorsqu'il étoit noyau de comète. Cette chaleur peut bien durer depuis six mille ans, puisqu'il en faudroit cinquante mille à la comète de 1680 pour se refroidir, & qu'elle a éprouvé en passant à son périhélie, une chaleur deux mille fois plus grande que celle d'un fer rouge. Autour de ce noyau solide & brûlant qui occupe le centre de la terre, se trouve le fluide dense & pesant qui descendit le premier, & c'est ce fluide qui forme le grand abyme sur lequel la terre porteroit comme le liége sur le vif-argent; mais comme les parties terrestres étoient mêlées de beaucoup d'eau, elles ont en descendant entraîné une partie de cette eau qui n'a pû remonter lorsque la terre a été consolidée, & cette eau forme une couche concentrique au fluide pesant qui enveloppe le noyau, de sorte que le grand abyme est composé de deux orbes concentriques, dont le plus intérieur est un fluide pesant, & le supérieur est de l'eau; c'est proprement cette couche d'eau qui sert de fondement à la terre, & c'est de cet arrangement admirable de l'atmosphère de la comète que dépendent la théorie de la terre & l'explication des phénomènes.

Car on ſent bien que quand l'atmoſphère de la comète fut une fois débarraſſée de toutes ces matières ſolides & terreſtres, il ne reſta plus que la matière légère de l'air, à travers laquelle les rayons du ſoleil paſſèrent librement, ce qui tout d'un coup produiſit la lumière, *fiat lux.* On voit bien que les colonnes qui compoſent l'orbe de la terre, s'étant formées avec tant de précipitation, elles ſe ſont trouvées de différentes denſités, & que par conſéquent les plus peſantes ont enfoncé davantage dans ce fluide ſoûterrain, tandis que les plus légères ne ſe ſont enfoncées qu'à une moindre profondeur, & c'eſt ce qui a produit ſur la ſurface de la terre des vallées & des montagnes: ces inégalités étoient, avant le déluge, diſperſées & ſituées autrement qu'elles ne le ſont aujourd'hui; au lieu de la vaſte vallée qui contient l'océan, il y avoit ſur toute la ſurface du globe pluſieurs petites cavités ſéparées qui contenoient chacune une partie de cette eau, & faiſoient autant de petites mers particulières; les montagnes étoient auſſi plus diviſées & ne formoient pas des chaînes comme elles en forment aujourd'hui. Cependant la terre étoit mille fois plus peuplée, & par conſéquent mille fois plus fertile qu'elle ne l'eſt, la vie des hommes & des animaux étoit dix fois plus longue, & tout cela parce que la chaleur intérieure de la terre qui provient du noyau central, étoit alors dans toute ſa force, & que ce plus grand degré de chaleur faiſoit éclorre & germer un plus grand nombre d'animaux & de plantes, & leur donnoit le degré de vigueur néceſſaire pour durer plus long-temps & ſe multiplier plus abondamment; mais cette même chaleur, en augmentant les forces du corps, porta malheureusement à la tête des hommes & des animaux, elle augmenta les passions, elle ôta la sagesse aux animaux & l'innocence à l'homme; tout, à l'exception des poissons qui habitent un élément froid, se ressentit des effets de cette chaleur du noyau, enfin tout devint criminel & mérita la mort: elle arriva cette mort universelle un mercredi 28 novembre, par un déluge affreux de quarante jours & de quarante nuits, & ce déluge fut causé par la queue d'une autre comète qui rencontra la terre en revenant de son périhélie.

La queue d'une comète est la partie la plus légère de son atmosphère, c'est un brouillard transparent, une vapeur subtile que l'ardeur du soleil fait sortir du corps & de l'atmosphère de la comète; cette vapeur composée de particules aqueuses & aëriennes extrêmement raréfiées, suit la comète lorsqu'elle descend à son périhélie, & la précède lorsqu'elle remonte, en sorte qu'elle est toûjours située du côté opposé au soleil, comme si elle cherchoit à se mettre à l'ombre & à éviter la trop grande ardeur de cet astre. La colonne que forme cette vapeur est souvent d'une longueur immense, & plus une comète approche du soleil, plus la queue est longue & étendue, de sorte qu'elle occupe souvent des espaces très-grands, & comme plusieurs comètes descendent au dessous de l'orbe annuel de la terre, il n'est pas surprenant que la terre se trouve quelquefois enveloppée de la vapeur de cette queue; c'eſt préciſément ce qui eſt arrivé dans le temps du déluge, il n'a fallu que deux heures de ſéjour dans cette queue de comète pour faire tomber autant d'eau qu'il y en a dans la mer; enfin cette queue étoit les cataractes du ciel, *& cataractæ cœli aperti ſunt.* En effet, le globe terreſtre ayant une fois rencontré la queue de la comète, il doit, en y faiſant ſa route, s'approprier une partie de la matière qu'elle contient; tout ce qui ſe trouvera dans la ſphère de l'attraction du globe doit tomber ſur la terre, & tomber en forme de pluie, puiſque cette queue eſt en partie compoſée de vapeurs aqueuſes. Voilà donc une pluie du ciel qu'on peut faire auſſi abondante qu'on voudra, & un déluge univerſel dont les eaux ſurpaſſeront aiſément les plus hautes montagnes. Cependant notre Auteur qui dans cet endroit ne veut pas s'éloigner de la lettre du livre ſacré, ne donne pas pour cauſe unique du déluge cette pluie tirée de ſi loin; il prend de l'eau par-tout où il y en a; le grand abyme, comme nous avons vû, en contient une bonne quantité, la terre à l'approche de la comète, aura ſans doute éprouvé la force de ſon attraction, les liquides contenus dans le grand abyme auront été agitez par un mouvement de flux & de reflux ſi violent, que la croûte ſuperficielle n'aura pû réſiſter, elle ſe ſera fendue en divers endroits, & les eaux de l'intérieur ſe ſeront répandues ſur la ſurface, *& rupti ſunt fontes abyſſi.*

Mais que faire de ces eaux que la queue de la comète & le grand abyme ont fournies ſi libéralement! Notre Auteur

auteur n'en eſt point embarraſſé. Dès que la terre, en continuant ſa route, ſe fut éloignée de la comète, l'effet de ſon attraction, le mouvement de flux & de reflux, ceſſa dans le grand abyme, & dès-lors les eaux ſupérieures s'y précipitèrent avec violence par les mêmes voies qu'elles en étoient ſorties, le grand abyme abſorba toutes les eaux ſuperflues, & ſe trouva d'une capacité aſſez grande pour recevoir non ſeulement les eaux qu'il avoit déjà contenues, mais encore toutes celles que la queue de la comète avoit laiſſées, parce que dans le temps de ſon agitation & de la rupture de la croûte, il avoit aggrandi l'eſpace en pouſſant de tous côtés la terre qui l'environnoit; ce fut auſſi dans ce temps que la figure de la terre qui jusque-là avoit été ſphérique, devint elliptique, tant par l'effet de la force centrifuge cauſée par ſon mouvement diurne, que par l'action de la comète, & cela parce que la terre en parcourant la queue de la comète, ſe trouva poſée de façon qu'elle préſentoit les parties de l'équateur à cet aſtre, & que la force de l'attraction de la comète concourant avec la force centrifuge de la terre, fit élever les parties de l'équateur avec d'autant plus de facilité que la croûte étoit rompue & diviſée en une infinité d'endroits, & que l'action du flux & du reflux de l'abyme pouſſoit plus violemment que par-tout ailleurs les parties ſous l'équateur.

Voilà donc l'hiſtoire de la création, les cauſes du déluge univerſel, celles de la longueur de la vie des premiers hommes, & celles de la figure de la terre; tout cela ſemble n'avoir rien coûté à notre auteur, mais l'arche de Noé paroît l'inquiéter beaucoup : comment imaginer en effet qu'au milieu d'un déſordre auſſi affreux, au milieu de la confuſion de la queue d'une comète avec le grand abyme, au milieu des ruines de l'orbe terreſtre, & dans ces terribles momens où non ſeulement les élémens de la terre étoient confondus, mais où il arrivoit encore du ciel & du tartare de nouveaux élémens pour augmenter le cahos, comment imaginer que l'arche voguât tranquillement avec ſa nombreuſe cargaiſon ſur la cime des flots ! Ici notre auteur rame & fait de grands efforts pour arriver & pour donner une raiſon phyſique de la conſervation de l'arche ; mais comme il m'a paru qu'elle étoit inſuffiſante, mal imaginée & peu orthodoxe, je ne la rapporterai point ; il me ſuffira de faire ſentir combien il eſt dur pour un homme qui a expliqué de ſi grandes choſes ſans avoir recours à une puiſſance ſurnaturelle ou au miracle, d'être arrêté par une circonſtance particulière ; auſſi notre auteur aime mieux riſquer de ſe noyer avec l'arche, que d'attribuer, comme il le devoit, à la bonté immédiate du Tout-puiſſant la conſervation de ce précieux vaiſſeau.

Je ne ferai qu'une remarque ſur ce ſyſtème dont je viens de faire une expoſition fidèle ; c'eſt que toutes les fois qu'on ſera aſſez téméraire pour vouloir expliquer par des raiſons phyſiques les vérités théologiques, qu'on ſe permettra d'interpréter dans des vûes purement humaines le texte divin des livres ſacrez, & que l'on voudra raiſonner ſur les volontés du Très-haut & ſur l'exécution de ſes decrets, on tombera néceſſairement dans les ténèbres & dans le cahos où eſt tombé l'auteur de ce ſyſtème, qui cependant a été reçu avec grand applaudiſſement : il ne doutoit ni de la vérité du déluge, ni de l'authenticité des livres ſacrez; mais comme il s'en étoit beaucoup moins occupé que de Phyſique & d'Aſtronomie, il a pris les paſſages de l'écriture ſainte pour des faits de Phyſique & pour des réſultats d'obſervations aſtronomiques, & il a ſi étrangement mêlé la ſcience divine avec nos ſciences humaines, qu'il en a réſulté la choſe du monde la plus extraordinaire, qui eſt le ſyſtème que nous venons d'expoſer.

PREUVES
DE LA
THÉORIE DE LA TERRE.

ARTICLE III.

Du Syſtème de M. Burnet.

Thomas Burnet. *Telluris Theoria ſacra, orbis noſtri originem & mutationes generales quas aut jam ſubiit, aut olim ſubiturus eſt, complectens.* Londini, 1681.

CET auteur eſt le premier qui ait traité cette matière généralement & d'une manière ſyſtématique ; il avoit beaucoup d'eſprit & étoit homme de belles lettres: ſon ouvrage a eu une grande réputation, & il a été critiqué par quelque ſçavans, entr'autres par M. Keill, qui épluchant cette matière en Géomètre, a démontré les erreurs de Burnet dans un traité qui a pour titre, *Examination of the Theory of the Earth. London, 1734, 2ᵉ edit.* Ce même M. Keill a auſſi réfuté le ſyſtème de Whiſton, mais il traite ce dernier auteur bien différemment du premier, il ſemble même qu'il eſt de ſon avis dans pluſieurs cas, & il regarde comme une choſe fort probable le déluge cauſé par la queue d'une comète. Mais pour revenir à Burnet, ſon livre eſt élégamment écrit, il ſçait peindre & préſenter avec force de grandes images, & mettre ſous les yeux des ſcènes magnifiques. Son plan eſt vaſte, mais l'exécution manque faute de moyens, ſon raiſonnement eſt petit, ſes preuves ſont foibles, & ſa confiance eſt ſi grande qu'il la fait perdre à ſon lecteur.

Il commence par nous dire qu'avant le déluge la terre avoit une forme très-différente de celle que nous lui voyons aujourd'hui. C'étoit d'abord une maſſe fluide, un cahos compoſé de matières de toutes eſpèces & de toutes ſortes de figures; les plus peſantes deſcendirent vers le centre & formèrent au milieu du globe un corps dur & ſolide, autour duquel les eaux plus légères ſe raſſemblèrent & enveloppèrent de tous côtés le globe intérieur; l'air & toutes les liqueurs plus légères que l'eau la ſurmontèrent & l'enveloppèrent auſſi dans toute la circonférence: ainſi entre l'orbe de l'air & celui de l'eau, il ſe forma un orbe d'huile & de liqueur graſſe plus légères que l'eau; mais comme l'air étoit encore fort impur & qu'il contenoit une très-grande quantité de petites particules de matière terreſtre, peu à peu ces particules deſcendirent, tombèrent ſur la couche d'huile, & formèrent un orbe terreſtre mêlé de limon & d'huile, & ce fut-là la première terre habitable & le premier ſéjour de l'homme. C'étoit un excellent terrein, une terre légère, graſſe, & faite exprès pour ſe prêter à la foibleſſe des premiers germes. La ſurface du globe terreſtre étoit donc dans ces premiers temps égale, uniforme, continue, ſans montagnes, ſans mers & ſans inégalités; mais la terre ne demeura qu'environ ſeize ſiècles dans cet état, car la chaleur du ſoleil deſſéchant peu à peu cette croûte limoneuſe, la fit fendre d'abord à la ſurface, bien tôt ces fentes pénétrèrent plus avant

& s'augmentèrent si considérablement avec le temps, qu'enfin elles s'ouvrirent en entier, dans un instant toute la terre s'écroula & tomba par morceaux dans l'abyme d'eau qu'elle contenoit, voilà comme se fit le déluge universel.

Mais toutes ces masses de terre en tombant dans l'abyme entraînèrent une grande quantité d'air, & elles se heurtèrent, se choquèrent, se divisèrent, s'accumulèrent si irrégulièrement, qu'elles laissèrent entr'elles de grandes cavités remplies d'air; les eaux s'ouvrirent peu à peu les chemins de ces cavités, & à mesure qu'elles les remplissoient, la surface de la terre se découvroit dans les parties les plus élevées, enfin il ne resta de l'eau que dans les parties les plus basses, c'est-à-dire, dans les vastes vallées qui contiennent la mer; ainsi notre océan est une partie de l'ancien abyme, le reste est entré dans les cavités intérieures avec lesquelles communique l'océan. Les isles & les écueils sont les petits fragmens, les continens sont les grandes masses de l'ancienne croûte; & comme la rupture & la chûte de cette croûte se sont faites avec confusion, il n'est pas étonnant de trouver sur la terre des éminences, des profondeurs, des plaines & des inégalités de toute espèce.

Cet échantillon du systême de Burnet suffit pour en donner une idée; c'est un roman bien écrit, & un livre qu'on peut lire pour s'amuser, mais qu'on ne doit pas consulter pour s'instruire. L'auteur ignoroit les principaux phénomènes de la terre, & n'étoit nullement informé des observations; il a tout tiré de son imagination qui, comme l'on sçait, sert volontiers aux dépens de la vérité.

PREUVES
DE LA
THÉORIE DE LA TERRE.
ARTICLE IV.
Du Systême de M. Woodward.

Jean Woodward. *An Essay towards the Natural History of the Earth, &c.*

ON peut dire de cet auteur qu'il a voulu élever un monument immense sur une base moins solide que le sable mouvant, & bâtir l'édifice du monde avec de la poussière; car il prétend que dans le temps du déluge il s'est fait une dissolution totale de la terre, la première idée qui se présente après avoir lû son livre, c'est que cette dissolution s'est faite par les eaux du grand abyme, qui se sont répandues sur la surface de la terre, & qui ont délayé & réduit en pâte les pierres, les rochers, les marbres, les métaux, &c. Il prétend que l'abyme où cette eau étoit renfermée, s'ouvrit tout d'un coup à la voix de Dieu, & répandit sur la surface de la terre la quantité énorme d'eau qui étoit nécessaire pour la couvrir & surmonter de beaucoup les plus hautes montagnes, & que Dieu suspendit la cause de la cohésion des corps, ce qui réduisit tout en poussière, &c. Il ne fait pas attention que par ces suppositions il ajoûte au miracle du déluge universel d'autres miracles, ou tout au moins des impoſſibilités phyſiques qui ne s'accordent ni avec la lettre de la ſainte écriture, ni avec les principes mathématiques de la philoſophie naturelle. Mais comme cet auteur a le mérite d'avoir raſſemblé pluſieurs obſervations importantes, & qu'il connoiſſoit mieux que ceux qui ont écrit avant lui, les matières dont le globe eſt compoſé, ſon ſyſtème, quoique mal conçu & mal digéré, n'a pas laiſſé d'éblouir les gens ſéduits par la vérité de quelques faits particuliers, & peu difficiles ſur la vrai-ſemblance des conſéquences générales. Nous avons donc cru devoir préſenter un extrait de cet ouvrage, dans lequel, en rendant juſtice au mérite de l'auteur & à l'exactitude de ſes obſervations, nous mettrons le lecteur en état de juger de l'inſuffiſance de ſon ſyſtème & de la fauſſeté de quelques-unes de ſes remarques. M. Woodward dit avoir reconnu par ſes yeux que toutes les matières qui compoſent la terre en Angleterre, depuis ſa ſurface juſqu'aux endroits les plus profonds où il eſt deſcendu, étoient diſpoſées par couches, & que dans un grand nombre de ces couches il y a des coquilles & d'autres productions marines; enſuite il ajoûte que par ſes correſpondans & par ſes amis il s'eſt aſſuré que dans tous les autres pays la terre eſt compoſée de même, & qu'on y trouve des coquilles non ſeulement dans les plaines & en quelques endroits, mais encore ſur les plus hautes montagnes, dans les carrières les plus profondes & en une infinité d'endroits; il a vû que ces couches étoient horizontales & poſées les unes ſur les autres,

autres, comme le feroient des matières tranfportées par les eaux & dépofées en forme de fédimens. Ces remarques générales qui font très-vraies, font fuivies d'obfervations particulières, par lefquelles il fait voir évidemment que les foffiles qu'on trouve incorporez dans les couches, font de vraies coquilles & de vraies productions marines, & non pas des minéraux, des corps finguliers, des jeux de la Nature, &c. A ces obfervations, quoiqu'en partie faites avant lui, qu'il a raffemblées & prouvées, il en ajoûte d'autres qui font moins exactes; il affure que toutes les matières des différentes couches font pofées les unes fur les autres dans l'ordre de leur pefanteur fpécifique, en forte que les plus pefantes font au deffous, & les plus légères au deffus. Ce fait général n'eft point vrai, on doit arrêter ici l'auteur, & lui montrer les rochers que nous voyons tous les jours au deffus des glaifes, des fables, des charbons de terre, des bitumes, & qui certainement font plus pefans fpécifiquement que toutes ces matières; car en effet fi par toute la terre on trouvoit d'abord les couches de bitume, enfuite celles de craie, puis celles de marne, enfuite celles de glaife, celles de fable, celles de pierre, celles de marbre, & enfin les métaux, en forte que la compofition de la terre fuivît exactement & par-tout la loi de la pefanteur, & que les matières fuffent toutes placées dans l'ordre de leur gravité fpécifique, il y auroit apparence qu'elles fe feroient toutes précipitées en même temps, & voilà ce que notre auteur affure avec confiance, malgré l'évidence du contraire;

car ſans être obſervateur, il ne faut qu'avoir des yeux pour être aſſuré que l'on trouve des matières peſantes très-ſouvent poſées ſur des matières légères, & que par conſéquent ces ſédimens ne ſe ſont pas précipitez tous en même temps, mais qu'au contraire ils ont été amenez & dépoſez ſucceſſivement par les eaux. Comme c'eſt là le fondement de ſon ſyſtème & qu'il porte manifeſtement à faux, nous ne le ſuivrons plus loin que pour faire voir combien un principe erroné peut produire de fauſſes combinaiſons & de mauvaiſes conſéquences. Toutes les matières, dit notre auteur, qui compoſent la terre, depuis les ſommets des plus hautes montagnes juſqu'aux plus grandes profondeurs des mines & des carrières, ſont diſpoſées par couches, ſuivant leur peſanteur ſpécifique; donc, conclut-il, toute la matière qui compoſe le globe a été diſſoute & s'eſt précipitée en même temps. Mais dans quelle matière & en quel temps a-t-elle été diſſoute? dans l'eau & dans le temps du déluge. Mais il n'y a pas aſſez d'eau ſur le globe pour que cela ſe puiſſe, puiſqu'il y a plus de terre que d'eau, & que le fond de la mer eſt de terre : hé bien, nous dit-il, il y a de l'eau plus qu'il n'en faut au centre de la terre, il ne s'agit que de la faire monter, de lui donner tout enſemble la vertu d'un diſſolvant univerſel & la qualité d'un remède préſervatif pour les coquilles qui ſeules n'ont pas été diſſoutes, tandis que les marbres & les rochers l'ont été; de trouver enſuite le moyen de faire rentrer cette eau dans l'abyme, & de faire cadrer tout cela avec l'hiſtoire du déluge ; voilà le ſyſtème, de la vérité duquel l'auteur ne trouve pas le moyen de pouvoir douter, car quand on lui oppoſe que l'eau ne peut point diſſoudre les marbres, les pierres, les métaux, ſur-tout en quarante jours qu'a duré le déluge, il répond ſimplement que cependant cela eſt arrivé ; quand on lui demande quelle étoit donc la vertu de cette eau de l'abyme, pour diſſoudre toute la terre & conſerver en même temps les coquilles, il dit qu'il n'a jamais prétendu que cette eau fût un diſſolvant, mais qu'il eſt clair par les faits que la terre a été diſſoute & que les coquilles ont été préſervées; enfin lorſqu'on le preſſe & qu'on lui fait voir évidemment que s'il n'a aucune raiſon à donner de ces phénomènes, ſon ſyſtème n'explique rien, il dit qu'il n'y a qu'à imaginer que dans le temps du déluge la force de la gravité & de la cohérence de la matière a ceſſé tout à coup, & qu'au moyen de cette ſuppoſition dont l'effet eſt fort aiſé à concevoir, on explique d'une manière ſatisfaiſante la diſſolution de l'ancien monde. Mais, lui dit-on, ſi la force qui tient unies les parties de la matière a ceſſé, pourquoi les coquilles n'ont-elles pas été diſſoutes comme tout le reſte ? Ici il fait un diſcours ſur l'organiſation des coquilles & des os des animaux, par lequel il prétend prouver que leur texture étant fibreuſe & différente de celle des minéraux, leur force de cohéſion eſt auſſi d'un autre genre; après tout, il n'y a, dit-il, qu'à ſuppoſer que la force de la gravité & de la cohérence n'a pas ceſſé entièrement, mais ſeulement qu'elle a été diminuée aſſez pour déſunir toutes les parties des minéraux, mais pas aſſez pour déſunir celles des animaux. A tout ceci on ne peut pas s'empêcher de reconnoître que notre auteur n'étoit pas auſſi bon Phyſicien qu'il étoit bon Obſervateur, & je ne crois pas qu'il ſoit néceſſaire que nous réfutions ſérieuſement des opinions ſans fondement, ſur-tout lorſqu'elles ont été imaginées contre les règles de la vrai-ſemblance, & qu'on n'en a tiré que des conſéquences contraires aux loix de la méchanique.

PREUVES
DE LA
THÉORIE DE LA TERRE.

ARTICLE V.

Expoſition de quelques autres Syſtèmes.

ON voit bien que les trois hypothèſes dont nous venons de parler, ont beaucoup de choſes communes; elles s'accordent toutes en ce point, que dans le temps du déluge la terre a changé de forme, tant à l'extérieur qu'à l'intérieur : ainſi tous ces ſpéculatifs n'ont pas fait attention que la terre avant le déluge, étant habitée par les mêmes eſpèces d'hommes & d'animaux, devoit être néceſſairement telle, à très-peu près, qu'elle eſt aujourd'hui; & qu'en effet les livres ſaints nous apprennent qu'avant le déluge il y avoit ſur la terre des fleuves, des mers, des montagnes, des forêts & des plantes; que ces fleuves & ces montagnes étoient, pour la plûpart, les mêmes, puiſque le Tigre & l'Eufrate étoient les fleuves du paradis terreſtre; que la montagne d'Arménie, ſur laquelle l'arche s'arrêta, étoit une des plus hautes montagnes du monde au temps du déluge, comme elle l'eſt encore aujourd'hui; que les mêmes plantes & les mêmes animaux qui exiſtent, exiſtoient alors, puiſqu'il y eſt parlé du ſerpent, du corbeau, & que la colombe rapporta une branche d'olivier; car quoique M. de Tournefort prétende qu'il n'y a point d'olivier à plus de 400 lieues du mont Ararath, & qu'il faſſe ſur cela d'aſſez mauvaiſes plaiſanteries *(Voyage du Levant, vol. 2. pag. 336,)* il eſt cependant certain qu'il y en avoit en ce lieu dans le temps du déluge, puiſque le livre ſacré nous en aſſure, & il n'eſt pas étonnant que dans un eſpace de 4000 ans les oliviers aient été détruits dans ces cantons & ſe ſoient multipliez dans d'autres; c'eſt donc à tort & contre la lettre de la ſainte écriture que ces Auteurs ont ſuppoſé que la terre étoit avant le déluge totalement différente de ce qu'elle eſt aujourd'hui, & cette contradiction de leurs hypothèſes avec le texte ſacré, auſſi-bien que leur oppoſition avec les vérités phyſiques, doit faire rejeter leurs ſyſtèmes, quand même ils ſeroient d'accord avec quelques phénomènes; mais il s'en faut bien que cela ſoit ainſi. Burnet qui a écrit le premier, n'avoit pour fonder ſon ſyſtème ni obſervations ni faits. Woodward n'a donné qu'un eſſai, où il promet beaucoup plus qu'il ne peut tenir : ſon livre eſt un projet dont on n'a pas vû l'exécution. On voit ſeulement qu'il emploie deux obſervations générales; la première, que la terre eſt par-tout compoſée de matières qui autrefois ont été dans un état de molleſſe & de fluidité, qui ont été tranſportées par les eaux, & qui ſe ſont dépoſées par couches horizontales; la ſeconde, qu'il y a des productions marines dans l'intérieur de la terre en une infinité d'endroits. Pour rendre raiſon de ces faits, il a recours au déluge univerſel, ou plûtôt il paroît ne les donner que comme preuves du déluge, mais il tombe, auſſi-bien que Burnet, dans des contradictions évidentes; car il n'eſt pas permis de ſuppoſer avec eux qu'avant le déluge il n'y avoit point de montagnes, puiſqu'il eſt dit préciſément & très-clairement que les eaux ſurpaſſèrent de 15 coudées les plus hautes montagnes; d'autre côté il n'eſt pas dit que ces eaux aient détruit & diſſous ces montagnes, au contraire ces montagnes ſont reſtées en place, & l'arche s'eſt arrêtée ſur celle que les eaux ont laiſſée la première à découvert. D'ailleurs comment peut-on s'imaginer que pendant le peu de temps qu'a duré le déluge, les eaux aient pû diſſoudre les montagnes & toute la terre? n'eſt-ce pas une abſurdité de dire qu'en quarante jours l'eau a diſſous tous les marbres, tous les rochers, toutes les pierres, tous les minéraux? n'eſt-ce pas une contradiction manifeſte que d'admettre cette diſſolution totale, & en même temps de dire que les coquilles & les productions marines ont été préſervées, & que tout ayant été détruit & diſſous, elles ſeules ont été conſervées, de ſorte qu'on les retrouve aujourd'hui entières & les mêmes qu'elles étoient avant le déluge? Je ne craindrai donc pas de dire qu'avec d'excellentes obſervations Woodward n'a fait qu'un fort mauvais ſyſtème. Whiſton qui eſt venu le dernier a beaucoup enchéri ſur les deux autres, mais en donnant une vaſte carrière à ſon imagination, au moins n'eſt il pas tombé en contradiction; il dit des choſes fort peu croyables, mais du moins elles ne ſont ni abſolument ni évidemment impoſſibles. Comme on ignore ce qu'il y a au centre & dans l'intérieur de la terre, il a cru pouvoir ſuppoſer que cet intérieur étoit occupé par un noyau ſolide, environné d'un fluide peſant & enſuite d'eau ſur laquelle la croûte extérieure du globe étoit ſoûtenue, & dans laquelle les différentes parties de cette croûte ſe ſont enfoncées plus ou moins, à proportion de leur peſanteur ou de leur légèreté relative; ce qui a produit les montagnes & les inégalités de la ſurface de la terre. Il faut avouer que cet Aſtronome a fait ici une faute de méchanique; il n'a pas ſongé que la terre dans cette hypothèſe doit faire voûte de tous côtés, que par conſéquent elle ne peut être portée ſur l'eau qu'elle contient, & encore moins y enfoncer : à cela près, je ne ſçache pas qu'il y ait d'autres erreurs de phyſique dans ce ſyſtème. Il y en a un grand nombre quant à la métaphyſique & à la théologie, mais enfin, on ne peut pas nier abſolument que la terre rencontrant la queue d'une comète, lorſque celle-ci s'approche de ſon périhélie, ne puiſſe être inondée, ſur-tout lorſqu'on aura accordé à l'auteur que la queue d'une comète peut contenir des vapeurs aqueuſes. On ne peut nier non plus, comme une impoſſibilité abſolue, que la queue d'une comète en revenant du périhélie ne puiſſe brûler la terre, ſi on ſuppoſe avec l'auteur que la comète ait paſſé fort près du ſoleil, & qu'elle ait été prodigieuſement échauffée pendant ſon paſſage : il en eſt de même du reſte de ce ſyſtème, mais quoiqu'il n'y ait pas d'impoſſibilité abſolue, il y a ſi peu de probabilité à chaque choſe priſe ſéparément, qu'il en réſulte une impoſſibilité pour le tout pris enſemble.

Les trois ſyſtèmes dont nous venons de parler, ne ſont pas les ſeuls ouvrages qui aient été faits ſur la théorie de la terre. Il a paru en 1729 un mémoire de M. Bourguet, imprimé à Amſterdam avec ſes lettres philoſophiques ſur la formation des ſels, &c. dans lequel il donne un échantillon du ſyſtème qu'il méditoit, mais qu'il n'a pas propoſé, ayant été prévenu par la mort. Il faut rendre juſtice à cet auteur, perſonne n'a mieux raſſemblé les phénomènes & les faits, on lui doit même cette belle & grande obſervation qui eſt une des clefs de la théorie de la terre, je veux parler de la correſpondance des angles des montagnes. Il préſente tout ce qui a rapport à ces matières dans un grand ordre, mais avec tous ces avantages, il paroît qu'il n'auroit pas mieux réuſſi que les autres à faire une hiſtoire phyſique & raiſonnée des changemens arrivez au globe, & qu'il étoit bien éloigné d'avoir trouvé les vraies cauſes des effets qu'il rapporte; pour s'en convaincre, il ne faut que jeter les yeux ſur les propoſitions qu'il déduit des phénomènes, & qui doivent ſervir de fondement à ſa théorie, *Voyez page 211.* Il dit que le globe a pris ſa forme dans un même temps, & non pas ſucceſſivement, que la forme & la diſpoſition du globe ſuppoſent néceſſairement qu'il a été dans un état de fluidité; que l'état préſent de la terre eſt très-différent de celui dans lequel elle a été pendant pluſieurs ſiècles après ſa première formation;

que la matière du globe étoit dès le commencement moins dense qu'elle ne l'a été depuis qu'il a changé de face; que la condensation des parties solides du globe diminua sensiblement avec la vélocité du globe même, de sorte qu'après avoir fait un certain nombre de révolutions sur son axe & autour du soleil, il se trouva tout à coup dans un état de dissolution qui détruisit sa première structure; que cela arriva vers l'équinoxe du printemps; que dans le temps de cette dissolution les coquilles s'introduisirent dans les matières dissoutes; qu'après cette dissolution la terre a pris la forme que nous lui voyons, & qu'aussi-tôt le feu s'y est mis, la consume peu à peu & va toûjours en augmentant, de sorte qu'elle sera détruite un jour par une explosion terrible, accompagnée d'un incendie général, qui augmentera l'atmosphère du globe & en diminuera le diamètre, & qu'alors la terre au lieu de couches de sable ou de terre, n'aura que des couches de métal & de minéral calciné, & des montagnes composées d'amalgames de différens métaux. En voilà assez pour faire voir quel étoit le système que l'auteur méditoit. Deviner de cette façon le passé, vouloir prédire l'avenir, & encore deviner & prédire à peu près comme les autres ont prédit & deviné, ne me paroît pas être un effort; aussi cet auteur avoit beaucoup plus de connoissances & d'érudition que de vûes saines & générales, & il m'a paru manquer de cette partie si nécessaire aux physiciens, de cette métaphysique qui rassemble les idées particulières, qui les rend plus générales, & qui élève l'esprit au point où il doit être pour voir l'enchaînement des causes & des effets.

Le fameux Leibnitz donna en 1683 dans les actes de Leipsic, pag. 40. un projet de système bien différent, sous le titre de *Protogæa.* La terre, selon Bourguet & tous les autres, doit finir par le feu; selon Leibnitz elle a commencé par-là, & a souffert beaucoup plus de changemens & de révolutions qu'on ne l'imagine. La plus grande partie de la matière terrestre a été embrasée par un feu violent dans le temps que Moyse dit que la lumière fut séparée des ténèbres. Les planètes, aussi-bien que la terre, étoient autrefois des étoiles fixes & lumineuses par elles-mêmes. Après avoir brûlé long-temps, il prétend qu'elles se sont éteintes faute de matière combustible, & qu'elle sont devenues des corps opaques. Le feu a produit par la fonte des matières une croûte vitrifiée, & la base de toute la matière qui compose le globe terrestre est du verre, dont les sables ne sont que des fragmens; les autres espèces de terre se sont formées du mélange de ce sable avec des sels fixes & de l'eau, & quand la croûte fut refroidie, les parties humides qui s'étoient élevées en forme de vapeurs, retombèrent & formèrent les mers. Elles enveloppèrent d'abord toute la surface du globe, & surmontèrent même les endroits les plus élevez qui forment aujourd'hui les continens & les isles. Selon cet auteur, les coquilles & les autres débris de la mer qu'on trouve par-tout, prouvent que la mer a couvert toute la terre; & la grande quantité de sels fixes, de sables &

d'autres matières fondues & calcinées qui font renfermées dans les entrailles de la terre, prouvent que l'incendie a été général, & qu'il a précédé l'exiftence des mers. Quoique ces penfées foient dénuées de preuves, elles font élevées, & on fent bien qu'elles font le produit des méditations d'un grand génie. Les idées ont de la liaifon, les hypothèfes ne font pas abfolument impoffibles, & les conféquences qu'on en peut tirer ne font pas contradictoires; mais le grand défaut de cette théorie, c'eft qu'elle ne s'applique point à l'état préfent de la terre, c'eft le paffé qu'elle explique, & ce paffé eft fi ancien & nous a laiffé fi peu de veftiges qu'on peut en dire tout ce qu'on voudra, & qu'à proportion qu'un homme aura plus d'efprit, il en pourra dire des chofes qui auront l'air plus vraifemblable. Affurer, comme l'affure Whifton, que la terre a été comète, ou prétendre avec Leibnitz qu'elle a été foleil, c'eft dire des chofes également poffibles ou impoffibles, & auxquelles il feroit fuperflu d'appliquer les règles des probabilités : dire que la mer a autrefois couvert toute la terre, qu'elle a enveloppé le globe tout entier, & que c'eft par cette raifon qu'on trouve des coquilles par-tout, c'eft ne pas faire attention à une chofe très-effentielle, qui eft l'unité du temps de la création; car fi cela étoit, il faudroit néceffairement dire que les coquillages & les autres animaux habitans des mers, dont on trouve les dépouilles dans l'intérieur de la terre, ont exifté les premiers, & long-temps avant l'homme & les animaux terreftres : or indépendamment du témoignage des livres ſacrez, n'a-t-on pas raiſon de croire que toutes les eſpèces d'animaux & de végétaux ſont à peu près auſſi anciennes les unes que les autres !

M. Scheuhzer dans une diſſertation qu'il a adreſſée à l'Académie des Sciences en 1708, attribue, comme Woodward, le changement ou plûtôt la ſeconde formation de la ſurface du globe, au déluge univerſel; & pour expliquer celle des montagnes, il dit qu'après le déluge Dieu voulant faire rentrer les eaux dans les réſervoirs ſoûterrains, avoit briſé & déplacé de ſa main toute-puiſſante un grand nombre de lits auparavant horizontaux, & les avoit élevez ſur la ſurface du globe ; toute la diſſertation a été faite pour appuyer cette opinion. Comme il falloit que ces hauteurs ou éminences fuſſent d'une conſiſtance fort ſolide, M. Scheuhzer remarque que Dieu ne les tira que des lieux où il y avoit beaucoup de pierres, de-là vient, dit-il, que les pays, comme la Suiſſe, où il y en a une grande quantité, ſont montagneux, & qu'au contraire ceux qui, comme la Flandre, l'Allemagne, la Hongrie, la Pologne, n'ont que du ſable ou de l'argille, même à une aſſez grande profondeur, ſont preſqu'entièrement ſans montagnes. *Voyez l'Hiſt. de l'Acad. 1708, pag. 32.*

Cet auteur a eu plus qu'aucun autre le défaut de vouloir mêler la phyſique avec la théologie, & quoiqu'il nous ait donné quelques bonnes obſervations, la partie ſyſtématique de ſes ouvrages eſt encore plus mauvaiſe que celle de tous ceux qui l'ont précédé, il a même fait ſur ce ſujet des déclamations & des plaiſanteries ridicules. Voyez la plainte des poiſſons, *Piſcium querelæ, &c.* ſans parler de ſon gros livre en pluſieurs volumes in-folio, intitulé, *Phyſica ſacra,* ouvrage puérile, & qui paroît fait moins pour occuper les hommes que pour amuſer les enfans par les gravûres & les images qu'on y a entaſſées à deſſein & ſans néceſſité.

Stenon & quelques autres après lui, ont attribué la cauſe des inégalités de la ſurface de la terre à des inondations particulières, à des tremblemens de terre, à des ſecouſſes, des éboulemens, &c. mais les effets de ces cauſes ſecondaires n'ont pû produire que quelques légers changemens. Nous admettons ces mêmes cauſes après la cauſe première qui eſt le mouvement du flux & reflux, & le mouvement de la mer d'orient en occident; au reſte, Stenon ni les autres n'ont pas donné de théorie, ni même de faits généraux ſur cette matière. Voyez la Diſſ. *de Solido intra ſolidum, &c.*

Ray prétend que toutes les montagnes ont été produites par des tremblemens de terre, & il a fait un traité pour le prouver; nous ferons voir à l'article des volcans combien peu cette opinion eſt fondée.

Nous ne pouvons nous diſpenſer d'obſerver que la plûpart des auteurs dont nous venons de parler, comme Burnet, Whiſton & Woodward, ont fait une faute qui nous paroît mériter d'être relevée, c'eſt d'avoir regardé le déluge comme poſſible par l'action des cauſes naturelles, au lieu que l'écriture ſainte nous le préſente comme produit par la volonté immédiate de Dieu; il n'y a aucune cauſe naturelle qui puiſſe produire ſur la ſurface entière de la terre la quantité d'eau qu'il a fallu pour couvrir les plus hautes montagnes; & quand même on pourroit imaginer une cauſe proportionnée à cet effet, il ſeroit encore impoſſible de trouver quelqu'autre cauſe capable de faire diſparoître les eaux; car en accordant à Whiſton que ces eaux ſont venues de la queue d'une comète, on doit lui nier qu'il en ſoit venu du grand abyme & qu'elles y ſoient toutes rentrées, puiſque le grand abyme étant, ſelon lui, environné & preſſé de tous côtés par la croûte ou l'orbe terreſtre, il eſt impoſſible que l'attraction de la comète ait pû cauſer aux fluides contenus dans l'intérieur de cet orbe, le moindre mouvement, par conſéquent le grand abyme n'aura pas éprouvé, comme il le dit, un flux & reflux violent, dès-lors il n'en ſera pas ſorti & il n'y ſera pas entré une ſeule goutte d'eau, & à moins de ſuppoſer que l'eau tombée de la comète a été détruite par miracle, elle ſeroit encore aujourd'hui ſur la ſurface de la terre, couvrant les ſommets des plus hautes montagnes. Rien ne caractériſe mieux un miracle que l'impoſſibilité d'en expliquer l'effet par les cauſes naturelles; nos auteurs ont fait de vains efforts pour rendre raiſon du déluge, leurs erreurs de Phyſique au ſujet des cauſes ſecondes qu'ils emploient, prouvent la vérité du fait tel qu'il eſt rapporté dans l'écriture ſainte, & démontrent qu'il n'a pû être opéré que par la cauſe première, par la volonté de Dieu.

D'ailleurs il eſt aiſé de ſe convaincre que ce n'eſt ni dans un ſeul & même temps, ni par l'effet du déluge que la mer a laiſſé à découvert les continens que nous habitons; car il eſt certain par le témoignage des livres ſacrez que le Paradis terreſtre étoit en Aſie, & que l'Aſie étoit un continent habité avant le déluge, par conſéquent ce n'eſt pas dans ce temps que les mers ont couvert cette partie conſidérable du globe. La terre étoit donc avant le déluge telle à peu près qu'elle eſt aujourd'hui; & cette énorme quantité d'eau que la Juſtice divine fit tomber ſur la terre pour punir l'homme coupable, donna en effet la mort à toutes les créatures, mais elle ne produiſit aucun changement à la ſurface de la terre, elle ne détruiſit pas même les plantes, puiſque la colombe rapporta une branche d'olivier.

Pourquoi donc imaginer, comme l'ont fait la plûpart de nos Naturaliſtes, que cette eau changea totalement la ſurface du globe juſqu'à mille & deux mille pieds de profondeur! pourquoi veulent-ils que ce ſoit le déluge qui ait apporté ſur la terre les coquilles qu'on trouve à ſept ou huit cens pieds dans les rochers & dans les marbres! pourquoi dire que c'eſt dans ce temps que ſe ſont formées les montagnes & les collines! & comment peut-on ſe figurer qu'il ſoit poſſible que ces eaux aient amené des maſſes & des bancs de coquilles de cent lieues de longueur! Je ne crois pas qu'on puiſſe perſiſter dans cette opinion, à moins qu'on n'admette dans le déluge un double miracle, le premier pour l'augmentation des eaux,

& le

& le ſecond pour le tranſport des coquilles; mais comme il n'y a que le premier qui ſoit rapporté dans l'écriture ſainte, je ne vois pas qu'il ſoit néceſſaire de faire un article de foi du ſecond.

D'autre côté, ſi les eaux du déluge, après avoir ſéjourné au deſſus des plus hautes montagnes, ſe fuſſent enſuite retirées tout à coup, elles auroient amené une ſi grande quantité de limon & d'immondices, que les terres n'auroient point été labourables ni propres à recevoir des arbres & des vignes que pluſieurs ſiècles après cette inondation, comme l'on ſçait que dans le déluge qui arriva en Grèce le pays ſubmergé fut totalement abandonné & ne pût recevoir aucune culture que plus de trois ſiècles après cette inondation. Voyez *Acta erud. Lipſ. anno 1691, pag. 100.* Auſſi doit-on regarder le déluge univerſel comme un moyen ſurnaturel dont s'eſt ſervi la Toute-puiſſance divine pour le châtiment des hommes, & non comme un effet naturel dans lequel tout ſe feroit paſſé ſelon les loix de la Phyſique. Le déluge univerſel eſt donc un miracle dans ſa cauſe & dans ſes effets; on voit clairement par le texte de l'écriture ſainte, qu'il a ſervi uniquement pour détruire l'homme & les animaux, & qu'il n'a changé en aucune façon la terre, puiſqu'après la retraite des eaux les montagnes, & même les arbres, étoient à leur place, & que la ſurface de la terre étoit propre à recevoir la culture & à produire des vignes & des fruits. Comment toute la race des poiſſons qui n'entra pas dans l'arche, auroit elle pû être conſervée ſi la terre eût été diffoute dans l'eau, ou feulement fi les eaux euffent été affez agitées pour tranfporter les coquilles des Indes en Europe, &c!

Cependant cette fuppofition, que c'eft le déluge univerfel qui a tranfporté les coquilles de la mer dans tous les climats de la terre, eft devenue l'opinion ou plûtôt la fuperftition du commun des Naturaliftes. Woodward, Scheuchzer & quelques autres appellent ces coquilles pétrifiées les reftes du déluge, ils les regardent comme les médailles & les monumens que Dieu nous a laiffez de ce terrible évènement, afin qu'il ne s'effaçât jamais de la mémoire du genre humain; enfin ils ont adopté cette hypothèfe avec tant de refpect, pour ne pas dire d'aveuglement, qu'ils ne paroiffent s'être occupez qu'à chercher les moyens de concilier l'écriture fainte avec leur opinion, & qu'au lieu de fe fervir de leurs obfervations & d'en tirer des lumières, ils fe font enveloppez dans les nuages d'une théologie phyfique, dont l'obfcurité & la petiteffe dérogent à la clarté & à la dignité de la religion, & ne laiffent apercevoir aux incrédules qu'un mélange ridicule d'idées humaines & de faits divins. Prétendre en effet expliquer le déluge univerfel & fes caufes phyfiques, vouloir nous apprendre le détail de ce qui s'eft paffé dans le temps de cette grande révolution, deviner quels en ont été les effets, ajoûter des faits à ceux du livre facré, tirer des conféquences de ces faits, n'eft-ce pas vouloir mefurer la puiffance du Très-haut! Les merveilles que fa main bienfaifante opère dans la Nature d'une manière uniforme & régulière, ſont incompréhenſibles, à plus forte raiſon les coups d'éclat, les miracles doivent nous tenir dans le ſaiſiſſement & dans le ſilence.

Mais, diront-ils, le déluge univerſel étant un fait certain, n'eſt-il pas permis de raiſonner ſur les conſéquences de ce fait ? A la bonne heure; mais il faut que vous commenciez par convenir que le déluge univerſel n'a pû s'opérer par les puiſſances phyſiques, il faut que vous le reconnoiſſiez comme un effet immédiat de la volonté du Tout-puiſſant, il faut que vous vous borniez à en ſçavoir ſeulement ce que les livres ſacrez nous en apprennent, avouer en même temps qu'il ne vous eſt pas permis d'en ſçavoir davantage, & ſur-tout ne pas mêler une mauvaiſe phyſique avec la pureté du livre ſaint. Ces précautions qu'exige le reſpect que nous devons aux decrets de Dieu, étant priſes, que reſte-t-il à examiner au ſujet du déluge ? Eſt-il dit dans l'écriture ſainte que le déluge ait formé les montagnes ? il eſt dit le contraire: eſt-il dit que les eaux fuſſent dans une agitation aſſez grande pour enlever du fond des mers les coquilles & les tranſporter par toute la terre ? non, l'arche voguoit tranquillement ſur les flots : eſt-il dit que la terre ſouffrit une diſſolution totale ? point du tout; le récit de l'Hiſtorien ſacré eſt ſimple & vrai, celui de ces Naturaliſtes eſt compoſé & fabuleux.

PREUVES
DE LA
THEORIE DE LA TERRE.

ARTICLE VI.

GÉOGRAPHIE.

LA surface de la terre n'est pas, comme celle de Jupiter, divisée par bandes alternatives & parallèles à l'équateur, au contraire elle est divisée d'un pole à l'autre par deux bandes de terre & deux bandes de mer; la première & principale bande est l'ancien continent, dont la plus grande longueur se trouve être en diagonale avec l'équateur, & qu'on doit mesurer en commençant au nord de la Tartarie la plus orientale, de là à la terre qui avoisine le golfe Linchidolin, où les Moscovites vont pêcher des baleines, de là à Tobolsk, de Tobolsk à la mer Caspienne, de la mer Caspienne à la Mecque, de la Mecque à la partie occidentale du pays habité par le peuple de Galles en Afrique, ensuite au Monoemugi, au Monomotapa, & enfin au cap de Bonne-espérance. Cette ligne, qui est la plus grande longueur de l'ancien continent, est d'environ 3600 lieues, elle n'est interrompue que par la mer Caspienne & par la mer rouge, dont les largeurs ne sont pas considérables, & on ne doit pas avoir égard à ces petites interruptions lorsque l'on considère, comme nous

Ire Carte pag. 204
Septentrion
C. Nord
CARTE DE
L'ANCIEN CONTINENT
Selon sa plus grande longueur diamétrale
depuis la Pointe de la Tartarie Orientale,
jusqu'au Cap de Bonne Esperance.
Dressée Sous les yeux de Mr DE BUFFON
Par le Sr Robert de Vaugondy
Fils de Mr ROBERT Geogr. ord. du Roi
1749.
Degrés de l'Equateur
10
20
30
40
Midi
Cap de Bne Esperance
Ceylan I.
Abissinie
Monomotapa

le faiſons, la ſurface du globe diviſée ſeulement en quatre parties.

Cette plus grande longueur ſe trouve en meſurant le continent en diagonale; car ſi on le meſure au contraire ſuivant les méridiens, on verra qu'il n'y a que 2500 lieues depuis le cap nord de Laponie juſqu'au cap de Bonne-eſpérance, & qu'on traverſe la mer Baltique dans ſa longueur & la mer Méditerranée dans toute ſa largeur, ce qui fait une bien moindre longueur & de plus grandes interruptions que par la première route; à l'égard de toutes les autres diſtances qu'on pourroit meſurer dans l'ancien continent ſous les mêmes méridiens, on les trouvera encore beaucoup plus petites que celle-ci, n'y ayant, par exemple, que 1800 lieues depuis la pointe méridionale de l'iſle de Ceylan juſqu'à la côte ſeptentrionale de la nouvelle Zemble. De même ſi on meſure le continent parallèlement à l'équateur, on trouvera que la plus grande longueur ſans interruption ſe trouve depuis la côte occidentale de l'Afrique à Trefana, juſqu'à Ninpo ſur la côte orientale de la Chine, & qu'elle eſt environ de 2800 lieues; qu'une autre longueur ſans interruption peut ſe meſurer depuis la pointe de la Bretagne à Breſt juſqu'à la côte de la Tartarie Chinoiſe, & qu'elle eſt environ de 2300 lieues; qu'en meſurant depuis Bergen en Norvège juſqu'à la côte de Kamtſchatka, il n'y a plus que 1800 lieues. Toutes ces lignes ont, comme l'on voit, beaucoup moins de longueur que la première; ainſi la plus grande étendue de l'ancien continent eſt en effet depuis le cap oriental de la Tartarie la plus ſeptentrionale juſqu'au cap de Bonne-eſpérance, c'eſt-à-dire, de 3600 lieues. *Voyez la première carte de Géographie.*

Cette ligne peut être regardée comme le milieu de la bande de terre qui compoſe l'ancien continent, car en meſurant l'étendue de la ſurface du terrein des deux côtés de cette ligne, je trouve qu'il y a dans la partie qui eſt à gauche 2471092 $\frac{3}{4}$ lieues quarrées, & que dans la partie qui eſt à droite de cette ligne, il y a 2469687 lieues quarrées, ce qui eſt une égalité ſingulière, & qui doit faire préſumer avec une très-grande vrai-ſemblance, que cette ligne eſt le vrai milieu de l'ancien continent, en même temps qu'elle en eſt la plus grande longueur.

L'ancien continent a donc en tout environ 4940780 lieues quarrées, ce qui ne fait pas une cinquième partie de la ſurface totale du globe; & on peut regarder ce continent comme une large bande de terre inclinée à l'équateur d'environ trente degrés.

A l'égard du nouveau continent, on peut le regarder auſſi comme une bande de terre, dont la plus grande longueur doit être priſe depuis l'embouchûre du fleuve de la Plata juſqu'à cette contrée marécageuſe qui s'étend au delà du lac des Aſſiniboïls; cette route va de l'embouchûre du fleuve de la Plata au lac Caracares, de là elle paſſe chez les Mataguais, chez les Chiriguanes, enſuite à Pocona, à Zongo, de Zongo chez les Zamas, les Marianas, les Moruas, de là à S. Fé & à Carthagène, puis par le golfe du Mexique à la Jamaïque, à Cuba,

2e Carte pag. 206.
Septentrion
Occident
Equateur
Orient
Midi
G du Mexique
Degrés de l'Equateur
CARTE DU
NOUVEAU CONTINENT
selon sa plus grande longueur diamétrale
depuis la Riv.e de la Plata jusqu'au
delà du Lac des Assiniboils.
Dressée sous les yeux de M.r DE BUFFON
Par le S.r Robert de Vaugondy
Fils de M.r ROBERT Géog.e ord.e du Roi.
1749.

tout le long de la peninſule de la Floride, chez les Apalaches, les Chicachas, de là au fort Saint-Louis, ou Creve-cœur, au fort le Sueur, & enfin chez les peuples qui habitent au delà du lac des Aſſiniboïls, où l'étendue des terres n'a pas encore été reconnue. *Voyez la ſeconde carte de Géographie.*

Cette ligne qui n'eſt interrompue que par le golfe du Mexique, qu'on doit regarder comme une mer méditerranée, peut avoir environ deux mille cinq cens lieues de longueur, & elle partage le nouveau continent en deux parties égales, dont celle qui eſt à gauche a $1069286\frac{5}{6}$ lieues quarrées de ſurface, & celle qui eſt à droite en a $1070926\frac{1}{12}$; cette ligne qui fait le milieu de la bande du nouveau continent, eſt auſſi inclinée à l'équateur d'environ 30 degrés, mais en ſens oppoſé, en ſorte que celle de l'ancien continent s'étendant du nord-eſt au ſud-oueſt, celle du nouveau s'étend du nord-oueſt au ſud-eſt; & toutes ces terres enſemble, tant de l'ancien que du nouveau continent, font environ 7080993 lieues quarrées, ce qui n'eſt pas, à beaucoup près, le tiers de la ſurface totale du globe qui en contient vingt-cinq millions.

On doit remarquer que ces deux lignes qui traverſent les continens dans leurs plus grandes longueurs, & qui les partagent chacun en deux parties égales, aboutiſſent toutes les deux au même degré de latitude ſeptentrionale & auſtrale. On peut auſſi obſerver que les deux continens font des avances oppoſées & qui ſe regardent, ſçavoir, les côtes de l'Afrique depuis les iſles Canaries juſqu'aux côtes de la Guinée, & celles de l'Amérique depuis la Guiane jufqu'à l'embouchûre de Rio-janeiro.

Il paroît donc que les terrès les plus anciennes du globe font les pays qui font aux deux côtés de ces lignes à une diftance médiocre, par exemple, à 200 ou à 250 lieues de chaque côté; & en fuivant cette idée qui eft fondée fur les obfervations que nous venons de rapporter, nous trouverons dans l'ancien continent que les terres les plus anciennes de l'Afrique font celles qui s'étendent depuis le cap de Bonne-efpérance jufqu'à la mer rouge & jufqu'à l'Egypte, fur une largeur d'environ 500 lieues, & que par conféquent toutes les côtes occidentales de l'Afrique, depuis la Guinée jufqu'au détroit de Gibraltar, font des terres plus nouvelles. De même nous reconnoîtrons qu'en Afie, fi on fuit la ligne fur la même largeur, les terres les plus anciennes font l'Arabie heureufe & déferte, la Perfe & la Géorgie, la Turcomanie & une partie de la Tartarie indépendante, la Circaffie & une partie de la Mofcovie, &c. que par conféquent l'Europe eft plus nouvelle, & peut-être auffi la Chine & la partie orientale de la Tartarie; dans le nouveau continent nous trouverons que la terre Magellanique, la partie orientale du Brefil, du pays des Amazones, de la Guiane & du Canada font des pays nouveaux en comparaifon du Tucuman, du Pérou, de la terre ferme & des ifles du golfe du Mexique, de la Floride, du Miffiffipi & du Mexique. On peut encore ajoûter à ces obfervations deux faits qui font affez remarquables; le vieux & le nouveau continent

continent ſont preſque oppoſez l'un à l'autre ; l'ancien eſt plus étendu au nord de l'équateur qu'au ſud, au contraire le nouveau l'eſt plus au ſud qu'au nord de l'équateur; le centre de l'ancien continent eſt à 16 ou 18 degrés de latitude nord, & le centre du nouveau eſt à 16 ou 18 degrés de latitude ſud, en ſorte qu'ils ſemblent faits pour ſe contre-balancer. Il y a encore un rapport ſingulier entre les deux continens, quoiqu'il me paroiſſe plus accidentel que ceux dont je viens de parler; c'eſt que les deux continens ſeroient chacun partagez en deux parties qui ſeroient toutes quatre environnées de la mer de tous côtés ſans deux petits iſthmes, celui de Suès & celui de Panama.

Voilà ce que l'inſpection attentive du globe peut nous fournir de plus général ſur la diviſion de la terre. Nous nous abſtiendrons de faire ſur cela des hypothèſes & de haſarder des raiſonnemens qui pourroient nous conduire à de fauſſes conſéquences, mais comme perſonne n'avoit conſidéré ſous ce point de vûe la diviſion du globe, j'ai cru devoir communiquer ces remarques. Il eſt aſſez ſingulier que la ligne qui fait la plus grande longueur des continens terreſtres, les partage en deux parties égales; il ne l'eſt pas moins que ces deux lignes commencent & finiſſent aux mêmes degrés de latitude, & qu'elles ſoient toutes deux inclinées de même à l'équateur. Ces rapports peuvent tenir à quelque choſe de général que l'on découvrira peut-être, & que nous ignorons. Nous verrons dans la ſuite à examiner plus en détail les inégalités de la figure des continens, il nous ſuffit d'obſerver ici que les pays les plus anciens doivent être les plus voisins de ces lignes, & en même temps les plus élevez, & que les terres plus nouvelles en doivent être les plus éloignées, & en même temps les plus basses. Ainsi en Amérique la terre des Amazones, la Guiane & le Canada seront les parties les plus nouvelles; en jetant les yeux sur la carte de ces pays, on voit que les eaux y sont répandues de tous côtés, qu'il y a un grand nombre de lacs & de très-grands fleuves, ce qui indique encore que ces terres sont nouvelles: au contraire le Tucuman, le Pérou & le Mexique sont des pays très-élevez, fort montueux, & voisins de la ligne qui partage le continent, ce qui semble prouver qu'ils sont plus anciens que ceux dont nous venons de parler. De même toute l'Afrique est très-montueuse, & cette partie du monde est fort ancienne; il n'y a guère que l'Egypte, la Barbarie & les côtes occidentales de l'Afrique jusqu'au Sénégal, qu'on puisse regarder comme de nouvelles terres. L'Asie est aussi une terre ancienne, & peut-être la plus ancienne de toutes, sur-tout l'Arabie, la Perse & la Tartarie; mais les inégalités de cette vaste partie du monde demandent, aussi-bien que celles de l'Europe, un détail que nous renvoyons à un autre article. On pourroit dire en général que l'Europe est un pays nouveau, la tradition sur la migration des peuples & sur l'origine des arts & des sciences paroît l'indiquer; il n'y a pas long-temps qu'elle étoit encore remplie de marais & couverte de forêts, au lieu que dans les pays très-anciennement habitez il y a peu de bois, peu d'eau, point de marais, beaucoup de landes & de bruyères, une grande quantité de montagnes dont les sommets sont secs & stériles; car les hommes détruisent les bois, contraignent les eaux, resserrent les fleuves, dessèchent les marais, & avec le temps ils donnent à la terre une face toute différente de celle des pays inhabitez ou nouvellement peuplez.

Les anciens ne connoissoient qu'une très-petite partie du globe; l'Amérique entière, les terres arctiques, la terre australe & Magellanique, une grande partie de l'intérieur de l'Afrique, leur étoient entièrement inconnues, ils ne sçavoient pas que la zone torride étoit habitée, quoiqu'ils eussent navigé tout autour de l'Afrique, car il y a 2200 ans que Neco Roi d'Egypte donna des vaisseaux à des Phéniciens qui partirent de la mer rouge, côtoyèrent l'Afrique, doublèrent le cap de Bonne-espérance, & ayant employé deux ans à faire ce voyage, ils entrèrent la troisième année dans le détroit de Gibraltar. *Voyez Hérodote, lib. 4.* Cependant les anciens ne connoissoient pas la propriété qu'a l'aimant de se diriger vers les poles du monde, quoiqu'ils connussent celle qu'il a d'attirer le fer; ils ignoroient la cause générale du flux & du reflux de la mer, ils n'étoient pas sûrs que l'océan environnât le globe sans interruption : quelques-uns à la vérité l'ont soupçonné, mais avec si peu de fondement qu'aucun n'a osé dire ni même conjecturer qu'il étoit possible de faire le tour du monde. Magellan a été le premier qui l'ait fait en l'année 1519 dans l'espace de 1124 jours. François Drake a été le second en 1577, & il l'a fait en 1056 jours. Enſuite Thomas Cavendish a fait ce grand voyage en 777 jours dans l'année 1586, ces fameux Voyageurs ont été les premiers qui aient démontré phyſiquement la ſphéricité & l'étendue de la circonférence de la terre; car les anciens étoient auſſi fort éloignez d'avoir une juſte meſure de cette circonférence du globe, quoiqu'ils y euſſent beaucoup travaillé. Les vents généraux & réglez, & l'uſage qu'on en peut faire pour les voyages de long cours, leur étoient auſſi abſolument inconnus; ainſi on ne doit pas être ſurpris du peu de progrès qu'ils ont fait dans la Géographie, puiſqu'aujourd'hui, malgré toutes les connoiſſances que l'on a acquiſes par le ſecours des ſciences mathématiques & par les découvertes des Navigateurs, il reſte encore bien des choſes à trouver & de vaſtes contrées à découvrir. Preſque toutes les terres qui ſont du côté du pole antarctique nous ſont inconnues, on ſçait ſeulement qu'il y en a, & qu'elles ſont ſéparées de tous les autres continens par l'océan; il reſte auſſi beaucoup de pays à découvrir du côté du pole arctique, & l'on eſt obligé d'avouer avec quelque eſpèce de regret, que depuis plus d'un ſiècle l'ardeur pour découvrir de nouvelles terres s'eſt extrêmement rallentie; on a préféré, & peut-être avec raiſon, l'utilité qu'on a trouvée à faire valoir celles qu'on connoiſſoit, à la gloire d'en conquérir de nouvelles.

Cependant la découverte de ces terres auſtrales ſeroit un grand objet de curioſité, & pourroit être utile; on n'a reconnu de ce côté-là que quelques côtes, & il eſt fâcheux que les Navigateurs qui ont voulu tenter cette découverte en différens temps, aient presque toûjours été arrêtez par des glaces qui les ont empêchez de prendre terre. La brume, qui est fort considérable dans ces parages, est encore un obstacle : cependant malgré ces inconvéniens, il est à croire qu'en partant du cap de Bonne-espérance en différentes saisons, on pourroit enfin reconnoître une partie de ces terres, lesquelles jusqu'ici sont un monde à part.

Il y auroit encore un autre moyen qui peut-être réussiroit mieux; comme les glaces & les brumes paroissent avoir arrêté tous les Navigateurs qui ont entrepris la découverte des terres australes par l'océan atlantique, & que les glaces se sont présentées dans l'été de ces climats aussi bien que dans les autres saisons, ne pourroit-on pas se promettre un meilleur succès en changeant de route? Il me semble qu'on pourroit tenter d'arriver à ces terres par la mer pacifique, en partant de Baldivia ou d'un autre port de la côte du Chili, & traversant cette mer sous le 50me degré de latitude sud. Il n'y a aucune apparence que cette navigation, qui n'a jamais été faite, fût périlleuse, & il est probable qu'on trouveroit dans cette traversée de nouvelles terres; car ce qui nous reste à connoître du côté du pole austral est si considérable, qu'on peut, sans se tromper, l'évaluer à plus du quart de la superficie du globe, en sorte qu'il peut y avoir dans ces climats un continent terrestre aussi grand que l'Europe, l'Asie & l'Afrique prises toutes trois ensemble.

Comme nous ne connoissons point du tout cette partie

du globe, nous ne pouvons pas ſçavoir au juſte la proportion qui eſt entre la ſurface de la terre & celle de la mer; ſeulement, autant qu'on en peut juger par l'inſpection de ce qui eſt connu, il paroît qu'il y a plus de mer que de terre.

Si l'on veut avoir une idée de la quantité énorme d'eau que contiennent les mers, on peut ſuppoſer une profondeur commune & générale à l'océan, & en ne la faiſant que de deux cens toiſes ou de la dixième partie d'une lieue, on verra qu'il y a aſſez d'eau pour couvrir le globe entier d'une hauteur de ſix cens pieds d'eau; & ſi on veut réduire cette eau dans une ſeule maſſe, on trouvera qu'elle fait un globe de plus de ſoixante lieues de diamètre.

Les Navigateurs prétendent que le continent des terres auſtrales eſt beaucoup plus froid que celui du pole arctique, mais il n'y a aucune apparence que cette opinion ſoit fondée, & probablement elle n'a été adoptée des voyageurs, que parce qu'ils ont trouvé des glaces à une latitude où l'on n'en trouve preſque jamais dans nos mers ſeptentrionales, mais cela peut venir de quelques cauſes particulières. On ne trouve plus de glaces dès le mois d'avril en deçà des 67 & 68 degrés de latitude ſeptentrionale, & les Sauvages de l'Acadie & du Canada diſent que quand elles ne ſont pas toutes fondues dans ce mois-là, c'eſt une marque que le reſte de l'année ſera froid & pluvieux. En 1725 il n'y eut, pour ainſi dire, point d'été, & il plut preſque continuellement; auſſi non ſeulement les glaces des mers ſeptentrionales n'étoient pas fondues au mois d'avril au 67me degré, mais même on en trouva au 15 juin vers le 41 ou 42me degré. *Voyez l'Hist. de l'Acad. année 1725.*

On trouve une grande quantité de ces glaces flottantes dans la mer du nord, sur-tout à quelque distance des terres; elles viennent de la mer de Tartarie dans celle de la nouvelle Zemble & dans les autres endroits de la mer glaciale. J'ai été assuré par des gens dignes de foi, qu'un Capitaine Anglois, nommé Monson, au lieu de chercher un passage entre les terres du nord pour aller à la Chine, avoit dirigé sa route droit au pole & en avoit approché jusqu'à deux degrés; que dans cette route il avoit trouvé une haute mer sans aucune glace, ce qui prouve que les glaces se forment auprès des terres & jamais en pleine mer; car quand même on voudroit supposer, contre toute apparence, qu'il pourroit faire assez froid au pole pour que la superficie de la mer fût glacée, on ne concevroit pas mieux comment ces énormes glaces qui flottent, pourroient se former, si elles ne trouvoient pas un point d'appui contre les terres, d'où ensuite elles se détachent par la chaleur du soleil. Les deux vaisseaux que la Compagnie des Indes envoya en 1739 à la découverte des terres australes, trouvèrent des glaces à une latitude de 47 ou 48 degrés, mais ces glaces n'étoient pas fort éloignées des terres, puisqu'ils les reconnurent, sans cependant pouvoir y aborder. *Voyez sur cela la carte de M. Buache, 1739.* Ces glaces doivent venir des terres intérieures & voisines du pole austral, & on peut conjecturer qu'elles suivent le cours de plusieurs grands fleuves dont ces terres inconnues sont arrosées, de même que le fleuve Oby, le Jenisca & les autres grandes rivières qui tombent dans les mers du nord, entraînent les glaces qui bouchent pendant la plus grande partie de l'année le détroit de Waigats, & rendent inabordable la mer de Tartarie par cette route, tandis qu'au delà de la nouvelle Zemble & plus près des poles où il y a peu de fleuves & de terres, les glaces sont moins communes & la mer est plus navigable; en sorte que si on vouloit encore tenter le voyage de la Chine & du Japon par les mers du nord, il faudroit peut-être, pour s'éloigner le plus des terres & des glaces, diriger sa route droit au pole, & chercher les plus hautes mers, où certainement il n'y a que peu ou point de glaces; car on sçait que l'eau salée peut sans se geler devenir beaucoup plus froide que l'eau douce glacée, & par conséquent le froid excessif du pole peut bien rendre l'eau de la mer plus froide que la glace, sans que pour cela la surface de la mer se gèle, d'autant plus qu'à 80 ou 82 degrés, la surface de la mer, quoique mêlée de beaucoup de neige & d'eau douce, n'est glacée qu'auprès des côtes. En recueillant les témoignages des voyageurs sur le passage de l'Europe à la Chine par la mer du nord, il paroît qu'il existe, & que s'il a été si souvent tenté inutilement, c'est parce qu'on a toûjours craint de s'éloigner des terres & de s'approcher du pole, les voyageurs l'ont peut-être regardé comme un écueil.

Cependant Guillaume Barents qui avoit échoué, comme bien

bien d'autres, dans ſon voyage du nord, ne doutoit pas qu'il n'y eût un paſſage, & que s'il ſe fût plus éloigné des terres, il n'eût trouvé une mer libre & ſans glaces. Des voyageurs Moſcovites envoyez par le Czar pour reconnoître les mers du nord, rapportèrent que la nouvelle Zemble n'eſt point une iſle, mais une terre ferme du continent de la Tartarie, & qu'au nord de la nouvelle Zemble c'eſt une mer libre & ouverte. Un voyageur Hollandois nous aſſure que la mer jette de temps en temps ſur la côte de Corée & du Japon, des baleines qui ont ſur le dos des harpons Anglois & Hollandois. Un autre Hollandois a prétendu avoir été juſque ſous le pole, & il aſſuroit qu'il y faiſoit auſſi chaud qu'il fait à Amſterdam en été. Un Anglois nommé Goulden, qui avoit fait plus de trente voyages en Groenland, rapporta au Roi Charles II que deux vaiſſeaux Hollandois avec leſquels il faiſoit voile, n'ayant point trouvé de baleines à la côte de l'iſle d'Edges, réſolurent d'aller plus au nord, & qu'étant de retour au bout de quinze jours, ces Hollandois lui dirent qu'ils avoient été juſqu'au 89me degré de latitude, c'eſt-à-dire, à un degré du pole, & que là ils n'avoient point trouvé de glaces, mais une mer libre & ouverte, fort profonde & ſemblable à celle de la baye de Biſcaye, & qu'ils lui montrèrent quatre journaux des deux vaiſſeaux, qui atteſtoient la même choſe & s'accordoient à fort peu de choſe près. Enfin il eſt rapporté dans les Tranſactions philoſophiques que deux Navigateurs qui avoient entrepris de découvrir ce paſſage, firent une route de 300 lieues à l'orient de la nouvelle Zemble, mais qu'étant de retour la Compagnie des Indes qui avoit intérêt que ce passage ne fût pas découvert, empêcha ces Navigateurs de retourner. *Voyez le Recueil des voyages du nord, pag. 200.* Mais la Compagnie des Indes de Hollande crut au contraire qu'il étoit de son intérêt de trouver ce passage; l'ayant tenté inutilement du côté de l'Europe, elle le fit chercher du côté du Japon, & elle auroit apparemment réussi, si l'Empereur du Japon n'eût pas interdit aux étrangers toute navigation du côté des terres de Jesso. Ce passage ne peut donc se trouver qu'en allant droit au pole au-delà de Spitzberg, ou bien en suivant le milieu de la haute mer, entre la nouvelle Zemble & Spitzberg, sous le 79 degré de latitude: si cette mer a une largeur considérable, on ne doit pas craindre de la trouver glacée à cette latitude, & pas même sous le pole, par les raisons que nous avons alléguées; en effet, il n'y a pas d'exemple qu'on ait trouvé la surface de la mer glacée au large & à une distance considérable des côtes, le seul exemple d'une mer totalement glacée est celui de la mer noire, elle est étroite & peu salée, & elle reçoit une très-grande quantité de fleuves qui viennent des terres septentrionales & qui y apportent des glaces, aussi elle gèle quelquefois au point que sa surface est entièrement glacée, même à une profondeur considérable, &, si on en croit les historiens, elle gela du temps de l'Empereur Copronyme, de trente coudées d'épaisseur, sans compter vingt coudées de neige qu'il y avoit par dessus la glace: ce fait me paroît exagéré, mais il eſt sûr qu'elle gèle preſque tous les hivers, tandis que les hautes mers qui ſont de mille lieues plus près du pole, ne gèlent pas; ce qui ne peut venir que de la différence de la ſalûre & du peu de glaces qu'elles reçoivent par les fleuves, en comparaiſon de la quantité énorme de glaçons qu'ils tranſportent dans la mer noire.

Ces glaces, que l'on regarde comme des barrières qui s'oppoſent à la navigation vers les poles & à la découverte des terres auſtrales, prouvent ſeulement qu'il y a de très-grands fleuves dans le voiſinage des climats où on les a rencontrées, par conſéquent elles nous indiquent auſſi qu'il y a de vaſtes continens d'où ces fleuves tirent leur origine, & on ne doit pas ſe décourager à la vûe de ces obſtacles; car, ſi l'on y fait attention, l'on reconnoîtra aiſément que ces glaces ne doivent être que dans de certains endroits particuliers, qu'il eſt preſqu'impoſſible que dans le cercle entier que nous pouvons imaginer terminer les terres auſtrales du côté de l'équateur, il y ait par-tout de grands fleuves qui charient des glaces, & que par conſéquent il y a grande apparence qu'on réuſſiroit en dirigeant ſa route vers quelqu'autre point de ce cercle. D'ailleurs la deſcription que nous ont donnée Dampier & quelques autres voyageurs, du terrein de la nouvelle Hollande, nous peut faire ſoupçonner que cette partie du globe qui avoiſine les terres auſtrales, & qui peut-être en fait partie, eſt un pays moins ancien que le reſte de ce continent inconnu. La nouvelle Hollande eſt une terre baſſe, ſans eaux, ſans montagnes, peu habitée, dont les naturels ſont ſauvages & ſans induſtrie ; tout cela concourt à nous faire penſer qu'ils pourroient être dans ce continent à peu près ce que les ſauvages des Amazones ou du Paraguai ſont en Amérique. On a trouvé des hommes policez, des empires & des Rois au Pérou, au Mexique, c'eſt-à-dire, dans les contrées de l'Amérique les plus élevées, & par conſéquent les plus anciennes ; les ſauvages au contraire ſe ſont trouvez dans les contrées les plus baſſes & les plus nouvelles : ainſi on peut préſumer que dans l'intérieur des terres auſtrales on trouveroit auſſi des hommes réunis en ſociété dans les contrées élevées, d'où ces grands fleuves qui amènent à la mer ces glaces prodigieuſes tirent leur ſource.

L'intérieur de l'Afrique nous eſt inconnu, preſqu'autant qu'il l'étoit aux anciens ; ils avoient, comme nous, fait le tour de cette preſqu'iſle par mer, mais à la vérité ils ne nous avoient laiſſé ni cartes ni deſcription de ces côtes. Pline nous dit qu'on avoit, dès le temps d'Alexandre, fait le tour de l'Afrique, qu'on avoit reconnu dans la mer d'Arabie des débris de vaiſſeaux Eſpagnols, & que Hannon Général Carthaginois avoit fait le voyage depuis Gades juſqu'à la mer d'Arabie, qu'il avoit même donné par écrit la relation de ce voyage. Outre cela, dit-il, Cornelius Nepos nous apprend que de ſon temps un certain Eudoxe perſécuté par le Roi Lathurus fut obligé de s'enfuir ; qu'étant parti du golfe Arabique, il étoit arrivé à Gades, & qu'avant ce temps on commerçoit d'Eſpagne en Ethiopie par la mer. *Voyez Pline, Hiſt. Nat. tom. 1. lib. 2.* Cependant malgré ces témoignages des anciens, on s'étoit perſuadé qu'ils n'avoient jamais doublé le cap de Bonne-eſpérance, & l'on a regardé comme une découverte nouvelle cette route que les Portugais ont priſe les premiers pour aller aux grandes Indes : on ne ſera peut-être pas fâché de voir ce qu'on en croyoit dans le neuvième ſiècle.

« On a découvert de notre temps une choſe toute nouvelle, & qui étoit inconnue autrefois à ceux qui ont « vécu avant nous. Perſonne ne croyoit que la mer qui « s'étend depuis les Indes juſqu'à la Chine, eût communi- « cation avec la mer de Syrie, & on ne pouvoit ſe mettre « cela dans l'eſprit. Voici ce qui eſt arrivé de notre temps, « ſelon ce que nous en avons appris : on a trouvé dans la « mer de *Roum* ou méditerranée les débris d'un vaiſſeau « Arabe que la tempête avoit briſé, & tous ceux qui le « montoient étant péris, les flots l'ayant mis en pièces, elles « furent portées par le vent & par la vague juſque dans la « mer des Cozars, & de là au canal de la mer méditerranée, « d'où elles furent enfin jetées ſur la côte de Syrie. Cela « fait voir que la mer environne tout le pays de la Chine « & de Cila, l'extrémité du Turqueſtan & le pays des « Cozars; qu'enſuite elle coule par le détroit juſqu'à ce « qu'elle baigne la côte de Syrie. La preuve eſt tirée de la « conſtruction du vaiſſeau dont nous venons de parler, car « il n'y a que les vaiſſeaux de Siraf, dont la fabrique eſt « telle que les bordages ne ſont point clouez, mais joints «

» ensemble d'une manière particulière, de même que s'ils » étoient cousus; au lieu que ceux de tous les vaisseaux de » la mer méditerranée & de la côte de *Syrie* sont clouez, & ne sont pas joints de cette manière. » *Voyez les anciennes relations des voyages faits par terre à la Chine, p. 53. & 54.*

Voici ce qu'ajoûte le Traducteur de cette ancienne relation.

« Abuziel remarque comme une chose nouvelle & » fort extraordinaire, qu'un vaisseau fut porté de la mer des » Indes sur les côtes de Syrie. Pour trouver le passage dans » la mer méditerranée, il suppose qu'il y a une grande » étendue de mer au dessus de la Chine, qui a communica- » tion avec la mer des Cozars, c'est-à-dire, de Moscovie. » La mer qui est au-delà du cap des Courants étoit entiè- » rement inconnue aux Arabes à cause du péril extrême » de la navigation, & le continent étoit habité par des peu- » ples si barbares, qu'il n'étoit pas facile de les soûmettre, » ni même de les civiliser par le commerce. Les Portugais » ne trouvèrent depuis le cap de Bonne-espérance jusqu'à » Soffala aucuns Maures établis, comme ils en trouvèrent » depuis dans toutes les villes maritimes jusqu'à la Chine. » Cette ville étoit la dernière que connoissoient les Géo- » graphes, mais ils ne pouvoient dire si la mer avoit com- » munication par l'extrémité de l'Afrique avec la mer de » Barbarie, & ils se contentoient de la décrire jusqu'à la » côte de *Zinge* qui est celle de la Cafrerie, c'est pourquoi » nous ne pouvons douter que la première découverte du paſſage de cette mer par le cap de Bonne-eſpérance n'ait « été faite par les Européens ſous la conduite de Vaſco de « Gama, ou au moins quelques années avant qu'il doublât « le cap, s'il eſt vrai qu'il ſe ſoit trouvé des cartes marines « plus anciennes que cette navigation, où le cap étoit mar- « qué ſous le nom de *Fronteira da Africqua*. Antoine Gal- « van témoigne, ſur le rapport de Franciſco de Souſa Tava- « res, qu'en 1528 l'Infant Dom Fernand lui fit voir une « ſemblable carte qui ſe trouvoit dans le monaſtère d'A- « coboca, & qui étoit faite il y avoit 120 ans, peut-être ſur « celle qu'on dit être à Veniſe dans le tréſor de S. Marc, « & qu'on croit avoir été copiée ſur celle de Marc Paolo, qui « marque auſſi la pointe de l'Afrique, ſelon le témoignage « de Ramuſio, &c. » L'ignorance de ces ſiècles au ſujet de la navigation autour de l'Afrique paroîtra peut-être moins ſingulière que le ſilence de l'éditeur de cette ancienne relation au ſujet des paſſages d'Hérodote, de Pline, &c. que nous avons citez, & qui prouvent que les anciens avoient fait le tour de l'Afrique.

Quoi qu'il en ſoit, les côtes de l'Afrique nous ſont actuellement bien connues; mais quelques tentatives qu'on ait faites pour pénétrer dans l'intérieur du pays, on n'a pû parvenir à le connoître aſſez pour en donner des relations exactes. Il ſeroit cependant fort à ſouhaiter que par le Sénégal ou par quelqu'autre fleuve on pût remonter bien avant dans les terres & s'y établir, on y trouveroit, ſelon toutes les apparences, un pays auſſi riche en mines précieuſes que l'eſt le Pérou ou le Breſil, car on ſçait que les fleuves de l'Afrique charient beaucoup d'or; & comme ce continent eſt un pays de montagnes très-élevées, & que d'ailleurs il eſt ſitué ſous l'équateur, il n'eſt pas douteux qu'il ne contienne, auſſi-bien que l'Amérique, les mines des métaux les plus peſans, & les pierres les plus compactes & les plus dures.

La vaſte étendue de la Tartarie ſeptentrionale & orientale n'a été reconnue que dans ces derniers temps. Si les cartes des Moſcovites ſont juſtes, on connoît à préſent les côtes de toute cette partie de l'Aſie, & il paroît que depuis la pointe de la Tartarie orientale juſqu'à l'Amérique ſeptentrionale, il n'y a guère qu'un eſpace de quatre ou cinq cens lieues; on a même prétendu tout nouvellement que ce trajet étoit bien plus court, car dans la gazette d'Amſterdam du 24 janvier 1747, il eſt dit à l'article de Peterſbourg que M. Stoller avoit découvert au-delà de Kamtſchatka une des iſles de l'Amérique ſeptentrionale, & qu'il avoit démontré qu'on pouvoit y aller des terres de l'empire de Ruſſie par un petit trajet. Des Jéſuites & d'autres Miſſionnaires ont auſſi prétendu avoir reconnu en Tartarie des Sauvages qu'ils avoient catéchiſez en Amérique, ce qui ſuppoſeroit en effet que le trajet ſeroit encore bien plus court. *Voyez l'Hiſtoire de la nouvelle France par le P. Charlevoix, tom. 3, pag. 30 & 31.* Cet Auteur prétend même que les deux continens de l'ancien & du nouveau monde ſe joignent par le nord, & il dit que les dernières navigations des Japonnois donnent lieu de juger que le trajet dont nous avons parlé, n'eſt qu'une qu'une baye, au deſſus de laquelle on peut paſſer par terre d'Aſie en Amérique; mais cela demande confirmation, car juſqu'à préſent on a cru avec quelque ſorte de vrai-ſemblance, que le continent du pole arctique eſt ſéparé en entier des autres continens, auſſi-bien que celui du pole antarctique.

L'aſtronomie & l'art de la navigation ſont portez à un ſi haut point de perfection, qu'on peut raiſonnablement eſpérer d'avoir un jour une connoiſſance exacte de la ſurface entière du globe. Les anciens n'en connoiſſoient qu'une aſſez petite partie, parce que n'ayant pas la bouſſole, ils n'oſoient ſe haſarder dans les hautes mers. Je ſçais bien que quelques gens ont prétendu que les Arabes avoient inventé la bouſſole, & s'en étoient ſervis long-temps avant nous pour voyager ſur la mer des Indes & commercer juſqu'à la Chine *(Voyez l'Abrégé de l'Hiſt. des Sarrazins de Bergeron, pag. 119.)* mais cette opinion m'a toûjours paru dénuée de toute vrai-ſemblance, car il n'y a aucun mot dans les langues arabe, turque ou perſanne qui puiſſe ſignifier la bouſſole, ils ſe ſervent du mot italien *boſſola;* ils ne ſçavent pas même encore aujourd'hui faire des bouſſoles ni aimanter les aiguilles, & ils achettent des Européens celles dont ils ſe ſervent. Ce que dit le Père Martini au ſujet de cette invention, ne me paroît guère mieux fondé; il prétend que les Chinois connoiſſoient la bouſſole depuis plus de trois mille ans *(Voyez Hiſt. Sinica, pag. 106.)* mais ſi cela eſt, comment eſt-il arrivé qu'ils en aient fait ſi peu d'uſage? pourquoi prenoient-ils dans leurs voyages à la Cochinchine une route beaucoup plus longue qu'il n'étoit néceſſaire! pourquoi ſe bornoient-ils à faire toûjours les mêmes voyages dont les plus grands étoient à Java & à Sumatra! & pourquoi n'auroient-ils pas découvert avant les Européens une infinité d'iſles abondantes & de terres fertiles dont ils ſont voiſins, s'ils avoient eu l'art de naviger en pleine mer? car peu d'années après la découverte de cette merveilleuſe propriété de l'aimant, les Portugais firent de très-grands voyages, ils doublèrent le cap de Bonne-eſpérance, ils traversèrent les mers de l'Afrique & des Indes, & tandis qu'ils dirigeoient toutes leurs vûes du côté de l'orient & du midi, Chriſtophe Colomb tourna les ſiennes vers l'occident.

Pour peu qu'on y fiſt attention, il étoit fort aiſé de deviner qu'il y avoit des eſpaces immenſes vers l'occident; car en comparant la partie connue du globe, par exemple, la diſtance de l'Eſpagne à la Chine, & faiſant attention au mouvement de révolution ou de la terre ou du ciel, il étoit aiſé de voir qu'il reſtoit à découvrir une bien plus grande étendue vers l'occident que celle qu'on connoiſſoit vers l'orient. Ce n'eſt donc pas par le défaut des connoiſſances aſtronomiques que les anciens n'ont pas trouvé le nouveau monde, mais uniquement par le défaut de la bouſſole; les paſſages de Platon & d'Ariſtote, où ils parlent de terres fort éloignées au delà des colonnes d'Hercule, ſemblent indiquer que quelques Navigateurs avoient été pouſſez par la tempête juſqu'en Amérique, d'où ils n'étoient revenus qu'avec des peines infinies; & on peut conjecturer que quand même les anciens auroient été persuadez de l'existence de ce continent par la relation de ces Navigateurs, ils n'auroient pas même pensé qu'il fût possible de s'y frayer des routes, n'ayant aucun guide, aucune connoissance de la boussole.

J'avoue qu'il n'est pas absolument impossible de voyager dans les hautes mers sans boussole, & que des gens bien déterminez auroient pû entreprendre d'aller chercher le nouveau monde en se conduisant seulement par les étoiles voisines du pole. L'astrolabe sur-tout étant connu des anciens, il pouvoit leur venir dans l'esprit de partir de France ou d'Espagne & de faire route vers l'occident, en laissant toûjours l'étoile polaire à droite, & en prenant souvent hauteur pour se conduire à peu près sous le même parallèle; c'est sans doute de cette façon que les Carthaginois dont parle Aristote, trouvèrent le moyen de revenir de ces terres éloignées, en laissant l'étoile polaire à gauche; mais on doit convenir qu'un pareil voyage ne pouvoit être regardé que comme une entreprise téméraire, & que par conséquent nous ne devons pas être étonnez que les anciens n'en aient pas même conçu le projet.

On avoit déjà découvert du temps de Christophe Colomb les Açores, les Canaries, Madère: on avoit remarqué que lorsque les vents d'ouest avoient régné long-temps, la mer amenoit sur les côtes de ces isles des morceaux de bois étrangers, des cannes d'une espèce inconnue, & même des corps morts qu'on reconnoissoit à plusieurs signes n'être ni Européens ni Afriquains. *(Voyez l'Histoire de Saint-Domingue par le P. Charlevoix, tom. 1. pag. 66 & suivantes.)* Colomb lui-même remarqua que du côté de l'ouest il venoit certains vents qui ne duroient que quelques jours, & qu'il se persuada être des vents de terre : cependant quoiqu'il eût sur les anciens tous ces avantages, & la boussole, les difficultés qui restoient à vaincre étoient encore si grandes, qu'il n'y avoit que le succès qui pût justifier l'entreprise; car supposons pour un instant que le continent du nouveau monde eût été plus éloigné, par exemple, à mille ou quinze cens lieues plus loin qu'il n'est en effet, chose que Colomb ne pouvoit ni sçavoir ni prévoir, il n'y seroit pas arrivé, & peut-être ce grand pays seroit-il encore inconnu. Cette conjecture est d'autant mieux fondée que Colomb, quoique le plus habile Navigateur de son siècle, fut saisi de frayeur & d'étonnement dans son second voyage au nouveau monde; car comme la première fois il n'avoit trouvé que des isles, il dirigea sa route plus au midi pour tâcher de découvrir une terre ferme; & il fut arrêté par les courans, dont l'étendue considérable & la direction toûjours opposée à sa route, l'obligèrent à retourner pour chercher terre à l'occident; il s'imaginoit que ce qui l'avoit empêché d'avancer du côté du midi, n'étoit pas des courans, mais que la mer alloit en s'élevant vers le ciel, & que peut-être l'un & l'autre se touchoient du côté du midi : tant il est vrai que dans les trop grandes entreprises la plus petite circonstance malheureuse peut tourner la tête & abattre le courage.

PREUVES
DE LA
THEORIE DE LA TERRE.

ARTICLE VII.

Sur la production des couches ou lits de terre.

NOus avons fait voir dans l'article premier qu'en vertu de l'attraction démontrée mutuelle entre les parties de la matière, & en vertu de la force centrifuge qui résulte du mouvement de rotation sur son axe, la terre a nécessairement pris la forme d'un sphéroïde dont les diamètres diffèrent d'une 230me partie ; & que ce ne peut être que par les changemens arrivez à la surface & causez par les mouvemens de l'air & des eaux, que cette différence a pû devenir plus grande, comme on prétend le conclurre par les mesures prises à l'équateur & au cercle polaire. Cette figure de la terre qui s'accorde si bien avec les loix de l'hydrostatique & avec notre théorie, suppose que le globe a été dans un état de liquéfaction dans le temps qu'il a pris sa forme, & nous avons prouvé que le mouvement de projection & celui de rotation ont été imprimez en même temps par une même impulsion. On se persuadera facilement que la terre a été dans un état de liquéfaction produite par le feu, lorsqu'on fera attention à la nature des matières que renferme le globe, dont la plus grande partie, comme les ſables & les glaiſes, ſont des matières vitrifiées ou vitrifiables, & lorſque d'un autre côté on réfléchira ſur l'impoſſibilité qu'il y a que la terre ait jamais pû ſe trouver dans un état de fluidité produite par les eaux, puiſqu'il y a infiniment plus de terre que d'eau, & que d'ailleurs l'eau n'a pas la puiſſance de diſſoudre les ſables, les pierres & les autres matières dont la terre eſt compoſée.

Je vois donc que la terre n'a pû prendre ſa figure que dans le temps où elle a été liquéfiée par le feu, & en ſuivant notre hypothèſe je conçois qu'au ſortir du ſoleil la terre n'avoit d'autre forme que celle d'un torrent de matières fondues & de vapeurs enflammées, que ce torrent ſe raſſembla par l'attraction mutuelle des parties, & devint un globe auquel le mouvement de rotation donna la figure d'un ſphéroïde, & lorſque la terre fut refroidie les vapeurs qui s'étoient d'abord étendues, comme nous voyons s'étendre les queues des comètes, ſe condensèrent peu à peu, tombèrent en eau ſur la ſurface du globe, & déposèrent en même temps un limon mêlé de matières ſulphureuſes & ſalines, dont une partie s'eſt gliſſée par le mouvement des eaux dans les fentes perpendiculaires où elle a produit les métaux & les minéraux, & le reſte eſt demeuré à la ſurface de la terre & a produit cette terre rougeâtre qui forme la première couche de la terre & qui, ſuivant les différens lieux, eſt plus ou moins mêlée de particules animales ou végétales réduites en petites molécules dans leſquelles l'organiſation n'eſt plus ſenſible.

Ainſi dans le premier état de la terre le globe étoit, à l'intérieur, composé d'une matière vitrifiée, comme je crois qu'il l'eſt encore aujourd'hui; au deſſus de cette matière vitrifiée ſe ſont trouvées les parties que le feu aura le plus diviſées, comme les ſables, qui ne ſont que des fragmens de verre; & au deſſus de ces ſables les parties les plus légères, les pierres ponces, les écumes & les ſcories de la matière vitrifiée ont ſurnagé & ont formé les glaiſes & les argilles : le tout étoit recouvert d'une couche d'eau * de 5 ou 600 pieds d'épaiſſeur, qui fut produite par la condenſation des vapeurs lorſque le globe commença à ſe refroidir; cette eau dépoſa par-tout une couche limonneuſe mêlée de toutes les matières qui peuvent ſe ſublimer & s'exhaler par la violence du feu, & l'air fut formé des vapeurs les plus ſubtiles qui ſe dégagèrent des eaux par leur légèreté, & les ſurmontèrent.

Tel étoit l'état du globe lorſque l'action du flux & reflux, celle des vents & de la chaleur du ſoleil commencèrent à altérer la ſurface de la terre. Le mouvement diurne & celui du flux & reflux élevèrent d'abord les eaux ſous les climats méridionaux, ces eaux entraînèrent &

* Cette opinion, que la terre a été entièrement couverte d'eau, eſt celle de quelques Philoſophes anciens, & même de la plûpart des Pères de l'Egliſe : *In mundi primordio aqua in omnem terram ſtagnabat*, dit Saint Jean Damaſcène, liv. 2. chap. 9. *Terra erat inviſibilis, quia exundabat aqua & operiebat terram*, dit Saint Ambroiſe, liv. 1. Hexam. chap. 8. *Submerſa tellus cùm eſſet, faciem ejus inundante aquâ, non erat adſpectabilis*, dit Saint Baſile, Homélie 2. Voyez auſſi Saint Auguſtin, liv. 1 de la Genèſe, chap. 12.

portèrent vers l'équateur le limon, les glaises, les sables, & en élevant les parties de l'équateur, elles abaissèrent peut-être peu à peu celles des poles de cette différence d'environ deux lieues dont nous avons parlé, car les eaux brisèrent bien-tôt & réduisirent en poussière les pierres ponces & les autres parties spongieuses de la matière vitrifiée, qui étoient à la surface, elles creusèrent des profondeurs & élevèrent des hauteurs qui dans la suite sont devenues des continens, & elles produisirent toutes les inégalités que nous remarquons à la surface de la terre, & qui sont plus considérables vers l'équateur que par-tout ailleurs ; car les plus hautes montagnes sont entre les tropiques & dans le milieu des zones tempérées, & les plus basses sont au cercle polaire & au delà ; puisque l'on a entre les tropiques les Cordillères & presque toutes les montagnes du Mexique & du Bresil, les montagnes de l'Afrique, sçavoir le grand & le petit Atlas, les monts de la Lune, &c. & que d'ailleurs les terres qui sont entre les tropiques sont les plus inégales de tout le globe, aussi-bien que les mers, puisqu'il se trouve entre les tropiques beaucoup plus d'isles que par-tout ailleurs ; ce qui fait voir évidemment que les plus grandes inégalités de la terre se trouvent en effet dans le voisinage de l'équateur.

Quelque indépendante que soit ma théorie de cette hypothèse sur ce qui s'est passé dans le temps de ce premier état du globe, j'ai été bien aise d'y remonter dans cet article, afin de faire voir la liaison & la possibilité du système que j'ai proposé & dont j'ai donné le précis dans l'article premier ;

premier ; on doit ſeulement remarquer que ma théorie, qui fait le texte de cet ouvrage, ne part pas de ſi loin, que je prends la terre dans un état à peu près ſemblable à celui où nous la voyons, & que je ne me ſers d'aucune des ſuppoſitions qu'on eſt obligé d'employer lorſqu'on veut raiſonner ſur l'état paſſé du globe terreſtre ; mais comme je donne ici une nouvelle idée au ſujet du limon des eaux qui, ſelon moi, a formé la première couche de terre qui enveloppe le globe, il me paroît néceſſaire de donner auſſi les raiſons ſur leſquelles je fonde cette opinion.

Les vapeurs qui s'élèvent dans l'air, produiſent les pluies, les roſées, les feux aëriens, les tonnerres & les autres météores, ces vapeurs ſont donc mêlées de particules aqueuſes, aëriennes, ſulphureuſes, terreſtres, &c. & ce ſont ces particules ſolides & terreſtres qui forment le limon dont nous voulons parler. Lorſqu'on laiſſe dépoſer de l'eau de pluie, il ſe forme un ſédiment au fond ; lorſqu'après avoir ramaſſé une aſſez grande quantité de roſée, on la laiſſe dépoſer & ſe corrompre, elle produit une eſpèce de limon qui tombe au fond du vaſe, ce limon eſt même fort abondant & la roſée en produit beaucoup plus que l'eau de pluie, il eſt gras, onctueux & rougeâtre.

La première couche qui enveloppe le globe de la terre, eſt compoſée de ce limon mêlé avec des parties de végétaux ou d'animaux détruits, ou bien avec des particules pierreuſes ou ſablonneuſes : on peut remarquer preſque par-tout que la terre labourable eſt rougeâtre & mêlée plus ou moins de ces différentes matières ; les particules de ſable ou de pierre qu'on y trouve, ſont de deux eſpèces, les unes groſſières & maſſives, les autres plus fines & quelquefois impalpables ; les plus groſſes viennent de la couche inférieure dont on les détache en labourant & en travaillant la terre, ou bien le limon ſupérieur en ſe gliſſant & en pénétrant dans la couche inférieure qui eſt de ſable ou d'autres matières diviſées, forme ces terres qu'on appelle des ſables gras ; les autres parties pierreuſes qui ſont plus fines, viennent de l'air, tombent comme les roſées & les pluies, & ſe mêlent intimement au limon ; c'eſt proprement le réſidu de la pouſſière que l'air tranſporte, que les vents enlèvent continuellement de la ſurface de la terre, & qui retombe enſuite après s'être imbibée de l'humidité de l'air. Lorſque le limon domine, qu'il ſe trouve en grande quantité, & qu'au contraire les parties pierreuſes & ſablonneuſes ſont en petit nombre, la terre eſt rougeâtre, paîtriſſable & très-fertile ; ſi elle eſt en même temps mêlée d'une quantité conſidérable de végétaux ou d'animaux détruits, la terre eſt noirâtre, & ſouvent elle eſt encore plus fertile que la première ; mais ſi le limon n'eſt qu'en petite quantité, auſſi-bien que les parties végétales ou animales, alors la terre eſt blanche & ſtérile, & lorſque les parties ſablonneuſes, pierreuſes ou crétacées qui compoſent ces terres ſtériles & dénuées de limon, ſont mêlées d'une aſſez grande quantité de parties de végétaux ou d'animaux détruits, elles forment les terres noires & légères qui n'ont aucune liaiſon & peu de fertilité ; en ſorte que, ſuivant les différentes combinaiſons de ces trois différentes matières, du limon, des parties d'animaux & de végétaux, & des particules de ſable & de pierre, les terres ſont plus ou moins fécondes & différemment colorées. Nous expliquerons en détail dans notre diſcours ſur les végétaux, tout ce qui a rapport à la nature & à la qualité des différentes terres; mais ici nous n'avons d'autre but que celui de faire entendre comment s'eſt formée cette première couche qui enveloppe le globe & qui provient du limon des eaux.

Pour fixer les idées, prenons le premier terrein qui ſe préſente, & dans lequel on a creuſé aſſez profondément, par exemple, le terrein de Marly-la-Ville où les puits ſont très-profonds; c'eſt un pays élevé, mais plat & fertile, dont les couches de terres ſont arrangées horizontalement. J'ai fait venir des échantillons de toutes ces couches que M. Dalibard, habile Botaniſte & verſé d'ailleurs dans toutes les parties des Sciences, a bien voulu faire prendre ſous ſes yeux, & après avoir éprouvé toutes ces matières à l'eau forte, j'en ai dreſſé la table ſuivante.

ÉTAT des différens lits de terre qui ſe trouvent à Marly-la-Ville, juſqu'à cent pieds de profondeur. *

I.

Terre franche rougeâtre, mêlée de beaucoup de limon, d'une très-petite quantité de ſable vitrifiable, & d'une quantité un peu plus conſidérable de ſable calcinable, que j'appelle *gravier*. 13 pieds.

* La fouille a été faite pour un puits dans un terrein qui appartient actuellement à M. de Pommery.

De l'autre part.	13 pieds	0 pouces.

I I.

Terre franche ou limon mêlé de plus de gravier & d'un peu plus de fable vitrifiable.	2.	6.

I I I.

Limon mêlé de fable vitrifiable en affez grande quantité, & qui ne faifoit que très-peu d'effervefcence avec l'eau forte.	3.	

I V.

Marne dure qui faifoit une grande effervefcence avec l'eau forte.	2.	

V.

Pierre marneufe affez dure.	4.	

V I.

Marne en poudre, mêlée de fable vitrifiable. .	5.	

V I I.

Sable très-fin vitrifiable.	1.	6.

V I I I.

Marne en terre, mêlée d'un peu de fable vitrifiable.	3.	6.

I X.

Marne dure, dans laquelle on trouve du vrai caillou qui eft de la pierre à fufil parfaite.	3.	6.

X.

Gravier ou pouffière de marne.	1.	6.

X I.

Eglantine, pierre de la dureté & du grain du marbre, & qui eft fonnante.	1.	6.

X I I.

Gravier marneux.	1.	6.
Profondeur.	42 pieds.	

	pieds	pouces
Ci-contre.	42	0
XIII.		
Marne en pierre dure, dont le grain eſt fort fin.	1.	6.
XIV.		
Marne en pierre, dont le grain n'eſt pas ſi fin.	1.	6.
XV.		
Marne encore plus grenue & plus groſſière.	2.	6.
XVI.		
Sable vitrifiable très-fin, mêlé de coquilles de mer foſſiles, qui n'ont aucune adhérence avec le ſable, & qui ont encore leurs couleurs & leur vernis naturels.	1.	6.
XVII.		
Gravier très-menu ou pouſſière fine de marne.	2.	
XVIII.		
Marne en pierre dure.	3.	6.
XIX.		
Marne en poudre aſſez groſſière.	1.	6.
XX.		
Pierre dure & calcinable comme le marbre. . .	1.	
XXI.		
Sable gris vitrifiable, mêlé de coquilles foſſiles, & ſur-tout de beaucoup d'huitres & de ſpondiles, qui n'ont aucune adhérence avec le ſable, & qui ne ſont nullement pétrifiées.	3.	
XXII.		
Sable blanc vitrifiable, mêlé des mêmes coquilles.	2.	
XXIII.		
Sable rayé de rouge & de blanc vitrifiable, & mêlé des mêmes coquilles.	1.	
Profondeur.	63 pieds.	

De l'autre part.	63 pieds.	0 pouces.
XXIV.		
Sable plus gros, mais toûjours vitrifiable & mêlé des mêmes coquilles.	1.	
XXV.		
Sable gris, fin, vitrifiable & mêlé des mêmes coquilles.	8.	6.
XXVI.		
Sable gras, très-fin, où il n'y a plus que quelques coquilles.	3.	
XXVII.		
Grès.	3.	
XXVIII.		
Sable vitrifiable, rayé de rouge & de blanc. .	4.	
XXIX.		
Sable blanc, vitrifiable.	3.	6.
XXX.		
Sable vitrifiable, rougeâtre.	15.	
Profondeur où l'on a cessé de creuser. . .	101 pieds.	

J'ai dit que j'avois éprouvé toutes ces matières à l'eau forte, parce que quand l'inspection & la comparaison des matières avec d'autres qu'on connoît, ne suffisent pas pour qu'on soit en état de les dénommer & de les ranger dans la classe à laquelle elles appartiennent, & qu'on a peine à se décider par la simple observation, il n'y a pas de moyen plus prompt, & peut-être plus sûr, que d'éprouver avec l'eau forte les matières terreuses ou lapidifiques; celles que les esprits acides dissolvent sur le champ avec chaleur &

ébullition, sont ordinairement calcinables, celles au contraire qui résistent à ces esprits & sur lesquels ils ne font aucune impression, sont vitrifiables.

On voit par cette énumération que le terrein de Marly-la-Ville a été autrefois un fond de mer qui s'est élevé au moins de 75 pieds, puisqu'on trouve des coquilles à cette profondeur de 75 pieds. Ces coquilles ont été transportées par le mouvement des eaux en même temps que le sable où on les trouve, & le tout est tombé en forme de sédimens qui se sont arrangez de niveau & qui ont produit les différentes couches de sable gris, blanc, rayé de blanc & de rouge, &c. dont l'épaisseur totale est de 15 ou 18 pieds; toutes les autres couches supérieures jusqu'à la première ont été de même transportées par le mouvement des eaux de la mer, & déposées en forme de sédimens, comme on ne peut en douter, tant à cause de la situation horizontale des couches, qu'à cause des différens lits de sable mêlé de coquilles, & de ceux de marne, qui ne sont que des débris, ou plûtôt des détrimens de coquilles, la dernière couche elle-même a été formée presqu'en entier par le limon dont nous avons parlé, qui s'est mêlé avec une partie de la marne qui étoit à la surface.

J'ai choisi cet exemple comme le plus désavantageux à notre explication, parce qu'il paroît d'abord fort difficile de concevoir que le limon de l'air & celui des pluies & des rosées aient pû produire une couche de terre franche épaisse de 13 pieds, mais on doit observer d'abord qu'il est très-rare de trouver, sur-tout dans les pays un peu élevez, une épaiſſeur de terre labourable auſſi conſidérable; ordinairement les terres ont trois ou quatre pieds, & ſouvent elles n'ont pas un pied d'épaiſſeur. Dans les plaines environnées de collines cette épaiſſeur de bonne terre eſt plus grande, parce que les pluies détachent les terres de ces collines & les entraînent dans les vallées; mais en ne ſuppoſant ici rien de tout cela, je vois que les dernières couches formées par les eaux de la mer ſont des lits de marne fort épais; il eſt naturel d'imaginer que cette marne avoit au commencement une épaiſſeur encore plus grande, & que des 13 pieds qui compoſent l'épaiſſeur de la couche ſupérieure il y en avoit pluſieurs de marne lorſque la mer a abandonné ce pays & a laiſſé le terrein à découvert. Cette marne expoſée à l'air ſe ſera fondue par les pluies, l'action de l'air & de la chaleur du ſoleil y aura produit des gerçures, de petites fentes, & elle aura été altérée par toutes ces cauſes extérieures au point de devenir une matière diviſée & réduite en pouſſière à la ſurface, comme nous voyons la marne que nous tirons de la carrière tomber en poudre lorſqu'on la laiſſe expoſée aux injures de l'air : la mer n'aura pas quitté ce terrein ſi bruſquement qu'elle ne l'ait encore recouvert quelquefois, ſoit par les alternatives du mouvement des marées, ſoit par l'élévation extraordinaire des eaux dans les gros temps, & elle aura mêlé avec cette couche de marne, de la vaſe, de la boue & d'autres matières limonneuſes; lorſque le terrein ſe ſera enfin trouvé tout-à-fait élevé au deſſus des eaux, les plantes auront commencé à y à y croître, & c'eſt alors que le limon des pluies & des roſées aura peu à peu coloré & pénétré cette terre, & lui aura donné un premier degré de fertilité que les hommes auront bien-tôt augmentée par la culture, en travaillant & diviſant la ſurface, & donnant ainſi au limon des roſées & des pluies la facilité de pénétrer plus avant, ce qui à la fin aura produit cette couche de terre franche de 13 pieds d'épaiſſeur.

Je n'examinerai point ici ſi la couleur rougeâtre des terres végétales, qui eſt auſſi celle du limon de la roſée & des pluies, ne vient pas du fer qui y eſt contenu; ce point, qui ne laiſſe pas que d'être important, ſera diſcuté dans notre diſcours ſur les minéraux : il nous ſuffit d'avoir expoſé notre façon de concevoir la formation de la couche ſuperficielle de la terre, & nous allons prouver par d'autres exemples que la formation des couches intérieures ne peut être que l'ouvrage des eaux.

La ſurface du globe, dit Woodward, cette couche extérieure ſur laquelle les hommes & les animaux marchent, qui ſert de magaſin pour la formation des végétaux & des animaux, eſt, pour la plus grande partie, compoſée de matière végétale ou animale qui eſt dans un mouvement & dans un changement continuel. Tous les animaux & les végétaux qui ont exiſté depuis la création du monde, ont toûjours tiré ſucceſſivement de cette couche la matière qui a compoſé leur corps, & ils lui ont rendu à leur mort cette matière empruntée, elle y reſte, toûjours prête à être repriſe de nouveau & à ſervir pour former d'autres corps de la même eſpèce ſucceſſivement ſans jamais diſcontinuer; car la matière qui compoſe un corps, eſt propre & naturellement diſpoſée pour en former un autre de cette eſpèce. *Voyez Eſſai ſur l'Hiſtoire Naturelle, &c. pag. 136.* Dans les pays inhabitez, dans les lieux où on ne coupe pas les bois, où les animaux ne broutent pas les plantes, cette couche de terre végétale s'augmente aſſez conſidérablement avec le temps; dans tous les bois, & même dans ceux qu'on coupe, il y a une couche de terreau de 6 ou 8 pouces d'épaiſſeur, qui n'a été formée que par les feuilles, les petites branches & les écorces qui ſe ſont pourries, j'ai ſouvent obſervé ſur un ancien grand chemin fait, dit-on, du temps des Romains, qui traverſe la Bourgogne dans une longue étendue de terrein, qu'il s'eſt formé ſur les pierres dont ce grand chemin eſt conſtruit, une couche de terre noire de plus d'un pied d'épaiſſeur, qui nourrit actuellement des arbres d'une hauteur aſſez conſidérable, & cette couche n'eſt compoſée que d'un terreau noir formé par les feuilles, les écorces & les bois pourris. Comme les végétaux tirent pour leur nourriture beaucoup plus de ſubſtance de l'air & de l'eau qu'ils n'en tirent de la terre, il arrive qu'en pourriſſant ils rendent à la terre plus qu'ils n'en ont tiré; d'ailleurs une forêt détermine les eaux de la pluie en arrêtant les vapeurs, ainſi dans un bois qu'on conſerveroit bien long-temps ſans y toucher, la couche de terre qui ſert à la végétation augmenteroit conſidérablement; mais les animaux rendant moins à la terre qu'ils n'en tirent, & les hommes faiſant des consommations énormes de bois & de plantes pour le feu & pour d'autres usages, il s'ensuit que la couche de terre végétale d'un pays habité doit toûjours diminuer & devenir enfin comme le terrein de l'Arabie pétrée, & comme celui de tant d'autres provinces de l'orient, qui est en effet le climat le plus anciennement habité, où l'on ne trouve que du sel & des sables; car le sel fixe des plantes & des animaux reste, tandis que toutes les autres parties se volatilisent.

Après avoir parlé de cette couche de terre extérieure que nous cultivons, il faut examiner la position & la formation des couches intérieures. La terre, dit Woodward, paroît, en quelqu'endroit qu'on la creuse, composée de couches placées l'une sur l'autre comme autant de sédimens qui seroient tombez successivement au fond de l'eau; les couches qui sont les plus enfoncées sont ordinairement les plus épaisses, & celles qui sont sur celles-ci sont les plus minces par degrés jusqu'à la surface. On trouve des coquilles de mer, des dents & des os de poissons dans ces différentes couches, il s'en trouve non seulement dans les couches molles, comme dans la craie, l'argille & la marne, mais même dans les couches les plus solides & les plus dures, comme dans celles de pierre, de marbre, &c. Ces productions marines sont incorporées avec la pierre, & lorsqu'on la rompt & qu'on en sépare la coquille, on observe toûjours que la pierre a reçu l'empreinte ou la forme de la surface avec tant d'exactitude, qu'on voit que toutes les parties étoient exactement contigues & appliquées à la coquille. « Je me » suis assuré, dit cet auteur, qu'en France, en Flandre, en » Hollande, en Espagne, en Italie, en Allemagne, en Dan- » nemarck, en Norvège & en Suède, la pierre & les autres » substances terrestres sont disposées par couches de même » qu'en Angleterre; que ces couches sont divisées par des » fentes parallèles; qu'il y a au dedans des pierres & des » autres substances terrestres & compactes une grande quan- » tité de coquillages, & d'autres productions de la mer dis- » posées de la même manière que dans cette isle *. J'ai » appris que ces couches se trouvoient de même en Bar- » barie, en Egypte, en Guinée & dans les autres parties » de l'Afrique, dans l'Arabie, la Syrie, la Perse, le Mala- » bar, la Chine & les autres provinces de l'Asie, à la Ja- » maïque, aux Barbades, en Virginie, dans la nouvelle » Angleterre, au Bresil, au Pérou & dans les autres parties de l'Amérique. » *Essai sur l'Histoire Naturelle de la Terre, pag. 4, 41, 42, &c.*

Cet auteur ne dit pas comment & par qui il a appris que les couches de la terre au Pérou contenoient des coquilles, cependant comme en général ses observations sont exactes, je ne doute pas qu'il n'ait été bien informé, & c'est ce qui me persuade qu'on doit trouver des coquilles au Pérou dans les couches de terre, comme on en trouve par-tout ailleurs; je fais cette remarque à l'occasion d'un doute qu'on a formé depuis peu sur cela, & dont je parlerai tout à l'heure.

* En Angleterre.

Dans une fouille que l'on fit à Amſterdam pour faire un puits, on creuſa juſqu'à 232 pieds de profondeur, & on trouva les couches de terre ſuivantes, 7 pieds de terre végétale ou terre de jardin, 9 pieds de tourbes, 9 pieds de glaiſe molle, 8 pieds d'aréne, 4 de terre, 10 d'argille, 4 de terre, 10 pieds d'aréne, ſur laquelle on a coûtume d'appuyer les pilotis qui ſoûtiennent les maiſons d'Amſterdam, enſuite 2 pieds d'argille, 4 de ſablon blanc, 5 de terre sèche, 1 de terre molle, 14 d'aréne, 8 d'argille mêlée d'aréne, 4 d'aréne mêlée de coquilles, enſuite une épaiſſeur de 100 & 2 pieds de glaiſe, & enfin 31 pieds de ſable, où l'on ceſſa de creuſer. *Voyez Varenii Geogr. general. pag. 46.*

Il eſt rare qu'on fouille auſſi profondément ſans trouver de l'eau, & ce fait eſt remarquable en pluſieurs choſes: 1° il fait voir que l'eau de la mer ne communique pas dans l'intérieur de la terre par voie de filtration ou de ſtillation, comme on le croit vulgairement; 2° nous voyons qu'on trouve des coquilles à 100 pieds au deſſous de la ſurface de la terre dans un pays extrêmement bas, & que par conſéquent le terrein de la Hollande a été élevé de 100 pieds par les ſédimens de la mer; 3° on peut en tirer une induction que cette couche de glaiſe épaiſſe de 102 pieds, & la couche de ſable qui eſt au deſſous dans laquelle on a fouillé à 31 pieds & dont l'épaiſſeur entière eſt inconnue, ne ſont peut-être pas fort éloignées de la première couche de la vraie terre ancienne & originaire, telle qu'elle étoit dans le temps de ſa première formation

& avant que le mouvement des eaux eût changé sa surface. Nous avons dit dans l'article premier que si l'on vouloit trouver la terre ancienne, il faudroit creuser dans les pays du nord plûtôt que vers l'équateur, dans les plaines basses plûtôt que dans les montagnes ou dans les terres élevées. Ces conditions se trouvent à peu près rassemblées ici; seulement il auroit été à souhaiter qu'on eût continué cette fouille à une plus grande profondeur, & que l'auteur nous eût appris s'il n'y avoit pas de coquilles ou d'autres productions marines dans cette couche de glaise de 102 pieds d'épaisseur & dans celle de sable qui étoit au dessous. Cet exemple confirme ce que nous avons dit, sçavoir, que plus on fouille dans l'intérieur de la terre, plus on trouve les couches épaisses, ce qui s'explique fort naturellement dans notre théorie.

Non seulement la terre est composée de couches parallèles & horizontales dans les plaines & dans les collines, mais les montagnes même sont en général composées de la même façon; on peut dire que ces couches y sont plus apparentes que dans les plaines, parce que les plaines sont ordinairement recouvertes d'une quantité assez considérable de sable & de terre que les eaux y ont amenez, & pour trouver les anciennes couches, il faut creuser plus profondément dans les plaines que dans les montagnes.

J'ai souvent observé que lorsqu'une montagne est égale & que son sommet est de niveau, les couches ou lits de pierre qui la composent, sont aussi de niveau; mais si le sommet de la montagne n'est pas posé horizontalement,

& s'il penche vers l'orient ou vers tout autre côté, les couches de pierre penchent aussi du même côté. J'avois ouï dire à plusieurs personnes que pour l'ordinaire les bancs ou lits des carrières penchent un peu du côté du levant, mais ayant observé moi-même toutes les carrières & toutes les chaînes de rochers qui se sont présentées à mes yeux, j'ai reconnu que cette opinion est fausse, & que les couches ou bancs de pierre ne penchent du côté du levant que lorsque le sommet de la colline penche de ce même côté, & qu'au contraire si le sommet s'abaisse du côté du nord, du midi, du couchant ou de tout autre côté, les lits de pierre penchent aussi du côté du nord, du midi, du couchant, &c. Lorsqu'on tire les pierres & les marbres des carrières, on a grand soin de les séparer suivant leur position naturelle, & on ne pourroit pas même les avoir en grand volume si on vouloit les couper dans un autre sens; lorsqu'on les emploie, il faut, pour que la maçonnerie soit bonne & pour que les pierres durent long-temps, les poser sur leur *lit de carrière*, c'est ainsi que les ouvriers appellent la couche horizontale; si dans la maçonnerie les pierres étoient posées sur un autre sens, elles se fendroient & ne résisteroient pas aussi long-temps au poids dont elles sont chargées: on voit bien que ceci confirme que les pierres se sont formées par couches parallèles & horizontales, qui se sont successivement accumulées les unes sur les autres, & que ces couches ont composé des masses dont la résistance est plus grande dans ce sens que dans tout autre.

Au reste chaque couche, soit qu'elle soit horizontale ou inclinée, a dans toute son étendue une épaisseur égale, c'est-à-dire, chaque lit d'une matière quelconque, pris à part, a une épaisseur égale dans toute son étendue, par exemple, lorsque dans une carrière le lit de pierre dure a 3 pieds d'épaisseur en un endroit, il a ces 3 pieds d'épaisseur par-tout; s'il a 6 pieds d'épaisseur en un endroit, il en a 6 par-tout. Dans les carrières autour de Paris le lit de bonne pierre n'est pas épais, & il n'a guère que 18 à 20 pouces d'épaisseur par-tout; dans d'autres carrières, comme en Bourgogne, la pierre a beaucoup plus d'épaisseur; il en est de même des marbres, ceux dont le lit est le plus épais, sont les marbres blancs & noirs, ceux de couleur sont ordinairement plus minces, & je connois des lits d'une pierre fort dure & dont les paysans se servent en Bourgogne pour couvrir leurs maisons, qui n'ont qu'un pouce d'épaisseur; les épaisseurs des différens lits sont donc différentes, mais chaque lit conserve la même épaisseur dans toute son étendue: en général on peut dire que l'épaisseur des couches horizontales est tellement variée, qu'elle va depuis une ligne & moins encore, jusqu'à 1, 10, 20, 30 & 100 pieds d'épaisseur; les carrières anciennes & nouvelles qui sont creusées horizontalement, les boyaux des mines, & les coupes à plomb, en long & en travers, de plusieurs montagnes, prouvent qu'il y a des couches qui ont beaucoup d'étendue en tout sens. « Il est bien prouvé, dit l'historien » de l'Académie, que toutes les pierres ont été une pâte molle,

molle, & comme il y a des carrières presque par-tout, « la surface de la terre a donc été dans tous ces lieux, du « moins jusqu'à une certaine profondeur, une vase & une « bourbe; les coquillages qui se trouvent dans presque tou- « tes les carrières, prouvent que cette vase étoit une terre « détrempée par l'eau de la mer, & par conséquent la mer « a couvert tous ces lieux-là, & elle n'a pû les couvrir sans « couvrir aussi tout ce qui étoit de niveau ou plus bas, & « elle n'a pû couvrir tous les lieux où il y a des carrières « & tous ceux qui sont de niveau ou plus bas, sans couvrir « toute la surface du globe terrestre. Ici l'on ne considère « point encore les montagnes que la mer auroit dû couvrir « aussi, puisqu'il s'y trouve toûjours des carrières & sou- « vent des coquillages; si on les supposoit formées, le « raisonnement que nous faisons en deviendroit beaucoup « plus fort. «

La mer, continue-t-il, couvroit donc toute la terre, « & de-là vient que tous les bancs ou lits de pierre qui sont « dans les plaines, sont horizontaux & parallèles entre eux, « les poissons auront été les plus anciens habitans du globe, « qui ne pouvoit encore avoir ni animaux terrestres, ni oi- « seaux. Mais comment la mer s'est-elle retirée dans les « grands creux, dans les vastes bassins qu'elle occupe pré- « sentement! Ce qui se présente le plus naturellement à « l'esprit, c'est que le globe de la terre, du moins jusqu'à « une certaine profondeur, n'etoit pas solide par tout, mais « entre-mêlé de quelques grands creux dont les voûtes se « sont soûtenues pendant un temps, mais enfin sont venues à «

» fondre ſubitement ; alors les eaux ſeront tombées dans » ces creux, les auront remplis, & auront laiſſé à découvert » une partie de la ſurface de la terre qui ſera devenue une » habitation convenable aux animaux terreſtres & aux oi- » ſeaux : les coquillages des carrières s'accordent fort avec » cette idée, car outre qu'il n'a pû ſe conſerver juſqu'à » préſent dans les terres que des parties pierreuſes des poiſ- » ſons, on ſçait qu'ordinairement les coquillages s'amaſſent » en grand nombre dans certains endroits de la mer, où » ils ſont comme immobiles & forment des eſpèces de » rochers, & ils n'auront pû ſuivre les eaux qui les auront » ſubitement abandonnez ; c'eſt par cette dernière raiſon » que l'on trouve infiniment plus de coquillages que d'arêtes » ou d'empreintes d'autres poiſſons, & cela même prouve » une chûte ſoudaine de la mer dans ſes baſſins. Dans le » même temps que les voûtes que nous ſuppoſons, ont » fondu, il eſt fort poſſible que d'autres parties de la ſur- » face du globe ſe ſoient élevées, & par la même cauſe, » ce ſeront là les montagnes qui ſe ſeront placées ſur cette » ſurface avec des carrières déjà toutes formées ; mais les » lits de ces carrières n'ont pas pû conſerver la direction ho- » rizontale qu'ils avoient auparavant, à moins que les maſſes » des montagnes ne ſe fuſſent élevées préciſément ſelon un » axe perpendiculaire à la ſurface de la terre, ce qui n'a pû » être que très-rare : auſſi, comme nous l'avons déja obſervé » en 1708 *(pag. 30 & ſuiv.)* les lits des carrières des mon- » tagnes ſont toûjours inclinez à l'horizon, mais parallè- » les entre eux, car ils n'ont pas changez de poſition les uns à l'égard des autres, mais ſeulement à l'égard de la ſurface de la terre. » *Voyez les Mém. de l'Acad. ann. 1716, pag. 14. & ſuiv. de l'Hiſtoire.*

Ces couches parallèles, ces lits de terre ou de pierre qui ont été formez par les ſédimens des eaux de la mer, s'étendent ſouvent à des diſtances très-conſidérables, & même on trouve dans les collines ſéparées par un vallon les mêmes lits, les mêmes matières, au même niveau. Cette obſervation que j'ai faite, s'accorde parfaitement avec celle de l'égalité de la hauteur des collines oppoſées dont je parlerai tout à l'heure; on pourra s'aſſurer aiſément de la vérité de ces faits, car dans tous les vallons étroits où l'on découvre des rochers, on verra que les mêmes lits de pierre ou de marbre ſe trouvent des deux côtés à la même hauteur. Dans une campagne que j'habite ſouvent & où j'ai beaucoup examiné les rochers & les carrières, j'ai trouvé une carrière de marbre qui s'étend à plus de 12 lieues en longueur & dont la largeur eſt fort conſidérable, quoique je n'aie pas pû m'aſſurer préciſément de cette étendue en largeur. J'ai ſouvent obſervé que ce lit de marbre a la même épaiſſeur par-tout, & dans des collines ſéparées de cette carrière par un vallon de 100 pieds de profondeur & d'un quart de lieue de largeur, j'ai trouvé le même lit de marbre à la même hauteur; je ſuis perſuadé qu'il en eſt de même de toutes les carrières de pierre ou de marbre où l'on trouve des coquilles, car cette obſervation n'a pas lieu dans les carrières de grès. Nous donnerons dans la ſuite les raiſons de cette différence, & nous dirons pourquoi le grès n'eſt pas diſpoſé, comme les autres matières, par lits horizontaux, & qu'il eſt en blocs irréguliers pour la forme & pour la poſition.

On a de même obſervé que les lits de terre ſont les mêmes des deux côtés des détroits de la mer, & cette obſervation, qui eſt importante, peut nous conduire à reconnoître les terres & les iſles qui ont été ſéparées du continent; elle prouve, par exemple, que l'Angleterre a été ſéparée de la France, l'Eſpagne de l'Afrique, la Sicile de l'Italie, & il ſeroit à ſouhaiter qu'on eût fait la même obſervation dans tous les détroits; je ſuis perſuadé qu'on la trouveroit vraie preſque par-tout, & pour commencer par le plus long détroit que nous connoiſſions, qui eſt celui de Magellan, nous ne ſçavons pas ſi les mêmes lits de pierre ſe trouvent à la même hauteur des deux côtés, mais nous voyons à l'inſpection des cartes particulières de ce détroit, que les deux côtes élevées qui le bornent, forment à peu près, comme les montagnes de la terre, des angles correſpondans, & que les angles ſaillans ſont oppoſez aux angles rentrans dans les détours de ce détroit, ce qui prouve que la terre de Feu doit être regardée comme une partie du continent de l'Amérique; il en eſt de même du détroit de Forbisher, l'Iſle de Friſland paroît avoir été ſéparée du continent du Groenland.

Les iſles Maldives ne ſont ſéparées les unes des autres que par de petits trajets de mer, de chaque côté deſquels ſe trouvent des bancs & des rochers compoſez de la même matière ; toutes ces isles qui, prises ensemble, ont près de 200 lieues de longueur, ne formoient autrefois qu'une même terre, elles sont divisées en treize provinces que l'on appelle *Atollons*. Chaque Atollon contient un grand nombre de petites isles dont la plûpart sont tantôt submergées & tantôt à découvert ; mais ce qu'il y a de remarquable, c'est que ces treize Atollons sont chacun environnez d'une chaîne de rochers de même nature de pierre, & qu'il n'y a que trois ou quatre ouvertures dangereuses par où on peut entrer dans chaque Atollon ; ils sont tous posez de suite & bout à bout, & il paroît évidemment que ces isles étoient autrefois une longue montagne couronnée de rochers. *Voyez Voyages de Franç. Pyrard. vol. 1. Paris, 1719. pag. 107. &c.*

Plusieurs auteurs, comme Verstegan, Twine, Sommer, & sur-tout Campbell dans sa description de l'Angleterre, au chap. de la province de Kent, donnent des raisons très-fortes pour prouver que l'Angleterre étoit autrefois jointe à la France, & qu'elle en a été séparée par un coup de mer qui s'étant ouvert cette porte, a laissé à découvert une grande quantité de terres basses & marécageuses tout le long des côtes méridionales de l'Angleterre. Le Docteur Wallis fait valoir comme une preuve de ce fait, la conformité de l'ancien langage des Gallois & des Bretons, & il ajoûte plusieurs observations que nous rapporterons dans les articles suivans.

Si l'on considère en voyageant la forme des terreins, la position des montagnes & les sinuosités des rivières, on s'apercevra qu'ordinairement les collines oppoſées ſont non ſeulement compoſées des mêmes matières, au même niveau, mais même qu'elles ſont à peu près également élevées : j'ai obſervé cette égalité de hauteur dans les endroits où j'ai voyagé, & je l'ai toûjours trouvé la même, à très-peu près, des deux côtés, ſur-tout dans les vallons ſerrez, & qui n'ont tout au plus qu'un quart ou un tiers de lieue de largeur ; car dans les grandes vallées qui ont beaucoup plus de largeur, il eſt aſſez difficile de juger exactement de la hauteur des collines & de leur égalité, parce qu'il y a erreur d'optique & erreur de jugement ; en regardant une plaine ou tout autre terrein de niveau, qui s'étend fort au loin, il paroît s'élever, & au contraire en voyant de loin des collines elles paroiſſent s'abaiſſer : ce n'eſt pas ici le lieu de donner la raiſon mathématique de cette différence. D'autre côté, il eſt fort difficile de juger par le ſimple coup d'œil où ſe trouve le milieu d'une grande vallée, à moins qu'il n'y ait une rivière ; au lieu que dans les vallons ſerrez le rapport des yeux eſt moins équivoque & le jugement plus certain. Cette partie de la Bourgogne qui eſt compriſe entre Auxerre, Dijon, Autun & Barre-ſur-Seine, & dont une étendue conſidérable s'appelle *le Bailliage de la Montagne*, eſt un des endroits les plus élevez de la France ; d'un côté de la plûpart de ces montagnes qui ne ſont que du ſecond ordre, & qu'on ne doit regarder que comme des collines élevées, les eaux coulent vers l'océan, & de l'autre vers la méditerranée, il y a des points de partage, comme à Sombernon, Pouilli en Auxois, &c. où on peut tourner les eaux indifféremment vers l'océan ou vers la méditerranée : ce pays élevé eſt entre-coupé de pluſieurs petits vallons aſſez ſerrez, & preſque tous arroſez de gros ruiſſeaux ou de petites rivières. J'ai mille & mille fois obſervé la correſpondance des angles de ces collines & leur égalité de hauteur, & je puis aſſurer que j'ai trouvé par-tout les angles ſaillans oppoſez aux angles rentrans, & les hauteurs à peu près égales des deux côtés. Plus on avance dans le pays élevé où ſont les points de partage dont nous venons de parler, plus les montagnes ont de hauteur; mais cette hauteur eſt toûjours la même des deux côtés des vallons, & les collines s'élèvent ou s'abaiſſent également : en ſe plaçant à l'extrémité des vallons dans le milieu de la largeur, j'ai toûjours vû que le baſſin du vallon étoit environné & ſurmonté de collines dont la hauteur étoit égale, j'ai fait la même obſervation dans pluſieurs autres provinces de France. C'eſt cette égalité de hauteur dans les collines qui fait les plaines en montagnes; ces plaines forment, pour ainſi dire, des pays élevez au deſſus d'autres pays ; mais les hautes montagnes ne paroiſſent pas être ſi égales en hauteur, elles ſe terminent la plûpart en pointes & en pics irréguliers, & j'ai vû en traverſant pluſieurs fois les Alpes & l'Apennin, que les angles ſont en effet correſpondans, mais qu'il eſt preſqu'impoſſible de juger à l'œil de l'égalité ou de l'inégalité de hauteur des montagnes oppoſées, parce que leur ſommet ſe perd dans les brouillards & dans les nues.

Les différentes couches dont la terre est composée, ne sont pas disposées suivant l'ordre de leur pesanteur spécifique, souvent on trouve des couches de matières pesantes posées sur des couches de matières plus légères; pour s'en assurer il ne faut qu'examiner la nature des terres sur lesquelles portent les rochers, & on verra que c'est ordinairement sur des glaises ou sur des sables qui sont spécifiquement moins pesans que la matière du rocher : dans les collines & dans les autres petites élévations on reconnoît facilement la base sur laquelle portent les rochers; mais il n'en est pas de même des grandes montagnes, non seulement le sommet est de rocher, mais ces rochers portent sur d'autres rochers, il y a montagnes sur montagnes & rochers sur rochers, à des hauteurs si considérables & dans une si grande étendue de terrein, qu'on ne peut guère s'assurer s'il y a de la terre dessous, & de quelle nature est cette terre : on voit des rochers coupez à pic qui ont plusieurs centaines de pieds de hauteur, ces rochers portent sur d'autres, qui peut-être n'en ont pas moins, cependant ne peut-on pas conclurre du petit au grand ! & puisque les rochers des petites montagnes dont on voit la base, portent sur des terres moins pesantes & moins solides que la pierre, ne peut-on pas croire que la base des hautes montagnes est aussi de terre ! au reste tout ce que j'ai à prouver ici, c'est qu'il a pû arriver naturellement, par le mouvement des eaux, qu'il se soit accumulé des matières plus pesantes au dessus des plus légères, & que si cela se trouve en effet dans la plûpart des

des collines, il eſt probable que cela eſt arrivé comme je l'explique dans le texte; mais quand même on voudroit ſe refuſer à mes raiſons, en m'objectant que je ne ſuis pas bien fondé à ſuppoſer qu'avant la formation des montagnes, les matières les plus peſantes étoient au deſſous des moins peſantes, je répondrai que je n'aſſure rien de général à cet égard, parce qu'il y a pluſieurs manières dont cet effet a pû ſe produire, ſoit que les matières peſantes fuſſent au deſſous ou au deſſus, ou placées indifféremment, comme nous les voyons aujourd'hui; car pour concevoir comment la mer ayant d'abord formé une montagne de glaiſe, l'a enſuite couronnée de rochers, il ſuffit de faire attention que les ſédimens peuvènt venir ſucceſſivement de différens endroits, & qu'ils peuvent être de matières différentes, en ſorte que dans un endroit de la mer où les eaux auront dépoſé d'abord pluſieurs ſédimens de glaiſe, il peut très-bien arriver que tout d'un coup au lieu de glaiſe les eaux apportent des ſédimens pierreux, & cela, parce qu'elles auront enlevé du fond, ou détaché des côtes toute la glaiſe, & qu'enſuite elles auront attaqué les rochers, ou bien parce que les premiers ſédimens venoient d'un endroit, & les ſeconds d'un autre. Au reſte cela s'accorde parfaitement avec les obſervations, par leſquelles on reconnoît que les lits de terre, de pierre, de gravier, de ſable, &c. ne ſuivent aucune règle dans leur arrangement, ou du moins ſe trouvent placez indifféremment & comme au haſard les uns au deſſus des autres.

Cependant ce hasard même doit avoir des règles, qu'on ne peut connoître qu'en estimant la valeur des probabilités & la vrai-semblance des conjectures. Nous avons vû qu'en suivant notre hypothèse sur la formation du globe, l'intérieur de la terre doit être d'une matière vitrifiée, semblable à nos sables vitrifiables qui ne sont que des fragmens de verre, & dont les glaises sont peut-être les scories ou les parties décomposées; dans cette supposition, la terre doit être composée dans le centre, & presque jusqu'à la circonférence extérieure, de verre ou d'une matière vitrifiée qui en occupe presque tout l'intérieur, & au dessus de cette matière on doit trouver les sables, les glaises & les autres scories de cette matière vitrifiée. Ainsi en considérant la terre dans son premier état, c'étoit d'abord un noyau de verre ou de matière vitrifiée, qui est ou massive comme le verre, ou divisée comme le sable, parce que cela dépend du degré de l'activité du feu qu'elle aura éprouvé, au dessus de cette matière étoient les sables, & enfin les glaises; le limon des eaux & de l'air a produit l'enveloppe extérieure qui est plus ou moins épaisse suivant la situation du terrein, plus ou moins colorée suivant les différens mélanges du limon, des sables & des parties d'animaux ou de végétaux détruits, & plus ou moins féconde suivant l'abondance ou la disette de ces mêmes parties. Pour faire voir que cette supposition, au sujet de la formation des sables & des glaises, n'est pas aussi gratuite qu'on pourroit l'imaginer, nous avons cru devoir ajoûter à ce que nous venons de dire, quelques remarques particulières.

Je conçois donc que la terre dans le premier état étoit un globe, ou plûtôt un sphéroïde de matière vitrifiée, de verre, si l'on veut, très-compacte, couvert d'une croûte légère & friable, formée par les scories de la matière en fusion, d'une véritable pierre ponce: le mouvement & l'agitation des eaux & de l'air brisèrent bien-tôt & réduisirent en poussière cette croûte de verre spongieuse, cette pierre ponce qui étoit à la surface; de là les sables qui, en s'unissant, produisirent ensuite les grès & le roc vif, ou, ce qui est la même chose, les cailloux en grande masse, qui doivent, aussi-bien que les cailloux en petite masse, leur dureté, leur couleur ou leur transparence & la variété de leurs accidens, aux différens degrés de pureté & à la finesse du grain des sables qui sont entrez dans leur composition.

Ces mêmes sables dont les parties constituantes s'unissent par le moyen du feu, s'assimilent & deviennent un corps dur très-dense, & d'autant plus transparent que le sable est plus homogène, exposez au contraire long-temps à l'air, se décomposent par la désunion & l'exfoliation des petites lames dont ils sont formez, ils commencent à devenir terre, & c'est ainsi qu'ils ont pû former les glaises & les argilles. Cette poussière, tantôt d'un jaune brillant, tantôt semblable à des paillettes d'argent dont on se sert pour sécher l'écriture, n'est autre chose qu'un sable très-pur, en quelque façon pourri, presque réduit en ses principes, & qui tend à une décomposition parfaite; avec le temps ces paillettes se seroient atténuées & divisées au point qu'elles n'auroient plus eu aſſez d'épaiſſeur & de ſurface pour réfléchir la lumière, & elles auroient acquis toutes les propriétés des glaiſes : qu'on regarde au grand jour un morceau d'argille, on y apercevra une grande quantité de ces paillettes talqueuſes, qui n'ont pas encore entièrement perdu leur forme. Le ſable peut donc avec le temps produire l'argille, & celle-ci en ſe diviſant acquiert de même les propriétés d'un véritable limon, matière vitrifiable comme l'argille & qui eſt du même genre.

Cette théorie eſt conforme à ce qui ſe paſſe tous les jours ſous nos yeux; qu'on lave du ſable ſortant de ſa minière, l'eau ſe chargera d'une aſſez grande quantité de terre noire, ductile, graſſe, de véritable argille. Dans les villes où les rues ſont pavées de grès, les boues ſont toûjours noires & très-graſſes, & deſſéchées elles forment une terre de la même nature que l'argille. Qu'on détrempe & qu'on lave de même de l'argille priſe dans un terrein où il n'y a ni grès ni cailloux, il ſe précipitera toûjours au fond de l'eau une aſſez grande quantité de ſable vitrifiable.

Mais ce qui prouve parfaitement que le ſable, & même le caillou & le verre, exiſtent dans l'argille & n'y ſont que déguiſez, c'eſt que le feu en réuniſſant les parties de celle-ci, que l'action de l'air & des autres élémens avoit peut-être diviſées, lui rend ſa première forme. Qu'on mette de l'argille dans un fourneau de réverbère échauffé au degré de la calcination, elle ſe couvrira au dehors d'un émail très-dur; ſi à l'intérieur elle n'eſt pas encore vitrifiée, elle aura cependant acquis une très-grande dureté, elle résistera à la lime & au burin, elle étincellera sous le marteau, elle aura enfin toutes les propriétés du caillou; un degré de chaleur de plus la fera couler & la convertira en un véritable verre.

L'argille & le sable sont donc des matières parfaitement analogues & du même genre; si l'argille en se condensant peut devenir du caillou, du verre, pourquoi le sable en se divisant ne pourroit-il pas devenir de l'argille? Le verre paroît être la véritable terre élémentaire, & tous les mixtes un verre déguisé; les métaux, les minéraux, les sels, &c. ne sont qu'une terre vitrescible; la pierre ordinaire, les autres matières qui lui sont analogues, & les coquilles des testacées, des crustacées, &c. sont les seules substances qu'aucun agent connu n'a pû jusqu'à présent vitrifier, & les seules qui semblent faire une classe à part. Le feu en réunissant les parties divisées des premières, en fait une matière homogène, dure & transparente à un certain degré, sans aucune diminution de pesanteur, & à laquelle il n'est plus capable de causer aucune altération; celles-ci au contraire, dans lesquelles il entre une plus grande quantité de principes actifs & volatils, & qui se calcinent, perdent au feu plus du tiers de leur poids, & reprennent simplement la forme de terre, sans autre altération que la désunion de leurs principes: ces matières exceptées, qui ne sont pas en grand nombre, & dont les combinaisons ne produisent pas de grandes variétés dans la nature, toutes les autres substances, & particulièrement l'argille, peuvent être converties en verre, & ne sont essentiellement par conséquent qu'un verre décomposé. Si le feu fait changer promptement de forme à ces substances, en les vitrifiant, le verre lui-même, soit qu'il ait sa nature de verre, ou bien celle de sable ou de caillou, se change naturellement en argille, mais par un progrès lent & insensible.

Dans les terreins où le caillou ordinaire est la pierre dominante, les campagnes en sont ordinairement jonchées; & si le lieu est inculte & que ces cailloux aient été long-temps exposez à l'air sans avoir été remuez, leur superficie supérieure est toûjours très-blanche, tandis que le côté opposé qui touche immédiatement à la terre, est très-brun & conserve sa couleur naturelle: si on casse plusieurs de ces cailloux, on reconnoîtra que la blancheur n'est pas seulement au dehors, mais qu'elle pénètre dans l'intérieur plus ou moins profondément, & y forme une espèce de bande, qui n'a dans de certains cailloux que très-peu d'épaisseur, mais qui dans d'autres occupe presque toute celle du caillou; cette partie blanche est un peu grenue, entièrement opaque, aussi tendre que la pierre, & elle s'attache à la langue comme les bols, tandis que le reste du caillou est lisse & poli, qu'il n'a ni fil ni grain, & qu'il a conservé sa couleur naturelle, sa transparence & sa même dureté; si on met dans un fourneau ce même caillou à moitié décomposé, sa partie blanche deviendra d'un rouge couleur de tuile, & sa partie brune d'un très-beau blanc. Qu'on ne dise point avec un de nos plus célèbres Naturalistes, que ces pierres sont des cailloux imparfaits de différens âges, qui n'ont pas encore acquis leur perfection ; car pourquoi seroient-ils tous imparfaits ! pourquoi le seroient-ils tous du même côté, & du côté qui est exposé à l'air ! Il me semble qu'il est aisé de se convaincre que ce sont au contraire des cailloux altérez, décomposez, qui tendent à reprendre la forme & les propriétés de l'argille & du bol dont ils ont été formez. Si c'est conjecturer que de raisonner ainsi, qu'on expose en plein air le caillou le plus caillou (comme parle ce fameux Naturaliste) le plus dur & le plus noir, en moins d'une année il changera de couleur à la surface, & si on a la patience de suivre cette expérience, on lui verra perdre insensiblement & par degré sa dureté, sa transparence & ses autres caractères spécifiques, & approcher de plus en plus chaque jour de la nature de l'argille.

Ce qui arrive au caillou, arrive au sable ; chaque grain de sable peut être considéré comme un petit caillou, & chaque caillou comme un amas de grains de sable extrêmement fins & exactement engrenez. L'exemple du premier degré de décomposition du sable se trouve dans cette poudre brillante, mais opaque, *mica*, dont nous venons de parler, & dont l'argille & l'ardoise sont toûjours parsemées ; les cailloux entièrement transparens, *les quartz*, produisent en se décomposant des talcs gras & doux au toucher, aussi paîtrissables & ductiles que la glaise, & vitrifiables comme elle, tels que ceux de Venise & de Moscovie ; & il me paroît que le talc est un terme moyen entre le verre ou le caillou transparent & l'argille, au lieu que le caillou groſſier & impur en ſe décompoſant paſſe à l'argille ſans intermède.

Notre verre factice éprouve auſſi la même altération, il ſe décompoſe à l'air & ſe pourrit en quelque façon en ſéjournant dans les terres; d'abord ſa ſuperficie s'*iriſe*, s'écaille, s'exfolie, & en le maniant on s'aperçoit qu'il s'en détache des paillettes brillantes; mais lorſque ſa décompoſition eſt plus avancée, il s'écraſe entre les doigts & ſe réduit en poudre talqueuſe très-blanche & très-fine; l'Art a même imité la Nature pour la décompoſition du verre & du caillou. *Eſt etiam certa methodus ſolius aquæ communis ope ſilices & arenam in liquorem viſcoſum, eumdemque in ſal viride convertendi, & hoc in oleum rubicundum, &c. Solius ignis & aquæ ope ſpeciali experimento duriſſimos quoſque lapides in mucorem reſolvo, qui diſtillatus ſubtilem ſpiritum exhibet & oleum nullis laudibus prædicabile.* Voyez Becher. Phyſ. ſubter.

Nous traiterons ces matières encore plus à fond dans notre diſcours ſur les minéraux, & nous nous contenterons d'ajoûter ici, que les différentes couches qui couvrent le globe terreſtre, étant encore actuellement ou de matières que nous pouvons conſidérer comme vitrifiées, ou de matières analogues au verre, qui en ont les propriétés les plus eſſentielles, & qui toutes ſont vitreſcibles, & que d'ailleurs comme il eſt évident que de la décompoſition du caillou & du verre qui ſe fait chaque jour ſous nos yeux, il reſulte une véritable terre argilleuſe, ce n'eſt donc pas une ſuppoſition précaire ou gratuite,

gratuite, que d'avancer, comme je l'ai fait, que les glaiſes, les argilles & les ſables ont été formez par les ſcories & les écumes vitrifiées du globe terreſtre, ſur-tout lorſqu'on y joint les preuves *à priori,* que nous avons données pour faire voir qu'il a été dans un état de liquéfaction cauſée par le feu.

PREUVES
DE LA
THÉORIE DE LA TERRE.

ARTICLE VIII.

Sur les Coquilles & les autres Productions de la mer, qu'on trouve dans l'intérieur de la terre.

J'AI ſouvent examiné des carrières du haut en bas, dont les bancs étoient remplis de coquilles; j'ai vû des collines entières qui en ſont compoſées, des chaînes de rochers qui en contiennent une grande quantité dans toute leur étendue. Le volume de ces productions de la mer eſt étonnant, & le nombre de ces dépouilles d'animaux marins eſt ſi prodigieux, qu'il n'eſt guère poſſible d'imaginer qu'il puiſſe y en avoir davantage dans la mer; c'eſt en conſidérant cette multitude innombrable de coquilles & d'autres productions marines, qu'on ne peut pas douter que notre terre n'ait été pendant un très-long temps un fond de mer peuplé d'autant de coquillages que l'eſt actuellement l'océan : la quantité en eſt immenſe, & naturellement on n'imagineroit pas qu'il y eût dans la mer une multitude auſſi grande de ces animaux ; ce n'eſt que par celle des coquilles foſſiles & pétrifiées qu'on trouve ſur la terre, que nous pouvons en avoir une idée. En effet, il ne faut pas croire, comme ſe l'imaginent tous les gens qui veulent raiſonner ſur cela ſans avoir rien vû, qu'on ne trouve ces coquilles que par haſard, qu'elles ſont diſperſées çà & là, ou tout au plus par petits tas, comme des coquilles d'huîtres jetées à la porte ; c'eſt par montagnes qu'on les trouve, c'eſt par bancs de 100 & de 200 lieues de longueur ; c'eſt par collines & par provinces qu'il faut les toiſer, ſouvent dans une épaiſſeur de 50 ou 60 pieds, & c'eſt d'après ces faits qu'il faut raiſonner.

Nous ne pouvons donner ſur ce ſujet un exemple plus frappant que celui des coquilles de Touraine ; voici ce qu'en dit l'hiſtorien de l'Académie, *année 1720, page 5 & ſuiv.* « Dans tous les ſiècles aſſez peu éclairez » & aſſez dépourvûs du génie d'obſervation & de recher- » che, pour croire que tout ce qu'on appelle aujourd'hui » pierres figurées, & les coquillages même trouvez dans la » terre, étoient des jeux de la Nature, ou quelques petits » accidens particuliers, le haſard a dû mettre au jour une » infinité de ces ſortes de curioſités que les Philoſophes » même, ſi c'étoient des Philoſophes, ne regardoient qu'a- » vec une ſurpriſe ignorante ou une légère attention, & » tout cela périſſoit ſans aucun fruit pour le progrès des

connoiſſances. Un Potier de terre qui ne ſçavoit ni latin «
ni grec, fut le premier * vers la fin du 16 ſiècle qui oſa «
dire dans Paris, & à la face de tous les Docteurs, que les «
coquilles foſſiles étoient de véritables coquilles dépoſées «
autrefois par la mer dans les lieux où elles ſe trouvoient «
alors; que des animaux, & ſur-tout des poiſſons, avoient «
donné aux pierres figurées toutes leurs différentes figu- «
res, &c. & il défia hardiment toute l'école d'Ariſtote d'at- «
taquer ſes preuves; c'eſt Bernard Paliſſy, Saintongeois, «
auſſi grand Phyſicien que la Nature ſeule en puiſſe former «
un : cependant ſon ſyſtème a dormi prés de cent ans, & «
le nom même de l'auteur eſt preſque mort. Enfin les idées «
de Paliſſy ſe ſont réveillées dans l'eſprit de pluſieurs ſça- «
vans, elles ont fait la fortune qu'elles méritoient, on a «
profité de toutes les coquilles, de toutes les pierres figu- «
rées que la terre a fournies, peut-être ſeulement ſont-elles «
devenues aujourd'hui trop communes, & les conſéquen- «
ces qu'on en tire, ſont en danger d'être bien-tôt trop «
inconteſtables. «

Malgré cela ce doit être encore une choſe étonnante «
que le ſujet des obſervations préſentes de M. de Reau- «
mur, une maſſe de 130680000 toiſes cubiques, enfouie «

* Je ne puis m'empêcher d'obſerver que le ſentiment de Paliſſy avoit été celui des Anciens : *Conchulas, arenas, buccinas, calculos variè infectos frequenti ſolo, quibuſdam etiam in montibus reperiri, certum ſignum maris alluvione eos coopertos locos volunt Herodotus, Plato, Strabo, Seneca, Tertullianus, Plutarchus, Ovidius, & alii.* Vide Dauſqui, Terra & aqua, pag. 7.

» sous terre, qui n'est qu'un amas de coquilles ou de fragmens de coquilles sans nul mélange de matière étrangère, » ni pierre, ni terre, ni sable; jamais jusqu'à présent les » coquilles fossiles n'ont paru en cette énorme quantité, & » jamais, quoiqu'en une quantité beaucoup moindre, elles » n'ont paru sans mélange. C'est en Touraine que se trouve » ce prodigieux amas à plus de 36 lieues de la mer : on » l'y connoît, parce que les paysans de ce canton se servent de ces coquilles qu'ils tirent de terre, comme de » marne, pour fertiliser leurs campagnes, qui sans cela » seroient absolument stériles. Nous laissons expliquer à » M. de Reaumur comment ce moyen assez particulier, & » en apparence assez bizarre, leur réussit; nous nous renfermons dans la singularité de ce grand tas de coquilles.

» Ce qu'on tire de terre, & qui ordinairement n'y est pas » à plus de 8 ou 9 pieds de profondeur, ce ne sont que de » petits fragmens de coquilles, très-reconnoissables pour en » être des fragmens ; car ils ont les cannelures très-bien marquées, seulement ont ils perdu leur luisant & leur vernis, » comme presque tous les coquillages qu'on trouve en terre, qui doivent y avoir été long-temps enfouis. Les plus » petits fragmens qui ne sont que de la poussière, sont » encore reconnoissables pour être des fragmens de coquilles, parce qu'ils sont parfaitement de la même matière » que les autres, quelquefois il se trouve des coquilles » entières. On reconnoît les espèces, tant des coquilles » entières que des fragmens un peu gros : quelques-unes » de ces espèces sont connues sur les côtes de Poitou, d'autres appartiennent à des côtes éloignées. Il y a jusqu'à « des fragmens de plantes marines pierreuses, telles que des « madrépores, des champignons de mer, &c. toute cette « matière s'appelle dans le pays du *falun*. «

Le canton qui, en quelque endroit qu'on le fouille, « fournit du *falun*, a bien neuf lieues quarrées de surface. « On ne perce jamais la minière de falun ou *falunière* au « delà de vingt pieds, M. de Reaumur en rapporte les rai- « sons, qui ne sont prises que de la commodité des labou- « reurs & de l'épargne des frais; ainsi les falunières peuvent « avoir une profondeur beaucoup plus grande que celle « qu'on leur connoît : cependant nous n'avons fait le cal- « cul des 130680000 toises cubiques, que sur le pied de « 18 pieds de profondeur & non pas de vingt, & nous « n'avons mis la lieue qu'à 2200 toises; tout a donc été « évalué fort bas, & peut-être l'amas de coquilles est-il de « beaucoup plus grand que nous ne l'avons posé, qu'il soit « seulement double, combien la merveille augmente-t-elle! «

Dans les faits de physique de petites circonstances que « la plûpart des gens ne s'aviseroient pas de remarquer, ti- « rent quelquefois à conséquence & donnent des lumières. « M. de Reaumur a observé que tous les fragmens de co- « quilles sont dans leur tas posez sur le plat & horizonta- « lement; de là il a conclu que cette infinité de fragmens « ne sont pas venus de ce que dans le tas formé d'abord « de coquilles entières les supérieures auroient par leur « poids brisé les inférieures, car de cette manière il se se- « roit fait des écroulemens qui auroient donné aux fragmens «

» une infinité de positions différentes. Il faut que la mer ait » apporté dans ce lieu-là toutes ces coquilles, soit entières, » soit quelques-unes déjà brisées, & comme elle les ap- » portoit flottantes, elles étoient posées sur le plat & ho- » rizontalement ; après qu'elles ont été toutes déposées au » rendez-vous commun, l'extrême longueur du temps en » aura brisé & presque calciné la plus grande partie sans » déranger leur position.

» Il paroît assez par-là qu'elles n'ont pû être apportées » que successivement, & en effet comment la mer voitu- » reroit-elle tout-à-la fois une si prodigieuse quantité de co- » quilles, & toutes dans une position horizontale ? elles ont » dû s'assembler dans un même lieu, & par conséquent ce » lieu a été le fond d'un golfe ou une espèce de bassin.

» Toutes ces réflexions prouvent que quoiqu'il ait dû » rester, & qu'il reste effectivement sur la terre beaucoup » de vestiges du déluge universel rapporté par l'écriture » sainte, ce n'est point ce déluge qui a produit l'amas des » coquilles de Touraine, peut-être n'y en a-t-il d'aussi » grands amas dans aucun endroit du fond de la mer ; mais » enfin le déluge ne les en auroit pas arrachées, & s'il l'a- » voit fait, ç'auroit été avec une impétuosité & une violence » qui n'auroit pas permis à toutes ces coquilles d'avoir une » même position ; elles ont dû être apportées & déposées » doucement, lentement, & par conséquent en un temps » beaucoup plus long qu'une année.

» Il faut donc, ou qu'avant, ou qu'après le déluge la sur- » face de la terre ait été, du moins en quelques endroits, bien différemment disposée de ce qu'elle est aujourd'hui, « que les mers & les continens y aient eu un autre arrange- « ment, & qu'enfin il y ait eu un grand golfe au milieu de « la Touraine. Les changemens qui nous sont connus de- « puis le temps des histoires ou des fables qui ont quelque « chose d'historique, sont à la vérité peu considérables, « mais ils nous donnent lieu d'imaginer aisément ceux que « des temps plus longs pourroient amener. M. de Reau- « mur imagine comment le golfe de Touraine tenoit à l'o- « céan, & quel étoit le courant qui y charioit les coquilles; « mais ce n'est qu'une simple conjecture donnée pour tenir « lieu du véritable fait inconnu, qui sera toûjours quelque « chose d'approchant. Pour parler sûrement sur cette ma- « tière, il faudroit avoir des espèces de cartes géographiques « dressées selon toutes les minières de coquillages enfouis « en terre; quelle quantité d'observations ne faudroit-il pas, « & quel temps pour les avoir! Qui sçait cependant si les « sciences n'iront pas un jour jusque-là, du moins en « partie! »

Cette quantité si considérable de coquilles nous étonnera moins, si nous faisons attention à quelques circonstances qu'il est bon de ne pas omettre; la première est que les coquillages se multiplient prodigieusement & qu'ils croissent en fort peu de temps, l'abondance d'individus dans chaque espèce prouve leur fécondité, on a un exemple de cette grande multiplication dans les huîtres: on enlève quelquefois dans un seul jour un volume de ces coquillages de plusieurs toises de grosseur, on diminue conſidérablement en aſſez peu de temps les rochers dont on les ſépare, & il ſemble qu'on épuiſe les autres endroits où on les pêche ; cependant l'année ſuivante on en retrouve autant qu'il y en avoit auparavant, on ne s'aperçoit pas que la quantité d'huîtres ſoit diminuée, & je ne ſçache pas qu'on ait jamais épuiſé les endroits où elles viennent naturellement. Une ſeconde attention qu'il faut faire, c'eſt que les coquilles ſont d'une ſubſtance analogue à la pierre, qu'elles ſe conſervent très-long-temps dans les matières molles, qu'elles ſe pétrifient aiſément dans les matières dures, & que ces productions marines & ces coquilles que nous trouvons ſur la terre, étant les dépouilles de pluſieurs ſiècles, elles ont dû former un volume fort conſidérable.

Il y a, comme on voit, une prodigieuſe quantité de coquilles bien conſervées dans les marbres, dans les pierres à chaux, dans les craies, dans les marnes, &c. on les trouve, comme je viens de le dire, par collines & par montagnes, elles font ſouvent plus de la moitié du volume des matières où elles ſont contenues ; elles paroiſſent la plûpart bien conſervées, d'autres ſont en fragmens, mais aſſez gros pour qu'on puiſſe reconnoître à l'œil l'eſpèce de coquille à laquelle ces fragmens appartiennent, & c'eſt là où ſe bornent les obſervations & les connoiſſances que l'inſpection peut nous donner. Mais je vais plus loin, je prétends que les coquilles ſont l'intermède que la Nature emploie pour former la plûpart des pierres ; je prétends que les craies, les marnes & les pierres à chaux ne ſont compoſées

composées que de poussière & de détrimens de coquilles, que par conséquent la quantité des coquilles détruites est encore infiniment plus considérable que celle des coquilles conservées: on verra dans le discours sur les minéraux les preuves que j'en donnerai; je me contenterai d'indiquer ici le point de vûe sous lequel il faut considérer les couches dont le globe est composé. La première couche extérieure est formée du limon de l'air, du sédiment des pluies, des rosées, & des parties végétales ou animales, réduites en particules dans lesquelles l'ancienne organisation n'est pas sensible; les couches intérieures de craie, de marne, de pierre à chaux, de marbre, sont composées de détrimens de coquilles & d'autres productions marines, mêlées avec des fragmens de coquilles ou avec des coquilles entières, mais les sables vitrifiables & l'argille sont les matières dont l'intérieur du globe est composé; elles ont été vitrifiées dans le temps que le globe a pris sa forme, laquelle suppose nécessairement que la matière a été toute en fusion. Le granite, le roc vif, les cailloux & les grès en grande masse, les ardoises, les charbons de terre doivent leur origine au sable & à l'argille, & ils sont aussi disposez par couches; mais les tufs, les grès & les cailloux qui ne sont pas en grande masse, les crystaux, les métaux, les pyrites, la plûpart des minéraux, les soufres, &c. sont des matières dont la formation est nouvelle en comparaison des marbres, des pierres calcinables, des craies, des marnes, & de toutes les autres matières qui sont disposées par couches horizontales, & qui contiennent des coquilles & d'autres débris des productions de la mer.

Comme les dénominations dont je viens de me servir, pourroient paroître obscures ou équivoques, je crois qu'il est nécessaire de les expliquer. J'entends par le mot d'argille, non seulement les argilles blanches, jaunes, mais aussi les glaises bleues, molles, dures, feuilletées, &c. que je regarde comme des scories de verre, ou comme du verre décomposé. Par le mot de sable j'entends toûjours le sable vitrifiable, & non seulement je comprends sous cette dénomination le sable fin qui produit les grès & que je regarde comme de la poussière de verre, ou plûtôt de pierre ponce, mais aussi le sable qui provient du grès usé & détruit par le frottement, & encore le sable gros comme du menu gravier, qui provient du granite & du roc vif, qui est aigre, anguleux, rougeâtre, & qu'on trouve assez communément dans le lit des ruisseaux & des rivières qui tirent immédiatement leurs eaux des hautes montagnes, ou de collines qui sont composées de roc vif ou de granite. La rivière d'Armanson qui passe à Semur en Auxois, où toutes les pierres sont du roc vif, charie une grande quantité de ce sable, qui est gros & fort aigre; il est de la même nature que le roc vif, & il n'en est en effet que le débris, comme le gravier calcinable n'est que le débris de la pierre de taille ou du moëllon. Au reste, le roc vif & le granite sont une seule & même substance, mais j'ai cru devoir employer les deux dénominations, parce qu'il y a bien des gens qui en font deux matières différentes:

il en eſt de même des cailloux & des grès en grande maſſe, je les regarde comme des eſpèces de rocs vifs ou de granites, & je les appelle cailloux en grande maſſe, parce qu'ils ſont diſpoſez, comme la pierre calcinable, par couches, & pour les diſtinguer des cailloux & des grès que j'appelle en petites maſſes, qui ſont les cailloux ronds & les grès que l'on trouve *à la chaſſe*, comme diſent les ouvriers, c'eſt-à-dire, les grès dont les bancs n'ont pas de ſuite & ne forment pas des carrières continues & qui aient une certaine étendue; ces grès & ces cailloux ſont d'une formation plus nouvelle, & n'ont pas la même origine que les cailloux & les grès en grande maſſe, qui ſont diſpoſez par couches. J'entends par la dénomination d'ardoiſe, non ſeulement l'ardoiſe bleue que tout le monde connoît, mais les ardoiſes blanches, griſes, rougeâtres & tous les ſchits; ces matières ſe trouvent ordinairement au deſſous de l'argille feuilletée, & ſemblent n'être en effet que de l'argille, dont les différentes petites couches ont pris corps en ſe deſſéchant, ce qui a produit les délits qui s'y trouvent. Le charbon de terre, la houille, le jais ſont des matières qui appartiennent auſſi à l'argille, & qu'on trouve ſous l'argille feuilletée ou ſous l'ardoiſe. Par le mot de tuf j'entends non ſeulement le tuf ordinaire qui paroît troué &, pour ainſi dire, organiſé, mais encore toutes les couches de pierre qui ſe ſont faites par le dépôt des eaux courantes, toutes les ſtalactites, toutes les incruſtations, toutes les eſpèces de pierres fondantes, il n'eſt pas douteux que ces matières ne ſoient nouvelles & qu'elles ne prennent tous les jours de l'accroiſſement. Le tuf n'eſt qu'un amas de matières lapidifiques, dans leſquelles on n'aperçoit aucune couche diſtincte; cette matière eſt diſpoſée ordinairement en petits cylindres creux, irrégulièrement grouppez & formez par des eaux gouttières au pied des montagnes ou ſur la pente des collines, qui contiennent des lits de marne ou de pierre tendre & calcinable; la maſſe totale de ces cylindres, qui font un des caractères ſpécifiques de cette eſpèce de tuf, eſt toûjours ou oblique, ou verticale, ſelon la direction des filets d'eau qui les forment; ces ſortes de carrières paraſites n'ont aucune ſuite, leur étendue eſt très-bornée en comparaiſon des carrières ordinaires, & elle eſt proportionnée à la hauteur des montagnes qui leur fourniſſent la matière de leur accroiſſement. Le tuf recevant chaque jour de nouveaux ſucs lapidifiques, ces petites colonnes cylindriques qui laiſſoient entr'elles beaucoup d'intervalle, ſe confondent à la fin, & avec le temps le tout devient compacte; mais cette matière n'acquiert jamais la dureté de la pierre, c'eſt alors ce qu'Agricola nomme *marga tofacea fiſtuloſa.* On trouve ordinairement dans ce tuf quantité d'impreſſions de feuilles d'arbres & de plantes de l'eſpèce de celles que le terrein des environs produit, on y trouve auſſi aſſez ſouvent des coquilles terreſtres très-bien conſervées, mais jamais de coquilles de mer. Le tuf eſt donc certainement une matière nouvelle, qui doit être miſe dans la claſſe des ſtalactites, des pierres fondantes, des incruſtations, &c. toutes ces matières nouvelles ſont des eſpèces de pierres paraſites qui ſe forment aux dépens des autres, mais qui n'arrivent jamais à la vraie pétrification.

Le cryſtal, toutes les pierres précieuſes, toutes celles qui ont une figure régulière, même les cailloux en petites maſſes qui ſont formez par couches concentriques, ſoit que ces ſortes de pierres ſe trouvent dans les fentes perpendiculaires des rochers, ou par-tout ailleurs, ne ſont que des exudations des cailloux en grande maſſe, des ſucs concrets de ces mêmes matières, des pierres paraſites nouvelles, de vraies ſtalactites de caillou ou de roc vif.

On ne trouve jamais de coquilles ni dans le roc vif ou granite, ni dans le grès, au moins je n'y en ai jamais vû, quoiqu'on en trouve, & même aſſez ſouvent, dans le ſable vitrifiable duquel ces matières tirent leur origine; ce qui ſemble prouver que le ſable ne peut s'unir pour former du grès ou du roc vif, que quand il eſt pur, & que s'il eſt mêlé de ſubſtances d'un autre genre, comme ſont les coquilles, ce mêlange de parties qui lui ſont hétérogènes, en empêche la réunion. J'ai obſervé, dans le deſſein de m'en aſſurer, ces petites pelotes qui ſe forment ſouvent dans les couches de ſable mêlé de coquilles, & je n'y ai jamais trouvé aucune coquille; ces pelotes ſont un véritable grès, ce ſont des concrétions qui ſe forment dans le ſable aux endroits où il n'eſt pas mêlé de matières hétérogènes, qui s'oppoſent à la formation des bancs ou d'autres maſſes plus grandes que ces pelotes.

Nous avons dit qu'on a trouvé à Amſterdam, qui eſt

un pays dont le terrein eſt fort bas, des coquilles de mer à cent pieds de profondeur ſous terre, & à Marly-la-Ville à 6 lieues de Paris, à 75 pieds : on en trouve de même au fond des mines & dans des bancs de rochers au deſſous d'une hauteur de pierre de 50, 100, 200 & juſqu'à mille pieds d'épaiſſeur, comme il eſt aiſé de le remarquer dans les Alpes & dans les Pyrénées; il n'y a qu'à examiner de près les rochers coupez à plomb, & on voit que dans les lits inférieurs il y a des coquilles & d'autres productions marines : mais pour aller par ordre, on en trouve ſur les montagnes d'Eſpagne, ſur les Pyrénées, ſur les montagnes de France, ſur celles d'Angleterre, dans toutes les carrières de marbre en Flandres, dans les montagnes de Gueldres, dans toutes les collines autour de Paris, dans toutes celles de Bourgogne & de Champagne, en un mot dans tous les endroits où le fond du terrein n'eſt pas de grès ou de tuf; & dans la plûpart des lieux dont nous venons de parler, il y a preſque dans toutes les pierres plus de coquilles que d'autres matières. J'entends ici par coquilles, non ſeulement les dépouilles des coquillages, mais celles des cruſtacées, comme tayes & pointes d'ourſin, & auſſi toutes les productions des inſectes de mer, comme les madrépores, les coraux, les aſtroïtes, &c. Je puis aſſurer, & on s'en convaincra par ſes yeux quand on le voudra, que dans la plûpart des pierres calcinables & des marbres il y a une ſi grande quantité de ces productions marines, qu'elles paroiſſent ſurpaſſer en volume la matière qui les réunit.

Mais ſuivons ; on trouve ces productions marines dans les Alpes, même au deſſus des plus hautes montagnes, par exemple, au deſſus du mont Cénis, on en trouve dans les montagnes de Gènes, dans les Apennins & dans la plûpart des carrières de pierre ou de marbre en Italie. On en voit dans les pierres dont ſont bâtis les plus anciens édifices des Romains, il y en a dans les montagnes du Tirol & dans le centre de l'Italie, au ſommet du mont Paterne près de Boulogne, dans les mêmes endroits qui produiſent cette pierre lumineuſe qu'on appelle la pierre de Boulogne : on en trouve dans les collines de la Pouille, dans celles de la Calabre, en pluſieurs endroits de l'Allemagne & de la Hongrie, & généralement dans tous les lieux élevez de l'Europe. *Voyez ſur cela Stenon, Ray, Woodward, &c.*

En Aſie & en Afrique les voyageurs en ont remarqué en pluſieurs endroits, par exemple, ſur la montagne de Caſtravan au deſſus de Barut il y a un lit de pierre blanche, mince comme de l'ardoiſe, dont chaque feuille contient un grand nombre & une grande diverſité de poiſſons, ils ſont la plûpart fort plats & fort comprimez, comme eſt la fougère foſſile, & ils ſont cependant ſi bien conſervez qu'on y remarque parfaitement juſqu'aux moindres traits des nageoires, des écailles & de toutes les parties qui diſtinguent chaque eſpèce de poiſſon. On trouve de même beaucoup d'ourſins de mer & de coquilles pétrifiées entre Suez & le Caire, & ſur toutes les collines & les hauteurs de la Barbarie ; la plûpart ſont exactement conformes aux espèces qu'on prend actuellement dans la mer rouge. *Voyez les Voyages de Shaw, volume 2, pages 70 & 84.* Dans notre Europe on trouve des poissons pétrifiez en Suisse, en Allemagne, dans la carrière d'Oningen, &c.

La longue chaîne de montagnes, dit M. Bourguet, qui s'étend d'occident en orient, depuis le fond du Portugal jusqu'aux parties les plus orientales de la Chine, celles qui s'étendent collatéralement du côté du nord & du midi, les montagnes d'Afrique & d'Amérique qui nous sont connues, les vallées & les plaines de l'Europe, renferment toutes des couches de terre & de pierres qui sont remplies de coquillages, & de-là on peut conclurre pour les autres parties du monde qui nous sont inconnues.

Les isles de l'Europe, celles de l'Asie & de l'Amérique où les Européens ont eu occasion de creuser, soit dans les montagnes, soit dans les plaines, fournissent aussi des coquilles, ce qui fait voir qu'elles ont cela de commun avec les continens qui les avoisinent. *Voyez Lettr. Philos. sur la form. des sels, page 205.*

En voilà assez pour prouver qu'en effet on trouve des coquilles de mer, des poissons pétrifiez & d'autres productions marines presque dans tous les lieux où on a voulu les chercher, & qu'elles y sont en prodigieuse quantité.

« Il est vrai, dit un auteur Anglois *(Tancred Robinson)*
» qu'il y a eu quelques coquilles de mer dispersées çà & là
» sur la terre par les armées, par les habitans des villes &
» des villages, & que la Loubère rapporte dans son voyage
de

de Siam, que les ſinges au cap de Bonne-eſpérance « s'amuſent continuellement à tranſporter des coquilles du « rivage de la mer au deſſus des montagnes, mais cela ne « peut pas réſoudre la queſtion pourquoi ces coquilles ſont « diſperſées dans tous les climats de la terre, & juſque dans « l'intérieur des plus hautes montagnes, où elles ſont poſées « par lit, comme elles le ſont dans le fond de la mer ».

En liſant une lettre italienne ſur les changemens arrivez au globe terreſtre, imprimée à Paris cette année (1746) je m'attendois à y trouver ce fait rapporté par la Loubère, il s'accorde parfaitement avec les idées de l'auteur; les poiſſons pétrifiez ne ſont, à ſon avis, que des poiſſons rares, rejetez de la table des Romains, parce qu'ils n'étoient pas frais; & à l'égard des coquilles ce ſont, dit-il, les pélerins de Syrie qui ont rapporté dans le temps des croiſades celles des mers du levant qu'on trouve actuellement pétrifiées en France, en Italie & dans les autres états de la chrétienté; pourquoi n'a-t-il pas ajoûté que ce ſont les ſinges qui ont tranſporté les coquilles au ſommet des hautes montagnes & dans tous les lieux où les hommes ne peuvent habiter, cela n'eût rien gâté & eût rendu ſon explication encore plus vraiſemblable. Comment ſe peut-il que des perſonnes éclairées & qui ſe piquent même de philoſophie, aient encore des idées auſſi fauſſes ſur ce ſujet! nous ne nous contenterons donc pas d'avoir dit qu'on trouve des coquilles pétrifiées dans preſque tous les endroits de la terre où l'on a fouillé, & d'avoir rapporté les témoignages des auteurs d'Hiſtoire Naturelle; comme on pourroit les ſoupçonner d'apercevoir, en vûe de quelques ſyſtèmes, des coquilles où il n'y en a point, nous croyons devoir encore citer les voyageurs qui en ont remarqué par haſard, & dont les yeux moins exercez n'ont pû reconnoître que les coquilles entières & bien conſervées; leur témoignage ſera peut-être d'une plus grande autorité auprès des gens qui ne ſont pas à portée de s'aſſurer par eux-mêmes de la vérité des faits, & de ceux qui ne connoiſſent ni les coquilles, ni les pétrifications, & qui n'étant pas en état d'en faire la comparaiſon, pourroient douter que les pétrifications fuſſent en effet de vraies coquilles, & que ces coquilles ſe trouvaſſent entaſſées par millions dans tous les climats de la terre.

Tout le monde peut voir par ſes yeux les bancs de coquilles qui ſont dans les collines des environs de Paris, ſur tout dans les carrières de pierre, comme à la Chauſſée près de Seves, à Iſſy, à Paſſy & ailleurs. On trouve à Villers-cotterêts une grande quantité de pierres lenticulaires, les rochers en ſont même entièrement formez, & elles y ſont mêlées ſans aucun ordre avec une eſpèce de mortier pierreux qui les tient toutes liées enſemble. A Chaumont on trouve une ſi grande quantité de coquilles pétrifiées, que toutes les collines qui ne laiſſent pas d'être aſſez élevées, ne paroiſſent être compoſées d'autre choſe; il en eſt de même à Courtagnon près de Reims, où le banc de coquilles a près de quatre lieues de largeur ſur pluſieurs de longueur. Je cite ces endroits, parce qu'ils ſont fameux, & que les coquilles y frappent les yeux de tout le monde.

A l'égard des pays étrangers, voici ce que les voyageurs ont obſervé.

« En Syrie, en Phénicie la pierre vive qui ſert de baſe aux rochers du voiſinage de Latikea, eſt ſurmontée « d'une eſpèce de craie molle, & c'eſt peut-être de là que « la ville a pris ſon nom de *Promontoire-blanc*. La Nakoura, « nommée anciennement *Scala Tyriorum*, ou l'*Echelle des* « *Tyriens*, eſt à peu près de la même nature, & l'on y « trouve encore, en y creuſant, quantité de toutes ſortes de « coraux, de coquilles. » *Voyez les Voyages de Shaw.*

« On ne trouve ſur le mont Sinaï que peu de coquilles foſſiles & d'autres ſemblables marques du déluge, à moins « qu'on ne veuille mettre de ce nombre le Tamarin foſſile « des montagnes voiſines de Sinaï, peut-être que la matière « première dont leurs marbres ſe ſont formez, avoit une « vertu corroſive & peu propre à les conſerver; mais à « Corondel, où le roc approche davantage de la nature « de nos pierres de taille, je trouvai pluſieurs coquilles « de moules & quelques pétoncles, comme auſſi un hériſ- « ſon de mer fort ſingulier, de l'eſpèce de ceux qu'on ap- « pelle *ſpatagi*, mais plus rond & plus uni; les ruines du « petit village d'Ain el Mouſa, & pluſieurs canaux qui ſer- « voient à y conduire de l'eau, fourmillent de coquillages « foſſiles. Les vieux murs de Suez & ce qui nous reſte « encore de ſon ancien port, ont été conſtruits des mêmes « matériaux qui ſemblent tous avoir été tirez d'un même « endroit. Entre Suez & le Caire, ainſi que ſur toutes les « montagnes, hauteurs & collines de la Lybie qui ne ſont «

» pas couvertes de ſable, on trouve grande quantité d'hé-
» riſſons de mer, comme auſſi des coquilles bivalves & de
» celles qui ſe terminent en pointe, dont la plûpart ſont
» exactement conformes aux eſpèces qu'on prend encore
» aujourd'hui dans la mer rouge. *Idem, pag. 84, tom. 2.*
» Les ſables mouvans qui ſont dans le voiſinage de Ras Sem
» dans le Royaume de Barca, couvrent beaucoup de pal-
» miers d'hériſſons de mer & d'autres pétrifications que l'on
» y trouve communément ſans cela. Ras Sem ſignifie la
» tête du poiſſon & eſt ce qu'on appelle le village pétrifié,
» où l'on prétend qu'on trouve des hommes, des femmes
» & des enfans en diverſes poſtures & attitudes, qui avec
» leur bétail, leurs alimens & leurs meubles ont été convertis
» en pierre; mais à la réſerve de ces ſortes de monumens
» du déluge, dont il eſt ici queſtion, & qui ne ſont pas par-
» ticuliers à cet endroit, tout ce qu'on en dit, ſont de vains
» contes & fable toute pure, ainſi que je l'ai appris non
» ſeulement par M. le Maire, qui dans le temps qu'il étoit
» Conſul à Tripoli y envoya pluſieurs perſonnes pour en
» prendre connoiſſance, mais auſſi par des gens graves
» & de beaucoup d'eſprit qui ont été eux-mêmes ſur les
» lieux.

» On trouve devant les pyramides certains morceaux de
» pierres taillées par le ciſeau de l'ouvrier, & parmi ces
» pierres on voit des rognûres qui ont la figure & la groſ-
» ſeur de lentilles, quelques-unes même reſſemblent à des
» grains d'orge à moitié pelez; or on prétend que ce ſont
» des reſtes de ce que les ouvriers mangeoient, qui ſe ſont

pétrifiez, ce qui ne me paroît pas vrai-femblable, &c. » *Idem.* Ces lentilles & ces grains d'orge font des pétrifications de coquilles connues par tous les Naturaliftes fous le nom de pierre lenticulaire.

« On trouve diverfes fortes de ces coquillages dont nous avons parlé, aux environs de Maftreicht, fur-tout vers le « village de Zichen ou Tichen, & à la petite montagne « appellée des Huns. » *Voyez le voyage de Miffon, pag. 109, tome 3.*

« Aux environs de Sienne je n'ai pas manqué de trouver auprès de Certaldo, felon l'avis que vous m'en avez don- « né, plufieurs montagnes de fable toutes farcies de diverfes « coquilles. Le Monte-mario, à un mille de Rome, en « eft tout rempli; j'en ai remarqué dans les Alpes, j'en ai « vû en France & ailleurs. Olearius, Stenon, Cambden, « Speed & quantité d'autres auteurs, tant anciens que mo- « dernes, nous rapportent le même phénomène. » *Idem, tome 2, page 312.*

« L'ifle de Cerigo étoit anciennement appellée Porphyris à caufe de la quantité de porphyre qui s'en tiroit. » *Voyage de Thevenot, tom. 1, pag. 25.* Or on fçait que le porphyre eft compofé de pointes d'ourfins réunies par un ciment pierreux & très-dur.

« Vis-à-vis le village d'Inchené & fur le bord oriental du Nil, je trouvai des plantes pétrifiées qui croiffent « naturellement dans un efpace de terre qui a environ deux « lieues de longueur fur une largeur très-médiocre, c'eft « une production des plus fingulières de la Nature; ces «

» plantes reſſemblent aſſez au corail blanc qu'on trouve dans la mer rouge. » *Voyage de Paul Lucas, tome 2, pages 380 & 381.*

« On trouve ſur le mont Liban des pétrifications de plu- » ſieurs eſpèces, & entr'autres des pierres plattes où l'on » trouve des ſquelettes de poiſſons bien conſervez & bien » entiers, & auſſi des châtaignes de la mer rouge avec des petits buiſſons de corail de la même mer. » *Idem, p. 326. tome 3.*

« Sur le Mont-Carmel nous trouvames grande quantité » de pierres qui, à ce qu'on pretend, ont la figure d'olives, » de melons, de pêches & d'autres fruits que l'on vend » d'ordinaire aux pélerins, non ſeulement comme de ſim- » ples curioſités, mais auſſi comme des remèdes contre » divers maux. Les olives qui ſont les *lapides Judaïci* qu'on » trouve dans les boutiques des Droguiſtes, ont toûjours » été regardées comme un ſpécifique pour la pierre & la gravelle. » *Voyages de Shaw, tom. 2, pag. 70.* Ces *lapides Judaïci* ſont des pointes d'ourſin.

« M. la Roche, Médecin, me donna de ces olives pé- » trifiées, dites *lapis Judaïcus*, qui croiſſent en quantité dans » ces montagnes, où l'on trouve, à ce qu'on m'a dit, d'au- » tres pierres qui repréſentent parfaitement au dedans des natures d'hommes & de femmes. » *Voyage de Monconys, premiere partie, page 334;* ceci eſt l'*hyſterolithes.*

« En allant de Smirne à Tauris, lorſque nous fumes à » Tocat, les chaleurs étant fort grandes, nous laiſſames le » chemin ordinaire du côté du nord, pour prendre par les montagnes où il y a toûjours de l'ombrage & de la « fraîcheur. En bien des endroits nous trouvames de la neige « & quantité de très-belle oseille, & sur le haut de quelques- « unes de ces montagnes on trouve des coquilles comme « sur le bord de la mer, ce qui est assez extraordinaire ». *Tavernier.*

Voici ce que dit Olearius au sujet des coquilles pétrifiées qu'il a remarquées en Perse & dans les rochers des montagnes où sont taillez les sepulcres, près du village de Pyrmaraus.

« Nous fumes trois qui montames jusque sur le haut du roc par des précipices effroyables, nous entr'aidant les « uns les autres ; nous y trouvames quatre grandes cham- « bres & au dedans plusieurs niches taillées dans le roc « pour servir de lit ; mais ce qui nous surprit le plus, ce « fut que nous trouvames dans cette voute sur le haut de « la montagne, des coquilles de moules, & en quelques en- « droits en si grande quantité, qu'il sembloit que toute cette « roche ne fût composée que de sable & de coquilles. En « revenant de Perse, nous vimes le long de la mer Caspie « plusieurs de ces montagnes de coquilles. »

Je pourrois joindre à ce qui vient d'être rapporté, beaucoup d'autres citations que je supprime, pour ne pas ennuyer ceux qui n'ont pas besoin de preuves sur-abondantes, & qui se sont assûrez, comme moi, par leurs yeux, de l'existence de ces coquilles dans tous les lieux où on a voulu les chercher.

On trouve en France non seulement les coquilles de

nos côtes, mais encore des coquilles qu'on n'a jamais vûes dans nos mers. Il y a même des Naturaliſtes qui prétendent que la quantité de ces coquilles étrangères pétrifiées, eſt beaucoup plus grande que celle des coquilles de notre climat, mais je crois cette opinion mal fondée; car indépendamment des coquillages qui habitent le fond de la mer & de ceux qui ſont difficiles à pêcher, & que par conſéquent on peut regarder comme inconnus ou même étrangers, quoiqu'ils puiſſent être nez dans nos mers, je vois en gros qu'en comparant les pétrifications avec les analogues vivans, il y en a plus de nos côtes que d'autres; par exemple, tous les peignes, la plûpart des pétoncles, les moules, les huîtres, les glands de mer, la plûpart des buccins, les oreilles de mer, les patelles, le cœur-de-bœuf, les nautilles, les ourſins à gros tubercules & à groſſes pointes, les ourſins châtaignes de mer, les étoiles, les dentales, les tubulites, les aſtroïtes, les cerveaux, les coraux, les madrépores, &c. qu'on trouve pétrifiez en tant d'endroits, ſont certainement des productions de nos mers; & quoiqu'on trouve en grande quantité les cornes d'ammon, les pierres lenticulaires, les pierres judaïques, les columnites, les vertèbres de grandes étoiles, & pluſieurs autres pétrifications, comme les groſſes vis, le buccin appellé abajour, les ſabots, &c. dont l'analogue vivant eſt étranger ou inconnu, je ſuis convaincu par mes obſervations, que le nombre de ces eſpèces eſt petit en comparaiſon de celui des coquilles pétrifiées de nos côtes; d'ailleurs ce qui fait le fond de nos

nos marbres & de presque toutes nos pierres à chaux & à bâtir, sont des madrépores, des astroïtes, & toutes ces autres productions formées par les insectes de la mer & qu'on appelloit autrefois plantes marines ; les coquilles, quelque abondantes qu'elles soient, ne sont qu'un petit volume en comparaison de ces productions, qui toutes sont originaires de nos mers, & sur-tout de la méditerranée.

La mer rouge est de toutes les mers celle qui produit le plus abondamment des coraux, des madrépores & des plantes marines; il n'y a peut-être point d'endroit qui en fournisse une plus grande variété que le port de Tor, dans un temps calme il se présente aux yeux une si grande quantité de ces plantes, que le fond de la mer ressemble à une forêt, il y a des madrépores branchues qui ont jusqu'à huit & dix pieds de hauteur : on en trouve beaucoup dans la mer méditerranée, à Marseille, près des côtes d'Italie & de Sicile; il y en a aussi en quantité dans la plûpart des golfes de l'océan, autour des isles, sur les bancs, dans tous les climats tempérez où la mer n'a qu'une profondeur médiocre.

M. Peyssonel avoit observé & reconnu le premier que les coraux, les madrépores, &c. devoient leur origine à des animaux, & n'étoient pas des plantes, comme on le croyoit & comme leur forme & leur accroissement paroissoient l'indiquer; on a voulu long-temps douter de la vérité de l'observation de M. Peyssonel, quelques Naturalistes trop prévenus de leurs propres opinions, l'ont même rejetée d'abord avec une eſpèce de dédain; cependant ils ont été obligez de reconnoître depuis peu la découverte de M. Peyſſonel, & tout le monde eſt enfin convenu que ces prétendues plantes marines ne ſont autre choſe que des ruches, ou plûtôt des loges de petits animaux qui reſſemblent aux poiſſons des coquilles en ce qu'ils forment, comme eux, une grande quantité de ſubſtance pierreuſe, dans laquelle ils habitent, comme les poiſſons dans leurs coquilles; ainſi les plantes marines que d'abord l'on avoit miſes au rang des minéraux, ont enſuite paſſé dans la claſſe des végétaux, & ſont enfin demeurées pour toûjours dans celle des animaux.

Il y a des coquillages qui habitent le fond des hautes mers, & qui ne ſont jamais jetez ſur les rivages; les Auteurs les appellent *Pelagiæ*, pour les diſtinguer des autres qu'ils appellent *Littorales*. Il eſt à croire que les cornes d'ammon & quelques autres eſpèces qu'on trouve pétrifiées, & dont on n'a pas encore trouvé les analogues vivans, demeurent toûjours dans le fond des hautes mers, & qu'ils ont été remplis du ſédiment pierreux dans le lieu même où ils étoient; il peut ſe faire auſſi qu'il y ait eu de certains animaux dont l'eſpèce a péri, ces coquillages pourroient être du nombre: les os foſſiles extraordinaires qu'on trouve en Sibérie, au Canada, en Irlande & dans pluſieurs autres endroits, ſemblent confirmer cette conjecture, car juſqu'ici on ne connoît pas d'animal à qui on puiſſe attribuer ces os qui, pour la plûpart, ſont d'une grandeur & d'une groſſeur démeſurée.

On trouve ces coquilles depuis le haut jusqu'au fond des carrières, on les voit aussi dans des puits beaucoup plus profonds; il y en a au fond des mines de Hongrie. *Voyez Woodward.*

On en trouve à 200 brasses, c'est-à-dire, à mille pieds de profondeur dans des rochers qui bordent l'isle de Caldé & dans la province de Pembroke en Angleterre. *Voyez Ray's Discourses, pag. 178.*

Non seulement on trouve à de grandes profondeurs & au dessus des plus hautes montagnes des coquilles pétrifiées, mais on en trouve aussi qui n'ont point changé de nature, qui ont encore le luisant, les couleurs & la légéreté des coquilles de la mer; on trouve des glossopètres & d'autres dents de poisson dans leurs mâchoires, & il ne faut pour se convaincre entièrement sur ce sujet, que regarder la coquille de mer & celle de terre, & les comparer: il n'y a personne qui, après un examen, même léger, puisse douter un instant que ces coquilles fossiles & pétrifiées ne soient pas les mêmes que celles de la mer, on y remarque les plus petites articulations, & même les perles que l'animal vivant produit; on remarque que les dents de poisson sont polies & usées à l'extrémité, & qu'elles ont servi pendant le temps que l'animal étoit vivant.

On trouve aussi presque par-tout dans la terre, des coquillages de la même espèce, dont les uns sont petits, les autres gros, les uns jeunes, les autres vieux, quelques-uns imparfaits, d'autres entièrement parfaits; on en voit même de petits & de jeunes attachez aux gros.

Le poiſſon à coquille appellé *Purpura*, a une langue fort longue dont l'extrémité eſt oſſeuſe & pointue, elle lui ſert comme de tarrière pour percer les coquilles des autres poiſſons & pour ſe nourrir de leur chair ; on trouve communément dans les terres des coquilles qui ſont percées de cette façon, ce qui eſt une preuve inconteſtable qu'elles renfermoient autrefois des poiſſons vivans, & que ces poiſſons habitoient dans des endroits où il y avoit auſſi des coquillages de pourpre qui s'en étoient nourris. *Voyez Woodward, pag. 296 & 300.*

Les obéliſques de Saint Pierre de Rome, de Saint Jean de Latran, de la place Navone, viennent, à ce qu'on prétend, des pyramides d'Egypte ; elles ſont de granite rouge, lequel eſt une eſpèce de roc vif ou de grès fort dur : cette matière, comme je l'ai dit, ne contient point de coquilles, mais les anciens marbres Africains & Egyptiens, & les porphyres que l'on a tirez, dit-on, du Temple de Salomon & des Palais des Rois d'Egypte, & que l'on a employez à Rome en différens endroits, ſont remplis de coquilles. Le porphyre rouge eſt compoſé d'un nombre infini de pointes de l'eſpèce d'ourſin que nous appellons châtaigne de mer ; elles ſont poſées aſſez près les unes des autres & forment tous les petits points blancs qui ſont dans ce porphyre : chacun de ces points blancs laiſſe voir encore dans ſon milieu un petit point noir qui eſt la ſection du conduit longitudinal de la pointe de l'ourſin. Il y a en Bourgogne, dans un lieu appellé Ficin à trois lieues de Dijon, une pierre rouge tout-à-fait ſemblable au porphyre par ſa compoſition, & qui n'en diffère que par la dureté, n'ayant que celle du marbre, qui n'eſt pas à beaucoup près ſi grande que celle du porphyre; elle eſt de même entièrement compoſée de pointes d'ourſins, & elle eſt très-conſidérable par l'étendue de ſon lit de carrière & par ſon épaiſſeur; on en a fait de très-beaux ouvrages dans cette province, & notamment les gradins du pied-d'eſtal de la figure équeſtre de Louis le Grand qu'on a élevée au milieu de la place royale à Dijon; cette pierre n'eſt pas la ſeule de cette eſpèce que je connoiſſe; il y a dans la même province de Bourgogne, près de la ville de Montbard, une carrière conſidérable de pierre compoſée comme le porphyre, mais dont la dureté eſt encore moindre que celle du marbre; ce porphyre tendre eſt compoſé comme le porphyre dur, & il contient même une plus grande quantité de pointes d'ourſins & beaucoup moins de matière rouge. Voilà donc les mêmes pointes d'ourſins que l'on trouve dans le porphyre ancien d'Égypte & dans les nouveaux porphyres de Bourgogne, qui ne diffèrent des anciens que par le degré de dureté & par le nombre plus ou moins grand des pointes d'ourſins qu'ils contiennent.

A l'égard de ce que les curieux appellent du porphyre verd, je crois que c'eſt plûtôt un granite qu'un porphyre; il n'eſt pas compoſé de pointes d'ourſins, comme le porphyre rouge, & ſa ſubſtance me paroît ſemblable à celle du granite commun. En Toſcane, dans les pierres dont étoient bâtis les anciens murs de la ville de Volatera, il y a une grande quantité de coquillages, & cette muraille étoit faite il y a deux mille cinq cens ans. *Voyez Stenon in Prodromo diss. de Solido intra solidum, pag. 63.* La plûpart des marbres antiques, les porphyres & les autres pierres des plus anciens monumens contiennent donc des coquilles, des pointes d'oursins, & d'autres débris des productions marines, comme les marbres que nous tirons aujourd'hui de nos carrières; ainsi on ne peut pas douter, indépendamment même du témoignage sacré de l'écriture sainte, qu'avant le déluge la terre n'ait été composée des mêmes matières dont elle l'est aujourd'hui.

Par tout ce que nous venons de dire, on peut être assuré qu'on trouve des coquilles pétrifiées en Europe, en Asie & en Afrique dans tous les lieux où le hasard a conduit les observateurs; on en trouve aussi en Amérique, au Bresil, dans le Tucuman, dans les terres Magellaniques, & en si grande quantité dans les isles Antilles, qu'au dessous de la terre labourable, le fond, que les habitans appellent la chaux, n'est autre chose qu'un composé de coquilles, de madrépores, d'astroïtes & d'autres productions de la mer. Ces observations qui sont certaines, m'auroient fait penser qu'il y a de même des coquilles & d'autres productions marines pétrifiées dans la plus grande partie du continent de l'Amérique, & sur-tout dans les montagnes, comme l'assure Woodward ; cependant M. de la Condamine qui a demeuré pendant plusieurs années au Pérou, m'a assuré qu'il n'en avoit pas vû dans les Cordillères, qu'il en avoit cherché inutilement, & qu'il ne croyoit pas qu'il y en eût. Cette exception feroit fingulière, & les conféquences qu'on en pourroit tirer le feroient encore plus; mais j'avoue que, malgré le témoignage de ce célèbre obfervateur, je doute encore à cet égard, & que je fuis très-porté à croire qu'il y a dans les montagnes du Pérou, comme par-tout ailleurs, des coquilles & d'autres pétrifications marines, mais qu'elles ne fe font pas offertes à fes yeux. On fçait qu'en matière de témoignages, deux témoins pofitifs qui affurent avoir vû, fuffifent pour faire preuve complette, tandis que mille & dix mille témoins négatifs, & qui affurent feulement n'avoir pas vû, ne peuvent que faire naître un doute léger; c'eft pour cette raifon, & parce que la force de l'analogie m'y contraint, que je perfifte à croire qu'on trouvera des coquilles fur les montagnes du Pérou, comme on en trouve prefque par-tout ailleurs, fur-tout fi on les cherche fur la croupe de la montagne & non pas au fommet.

Les montagnes les plus élevées font ordinairement compofées au fommet, de roc vif, de granite, de grès & d'autres matières vitrifiables qui ne contiennent que peu ou point de coquilles. Toutes ces matières fe font formées dans les couches du fable de la mer qui recouvroient le deffus de ces montagnes; lorfque la mer a laiffé à découvert ces fommets de montagnes, les fables ont coulé dans les plaines, où ils ont été entraînez par la chûte des eaux des pluies, &c. de forte qu'il n'eft demeuré au deffus des montagnes que les rochers qui s'étoient formez dans l'intérieur de ces couches de fable. A 200, 300 ou 400 toises plus bas que le sommet de ces montagnes, on trouve souvent des matières toutes différentes de celles du sommet, c'est-à-dire, des pierres, des marbres & d'autres matières calcinables, lesquelles sont disposées par couches parallèles, & contiennent toutes des coquilles & d'autres productions marines; ainsi il n'est pas étonnant que M. de la Condamine n'ait pas trouvé de coquilles sur ces montagnes, sur-tout s'il les a cherchées dans les lieux les plus élevez & dans les parties de ces montagnes qui sont composées de roc vif, de grès ou de sable vitrifiable; mais au dessous de ces couches de sable & de ces rochers qui font le sommet, il doit y avoir dans les Cordillères, comme dans toutes les autres montagnes, des couches horizontales de pierres, de marbres, de terres, &c. où il se trouvera des coquilles; car dans tous les pays du monde où l'on a fait des observations, on en a toûjours trouvé dans ces couches.

Mais supposons un instant que ce fait soit vrai, & qu'en effet il n'y ait aucune production marine dans les montagnes du Pérou, tout ce qu'on en conclurra ne sera nullement contraire à notre théorie, & il pourroit bien se faire, absolument parlant, qu'il y ait sur le globe des parties qui n'aient jamais été sous les eaux de la mer, & sur-tout des parties aussi élevées que le sont les Cordillères, mais en ce cas, il y auroit de belles observations à faire sur ces montagnes; car elles ne seroient pas composées de couches parallèles entr'elles, comme toutes les autres le sont : les matières seroient aussi fort différentes de celles

celles que nous connoissons, il n'y auroit point de fentes perpendiculaires, la composition des rochers & des pierres ne ressembleroit point du tout à la composition des rochers & des pierres des autres pays, & enfin nous trouverions dans ces montagnes l'ancienne structure de la terre telle qu'elle étoit originairement & avant que d'être changée & altérée par le mouvement des eaux; nous verrions dans ces climats le premier état du globe, les matières anciennes dont il étoit composé, la forme, la liaison & l'arrangement naturel de la terre, &c. mais c'est trop espérer, & sur des fondemens trop légers, & je pense qu'il faut nous borner à croire qu'on y trouvera des coquilles, comme on en trouve par-tout ailleurs.

A l'égard de la manière dont ces coquilles sont disposées & placées dans les couches de terre ou de pierre, voici ce qu'en dit Woodward. « Tous les coquillages qui
se trouvent dans une infinité de couches de terres & de «
bancs de rochers, sur les plus hautes montagnes & dans «
les carrières & les mines les plus profondes, dans les «
cailloux de cornaline, de chalcédoine, &c. & dans les «
masses de soufre, de marcassites & d'autres matières mi- «
nérales & métalliques, sont remplis de la matière même «
qui forme les bancs ou les couches, ou les masses qui «
les renferment, & jamais d'aucune matière hétérogène, »
page 206 & ailleurs. « La pesanteur spécifique des différentes espèces de sables ne diffère que très-peu, étant «
généralement, par rapport à l'eau, comme $2\frac{1}{9}$ ou $2\frac{9}{16}$ «
à 1, & les coquilles de pétoncle qui sont à peu près de «

» la même pesanteur, s'y trouvent ordinairement renfermées » en grand nombre, tandis qu'on a de la peine à y trouver » des écailles d'huîtres, dont la pesanteur spécifique n'est » environ que comme $2\frac{1}{3}$ à 1, d'hérissons de mer, dont la » pesanteur n'est que comme 2 ou $2\frac{1}{8}$ à 1, ou d'autres espè- » ces de coquilles plus légères; mais au contraire dans la » craie qui est plus légère que la pierre, n'étant à la pesan- » teur de l'eau que comme environ $2\frac{1}{10}$ à 1, on ne trouve » que des coquilles d'hérissons de mer & d'autres espèces de coquilles plus légères. » *Voyez pag. 17 & 18.*

Il faut observer que ce que dit ici Woodward ne doit pas être regardé comme règle générale, car on trouve des coquilles plus légères & plus pesantes dans les mêmes matières, par exemple, des pétoncles, des huîtres & des oursins dans les mêmes pierres & dans les mêmes terres, & même on peut voir au cabinet du Roi un pétoncle pétrifié en cornaline & des oursins pétrifiez en agathe, ainsi la différence de la pesanteur spécifique des coquilles n'a pas influé, autant que le prétend Woodward, sur le lieu de leur position dans les couches de terre; & la vraie raison pourquoi les coquilles d'oursins & d'autres aussi légères se trouvent plus abondamment dans les craies, c'est que la craie n'est qu'un détriment de coquilles, & que celles des oursins étant plus légères, moins épaisses & plus friables que les autres, elles auront été aisément réduites en poussière & en craie, en sorte qu'il ne se trouve des couches de craie que dans les endroits où il y avoit anciennement sous les eaux de la mer une grande abondance de ces coquilles légères, dont les débris ont formé la craie dans laquelle nous trouvons celles qui ayant résisté au choc & aux frottemens, se sont conservées tout entières, ou du moins en parties assez grandes pour que nous puissions les reconnoître.

Nous traiterons ceci plus à fond dans notre discours sur les minéraux, contentons-nous seulement d'avertir ici qu'il faut encore donner une modification aux expressions de Woodward; il paroît dire qu'on trouve des coquilles dans les cailloux, dans les cornalines, dans les chalcédoines, dans les mines, dans les masses de soufre, aussi souvent & en aussi grand nombre que dans les autres matières, au lieu que la vérité est qu'elles sont très-rares dans toutes les matières vitrifiables ou purement inflammables, & qu'au contraire elles sont en prodigieuse abondance dans les craies, dans les marnes, dans les marbres & dans les pierres, en sorte que nous ne prétendons pas dire ici qu'absolument les coquilles les plus légères sont dans les matières légères, & les plus pesantes dans celles qui sont aussi les plus pesantes, mais seulement qu'en général cela se trouve plus souvent ainsi qu'autrement. A la vérité elles sont toutes également remplies de la substance même qui les environne, aussi-bien celles qu'on trouve dans les couches horizontales, que celles qu'on trouve en plus petit nombre dans les matières qui occupent les fentes perpendiculaires, parce qu'en effet les unes & les autres ont été également formées par les eaux, quoiqu'en différens temps & de différentes façons; les couches horizontales de pierre, de marbre, &c. ayant été formées par les grands mouvemens des ondes de la mer, & les cailloux, les cornalines, les chalcédoines & toutes les matières qui sont dans les fentes perpendiculaires, ayant été produites par le mouvement particulier d'une petite quantité d'eau chargée de différens sucs lapidifiques, métalliques, &c. & dans les deux cas ces matières étoient réduites en poudre fine & impalpable qui a rempli l'intérieur des coquilles si pleinement & si absolument, qu'elle n'y a pas laissé le moindre vuide, & qu'elle s'en est fait autant de moules, à peu près comme on voit un cachet se mouler sur le tripoli.

Il y a donc dans les pierres, dans les marbres, &c. une multitude très-grande de coquilles qui sont entières, belles & si peu altérées, qu'on peut aisément les comparer avec les coquilles qu'on conserve dans les cabinets ou qu'on trouve sur les rivages de la mer; elles ont précisément la même figure & la même grandeur, elles sont de la même substance & leur tissu est le même; la matière particulière qui les compose, est la même, elle est disposée & arrangée de la même manière, la direction de leurs fibres & des lignes spirales est la même, la composition des petites lames formées par les fibres est la même dans les unes & les autres; on voit dans le même endroit les vestiges ou insertions des tendons par le moyen desquels l'animal étoit attaché & joint à sa coquille, on y voit les mêmes tubercules, les mêmes *stries,* les mêmes cannelures; enfin, tout est semblable, soit au dedans, soit au dehors de la coquille, dans sa cavité ou sur sa convexité, dans sa substance ou sur sa superficie ; d'ailleurs ces coquillages fossiles sont sujets aux mêmes accidens ordinaires que les coquillages de la mer, par exemple, ils sont attachez les plus petits aux plus gros, ils ont des conduits vermiculaires, on y trouve des perles & d'autres choses semblables qui ont été produites par l'animal lorsqu'il habitoit sa coquille, leur gravité spécifique est exactement la même que celle de leur espèce qu'on trouve actuellement dans la mer, & par la chymie on y trouve les mêmes choses, en un mot ils ressemblent exactement à ceux de la mer. *Voyez Woodward, pag. 13.*

J'ai souvent observé moi-même avec une espèce d'étonnement, comme je l'ai déjà dit, des montagnes entières, des chaînes de rochers, des bancs énormes de carrières tout composez de coquilles & d'autres débris de productions marines qui y sont en si grande quantité, qu'il n'y a pas à beaucoup près autant de volume dans la matière qui les lie.

J'ai vû des champs labourez dans lesquels toutes les pierres étoient des pétoncles pétrifiez, en sorte qu'en fermant les yeux & ramassant au hasard on pouvoit parier de ramasser un pétoncle ; j'en ai vû d'entièrement couverts de cornes d'ammon, d'autres dont toutes les pierres étoient des cœurs de bœuf pétrifiez ; & plus on examinera la terre, plus on sera convaincu que le nombre de ces pétrifications est infini, & on en conclurra qu'il est impossible que tous les animaux qui habitoient ces coquilles, aient existé dans le même temps.

J'ai même fait une obſervation en cherchant ces coquilles, qui peut être de quelque utilité, c'eſt que dans tous les pays où l'on trouve dans les champs & dans les terres labourables un très-grand nombre de ces coquilles pétrifiées, comme pétoncles, cœurs de bœuf, &c. entières, bien conſervées, & totalement ſéparées, on peut être aſſuré que la pierre de ces pays eſt *géliſſe*. Ces coquilles ne s'en ſont ſéparées en ſi grand nombre que par l'action de la gelée, qui détruit la pierre & laiſſe ſubſiſter plus long-temps la coquille pétrifiée.

Cette immenſe quantité de foſſiles marins que l'on trouve en tant d'endroits, prouve qu'ils n'y ont pas été tranſportez par un déluge; car on obſerve pluſieurs milliers de gros rochers & des carrières dans tous les pays où il y a des marbres & de la pierre à chaux, qui ſont toutes remplies de vertèbres d'étoiles de mer, de pointes d'ourſins, de coquillages & d'autres débris de productions marines. Or ſi ces coquilles qu'on trouve par-tout euſſent été amenées ſur la terre sèche par un déluge ou par une inondation, la plus grande partie ſeroit demeurée ſur la ſurface de la terre, ou du moins elles ne ſeroient pas enterrées à une grande profondeur, & on ne les trouveroit pas dans les marbres les plus ſolides à ſept ou huit cens pieds de profondeur.

Dans toutes les carrières ces coquilles ſont partie de la pierre à l'intérieur, & on en voit quelquefois à l'extérieur qui ſont recouvertes de ſtalactites qui, comme l'on ſçait, ne ſont pas des matières auſſi anciennes que la pierre qui contient les coquilles : une ſeconde preuve que cela n'eſt point arrivé par un déluge, c'eſt que les os, les cornes, les ergots, les ongles, &c. ne ſe trouvent que très-rarement, & peut-être point du tout, renfermez dans les marbres & dans les autres pierres dures, tandis que ſi c'étoit l'effet d'un déluge où tout auroit péri, on y devroit trouver les reſtes des animaux de la terre auſſi-bien que ceux des mers. *Voyez Ray's Diſcourſes, pag. 178 & ſuiv.*

C'eſt, comme nous l'avons dit, une ſuppoſition bien gratuite, que de prétendre que toute la terre a été diſſoute dans l'eau au temps du déluge; & on ne peut donner quelque fondement à cette idée, qu'en ſuppoſant un ſecond miracle qui auroit donné à l'eau la propriété d'un diſſolvant univerſel, miracle dont il n'eſt fait aucune mention dans l'écriture ſainte; d'ailleurs, ce qui anéantit la ſuppoſition & la rend même contradictoire, c'eſt que toutes les matières ayant été diſſoutes dans l'eau les coquilles ne l'ont pas été, puiſque nous les trouvons entières & bien conſervées dans toutes les maſſes qu'on prétend avoir été diſſoutes; cela prouve évidemment qu'il n'y a jamais eu de telle diſſolution, & que l'arrangement des couches horizontales & parallèles ne s'eſt pas fait en un inſtant, mais par les ſédimens qui ſe ſont amoncelez peu à peu, & qui ont enfin produit des hauteurs conſidèrables par la ſucceſſion des temps; car il eſt évident pour tous les gens qui ſe donneront la peine d'obſerver, que l'arrangement de toutes les matières qui compoſent le globe, eſt l'ouvrage des eaux; il n'eſt donc queſtion que de ſçavoir ſi cet arrangement a été fait dans le même temps : or nous avons prouvé qu'il n'a pas pû ſe faire dans le même temps, puiſque les matières ne gardent pas l'ordre de la peſanteur ſpécifique & qu'il n'y a pas eu de diſſolution générale de toutes les matières ; donc cet arrangement a été produit par les eaux ou plûtôt par les ſédimens qu'elles ont dépoſez dans la ſucceſſion des temps ; toute autre révolution, tout autre mouvement, toute autre cauſe auroit produit un arrangement très-différent ; d'ailleurs, un accident particulier, une révolution ou un bouleverſement n'auroit pas produit un pareil effet dans le globe tout entier, & ſi l'arrangement des terres & des couches avoit pour cauſe des révolutions particulières & accidentelles, on trouveroit les pierres & les terres diſpoſées différemment en différens pays, au lieu qu'on les trouve par-tout diſpoſées de même par couches parallèles, horizontales, ou également inclinées.

Voici ce que dit à ce ſujet l'Hiſtorien de l'Académie, *année 1718, page 3 & ſuiv.*

« Des veſtiges très-anciens & en très-grand nombre, » d'inondations qui ont dû être très-étendues [a], & la manière dont on eſt obligé de concevoir que les montagnes » ſe ſont formées [b], prouvent aſſez qu'il eſt arrivé autrefois » à la ſurface de la terre de grandes révolutions. Autant » qu'on en a pû creuſer, on n'a preſque vû que des ruines, » des débris, de vaſtes décombres entaſſez pêle-mêle, & qui par

[a] Voyez les Mémoires, pag. 287.

[b] Voyez l'Hiſt. de 1703, p. 22, de 1706, pag. 9, de 1708, p. 34, & de 1716, page 8, &c.

par une longue ſuite de ſiècles ſe ſont incorporez enſemble & unis en une ſeule maſſe le plus qu'il a été poſſible ; s'il y a dans le globe de la terre quelque eſpèce d'organiſation régulière, elle eſt plus profonde & par conſéquent nous ſera toûjours inconnue, & toutes nos recherches ſe termineront à fouiller dans les ruines de la croûte extérieure, elles donneront encore aſſez d'occupation aux Philoſophes.

M. de Juſſieu a trouvé aux environs de Saint-Chaumont dans le Lyonnois, une grande quantité de pierres écailleuſes ou feuilletées, dont preſque tous les feuillets portoient ſur leur ſuperficie l'empreinte ou d'un bout de tige, ou d'une feuille, ou d'un fragment de feuille de quelque plante ; les repréſentations de feuilles étoient toûjours exactement étendues, comme ſi on avoit collé les feuilles ſur les pierres avec la main, ce qui prouve qu'elles avoient été apportées par de l'eau qui les avoit tenues en cet état ; elles étoient en différentes ſituations, & quelquefois deux ou trois ſe croiſoient.

On imagine bien qu'une feuille dépoſée par l'eau ſur une vaſe molle, & couverte enſuite d'une autre vaſe pareille, imprime ſur l'une l'image de l'une de ſes deux ſurfaces & ſur l'autre l'image de l'autre ſurface, de ſorte que ces deux lames de vaſe étant durcies & pétrifiées, elles porteront chacune l'empreinte d'une face différente ; mais ce qu'on auroit cru devoir être, n'eſt pas, les deux lames ont l'empreinte de la même face de la feuille, l'une en relief & l'autre en creux. M. de Juſſieu a obſervé dans

» toutes ces pierres figurées de Saint-Chaumont ce phéno-» mène qui est assez bizarre; nous lui en laissons l'explica-» tion pour passer à ce que ces sortes d'observations ont » de plus général & de plus intéressant.

» Toutes les plantes gravées dans les pierres de Saint-» Chaumont sont des plantes étrangères, non seulement » elles ne se retrouvent ni dans le Lyonnois, ni dans le reste » de la France, mais elles ne sont que dans les Indes orien-» tales & dans les climats chauds de l'Amérique; ce sont la » plûpart des plantes capillaires, & souvent en particulier » des fougères. Leur tissu dur & serré les a rendu plus » propres à se graver & à se conserver dans les moules au-» tant de temps qu'il a fallu. Quelques feuilles de plantes » des Indes imprimées dans des pierres d'Allemagne ont » paru étonnantes à M. Leibnitz *, voici la même mer-» veille infiniment multipliée; il semble même qu'il y ait à » cela une certaine affectation de la Nature, dans toutes les » pierres de Saint-Chaumont on ne trouve pas une seule » plante du pays.

» Il est certain par les coquillages des carrières & des » montagnes, que ce pays, ainsi que beaucoup d'autres, a » dû autrefois être couvert par l'eau de la mer; mais com-» ment la mer d'Amérique ou celle des Indes Orientales » y est-elle venue!

» On peut, pour satisfaire à plusieurs phénomènes, sup-» poser avec assez de vrai-semblance que la mer a couvert » tout le globe de la terre; mais alors il n'y avoit point de

* *Voyez* l'Hist. de 1706, pag. 9 & suiv.

plantes terreſtres, & ce n'eſt qu'après ce temps-là, & lorſqu'une partie du globe a été découverte, qu'il s'eſt pû faire les grandes inondations qui ont tranſporté des plantes d'un pays dans d'autres fort éloignez.

M. de Juſſieu croit que comme le lit de la mer hauſſe toûjours par les terres, le limon, les ſables que les rivières y charient inceſſamment, des mers renfermées d'abord entre certaines digues naturelles, ſont venues à les ſurmonter & ſe ſont répandues au loin; que les digues aient elles-mêmes été minées par les eaux & s'y ſoient renverſées, ce ſera encore le même effet, pourvû qu'on les ſuppoſe d'une grandeur énorme. Dans les premiers temps de la formation de la terre, rien n'avoit encore pris une forme réglée & arrêtée, il a pû ſe faire alors des révolutions prodigieuſes & ſubites dont nous ne voyons plus d'exemples, parce que tout eſt venu à peu près à un état de conſiſtance, qui n'eſt pourtant pas tel que les changemens lents & peu conſidérables qui arrivent, ne nous donnent lieu d'en imaginer comme poſſibles d'autres de même eſpèce, mais plus grands & plus prompts.

Par quelqu'une de ces grandes révolutions la mer des Indes, ſoit orientales, ſoit occidentales, aura été pouſſée juſqu'en Europe, & y aura apporté des plantes étrangères flottantes ſur ſes eaux, elle les avoit arrachées en chemin & les alloit dépoſer doucement dans les lieux où l'eau n'étoit qu'en petite quantité & pouvoit s'évaporer. »

PREUVES
DE LA
THÉORIE DE LA TERRE.

ARTICLE IX.

Sur les inégalités de la surface de la terre.

LES inégalités qui sont à la surface de la terre, qu'on pourroit regarder comme une imperfection à la figure du globe, sont en même temps une disposition favorable & qui étoit nécessaire pour conserver la végétation & la vie sur le globe terrestre : il ne faut, pour s'en assurer, que se prêter un instant à concevoir ce que seroit la terre si elle étoit égale & régulière à sa surface, on verra qu'au lieu de ces collines agréables d'où coulent des eaux pures qui entretiennent la verdure de la terre, au lieu de ces campagnes riches & fleuries où les plantes & les animaux trouvent aisément leur subsistance, une triste mer couvriroit le globe entier, & qu'il ne resteroit à la terre de tous ses attributs, que celui d'être une planète obscure, abandonnée, & destinée tout au plus à l'habitation des poissons.

Mais indépendamment de la nécessité morale, laquelle ne doit que rarement faire preuve en Philosophie, il y a une nécessité physique pour que la terre soit irrégulière à sa surface, & cela, parce qu'en la supposant même parfaitement régulière dans ſon origine, le mouvement des eaux, les feux ſoûterrains, les vents & les autres cauſes extérieures auroient néceſſairement produit à la longue des irrégularités ſemblables à celles que nous voyons.

Les plus grandes inégalités ſont les profondeurs de l'océan comparées à l'élévation des montagnes, cette profondeur de l'océan eſt fort différente, même à de grandes diſtances des terres; on prétend qu'il y a des endroits qui ont juſqu'à une lieue de profondeur, mais cela eſt rare, & les profondeurs les plus ordinaires ſont depuis 60 juſqu'à 150 braſſes. Les golfes & les parages voiſins des côtes ſont bien moins profonds, & les détroits ſont ordinairement les endroits de la mer où l'eau a le moins de profondeur.

Pour ſonder les profondeurs de la mer, on ſe ſert ordinairement d'un morceau de plomb de 30 ou 40 livres qu'on attache à une petite corde, cette manière eſt fort bonne pour les profondeurs ordinaires; mais lorſqu'on veut ſonder de grandes profondeurs on peut tomber dans l'erreur & ne pas trouver de fond où cependant il y en a, parce que la corde étant ſpécifiquement moins peſante que l'eau, il arrive, après qu'on en a beaucoup dévidé, que le volume de la ſonde & celui de la corde ne pèſent plus qu'autant ou moins qu'un pareil volume d'eau, dès-lors la ſonde ne deſcend plus, & elle s'éloigne en ligne oblique en ſe tenant toûjours à la même hauteur; ainſi pour ſonder de grandes profondeurs, il faudroit une chaîne de fer ou d'autre matière plus peſante que l'eau:

il eſt aſſez probable que c'eſt faute d'avoir fait cette attention, que les Navigateurs nous diſent que la mer n'a pas de fond dans une ſi grande quantité d'endroits.

En général les profondeurs dans les hautes mers augmentent ou diminuent d'une manière aſſez uniforme, & ordinairement plus on s'éloigne des côtes, plus la profondeur eſt grande; cependant cela n'eſt pas ſans exception, & il y a des endroits au milieu de la mer où l'on trouve des écueils, comme aux Abrolhos dans la mer atlantique, d'autres où il y a des bancs d'une étendue très-conſidérable, comme le grand banc, le banc appellé le Borneur dans notre océan, les bancs & les bas-fonds de l'océan indien, &c.

De même le long des côtes les profondeurs ſont fort inégales, cependant on peut donner comme une règle certaine, que la profondeur de la mer à la côte eſt toûjours proportionnée à la hauteur de cette même côte; en ſorte que ſi la côte eſt fort élevée, la profondeur ſera fort grande, & au contraire ſi la plage eſt baſſe & le terrein plat, la profondeur eſt fort petite, comme dans les fleuves où les rivages élevez annoncent toûjours beaucoup de profondeur, & où les grèves & les bords de niveau montrent ordinairement un gué, ou du moins une profondeur médiocre.

Il eſt encore plus aiſé de meſurer la hauteur des montagnes que de ſonder les profondeurs des mers, ſoit au moyen de la géométrie pratique, ſoit par le baromètre; cet inſtrument peut donner la hauteur d'une montagne fort exactement, sur-tout dans les pays où sa variation n'est pas considérable, comme au Pérou & sous les autres climats de l'équateur; on a mesuré par l'un ou l'autre de ces moyens la hauteur de la plûpart des éminences qui sont à la surface du globe, par exemple, on a trouvé que les plus hautes montagnes de Suisse sont élevées d'environ seize cens toises au dessus du niveau de la mer plus que le Canigou, qui est une des plus hautes des Pyrénées. *(Voyez l'Hist. de l'Acad. 1708, pag. 24.)* Il paroît que ce sont les plus hautes de toute l'Europe, puisqu'il en sort une grande quantité de fleuves qui portent leurs eaux dans différentes mers fort éloignées, comme le Pô qui se rend dans la mer adriatique, le Rhin qui se perd dans les sables en Hollande, le Rhône qui tombe dans la méditerranée, & le Danube qui va jusqu'à la mer noire. Ces quatre fleuves, dont les embouchures sont si éloignées les unes des autres, tirent tous une partie de leurs eaux du mont Saint-Godard & des montagnes voisines, ce qui prouve que ce point est le plus élevé de l'Europe.

Les plus hautes montagnes de l'Asie sont le mont Taurus, le mont Imaus, le Caucase & les montagnes du Japon, toutes ces montagnes sont plus élevées que celles de l'Europe; celles d'Afrique, le grand Atlas & les monts de la Lune, sont au moins aussi hautes que celles de l'Asie, & les plus élevées de toutes sont celles de l'Amérique méridionale, sur-tout celles du Pérou, qui ont jusqu'à 3000 toises de hauteur au dessus du niveau de la mer. En général les montagnes entre les tropiques sont plus élevées que celles des zones tempérées, & celles-ci plus que celles des zones froides, de ſorte que plus on approche de l'équateur, & plus les inégalités de la ſurface de la terre ſont grandes; ces inégalités, quoique fort conſidérables par rapport à nous, ne ſont rien quand on les conſidère par rapport au globe terreſtre. Trois mille toiſes de différence ſur trois mille lieues de diamètre, c'eſt une toiſe ſur une lieue, ou un pied ſur deux mille deux cens pieds, ce qui, ſur un globe de deux pieds & demi de diamètre, ne fait pas la ſixième partie d'une ligne; ainſi la terre, dont la ſurface nous paroît traverſée & coupée par la hauteur énorme des montagnes & par la profondeur affreuſe des mers, n'eſt cependant, relativement à ſon volume, que très-légèrement ſillonnée d'inégalités ſi peu ſenſibles, qu'elles ne peuvent cauſer aucune différence à la figure du globe.

Dans les continens les montagnes ſont continues & forment des chaînes; dans les iſles elles paroiſſent être plus interrompues & plus iſolées, & elles s'élèvent ordinairement au deſſus de la mer en forme de cône ou de pyramide, & on les appelle des pics: le pic de Ténériffe dans l'iſle de Fer eſt une des plus hautes montagnes de la terre, elle a près d'une lieue & demie de hauteur perpendiculaire au deſſus du niveau de la mer; le pic de Saint-George dans l'une des açores, le pic d'Adam dans l'iſle de Ceylan ſont auſſi fort élevez. Tous ces pics ſont compoſez de rochers entaſſez les uns ſur les autres, & ils vomiſſent à leur ſommet, du feu, des cendres, du bitume,

bitume, des minéraux & des pierres; il y a même des isles qui ne sont précisément que des pointes de montagnes, comme l'isle Sainte-Hélène, l'isle de l'Ascension, la plûpart des Canaries & des Açores, & il faut remarquer que dans la plûpart des isles, des promontoires & des autres terres avancées dans la mer, la partie du milieu est toûjours la plus élevée, & qu'elles sont ordinairement séparées en deux par des chaînes de montagnes qui les partagent dans leur plus grande longueur, comme en Écosse le mont Grans-bain qui s'étend d'orient en occident & partage l'isle de la grande Bretagne en deux parties; il en est de même des isles de Sumatra, de Luçon, de Borneo, de Célèbes, de Cuba & de Saint-Domingue, & aussi de l'Italie qui est traversée dans toute sa longueur par l'Apennin, de la presqu'isle de Corée, de celle de Malaye, &c.

Les montagnes, comme l'on voit, diffèrent beaucoup en hauteur, les collines sont les plus basses de toutes, ensuite viennent les montagnes médiocrement élevées qui sont suivies d'un troisième rang de montagnes encore plus hautes, lesquelles, comme les précédentes, sont ordinairement chargées d'arbres & de plantes, mais qui, ni les unes, ni les autres, ne fournissent aucunes sources excepté au bas; enfin les plus hautes de toutes les montagnes sont celles sur lesquelles on ne trouve que du sable, des pierres, des cailloux & des rochers dont les pointes s'élèvent souvent jusqu'au dessus des nues; c'est précisément au pied de ces rochers qu'il y a de petits espaces, de petites plaines, des enfoncemens, des eſpèces de vallons où l'eau de la pluie, la neige & la glace s'arrêtent, & où elles forment des étangs, des marais, des fontaines d'où les fleuves tirent leur origine. *Voyez Lettres philoſophiques ſur la formation des ſels, &c. page 198.*

La forme des montagnes eſt auſſi fort différente, les unes forment des chaînes dont la hauteur eſt aſſez égale dans une très-longue étendue de terrein, d'autres ſont coupées par des vallons très-profonds; les unes ont des contours aſſez réguliers, d'autres paroiſſent au premier coup d'œil irrégulières, autant qu'il eſt poſſible de l'être, quelquefois on trouve au milieu d'un vallon ou d'une plaine un monticule iſolé; & de même qu'il y a des montagnes de différentes eſpèces, il y a auſſi de deux ſortes de plaines, les unes en pays bas, les autres en montagnes: les premières ſont ordinairement partagées par le cours de quelque groſſe rivière, les autres, quoique d'une étendue conſidérable, ſont sèches, & n'ont tout au plus que quelque petit ruiſſeau. Ces plaines en montagnes ſont ſouvent fort élevées, & toûjours de difficile accès, elles forment des pays au deſſus des autres pays, comme en Auvergne, en Savoie & dans pluſieurs autres pays élevez; le terrein en eſt ferme & produit beaucoup d'herbes & de plantes odoriférantes, ce qui rend ces deſſus de montagnes les meilleurs pâturages du monde.

Le ſommet des hautes montagnes eſt compoſé de rochers plus ou moins élevez, qui reſſemblent, ſur-tout vûs de loin, aux ondes de la mer. *Voyez Lettres philoſoph.*

sur la formation des sels, page 196. Ce n'est pas sur cette observation seule que l'on pourroit assurer, comme nous l'avons fait, que les montagnes ont été formées par les ondes de la mer, & je ne la rapporte que parce qu'elle s'accorde avec toutes les autres; ce qui prouve évidemment que la mer a couvert & formé les montagnes, ce sont les coquilles & les autres productions marines qu'on trouve par-tout en si grande quantité, qu'il n'est pas possible qu'elles aient été transportées de la mer actuelle dans des continens aussi éloignez & à des profondeurs aussi considérables, ce qui le prouve ce sont les couches horizontales & parallèles qu'on trouve par-tout, & qui ne peuvent avoir été formées que par les eaux, c'est la composition des matières, même les plus dures, comme de la pierre & du marbre, à laquelle on reconnoît clairement que les matières étoient réduites en poussière avant la formation de ces pierres & de ces marbres, & qu'elles se sont précipitées au fond de l'eau en forme de sédiment; c'est encore l'exactitude avec laquelle les coquilles sont moulées dans ces matières, c'est l'intérieur de ces mêmes coquilles, qui est absolument rempli des matières dans lesquelles elles sont renfermées; & enfin ce qui le démontre inconteſtablement, ce sont les angles correspondans des montagnes & des collines qu'aucune autre cause que les courans de la mer n'auroit pû former, c'est l'égalité de la hauteur des collines opposées & les lits des différentes matières qu'on y trouve à la même hauteur, c'est la direction des montagnes, dont les chaînes s'étendent en longueur dans le même sens, comme l'on voit s'étendre les ondes de la mer.

A l'égard des profondeurs qui sont à la surface de la terre, les plus grandes sont, sans contredit, les profondeurs de la mer, mais comme elles ne se présentent point à l'œil, & qu'on n'en peut juger que par la sonde, nous n'entendons parler ici que des profondeurs de terre ferme, telles que les profondes vallées que l'on voit entre les montagnes, les précipices qu'on trouve entre les rochers, les abymes qu'on aperçoit du haut des montagnes, comme l'abyme du mont Ararath, les précipices des Alpes, les vallées des Pyrénées; ces profondeurs sont une suite naturelle de l'élévation des montagnes, elles reçoivent les eaux & les terres qui coulent de la montagne, le terrein en est ordinairement très-fertile & fort habité. Pour les précipices qui sont entre les rochers, ils se forment par l'affaissement des rochers, dont la base cède quelquefois plus d'un côté que de l'autre, par l'action de l'air & de la gelée qui les fait fendre & les sépare, & par la chûte impétueuse des torrens qui s'ouvrent des routes & entraînent tout ce qui s'oppose à leur violence; mais ces abymes, c'est-à-dire, ces énormes & vastes précipices qu'on trouve au sommet des montagnes, & au fond desquels il n'est quelquefois pas possible de descendre, quoiqu'ils aient une demi-lieue ou une lieue de tour, ont été formez par le feu; ces abymes étoient autrefois les foyers des volcans, & toute la matière qui y manque, en a été rejetée par l'action & l'explosion de ces feux, qui depuis se sont éteints faute de matière combuſtible. L'abyme du mont Ararath dont M. de Tournefort donne la deſcription dans ſon voyage du Levant, eſt environné de rochers noirs & brûlez, comme ſeront quelque jour les abymes de l'Etna, du Véſuve & de tous les autres volcans, lorſqu'ils auront conſumé toutes les matières combuſtibles qu'ils renferment.

Dans l'hiſtoire naturelle de la province de Stafford en Angleterre, par Plot, il eſt parlé d'une eſpèce de goufre qu'on a ſondé juſqu'à la profondeur de deux mille ſix cens pieds perpendiculaires, ſans qu'on y ait trouvé d'eau, on n'a pû même en trouver le fond, parce que la corde n'étoit pas aſſez longue. *Voyez le Journal des Sçavans, année 1680, pag. 12.*

Les grandes cavités & les mines profondes ſont ordinairement dans les montagnes, & elles ne deſcendent jamais, à beaucoup près, au niveau des plaines, ainſi nous ne connoiſſons par ces cavités que l'intérieur de la montagne & point du tout celui du globe.

D'ailleurs, ces profondeurs ne ſont pas en effet fort conſidérables, Ray aſſure que les mines les plus profondes n'ont pas un demi-mille de profondeur. La mine de Cotteberg, qui du temps d'Agricola paſſoit pour la plus profonde de toutes les mines connues, n'avoit que 2500 pieds de profondeur perpendiculaire. Il eſt vrai qu'il y a des trous dans certains endroits, comme celui dont nous venons de parler dans la province de Stafford, ou le Poolshole dans la province de Darby en Angleterre, dont la profondeur eſt peut-être plus grande, mais tout cela n'eſt rien en comparaiſon de l'épaiſſeur du globe.

Si les Rois d'Egypte, au lieu d'avoir fait des pyramides & élevé d'auſſi faſtueux monumens de leurs richeſſes & de leur vanité, euſſent fait la même dépenſe pour ſonder la terre & y faire une profonde excavation, comme d'une lieue de profondeur, on auroit peut-être trouvé des matières qui auroient dédommagé de la peine & de la dépenſe, ou tout au moins on auroit des connoiſſances qu'on n'a pas ſur les matières dont le globe eſt compoſé à l'intérieur, ce qui ſeroit peut-être fort utile.

Mais revenons aux montagnes; les plus élevées ſont dans les pays méridionaux, & plus on approche de l'équateur, plus on trouve d'inégalités ſur la ſurface du globe; ceci eſt aiſé à prouver par une courte énumération des montagnes & des iſles.

En Amérique la chaîne des Cordillères, les plus hautes montagnes de la terre, eſt préciſément ſous l'équateur, & elle s'étend des deux côtés bien loin au delà des cercles qui renferment la zone torride.

En Afrique les hautes montagnes de la Lune & du Monomotapa, le grand & le petit Atlas, ſont ſous l'équateur ou n'en ſont pas éloignez.

En Aſie le mont Caucaſe, dont la chaîne s'étend ſous différens noms juſqu'aux montagnes de la Chine, eſt dans toute cette étendue plus voiſin de l'équateur que des poles.

En Europe les Pyrénées, les Alpes & les montagnes

de la Grèce, qui ne font que la même chaîne, font encore moins éloignées de l'équateur que des poles.

Or ces montagnes, dont nous venons de faire l'énumération, font toutes plus élevées, plus confidérables & plus étendues en longueur & en largeur que les montagnes des pays feptentrionaux.

A l'égard de la direction de ces chaînes de montagnes, on verra que les Alpes prifes dans toute leur étendue, forment une chaîne qui traverfe le continent entier depuis l'Efpagne jufqu'à la Chine; ces montagnes commencent au bord de la mer en Galice, arrivent aux Pyrénées, traverfent la France par le Vivarès & l'Auvergne, féparent l'Italie, s'étendent en Allemagne & au deffus de la Dalmatie jufqu'en Macédoine, & de-là fe joignent avec les montagnes d'Arménie, le Caucafe, le Taurus, l'Imaus, & s'étendent jufqu'à la mer de Tartarie; de même le mont Atlas traverfe le continent entier de l'Afrique d'occident en orient depuis le royaume de Fez jufqu'au détroit de la mer rouge, les monts de la Lune ont auffi la même direction.

Mais en Amérique la direction eft toute contraire, & les chaînes des Cordillères & des autres montagnes s'étendent du nord au fud plus que d'orient en occident.

Ce que nous obfervons ici fur les plus grandes éminences du globe, peut s'obferver auffi fur les plus grandes profondeurs de la mer. Les plus vaftes & les plus hautes mers font plus voifines de l'équateur que des poles, & il réfulte de cette obfervation que les plus grandes inégalités du globe ſe trouvent dans les climats méridionaux. Ces irrégularités qui ſe trouvent à la ſurface du globe, ſont la cauſe d'une infinité d'effets ordinaires & extraordinaires; par exemple, entre les rivières de l'Inde & du Gange il y a une large cherſonèſe qui eſt diviſée dans ſon milieu par une chaîne de hautes montagnes que l'on appelle le Gate, qui s'étend du nord au ſud depuis les extrémités du mont Caucaſe juſqu'au cap de Comorin; de l'un des côtés eſt Malabar, & de l'autre Coromandel; du côté de Malabar, entre cette chaîne de montagnes & la mer, la ſaiſon de l'été eſt depuis le mois de ſeptembre juſqu'au mois d'avril, & pendant tout ce temps le ciel eſt ſerein & ſans aucune pluie; de l'autre côté de la montagne, ſur la côte de Coromandel, cette même ſaiſon eſt leur hiver, & il y pleut tous les jours en abondance; & du mois d'avril au mois de ſeptembre c'eſt la ſaiſon de l'été, tandis que c'eſt celle de l'hiver en Malabar; en ſorte qu'en pluſieurs endroits qui ne ſont guère éloignez que de 20 lieues de chemin, on peut, en croiſant la montagne, changer de ſaiſon. On dit que la même choſe ſe trouve au cap Razalgat en Arabie, & de même à la Jamaïque, qui eſt ſéparée dans ſon milieu par une chaîne de montagnes dont la direction eſt de l'eſt à l'oueſt, & que les plantations qui ſont au midi de ces montagnes éprouvent la chaleur de l'été, tandis que celles qui ſont au nord ſouffrent la rigueur de l'hiver dans ce même temps. Le Pérou qui eſt ſitué ſous la ligne & qui s'étend à environ mille lieues vers le midi, eſt diviſé en trois parties longues & étroites

que

que les habitans du Pérou appellent *Lanos, Sierras & Andes;* les lanos, qui sont les plaines, s'étendent tout le long de la côte de la mer du sud; les sierras sont des collines avec quelques vallées, & les andes sont ces fameuses Cordillères, les plus hautes montagnes que l'on connoisse; les lanos ont dix lieues plus ou moins de largeur; dans plusieurs endroits les sierras ont vingt lieues de largeur & les andes autant, quelquefois plus, quelquefois moins; la largeur est de l'est à l'ouest, & la longueur, du nord au sud. Cette partie du monde a ceci de remarquable, 1° dans les lanos, le long de toute cette côte le vent de sud-ouest souffle constamment, ce qui est contraire à ce qui arrive ordinairement dans la zone torride; 2° il ne pleut ni ne tonne jamais dans les lanos, quoiqu'il y tombe quelquefois un peu de rosée; 3° il pleut presque continuellement sur les andes; 4° dans les sierras, qui sont entre les lanos & les andes, il pleut depuis le mois de septembre jusqu'au mois d'avril.

On s'est aperçu depuis long temps, que les chaînes des plus hautes montagnes alloient d'occident en orient, ensuite, après la découverte du nouveau monde, on a vû qu'il y en avoit de fort considérables qui tournoient du nord au sud, mais personne n'avoit découvert avant M. Bourguet, la surprenante régularité de la structure de ces grandes masses; il a trouvé, après avoir passé trente fois les Alpes en quatorze endroits différens, deux fois l'Apennin, & fait plusieurs tours dans les environs de ces montagnes & dans le mont Jura, que toutes les montagnes sont formées dans leurs contours à peu près comme les ouvrages de fortification. Lorſque le corps d'une montagne va d'occident en orient, elle forme des avances qui regardent, autant qu'il eſt poſſible, le nord & le midi : cette régularité admirable eſt ſi ſenſible dans les vallons, qu'il ſemble qu'on y marche dans un chemin couvert fort régulier; car ſi, par exemple, on voyage dans un vallon du nord au ſud, on remarque que la montagne qui eſt à droite forme des avances, ou des angles qui regardent l'orient, & ceux de la montagne du côté gauche regardent l'occident, de ſorte que néanmoins les angles ſaillans de chaque côté répondent réciproquement aux angles rentrans qui leur ſont toûjours alternativement oppoſez. Les angles que les montagnes forment dans les grandes vallées, ſont moins aigus, parce que la pente eſt moins roide & qu'ils ſont plus éloignez les uns des autres; & dans les plaines ils ne ſont ſenſibles que dans le cours des rivières, qui en occupent ordinairement le milieu; leurs coudes naturels répondent aux avances les plus marquées, ou aux angles les plus avancez des montagnes auxquelles le terrein où les rivières coulent, va aboutir. Il eſt étonnant qu'on n'ait pas aperçu une choſe ſi viſible; & lorſque dans une vallée la pente de l'une des montagnes qui la borde, eſt moins rapide que celle de l'autre, la rivière prend ſon cours beaucoup plus près de la montagne la plus rapide, & elle ne coule pas dans le milieu. *Voyez Lettres philoſoph. ſur la format. des ſels, pag. 181 & 200.*

On peut joindre à ces obſervations d'autres obſervations particulières qui les confirment, par exemple, les montagnes de Suiſſe ſont bien plus rapides, & leur pente eſt bien plus grande du côté du midi que du côté du nord, & plus grande du côté du couchant que du côté du levant; on peut le voir dans la montagne Gemmi, dans le mont Briſé, & dans preſque toutes les autres montagnes. Les plus hautes de ce pays ſont celles qui ſéparent la Valléſie & les Griſons de la Savoie, du Piémont & du Tirol; ces pays ſont eux-mêmes une continuation de ces montagnes, dont la chaîne s'étend juſqu'à la méditerranée, & continue même aſſez loin ſous les eaux de cette mer; les montagnes des Pyrénées ne ſont auſſi qu'une continuation de cette vaſte montagne qui commence dans la Valléſie ſupérieure, & dont les branches s'étendent fort loin au couchant & au midi, en ſe ſoûtenant toûjours à une grande hauteur, tandis qu'au contraire du côté du nord & de l'eſt ces montagnes s'abaiſſent par degrés juſqu'à devenir des plaines, comme on le voit par les vaſtes pays que le Rhin, par exemple, & le Danube arroſent avant que d'arriver à leurs embouchûres, au lieu que le Rhône deſcend avec rapidité vers le midi dans la mer méditerranée. La même obſervation ſur le penchant plus rapide des montagnes du côté du midi & du couchant, que du côté du nord ou du levant, ſe trouve vraie dans les montagnes d'Angleterre & dans celles de Norvège; mais la partie du monde où cela ſe voit le plus évidemment, c'eſt au Pérou & au Chily; la longue chaîne des Cordillères eſt coupée très-rapidement du côté du couchant, le long de la mer pacifique, au lieu que du côté du levant elle s'abaiſſe par degrés dans de vastes plaines arrosées par les plus grandes rivières du monde. *Voyez Transact. philos. Abrig. vol. 6, part. 2, pag. 158.*

M. Bourguet, à qui on doit cette belle observation de la correspondance des angles des montagnes, l'appelle avec raison, la clef de la théorie de la terre; cependant il me paroît que s'il en eût senti toute l'importance, il l'auroit employée plus heureusement en la liant avec des faits convenables, & qu'il auroit donné une théorie de la terre plus vrai-semblable, au lieu que dans son Mémoire, dont on a vû l'exposé, il ne présente que le projet d'un systême hypothétique dont la plûpart des conséquences sont fausses ou précaires. La théorie que nous avons donnée, roule sur quatre faits principaux, desquels on ne peut pas douter après avoir examiné les preuves qui les constatent, le premier est, que la terre est partout, & jusqu'à des profondeurs considérables, composée de couches parallèles & de matières qui ont été autrefois dans un état de mollesse; le second, que la mer a couvert pendant quelque temps la terre que nous habitons; le troisième, que les marées & les autres mouvemens des eaux produisent des inégalités dans le fond de la mer; & le quatrième, que ce sont les courans de la mer qui ont donné aux montagnes la forme de leurs contours, & la direction correspondante dont il est question.

On jugera, après avoir lû les preuves que contiennent les articles suivans, si j'ai eu tort d'assurer que ces faits solidement établis, établissent aussi la vraie théorie de la terre. Ce que j'ai dit dans le texte au ſujet de la formation des montagnes, n'a pas beſoin d'une plus ample explication; mais comme on pourroit m'objecter que je ne rends pas raiſon de la formation des pics ou pointes de montagnes, non plus que de quelques autres faits particuliers, j'ai cru devoir ajoûter ici les obſervations & les réflexions que j'ai faites ſur ce ſujet.

J'ai tâché de me faire une idée nette & générale de la manière dont ſont arrangées les différentes matières qui compoſent le globe, & il m'a paru qu'on pouvoit les conſidérer d'une manière différente de celle dont on les a vûes juſqu'ici, j'en fais deux claſſes générales auxquelles je les réduis toutes; la première eſt celle des matières que nous trouvons poſées par couches, par lits, par bancs horizontaux ou régulièrement inclinez; & la ſeconde comprend toutes les matières qu'on trouve par amas, par filons, par veines perpendiculaires & irrégulièrement inclinées. Dans la première claſſe ſont compris les ſables, les argilles, les granites ou le roc vif, les cailloux & les grès en grande maſſe, les charbons de terre, les ardoiſes, les ſchiſts, &c. & auſſi les marnes, les craies, les pierres calcinables, les marbres, &c. Dans la ſeconde, je mets les métaux, les minéraux, les cryſtaux, les pierres fines, & les cailloux en petites maſſes; ces deux claſſes comprennent généralement toutes les matières que nous connoiſſons: les premières doivent leur origine aux ſédimens tranſportez & dépoſez par les eaux de la mer, & on doit diſtinguer celles qui, étant miſes à l'épreuve du feu, ſe calcinent & ſe réduisent en chaux, de celles qui se fondent & se réduisent en verre; pour les secondes, elles se réduisent toutes en verre, à l'exception de celles que le feu consume entièrement par l'inflammation.

Dans la première classe nous distinguerons d'abord deux espèces de sable, l'une que je regarde comme la matière la plus abondante du globe, qui est vitrifiable, ou plûtôt qui n'est qu'un composé de fragmens de verre; l'autre, dont la quantité est beaucoup moindre, qui est calcinable & qu'on doit regarder comme du débris ou de la poussière de pierre, & qui ne diffère du gravier que par la grosseur des grains. Le sable vitrifiable est en général posé par couches comme toutes les autres matières, mais ces couches sont souvent interrompues par des masses de rochers de grès, de roc vif, de caillou, & quelquefois ces matières font aussi des bancs & des lits d'une grande étendue.

En examinant ce sable & ces matières vitrifiables, on n'y trouve que peu de coquilles de mer, & celles qu'on y trouve ne sont pas placées par lits, elles n'y sont que parsemées & comme jetées au hasard, par exemple, je n'en ai jamais vû dans les grès; cette pierre qui est fort abondante en certains endroits, n'est qu'un composé de parties sablonneuses qui se sont réunies, on ne la trouve que dans les pays où le sable vitrifiable domine, & ordinairement les carrières de grès sont dans des collines pointues, dans des terres sablonneuses, & dans des éminences entre-coupées; on peut attaquer ces carrières dans tous les sens, &

s'il y a des lits ils ſont beaucoup plus éloignez les uns des autres que dans les carrières de pierres calcinables, ou de marbres; on coupe dans le maſſif de la carrière de grès des blocs de toutes ſortes de dimenſions & dans tous les ſens, ſelon le beſoin & la plus grande commodité; & quoique le grès ſoit difficile à travailler, il n'a cependant qu'un genre de dureté, c'eſt de réſiſter à des coups violens ſans s'éclater; car le frottement l'uſe peu à peu & le réduit aiſément en ſable, à l'exception de certains clous noirâtres qu'on y trouve & qui ſont d'une matière ſi dure que les meilleures limes ne peuvent y mordre; le roc vif eſt vitrifiable comme le grès & il eſt de la même nature, ſeulement il eſt plus dur & les parties en ſont mieux liées; il y a auſſi pluſieurs clous ſemblables à ceux dont nous venons de parler, comme on peut le remarquer aiſément ſur les ſommets des hautes montagnes, qui ſont pour la plûpart de cette eſpèce de rocher, & ſur leſquels on ne peut pás marcher un peu de temps ſans s'apercevoir que ces clous coupent & déchirent le cuir des ſouliers. Ce roc vif qu'on trouve au deſſus des hautes montagnes, & que je regarde comme une eſpèce de granite, contient une grande quantité de paillettes talqueuſes, & il a tous les genres de dureté au point de ne pouvoir être travaillé qu'avec une peine infinie.

J'ai examiné de près la nature de ces clous qu'on trouve dans le grès & dans le roc vif, & j'ai reconnu que c'eſt une matière métallique fondue & calcinée à un feu très-violent, & qui reſſemble parfaitement à de certaines matières rejetées par les volcans, dont j'ai vû une grande quantité étant en Italie, où l'on me dit que les gens du pays les appelloient *ſchiarri.* Ce ſont des maſſes noirâtres fort peſantes ſur leſquelles le feu, l'eau, ni la lime ne peuvent faire aucune impreſſion, dont la matière eſt différente de celle de la lave; car celle-ci eſt une eſpèce de verre, au lieu que l'autre paroît plus métallique que vitrée. Les clous du grès & du roc vif reſſemblent beaucoup à cette première matière, ce qui ſemble prouver encore que toutes ces matières ont été autrefois liquéfiées par le feu.

On voit quelquefois en certains endroits, au plus haut des montagnes, une prodigieuſe quantité de blocs d'une grandeur conſidérable de ce roc vif, mêlé de paillettes talqueuſes; leur poſition eſt ſi irrégulière, qu'ils paroiſſent avoir été lancez & jetez au haſard, & on croiroit qu'ils ſont tombez de quelque hauteur voiſine, ſi les lieux où on les trouve, n'étoient pas élevez au deſſus de tous les autres lieux; mais leur ſubſtance vitrifiable & leur figure anguleuſe & quarrée comme celle des rochers de grès, nous découvre une origine commune entre ces matières; ainſi dans les grandes couches de ſable vitrifiable il ſe forme des blocs de grès & de roc vif, dont la figure & la ſituation ne ſuivent pas exactement la poſition horizontale de ces couches; peu à peu les pluies ont entraîné du ſommet des collines & des montagnes, le ſable qui les couvroit d'abord, & elles ont commencé par ſillonner & découper ces collines dans les intervalles

qui ſe

qui se sont trouvez entre les noyaux de grès, comme on voit que sont découpées les collines de Fontainebleau. Chaque pointe de colline répond à un noyau qui fait une carrière de grès, & chaque intervalle a été creusé & abaissé par les eaux, qui ont fait couler le sable dans la plaine : de même les plus hautes montagnes, dont les sommets sont composez de roc vif & terminez par ces blocs anguleux dont nous venons de parler, auront autrefois été recouvertes de plusieurs couches de sable vitrifiable dans lequel ces blocs se seront formez, & les pluies ayant entraîné tout le sable qui les couvroit & qui les environnoit, ils seront demeurez au sommet des montagnes dans la position où ils auront été formez. Ces blocs présentent ordinairement des pointes au dessus & à l'extérieur, ils vont en augmentant de grosseur à mesure qu'on descend & qu'on fouille plus profondément, souvent même un bloc en rejoint un autre par la base, ce second un troisième, & ainsi de suite en laissant entr'eux des intervalles irréguliers; & comme par la succession des temps les pluies ont enlevé & entraîné tout le sable qui couvroit ces différens noyaux, il ne reste au dessus des hautes montagnes que les noyaux mêmes qui forment des pointes plus ou moins élevées, & c'est-là l'origine des pics ou des cornes de montagnes.

Car supposons, comme il est facile de le prouver par les productions marines qu'on y trouve, que la chaîne des montagnes des Alpes ait été autrefois couverte des eaux de la mer, & qu'au dessus de cette chaine de montagnes il y eût une grande épaisseur de sable vitrifiable que l'eau de la mer y avoit transporté & déposé, de la même façon & par les mêmes causes qu'elle a déposé & transporté dans les lieux un peu plus bas de ces montagnes une grande quantité de coquillages, & considérons cette couche extérieure de sable vitrifiable comme posée d'abord de niveau & formant un plat-pays de sable au dessus des montagnes des Alpes, lorsqu'elles étoient encore couvertes des eaux de la mer; il se sera formé dans cette épaisseur de sable des noyaux de roc, de grès, de caillou & de toutes les matières qui prennent leur origine & leur figure dans les sables par une méchanique à peu près semblable à celle de la crystallisation des sels. Ces noyaux une fois formez auront soûtenu les parties où ils se sont trouvez, & les pluies auront détaché peu à peu tout le sable intermédiaire, aussi-bien que celui qui les environnoit immédiatement; les torrens, les ruisseaux, en se précipitant du haut de ces montagnes, auront entraîné ces sables dans les vallons, dans les plaines, & en auront conduit une partie jusqu'à la mer; de cette façon le sommet des montagnes se sera trouvé à découvert, & les noyaux déchaussez auront paru dans toute leur hauteur, c'est ce que nous appellons aujourd'hui des pics ou des cornes de montagnes, & ce qui a formé toutes ces éminences pointues qu'on voit en tant d'endroits; c'est aussi là l'origine de ces roches élevées & isolées qu'on trouve à la Chine & dans d'autres endroits, comme en Irlande, où on leur a donné le nom de *Devil's stones* ou *Pierres du diable*, & dont la formation, aussi-bien que celle des pics des montagnes, avoit toûjours paru une chofe difficile à expliquer: cependant l'explication que j'en donne, eft fi naturelle qu'elle s'eft préfentée d'abord à l'efprit de ceux qui ont vû ces roches, & je dois citer ici ce qu'en dit le Père du Tartre dans les lettres édifiantes: « De Yan-chuin-yen nous vinmes à Ho-tcheou, nous rencontrames en chemin une « chofe affez particulière, ce font des roches d'une hauteur « extraordinaire & de la figure d'une groffe tour quarrée « qu'on voit plantées au milieu des plus vaftes plaines, on « ne fçait comment elles fe trouvent là, fi ce n'eft que ce « furent autrefois des montagnes, & que les eaux du ciel « ayant peu à peu fait ébouler la terre qui environnoit ces « maffes de pierre, les aient ainfi à la longue efcarpées de « toutes parts: ce qui fortifie la conjecture, c'eft que nous « en vimes quelques-unes qui vers le bas font encore envi- « ronnées de terre jufqu'à une certaine hauteur. » *Voyez Lettr. édif. rec. 2, tome 1, page 135, &c.*

Le fommet des plus hautes montagnes eft donc ordinairement compofé de rochers & de plufieurs efpèces de granite, de roc vif, de grès & d'autres matières dures & vitrifiables, & cela fouvent jufqu'à deux ou trois cens toifes en defcendant, enfuite on y trouve fouvent des carrières de marbre ou de pierre dure qui font remplies de coquilles, & dont la matière eft calcinable, comme on peut le remarquer à la grande Chartreufe en Dauphiné & fur le mont Cenis, où les pierres & les marbres qui contiennent des coquilles, font à quelques centaines de toifes au deffous des fommets, des pointes & des pics des plus hautes montagnes, quoique ces pierres remplies de coquilles ſoient elles-mêmes à plus de mille toiſes au deſſus du niveau de la mer. Ainſi les montagnes où l'on voit des pointes ou des pics, ſont ordinairement de roc vitrifiable, & celles dont les ſommets ſont plats, contiennent pour la plûpart des marbres & des pierres dures remplies de productions marines. Il en eſt de même des collines lorſqu'elles ſont de grès ou de roc vif, elles ſont pour la plûpart entre-coupées de pointes, d'éminences, de tertres & de cavités, de profondeurs & de petits vallons intermédiaires, au contraire celles qui ſont compoſées de pierres calcinables ſont à peu près égales dans toute leur hauteur, & elles ne ſont interrompues que par des gorges & des vallons plus grands, plus réguliers, & dont les angles ſont correſpondans; enfin elles ſont couronnées de rochers dont la poſition eſt régulière & de niveau.

Quelque différence qui nous paroiſſe d'abord entre ces deux formes de montagnes, elles viennent cependant toutes deux de la même cauſe, comme nous venons de le faire voir, ſeulement on doit obſerver que ces pierres calcinables n'ont éprouvé aucune altération, aucun changement depuis la formation des couches horizontales, au lieu que celles de ſable vitrifiable ont pû être altérées & interrompues par la production poſtérieure des rochers & des blocs anguleux qui ſe ſont formez dans l'intérieur de ce ſable. Ces deux eſpèces de montagnes ont des fentes qui ſont preſque toûjours perpendiculaires dans celles de pierres calcinables, & qui paroiſſent être un peu plus irrégulières dans celles de roc vif & de grès ; c'est dans ces fentes qu'on trouve les métaux, les minéraux, les cryſtaux, les ſoufres & toutes les matières de la ſeconde claſſe, & c'eſt au deſſous de ces fentes que les eaux ſe raſſemblent pour pénétrer enſuite plus avant & former les veines d'eau qu'on trouve au deſſous de la ſurface de la terre.

PREUVES
DE LA
THÉORIE DE LA TERRE.

ARTICLE X.

Des Fleuves.

NOUS avons dit que, généralement parlant, les plus grandes montagnes occupent le milieu des continens, que les autres occupent le milieu des iſles, des preſqu'iſles & des terres avancées dans la mer, que dans l'ancien continent les plus grandes chaînes de montagnes ſont dirigées d'occident en orient, & que celles qui tournent vers le nord ou vers le ſud, ne ſont que des branches de ces chaînes principales ; on verra de même que les plus grands fleuves ſont dirigez comme les plus grandes montagnes, & qu'il y en a peu qui ſuivent la direction des branches de ces montagnes : pour s'en aſſurer & le voir en détail, il n'y a qu'à jeter les yeux sur un globe, & parcourir l'ancien continent depuis l'Espagne jusqu'à la Chine; on trouvera qu'à commencer par l'Espagne, le Vigo, le Douro, le Tage & la Guadiana vont d'orient en occident, & l'Ebre d'occident en orient, & qu'il n'y a pas une rivière remarquable dont le cours soit dirigé du sud au nord, ou du nord au sud, quoique l'Espagne soit environnée de la mer en entier du côté du midi, & presqu'en entier du côté du nord. Cette observation sur la direction des fleuves en Espagne, prouve non seulement que les montagnes de ce pays sont dirigées d'occident en orient, mais encore que le terrein méridional & qui avoisine le détroit, & celui du détroit même, est une terre plus élevée que les côtes de Portugal; & de même du côté du nord, que les montagnes de Galice, des Asturies, &c. ne sont qu'une continuation des Pyrénées, & que c'est cette élévation des terres, tant au nord qu'au sud, qui ne permet pas aux fleuves d'arriver par-là jusqu'à la mer.

On verra aussi, en jetant les yeux sur la carte de la France, qu'il n'y a que le Rhône qui soit dirigé du nord au midi, & encore dans près de la moitié de son cours, depuis les montagnes jusqu'à Lyon, est-il dirigé de l'orient vers l'occident; mais qu'au contraire tous les autres grands fleuves, comme la Loire, la Charente, la Garonne, & même la Seine, ont leur direction d'orient en occident.

On verra de même qu'en Allemagne il n'y a que le

Rhin qui, comme le Rhône, a la plus grande partie de ſon cours du midi au nord, mais que les autres grands fleuves, comme le Danube, la Drave & toutes les grandes rivières qui tombent dans ces fleuves, vont d'occident en orient ſe rendre dans la mer noire.

On reconnoîtra que cette mer noire, que l'on doit plûtôt conſidérer comme un grand lac que comme une mer, a preſque trois fois plus d'étendue d'orient en occident que du midi au nord, & que par conſéquent ſa poſition eſt ſemblable à la direction des fleuves en général; qu'il en eſt de même de la mer méditerranée, dont la longueur d'orient en occident eſt environ ſix fois plus grande que ſa largeur moyenne, priſe du nord au midi.

A la vérité la mer Caſpienne, ſuivant la carte qui en a été levée par ordre du Czar Pierre I, a plus d'étendue du midi au nord que d'orient en occident, au lieu que dans les anciennes cartes elle étoit preſque ronde, ou plus large d'orient en occident que du midi au nord; mais ſi l'on fait attention que le lac Aral peut être regardé comme ayant fait partie de la mer Caſpienne, dont il n'eſt ſéparé que par des plaines de ſable, on trouvera encore que la longueur depuis le bord occidental de la mer Caſpienne juſqu'au bord oriental du lac Aral, eſt plus grande que la longueur depuis le bord méridional juſqu'au bord ſeptentrional de la même mer.

On trouvera de même que l'Euphrate & le golfe Perſique ſont dirigez d'occident en orient, & que preſque tous les fleuves de la Chine vont d'occident en orient;

il en eſt de même de tous les fleuves de l'intérieur de l'Afrique au delà de la Barbarie, ils coulent tous d'orient en occident, & d'occident en orient, il n'y a que les rivières de Barbarie & le Nil qui coulent du midi au nord. A la vérité il y a de grandes rivières en Aſie qui coulent en partie du nord au midi, comme le Don, le Volga, &c. mais en prenant la longueur entière de leur cours, on verra qu'ils ne ſe tournent du côté du midi que pour ſe rendre dans la mer noire & dans la mer Caſpienne, qui ſont des lacs dans l'intérieur des terres.

On peut donc dire en général que dans l'Europe, l'Aſie & l'Afrique les fleuves & les autres eaux méditerranées s'étendent plus d'orient en occident que du nord au ſud; ce qui vient de ce que les chaînes des montagnes ſont dirigées pour la plûpart dans ce ſens, & que d'ailleurs le continent entier de l'Europe & de l'Aſie eſt plus large dans ce ſens que dans l'autre; car il y a deux manières de concevoir cette direction des fleuves; dans un continent long & étroit, comme eſt celui de l'Amérique méridionale, & dans lequel il n'y a qu'une chaîne principale de montagnes qui s'étend du nord au ſud, les fleuves n'étant retenus par aucune autre chaîne de montagnes, doivent couler dans le ſens perpendiculaire à celui de la direction des montagnes, c'eſt-à-dire, d'orient en occident, ou d'occident en orient; c'eſt en effet dans ce ſens que coulent toutes les grandes rivières de l'Amérique, parce qu'à l'exception des Cordillères, il n'y a pas de chaînes de montagnes fort étendues, & qu'il n'y en a point

point dont les directions ſoient parallèles aux Cordillères. Dans l'ancien continent, comme dans le nouveau, la plus grande partie des eaux ont leur plus grande étendue d'occident en orient, & le plus grand nombre des fleuves coulent dans cette direction, mais c'eſt par une autre raiſon, c'eſt qu'il y a pluſieurs longues chaînes de montagnes parallèles les unes aux autres, dont la direction eſt d'occident en orient, & que les fleuves & les autres eaux ſont obligez de ſuivre les intervalles qui ſéparent ces chaînes de montagnes; par conſéquent une ſeule chaîne de montagnes, dirigée du nord au ſud, produira des fleuves dont la direction ſera la même que celle des fleuves qui ſortiroient de pluſieurs chaînes de montagnes dont la direction commune ſeroit d'orient en occident, & c'eſt par cette raiſon particulière que les fleuves d'Amérique ont cette direction comme ceux de l'Europe, de l'Afrique & de l'Aſie.

Pour l'ordinaire les rivières occupent le milieu des vallées, ou plûtôt la partie la plus baſſe du terrein compris entre les deux collines ou montagnes oppoſées; ſi les deux collines qui ſont de chaque côté de la rivière ont chacune une pente à peu près égale, la rivière occupe à peu près le milieu du vallon ou de la vallée intermédiaire: que cette vallée ſoit large ou étroite, ſi la pente des collines ou des terres élevées qui ſont de chaque côté de la rivière, eſt égale, la rivière occupera le milieu de la vallée; au contraire ſi l'une des collines a une pente plus rapide que n'eſt la pente de la colline oppoſée, la rivière ne ſera plus dans le milieu de la vallée, mais elle ſera d'autant plus voiſine de la colline la plus rapide, que cette rapidité de pente ſera plus grande que celle de la pente de l'autre colline ; l'endroit le plus bas du terrein dans ce cas, n'eſt plus le milieu de la vallée, il eſt beaucoup plus près de la colline dont la pente eſt la plus grande, & c'eſt par cette raiſon que la rivière en eſt auſſi plus près ; dans tous les endroits où il y a d'un côté de la rivière des montagnes ou des collines fort rapides, & de l'autre côté des terres élevées en pente douce, on trouvera toûjours que la rivière coule au pied de ces collines rapides, & qu'elle les ſuit dans toutes leurs directions, ſans s'écarter de ces collines, juſqu'à ce que de l'autre côté il ſe trouve d'autres collines dont la pente ſoit aſſez conſidérable pour que le point le plus bas du terrein ſe trouve plus éloigné qu'il ne l'étoit de la colline rapide. Il arrive ordinairement que par la ſucceſſion des temps la pente de la colline la plus rapide diminue & vient à s'adoucir, parce que les pluies entraînent les terres en plus grande quantité, & les enlèvent avec plus de violence ſur une pente rapide que ſur une pente douce, la rivière eſt alors contrainte de changer de lit pour retrouver l'endroit le plus bas du vallon ; ajoûtez à cela que comme toutes les rivières groſſiſſent & débordent de temps en temps, elles tranſportent & dépoſent des limons en différens endroits, & que ſouvent il s'accumule des ſables dans leur lit, ce qui fait refluer les eaux & en change la direction ; il eſt aſſez ordinaire de trouver dans les plaines un grand nombre d'anciens lits de la rivière, ſur-tout ſi elle eſt impétueuſe & ſujette à de fréquentes inondations, & ſi elle entraîne beaucoup de ſable & de limon.

Dans les plaines & dans les larges vallées où coulent les grands fleuves, le fond du lit du fleuve eſt ordinairement l'endroit le plus bas de la vallée; mais ſouvent la ſurface de l'eau du fleuve eſt plus élevée que les terres qui ſont adjacentes à celles des bords du fleuve. Suppoſons, par exemple, qu'un fleuve ſoit à plein bord, c'eſt-à-dire, que les bords & l'eau du fleuve ſoient de niveau, & que l'eau peu après commence à déborder des deux côtés, la plaine ſera bien-tôt inondée juſqu'à une largeur conſidérable, & l'on obſervera que des deux côtés du fleuve les bords ſeront inondez les derniers, ce qui prouve qu'ils ſont plus élevez que le reſte du terrein, en ſorte que de chaque côté du fleuve, depuis les bords juſqu'à un certain point de la plaine, il y a une pente inſenſible, une eſpèce de talus qui fait que la ſurface de l'eau du fleuve eſt plus élevée que le terrein de la plaine, ſur-tout lorſque le fleuve eſt à plein bord. Cette élévation du terrein aux bords des fleuves provient du dépôt du limon dans les inondations; l'eau eſt communément très-bourbeuſe dans les grandes crûes des rivières; lorſqu'elle commence à déborder, elle coule très-lentement par deſſus les bords, elle dépoſe le limon qu'elle contient, & s'épure, pour ainſi dire, à meſure qu'elle s'éloigne davantage au large dans la plaine; de même toutes les parties de limon que le courant de la rivière n'entraîne pas, ſont dépoſées ſur les bords, ce qui les élève peu à peu au deſſus du reſte de la plaine.

Les fleuves ſont, comme l'on ſçait, toûjours plus larges à leur embouchûre ; à meſure qu'on avance dans les terres & qu'on s'éloigne de la mer, ils diminuent de largeur, mais ce qui eſt plus remarquable & peut-être moins connu, c'eſt que dans l'intérieur des terres, à une diſtance conſidérable de la mer, ils vont droit & ſuivent la même direction dans de grandes longueurs, & à meſure qu'ils approchent de leur embouchûre les ſinuoſités de leur cours ſe multiplient. J'ai ouï dire à un Voyageur, homme d'eſprit & bon obſervateur *, qui a fait pluſieurs grands voyages par terre dans la partie de l'oueſt de l'Amérique ſeptentrionale, que les Voyageurs & même les Sauvages ne ſe trompoient guère ſur la diſtance où ils ſe trouvoient de la mer ; que pour reconnoître s'ils étoient bien avant dans l'intérieur des terres, ou s'ils étoient dans un pays voiſin de la mer, ils ſuivoient le bord d'une grande rivière, & que quand la direction de la rivière étoit droite dans une longueur de quinze ou vingt lieues, ils jugeoient qu'ils étoient fort loin de la mer ; qu'au contraire ſi la rivière avoit des ſinuoſités & changeoit ſouvent de direction dans ſon cours, ils étoient aſſurez de n'être pas fort éloignez de la mer. M. Fabry a vérifié lui-même cette remarque qui lui a été fort utile dans ſes voyages, lorſqu'il parcouroit des pays inconnus & preſque inhabitez. Il y a encore une remarque qui peut être utile en pareil

* M. Fabry.

cas, c'eſt que dans les grands fleuves il y a le long des bords un remous conſidérable, & d'autant plus conſidérable qu'on eſt moins éloigné de la mer & que le lit du fleuve eſt plus large, ce qui peut encore ſervir d'indice pour juger ſi l'on eſt à de grandes ou à de petites diſtances de l'embouchûre; & comme les ſinuoſités des fleuves ſe multiplient à meſure qu'ils approchent de la mer, il n'eſt pas étonnant que quelques-unes de ces ſinuoſités venant à s'ouvrir, forment des bouches par-où une partie des eaux du fleuve arrive à la mer, & c'eſt une des raiſons pour quoi les grands fleuves ſe diviſent ordinairement en pluſieurs bras pour arriver à la mer.

Le mouvement des eaux dans le cours des fleuves, ſe fait d'une manière fort différente de celle qu'ont ſuppoſée les Auteurs qui ont voulu donner des théories mathématiques ſur cette matière; non ſeulement la ſurface d'une rivière en mouvement n'eſt pas de niveau en la prenant d'un bord à l'autre, mais même, ſelon les circonſtances, le courant qui eſt dans le milieu eſt conſidérablement plus élevé ou plus bas que l'eau qui eſt près des bords; lorſqu'une rivière groſſit ſubitement par la fonte des neiges, ou lorſque par quelqu'autre cauſe ſa rapidité augmente, ſi la direction de la rivière eſt droite, le milieu de l'eau, où eſt le courant, s'élève & la rivière forme une eſpèce de courbe convexe ou d'élévation très-ſenſible, dont le plus haut point eſt dans le milieu du courant; cette élévation eſt quelquefois fort conſidérable, & M. Hupeau, habile ingénieur des ponts & chauſſées, m'a dit avoir un jour meſuré cette différence de niveau de l'eau du bord de l'Aveiron & de celle du courant, ou du milieu de ce fleuve, & avoir trouvé trois pieds de différence, en ſorte que le milieu de l'Aveiron étoit de trois pieds plus élevé que l'eau du bord. Cela doit en effet arriver toutes les fois que l'eau aura une très-grande rapidité ; la vîteſſe avec laquelle elle eſt emportée, diminuant l'action de ſa peſanteur, l'eau qui forme le courant ne ſe met pas en équilibre par tout ſon poids avec l'eau qui eſt près des bords, & c'eſt ce qui fait qu'elle demeure plus élevée que celle-ci. D'autre côté lorſque les fleuves approchent de leur embouchûre, il arrive aſſez ordinairement que l'eau qui eſt près des bords eſt plus élevée que celle du milieu, quoique le courant ſoit rapide, la rivière paroît alors former une courbe concave dont le point le plus bas eſt dans le plus fort du courant; ceci arrive toutes les fois que l'action des marées ſe fait ſentir dans un fleuve. On ſçait que dans les grandes rivières le mouvement des eaux occaſionné par les marées eſt ſenſible à cent ou deux cens lieues de la mer, on ſçait auſſi que le courant du fleuve conſerve ſon mouvement au milieu des eaux de la mer juſqu'à des diſtances conſidérables ; il y a donc dans ce cas deux mouvemens contraires dans l'eau du fleuve, le milieu qui forme le courant, ſe précipite vers la mer, & l'action de la marée forme un contre-courant, un remous qui fait remonter l'eau qui eſt voiſine des bords, tandis que celle du milieu deſcend; & comme alors toute l'eau du fleuve doit paſſer par le courant qui eſt au milieu, celle des bords defcend continuellement vers le milieu, & defcend d'autant plus qu'elle eft plus élevée & refoulée avec plus de force par l'action des marées.

Il y a deux efpèces de remous dans les fleuves, le premier, qui eft celui dont nous venons de parler, eft produit par une force vive, telle qu'eft celle de l'eau de la mer dans les marées, qui non feulement s'oppofe comme obftacle au mouvement de l'eau du fleuve, mais comme corps en mouvement, & en mouvement contraire & oppofé à celui du courant de l'eau du fleuve; ce remous fait un contre-courant d'autant plus fenfible que la marée eft plus forte : l'autre efpèce de remous n'a pour caufe qu'une force morte, comme eft celle d'un obftacle, d'une avance de terre, d'une ifle dans la rivière, &c. quoique ce remous n'occafionne pas ordinairement un contre-courant bien fenfible, il l'eft cependant affez pour être reconnu, & même pour fatiguer les conducteurs de bateaux fur les rivières; fi cette efpèce de remous ne fait pas toûjours un contre-courant, il produit néceffairement ce que les gens de rivière appellent une *morte,* c'eft-à-dire, des eaux mortes, qui ne coulent pas comme le refte de la rivière, mais qui tournoient de façon que quand les bâteaux y font entraînez, il faut employer beaucoup de force pour les en faire fortir. Ces eaux mortes font fort fenfibles dans toutes les rivières rapides au paffage des ponts : la vîteffe de l'eau augmente, comme l'on fçait, à proportion que le diamètre des canaux par où elle paffe, diminue, la force qui la pouffe étant fuppofée la même; la vîteffe d'une rivière augmente donc au paſſage d'un pont, dans la raiſon inverſe de la ſomme de la largeur des arches à la largeur totale de la rivière, & encore faut-il augmenter cette raiſon de celle de la longueur des arches, ou, ce qui eſt le même, de la largeur du pont; l'augmentation de la vîteſſe de l'eau étant donc très-conſidérable en ſortant de l'arche d'un pont, celle qui eſt à côté du courant eſt pouſſée latéralement & de côté contre les bords de la rivière, & par cette réaction il ſe forme un mouvement de tournoiement quelquefois très-fort. Lorſqu'on paſſe ſous le pont Saint-Eſprit, les conducteurs ſont forcez d'avoir une grande attention à ne pas perdre le fil du courant de l'eau, même après avoir paſſé le pont; car s'ils laiſſoient écarter le bateau à droite ou à gauche, on ſeroit porté contre le rivage avec danger de périr, ou tout au moins on ſeroit entraîné dans le tournoiement des eaux mortes, d'où l'on ne pourroit ſortir qu'avec beaucoup de peine. Lorſque ce tournoiement cauſé par le mouvement du courant & par le mouvement oppoſé du remous eſt fort conſidérable, cela forme une eſpèce de petit goufre, & l'on voit ſouvent dans les rivières rapides à la chûte de l'eau, au delà des arrière-becs des piles d'un pont, qu'il ſe forme de ces petits goufres ou tournoiemens d'eau, dont le milieu paroît être vuide & former une eſpèce de cavité cylindrique autour de laquelle l'eau tournoie avec rapidité; cette apparence de cavité cylindrique eſt produite par l'action de la force centrifuge, qui fait que l'eau tâche de s'éloigner & s'éloigne en effet du centre du tourbillon cauſé par le tournoiement.

Lorſqu'il

Lorſqu'il doit arriver une grande crûe d'eau, les gens de rivière s'en aperçoivent par un mouvement particulier qu'ils remarquent dans l'eau, ils diſent que la rivière *mouve de fond,* c'eſt-à-dire, que l'eau du fond de la rivière coule plus vîte qu'elle ne coule ordinairement : cette augmentation de vîteſſe dans l'eau du fond de la rivière annonce toûjours, ſelon eux, un prompt & ſubit accroiſſement des eaux. Le mouvement & le poids des eaux ſupérieures qui ne ſont point encore arrivées, ne laiſſent pas que d'agir ſur les eaux de la partie inférieure de la rivière, & leur communiquent ce mouvement; car il faut, à certains égards, conſidérer un fleuve qui eſt contenu & qui coule dans ſon lit, comme une colonne d'eau contenue dans un tuyau, & le fleuve entier comme un très-long canal où tous les mouvemens doivent ſe communiquer d'un bout à l'autre. Or indépendamment du mouvement des eaux ſupérieures, leur poids ſeul pourroit faire augmenter la vîteſſe de la rivière, & peut-être la faire mouvoir de fond; car on ſçait qu'en mettant à l'eau pluſieurs bateaux à la fois, on augmente dans ce moment la vîteſſe de la partie inférieure de la rivière en même temps qu'on retarde la vîteſſe de la partie ſupérieure.

La vîteſſe des eaux courantes ne ſuit pas exactement, ni même à beaucoup près, la proportion de la pente : un fleuve dont la pente ſeroit uniforme & double de la pente d'un autre fleuve, ne devroit, à ce qu'il paroît, couler qu'une fois plus rapidement que celui-ci, mais il coule en effet beaucoup plus vîte encore; ſa vîteſſe au lieu d'être double, eſt ou triple, ou quadruple, &c. cette vîteſſe dépend beaucoup plus de la quantité d'eau & du poids des eaux ſupérieures que de la pente, & lorſqu'on veut creuſer le lit d'un fleuve ou celui d'un égoût, &c. il ne faut pas diſtribuer la pente également ſur toute la longueur, il eſt néceſſaire, pour donner plus de vîteſſe à l'eau, de faire la pente beaucoup plus forte au commencement qu'à l'embouchûre, où elle doit être preſque inſenſible, comme nous le voyons dans les fleuves; lorſqu'ils approchent de leur embouchûre la pente eſt preſque nulle, & cependant ils ne laiſſent pas de conſerver une rapidité d'autant plus grande que le fleuve a plus d'eau, en ſorte que dans les grandes rivières, quand même le terrein ſeroit de niveau, l'eau ne laiſſeroit pas de couler, & même de couler rapidement, non ſeulement par la vîteſſe acquiſe *, mais encore par l'action & le poids des eaux ſupérieures. Pour mieux faire ſentir la vérité de ce que je viens de dire, ſuppoſons que la partie de la Seine qui eſt entre le Pont-neuf & le Pont-royal fût parfaitement de niveau, & que par-tout elle eût dix pieds de profondeur; imaginons pour

* C'eſt faute d'avoir fait ces réflexions que M. Kuhn dit que la ſource du Danube eſt au moins de deux milles d'Allemagne plus élevée que ſon embouchûre; que la mer méditerranée eſt de 6 $\frac{3}{4}$ milles d'Allemagne plus baſſe que les ſources du Nil; que la mer atlantique eſt plus baſſe d'un demi-mille que la méditerranée, &c. ce qui eſt abſolument contraire à la vérité: au reſte le principe faux dont M. Kuhn tire toutes ces conſéquences, n'eſt pas la ſeule erreur qui ſe trouve dans cette pièce ſur l'origine des fontaines, qui a remporté le prix de l'Académie de Bordeaux en 1741.

un inſtant que tout d'un coup on pût mettre à ſec le lit de la rivière au deſſous du Pont-royal & au deſſus du Pont-neuf, alors l'eau qui ſeroit entre ces deux ponts, quoique nous l'ayons ſuppoſée parfaitement de niveau, coulera des deux côtés en haut & en bas, & continuera de couler juſqu'à ce qu'elle ſe ſoit épuiſée; car quoiqu'elle ſoit de niveau, comme elle eſt chargée d'un poids de dix pieds d'épaiſſeur d'eau, elle coulera des deux côtés avec une vîteſſe proportionnelle à ce poids, & cette vîteſſe diminuant toûjours à meſure que la quantité d'eau diminuera, elle ne ceſſera de couler que quand elle aura baiſſé juſqu'au niveau du fond : le poids de l'eau contribue donc beaucoup à la vîteſſe de l'eau, & c'eſt pour cette raiſon que la plus grande vîteſſe du courant n'eſt ni à la ſurface de l'eau, ni au fond, mais à peu près dans le milieu de la hauteur de l'eau, parce qu'elle eſt produite par l'action du poids de l'eau qui eſt à la ſurface, & par la réaction du fond. Il y a même quelque choſe de plus, c'eſt que ſi un fleuve avoit acquis une très-grande vîteſſe, il pourroit non ſeulement la conſerver en traverſant un terrein de niveau, mais même il ſeroit en état de ſurmonter une éminence ſans ſe répandre beaucoup des deux côtés, ou du moins ſans cauſer une grande inondation.

On ſeroit porté à croire que les ponts, les levées & les autres obſtacles qu'on établit ſur les rivières, diminuent conſidérablement la vîteſſe totale du cours de l'eau, cependant cela n'y fait qu'une très-petite différence. L'eau s'élève à la rencontre de l'avant-bec d'un pont, cette élévation fait qu'elle agit davantage par son poids, ce qui augmente la vîtesse du courant entre les piles, d'autant plus que les piles sont plus larges & les arches plus étroites, en sorte que le retardement que ces obstacles causent à la vîtesse totale du cours de l'eau, est presque insensible. Les coudes, les sinuosités, les terres avancées, les isles ne diminuent aussi que très-peu la vîtesse totale du cours de l'eau : ce qui produit une diminution très-considérable dans cette vîtesse, c'est l'abaissement des eaux, comme au contraire l'augmentation du volume d'eau augmente cette vîtesse plus qu'aucune autre cause.

Si les fleuves étoient toûjours à peu près également pleins, le meilleur moyen de diminuer la vîtesse de l'eau & de les contenir, seroit d'en élargir le canal; mais comme presque tous les fleuves sont sujets à grossir & à diminuer beaucoup, il faut au contraire pour les contenir, rétrécir leur canal, parce que dans les basses eaux, si le canal est fort large, l'eau qui passe dans le milieu y creuse un lit particulier, y forme des sinuosités, & lorsqu'elle vient à grossir elle suit cette direction qu'elle a prise dans ce lit particulier; elle vient frapper avec force contre les bords du canal, ce qui détruit les levées & cause de grands dommages. On pourroit prévenir en partie ces effets de la fureur de l'eau, en faisant de distance en distance de petits golfes dans les terres, c'est-à-dire, en enlevant le terrein de l'un des bords jusqu'à une certaine distance dans les terres, & pour que ces petits golfes soient avantageusement placez, il faut les faire dans l'angle obtus des sinuosités du fleuve; car alors le courant de l'eau ſe détourne & tournoie dans ces petits golfes, ce qui en diminue la vîteſſe. Ce moyen ſeroit peut-être fort bon pour prévenir la chûte des ponts dans les endroits où il n'eſt pas poſſible de faire des barres auprès du pont; ces barres ſoûtiennent l'action du poids de l'eau, les golfes dont nous venons de parler en diminuent le courant, ainſi tous deux produiroient à peu près le même effet, c'eſt-à-dire, la diminution de la vîteſſe.

La manière dont ſe font les inondations mérite une attention particulière: lorſqu'une rivière groſſit, la vîteſſe de l'eau augmente toûjours de plus en plus juſqu'à ce que le fleuve commence à déborder, dans cet inſtant la vîteſſe de l'eau diminue, ce qui fait que le débordement une fois commencé, il s'enſuit toûjours une inondation qui dure pluſieurs jours; car quand même il arriveroit une moindre quantité d'eau après le débordement qu'il n'en arrivoit auparavant, l'inondation ne laiſſeroit pas de ſe faire, parce qu'elle dépend beaucoup plus de la diminution de la vîteſſe de l'eau que de la quantité de l'eau qui arrive: ſi cela n'étoit pas ainſi, on verroit ſouvent les fleuves déborder pour une heure ou deux, & rentrer enſuite dans leur lit, ce qui n'arrive jamais, l'inondation dure au contraire toûjours pendant quelques jours, ſoit que la pluie ceſſe ou qu'il arrive une moindre quantité d'eau, parce que le débordement a diminué la vîteſſe, & que par conſéquent la même quantité d'eau n'étant plus emportée dans le même temps qu'elle l'étoit auparavant, c'eſt comme s'il en arrivoit une plus grande quantité. L'on peut remarquer à l'occaſion de cette diminution, que s'il arrive qu'un vent conſtant ſouffle contre le courant de la rivière, l'inondation ſera beaucoup plus grande qu'elle n'auroit été ſans cette cauſe accidentelle, qui diminue la vîteſſe de l'eau; comme au contraire, ſi le vent ſouffle dans la même direction que ſuit le courant de la rivière, l'inondation ſera bien moindre & diminuera plus promptement. Voici ce que dit M. Granger du débordement du Nil.

« La crûe du Nil & ſon inondation a long-temps occupé les Sçavans; la plûpart n'ont trouvé que du merveilleux dans la choſe du monde la plus naturelle, & qu'on voit dans tous les pays du monde. Ce ſont les pluies qui tombent dans l'Abyſſinie & dans l'Ethiopie qui font la croiſſance & l'inondation de ce fleuve, mais on doit regarder le vent du nord comme cauſe primitive, 1° parce qu'il chaſſe les nuages qui portent cette pluie du côté de l'Abyſſinie, 2° parce qu'étant le traverſier des deux embouchûres du Nil, il en fait refouler les eaux à contremont, & empêche par-là qu'elles ne ſe jettent en trop grande quantité dans la mer: on s'aſſure tous les ans de ce fait lorſque le vent étant au nord & changeant tout à coup au ſud, le Nil perd dans un jour ce dont il étoit crû dans quatre. » *Pages 13 & 14, Voyag. de Granger, Paris 1745.*

Les inondations ſont ordinairement plus grandes dans les parties ſupérieures des fleuves, que dans les parties inférieures & voisines de leur embouchûre, parce que, toutes choses étant égales d'ailleurs, la vîtesse d'un fleuve va toûjours en augmentant jusqu'à la mer; & quoiqu'ordinairement la pente diminue d'autant plus qu'il est plus près de son embouchûre, la vîtesse cépendant est souvent plus grande par les raisons que nous avons rapportées. Le Père Castelli qui a écrit fort sensément sur cette matière, remarque très-bien que la hauteur des levées qu'on a faites pour contenir le Pô, va toûjours en diminuant jusqu'à la mer, en sorte qu'à Ferrare, qui est à cinquante ou soixante milles de distance de la mer, les levées ont près de vingt pieds de hauteur au dessus de la surface ordinaire du Pô, au lieu que plus bas, à dix ou douze milles de distance de la mer, les levées n'ont pas douze pieds, quoique le canal du fleuve y soit aussi étroit qu'à Ferrare. *Voyez Racolta d'autori che trattano del moto dell' acque, vol. 1, pag. 123.*

Au reste, la théorie du mouvement des eaux courantes est encore sujette à beaucoup de difficultés & d'obscurités, & il est très-difficile de donner des règles générales qui puissent s'appliquer à tous les cas particuliers: l'expérience est ici plus nécessaire que la spéculation, il faut non seulement connoître par expérience les effets ordinaires des fleuves en général, mais il faut encore connoître en particulier la rivière à laquelle on a affaire, si l'on veut en raisonner juste & y faire des travaux utiles & durables. Les remarques que j'ai données ci-dessus, sont nouvelles pour la plûpart; il seroit à desirer qu'on rassemblât beaucoup d'obſervations ſemblables, on parviendroit peut-être à éclaircir cette matière, & à donner des règles certaines pour contenir & diriger les fleuves, & prévenir la ruine des ponts, des levées, & les autres dommages que cauſe la violente impétuoſité des eaux.

Les plus grands fleuves de l'Europe ſont le Volga, qui a environ 650 lieues de cours depuis Reſchow juſqu'à Aſtracan ſur la mer caſpienne; le Danube, dont le cours eſt d'environ 450 lieues depuis les montagnes de Suiſſe juſqu'à la mer noire; le Don, qui a 400 lieues de cours depuis la ſource du Soſna qu'il reçoit, juſqu'à ſon embouchûre dans la mer noire; le Nieper, dont le cours eſt d'environ 350 lieues, qui ſe jette auſſi dans la mer noire; la Duine, qui a environ 300 lieues de cours, & qui va ſe jeter dans la mer blanche, &c.

Les plus grands fleuves de l'Aſie ſont le Hoanho de la Chine, qui a 850 lieues de cours en prenant ſa ſource à Raja-Ribron, & qui tombe dans la mer de la Chine, au midi du golfe de Changi; le Jeniſca de la Tartarie, qui a 800 lieues environ d'étendue, depuis le lac Selinga juſqu'à la mer ſeptentrionale de la Tartarie, le fleuve Oby, qui en a environ 600, depuis le lac Kila juſque dans la mer du nord, au delà du détroit de Waigats; le fleuve Amour de la Tartarie orientale, qui a environ 575 lieues de cours, en comptant depuis la ſource du fleuve Kerlon qui s'y jette, juſqu'à la mer de Kamtſchatka où il a ſon embouchûre; le fleuve Menamcon, qui a ſon embouchûre à Poulo-condor, & qu'on peut meſurer depuis la ſource du Longmu du Longmu qui s'y jette; le fleuve Kian, dont le cours eſt environ de 550 lieues, en le meſurant depuis la ſource de la rivière Kinxa qu'il reçoit, juſqu'à ſon embouchûre dans la mer de la Chine; le Gange, qui a auſſi environ 550 lieues de cours; l'Euphrate qui en a 500, en le prenant depuis la ſource de la rivière Irma qu'il reçoit; l'Indus, qui a environ 400 lieues de cours, & qui tombe dans la mer d'Arabie à la partie occidentale de Guzarat; le fleuve Sirderoias, qui a une étendue de 400 lieues environ, & qui ſe jette dans le lac Aral.

Les plus grands fleuves de l'Afrique ſont le Sénégal, qui a 1125 lieues environ de cours, en y comprenant le Niger, qui n'en eſt en effet qu'une continuation, & en remontant le Niger juſqu'à la ſource du Gombarou, qui ſe jette dans le Niger; le Nil, dont la longueur eſt de 970 lieues, & qui prend ſa ſource dans la haute Éthiopie où il fait pluſieurs contours: il y a auſſi le Zaire & le Coanza, deſquels on connoît environ 400 lieues, mais qui s'étendent bien plus loin dans les terres du Monoemugi; le Couama, dont on ne connoît auſſi qu'environ 400 lieues, & qui vient de plus loin, des terres de la Cafrerie; le Quilmanci, dont le cours entier eſt de 400 lieues, & qui prend ſa ſource dans le royaume de Gingiro.

Enfin les plus grands fleuves de l'Amérique, qui ſont auſſi les plus larges fleuves du monde, ſont la rivière des Amazones, dont le cours eſt de plus de 1200 lieues, ſi l'on remonte juſqu'au lac qui eſt près de Guanuco, à 30 lieues de Lima, où le Maragnon prend ſa ſource; & ſi l'on remonte jusqu'à la source de la rivière Napo, à quelque distance de Quito, le cours de la rivière des Amazones est de plus de mille lieues. *Voyez le voyage de M. de la Condamine, pag. 15 & 16.*

On pourroit dire que le cours du fleuve Saint-Laurent en Canada est de plus de 900 lieues depuis son embouchûre en remontant le lac Ontario & le lac Erié, de-là au lac Huron, ensuite au lac supérieur, de-là au lac Alemipigo, au lac Cristinaux, & enfin au lac des Assiniboils, les eaux de tous ces lacs tombant des uns dans les autres, & enfin dans le fleuve Saint-Laurent.

Le fleuve Missisipi a plus de 700 lieues d'étendue depuis son embouchûre jusqu'à quelques-unes de ses sources, qui ne sont pas éloignées du lac des Assiniboils dont nous venons de parler.

Le fleuve de la Plata a plus de 800 lieues de cours, en le remontant depuis son embouchûre jusqu'à la source de la rivière Parana qu'il reçoit.

Le fleuve Oronoque a plus de 575 lieues de cours, en comptant depuis la source de la rivière Caketa près de Pasto, qui se jette en partie dans l'Oronoque, & coule aussi en partie vers la rivière des Amazones. *Voyez la carte de M. de la Condamine.*

La rivière Madera qui se jette dans celle des Amazones, qui a plus de 660 ou 670 lieues.

Pour sçavoir à peu près la quantité d'eau que la mer reçoit par tous les fleuves qui y arrivent, supposons que la moitié du globe soit couverte par la mer, & que l'autre moitié ſoit terre sèche, ce qui eſt aſſez juſte; ſuppoſons auſſi que la moyenne profondeur de la mer, en la prenant dans toute ſon étendue, ſoit d'un quart de mille d'Italie, c'eſt-à-dire, d'environ 230 toiſes, la ſurface de toute la terre étant de 170981012 milles, la ſurface de la mer eſt de 85490506 milles quarrez, qui étant multipliez par $\frac{1}{4}$, profondeur de la mer, donnent 21372626 milles cubiques pour la quantité d'eau connue dans l'océan tout entier. Maintenant pour calculer la quantité d'eau que l'océan reçoit des rivières, prenons quelque grand fleuve dont la vîteſſe & la quantité d'eau nous ſoient connues, le Pô, par exemple, qui paſſe en Lombardie & qui arroſe un pays de 380 milles de longueur, ſuivant Riccioli; ſa largeur, avant qu'il ſe diviſe en pluſieurs bouches pour tomber dans la mer, eſt de cent perches de Bologne, ou de mille pieds, & ſa profondeur de dix pieds; ſa vîteſſe eſt telle, qu'il parcourt quatre milles dans une heure, ainſi le Pô fournit à la mer 200000 perches cubiques d'eau en une heure, ou 4800000 dans un jour; mais un mille cubique contient 125000000 perches cubiques, ainſi il faut vingt-ſix jours pour qu'il porte à la mer un mille cubique d'eau; reſte maintenant à déterminer la proportion qu'il y a entre la rivière du Pô & toutes les rivières de la terre priſes enſemble, ce qu'il eſt impoſſible de faire exactement; mais pour le ſçavoir à peu près, ſuppoſons que la quantité d'eau que la mer reçoit par les grandes rivières dans tous les pays, ſoit proportionnelle à l'étendue & à la ſurface de ces pays, & que par conſéquent le pays arroſé par le Pô & par les rivières qui y tombent, soit à la surface de toute la terre sèche en même proportion que le Pô est à toutes les rivières de la terre. Or par les cartes les plus exactes le Pô, depuis sa source jusqu'à son embouchûre, traverse un pays de 380 milles de longueur, & les rivières qui y tombent de chaque côté viennent de sources & de rivières qui sont à environ soixante milles de distance du Pô; ainsi ce fleuve & les rivières qu'il reçoit, arrosent un pays de 380 milles de long & de 120 milles de large, ce qui fait 45600 milles quarrez: mais la surface de toute la terre sèche est de 85490506 milles quarrez, par conséquent la quantité d'eau que toutes les rivières portent à la mer, sera 1874 fois plus grande que la quantité que le Pô lui fournit; mais comme vingt-six rivières comme le Pô fournissent un mille cubique d'eau à la mer par jour, il s'ensuit que dans l'espace d'un an 1874 rivières comme le Pô fourniront à la mer 26308 milles cubiques d'eau, & que dans l'espace de 812 ans toutes ces rivières fourniroient à la mer 21372626 milles cubiques d'eau, c'est-à-dire, autant qu'il y en a dans l'océan, & que par conséquent il ne faudroit que 812 ans pour le remplir. *Voyez J. Keill, Examination of Burnet's Theory. London 1734, pag. 126 & suiv.*

Il résulte de ce calcul, que la quantité d'eau que l'évaporation enlève de la surface de la mer, que les vents transportent sur la terre, & qui produit tous les ruisseaux & tous les fleuves, est d'environ deux cens quarante-cinq lignes, ou de vingt à vingt-un pouces par an, ou d'environ les deux tiers d'une ligne par jour; ceci eſt une très-petite évaporation, quand même on la doubleroit ou tripleroit, afin de tenir compte de l'eau qui retombe ſur la mer, & qui n'eſt pas tranſportée ſur la terre. *Voyez ſur ce ſujet l'Ecrit de Halley dans les Tranſactions philoſoph. num. 192,* où il fait voir évidemment & par le calcul, que les vapeurs qui s'élèvent au deſſus de la mer & que les vents tranſportent ſur la terre, ſont ſuffiſantes pour former toutes les rivières & entretenir toutes les eaux qui ſont à la ſurface de la terre.

Après le Nil le Jourdain eſt le fleuve le plus conſidérable qui ſoit dans le Levant, & même dans la Barbarie, il fournit à la mer morte environ ſix millions de tonnes d'eau par jour; toute cette eau, & au delà, eſt enlevée par l'évaporation, car en comptant, ſuivant le calcul de Halley, 6914 tonnes d'eau qui ſe réduit en vapeurs ſur chaque mille ſuperficiel, on trouve que la mer morte qui a 72 milles de long ſur 18 milles de large, doit perdre tous les jours par l'évaporation près de neuf millions de tonnes d'eau, c'eſt-à-dire, non ſeulement toute l'eau qu'elle reçoit du Jourdain, mais encore celle des petites rivières qui y arrivent des montagnes de Moab & d'ailleurs, par conſéquent elle ne communique avec aucune autre mer par des canaux ſoûterrains. *Voyez les Voyages de Shaw, vol. 2, pag. 71.*

Les fleuves les plus rapides de tous ſont le Tigre, l'Indus, le Danube, l'Yrtis en Sibérie, le Malmiſtra en Cilicie, &c. *Voyez Varenii Geogr. pag. 178.* mais, comme nous l'avons dit au commencement de cet article, la mesure de la vîtesse des eaux d'un fleuve dépend de deux causes, la première est la pente, & la seconde le poids & la quantité d'eau; en examinant sur le globe quels sont les fleuves qui ont le plus de pente, on trouvera que le Danube en a beaucoup moins que le Pô, le Rhin & le Rhône, puisque tirant quelques-unes de ses sources des mêmes montagnes, le Danube a un cours beaucoup plus long qu'aucun de ces trois autres fleuves, & qu'il tombe dans la mer noire qui est plus élevée que la méditerranée, & peut-être plus que l'océan.

Tous les grands fleuves reçoivent beaucoup d'autres rivières dans toute l'étendue de leur cours; on a compté, par exemple, que le Danube reçoit plus de deux cens, tant ruisseaux que rivières; mais en ne comptant que les rivières assez considérables que les fleuves reçoivent, on trouvera que le Danube en reçoit trente ou trente-une, le Volga en reçoit trente-deux ou trente-trois, le Don cinq ou six, le Nieper dix-neuf ou vingt, la Duine onze ou douze; & de même en Asie le Hoanho reçoit trente-quatre ou trente-cinq rivières, le Jénisca en reçoit plus de soixante, l'Oby tout autant, le fleuve Amour environ quarante, le Kian ou fleuve de Nanquin en reçoit environ trente, le Gange plus de vingt, l'Euphrate dix ou onze, &c. En Afrique le Sénégal reçoit plus de vingt rivières, le Nil ne reçoit aucune rivière qu'à plus de cinq cens lieues de son embouchûre, la dernière qui y tombe est le Moraba, & de cet endroit jusqu'à sa source il reçoit environ douze ou treize rivières; en Amérique le fleuve des Amazones en reçoit plus de ſoixante, & toutes fort conſidérables, le fleuve Saint-Laurent environ quarante, en comptant celles qui tombent dans les lacs, le fleuve Miſſiſipi plus de quarante, le fleuve de la Plata plus de cinquante, &c.

Il y a ſur la ſurface de la terre des contrées élevées qui paroiſſent être des points de partage marquez par la Nature pour la diſtribution des eaux. Les environs du mont Saint-Godard ſont un de ces points en Europe; un autre point eſt le pays ſitué entre les provinces de Belozera & de Vologda en Moſcovie, d'où deſcendent des rivières dont les unes vont à la mer blanche, d'autres à la mer noire, & d'autres à la mer Caſpienne; en Aſie le pays des Tartares Mogols, d'où il coule des rivières dont les unes vont ſe rendre dans la mer tranquille ou mer de la nouvelle Zemble, d'autres au golfe Linchidolin, d'autres à la mer de Corée, d'autres à celle de la Chine, & de même le Petit-Thibet, dont les eaux coulent vers la mer de la Chine, vers le golfe de Bengale, vers le golfe de Cambaïe & vers le lac Aral; en Amérique la province de Quito qui fournit des eaux à la mer du ſud, à la mer du nord & au golfe du Méxique.

Il y a dans l'ancien continent environ quatre cens trente fleuves qui tombent immédiatement dans l'océan ou dans la méditerranée & la mer noire, & dans le nouveau continent on ne connoît guère que cent quatre-vingts fleuves qui tombent immédiatement dans la mer; au reſte je n'ai compris dans ce nombre que des rivières grandes au moins comme l'eſt la Somme en Picardie.

Toutes ces rivières tranſportent à la mer avec leurs eaux une grande quantité de parties minérales & ſalines qu'elles ont enlevées des différens terreins par-où elles ont paſſé. Les particules de ſel qui, comme l'on ſçait, ſe diſſolvent aiſément, arrivent à la mer avec les eaux des fleuves. Quelques Phyſiciens, & entr'autres Halley, ont prétendu que la ſalûre de la mer ne provenoit que des ſels de la terre que les fleuves y tranſportent; d'autres ont dit que la ſalûre de la mer étoit auſſi ancienne que la mer même, & que ce ſel n'avoit été créé que pour l'empêcher de ſe corrompre, mais on peut croire que l'eau de la mer eſt préſervée de la corruption par l'agitation des vents & par celle du flux & reflux, autant que par le ſel qu'elle contient; car quand on la garde dans un tonneau, elle ſe corrompt au bout de quelques jours, & Boyle rapporte qu'un Navigateur pris par un calme qui dura treize jours, trouva la mer ſi infectée au bout de ce temps, que ſi le calme n'eût ceſſé, la plus grande partie de ſon équipage auroit péri. *Vol. 3, pag. 222.* L'eau de la mer eſt auſſi mêlée d'une huile bitumineuſe, qui lui donne un goût déſagréable & qui la rend très-mal-ſaine. La quantité de ſel que l'eau de la mer contient, eſt d'environ une quarantième partie, & la mer eſt à peu près également ſalée par-tout, au deſſus comme au fond, également ſous la ligne & au cap de Bonne-eſpérance, quoiqu'il y ait quelques endroits, comme à la côte de Moſambique, où elle eſt plus ſalée qu'ailleurs. *Voyez Boyle, vol. 3, pag. 217.* On prétend auſſi qu'elle eſt moins ſalée dans la dans la zone arctique, cela peut venir de la grande quantité de neige & des grands fleuves qui tombent dans ces mers, & de ce que la chaleur du ſoleil n'y produit que peu d'évaporation, en comparaiſon de l'évaporation qui ſe fait dans les climats chauds.

Quoi qu'il en ſoit, je crois que les vraies cauſes de la ſalûre de la mer ſont non ſeulement les bancs de ſel qui ont pû ſe trouver au fond de la mer & le long des côtes, mais encore les ſels mêmes de la terre que les fleuves y tranſportent continuellement, & que Halley a eu quelque raiſon de préſumer qu'au commencement du monde la mer n'étoit que peu ou point ſalée, qu'elle l'eſt devenue par degrés & à meſure que les fleuves y ont amené des ſels; que cette ſalûre augmente peut-être tous les jours & augmentera toûjours de plus en plus, & que par conſéquent il a pû conclurre qu'en faiſant des expériences pour reconnoître la quantité de ſel dont l'eau d'un fleuve eſt chargée lorſqu'elle arrive à la mer, & qu'en ſupputant la quantité d'eau que tous les fleuves y portent, on viendroit à connoître l'ancienneté du monde par le degré de la ſalûre de la mer.

Les plongeurs & les pêcheurs de perles aſſurent, au rapport de Boyle, que plus on deſcend dans la mer, plus l'eau eſt froide; que le froid eſt même ſi grand à une profondeur conſidérable, qu'ils ne peuvent le ſouffrir, & que c'eſt par cette raiſon qu'ils ne demeurent pas auſſi longtemps ſous l'eau, lorſqu'ils deſcendent à une profondeur un peu grande, que quand ils ne deſcendent qu'à une petite profondeur. Il me paroît que le poids de l'eau pourroit en être la cause aussi-bien que le froid, si on descendoit à une grande profondeur, comme trois ou quatre cens brasses; mais à la vérité les plongeurs ne descendent jamais à plus de cent pieds ou environ. Le même auteur rapporte que dans un voyage aux Indes orientales, au delà de la ligne, à environ 35 degrés de latitude sud, on laissa tomber une sonde à quatre cens brasses de profondeur, & qu'ayant retiré cette sonde, qui étoit de plomb & qui pesoit environ 30 à 35 livres, elle étoit devenue si froide, qu'il sembloit toucher un morceau de glace. On sçait aussi que les voyageurs, pour rafraîchir leur vin, descendent les bouteilles à plusieurs brasses de profondeur dans la mer, & plus on les descend, plus le vin est frais.

Tous ces faits pourroient faire présumer que l'eau de la mer est plus salée au fond qu'à la surface; cependant on a des témoignages contraires, fondez sur des expériences qu'on a faites pour tirer dans des vases, qu'on ne débouchoit qu'à une certaine profondeur, de l'eau de la mer, laquelle ne s'est pas trouvée plus salée que celle de la surface; il y a même des endroits où l'eau de la surface étant salée, l'eau du fond se trouve douce, & cela doit arriver dans tous les lieux où il y a des fontaines & des sources qui sortent au fond de la mer, comme auprès de Goa, à Ormuz, & même dans la mer de Naples, où il y a des sources chaudes dans le fond.

Il y a d'autres endroits où l'on a remarqué des sources bitumineuses & des couches de bitume au fond de la mer,

& ſur la terre il y a une grande quantité de ces ſources, qui portent le bitume mêlé avec l'eau dans la mer. A la Barbade il y a une ſource de bitume pur qui coule des rochers juſqu'à la mer ; le ſel & le bitume ſont donc les matières dominantes dans l'eau de la mer, mais elle eſt encore mêlée de beaucoup d'autres matières; car le goût de l'eau n'eſt pas le même dans toutes les parties de l'océan, d'ailleurs l'agitation & la chaleur du ſoleil altèrent le goût naturel que devroit avoir l'eau de la mer, & les couleurs différentes des différentes mers, & des mêmes mers en différens temps, prouvent que l'eau de la mer contient des matières de bien des eſpèces, ſoit qu'elle les détache de ſon propre fond, ſoit qu'elles y ſoient amenées par les fleuves.

Preſque tous les pays arroſez par de grands fleuves ſont ſujets à des inondations périodiques, ſur-tout les pays bas & voiſins de leur embouchûre, & les fleuves qui tirent leurs ſources de fort loin, ſont ceux qui débordent le plus régulièrement. Tout le monde a entendu parler des inondations du Nil, il conſerve dans un grand eſpace, & fort loin dans la mer, la douceur & la blancheur de ſes eaux. Strabon & les autres anciens auteurs ont écrit qu'il avoit ſept embouchûres, mais aujourd'hui il n'en reſte que deux qui ſoient navigables; il y a un troiſième canal qui deſcend à Alexandrie pour remplir les cîternes, & un quatrième canal qui eſt encore plus petit; comme on a négligé depuis fort long temps de nettoyer les canaux, ils ſe ſont comblez : les anciens employoient à ce travail un grand nombre d'ouvriers & de soldats, & tous les ans, après l'inondation, l'on enlevoit le limon & le sable qui étoient dans les canaux, ce fleuve en charie une très-grande quantité. La cause du débordement du Nil vient des pluies qui tombent en Éthiopie, elles commencent au mois d'avril, & ne finissent qu'au mois de septembre; pendant les trois premiers mois les jours sont sereins & beaux, mais dès que le soleil se couche, il pleut jusqu'à ce qu'il se lève, ce qui est accompagné ordinairement de tonnerres & d'éclairs. L'inondation ne commence en Égypte que vers le 17 de Juin, elle augmente ordinairement pendant environ quarante jours, & diminue pendant tout autant de temps; tout le plat pays de l'Égypte est inondé, mais ce débordement est bien moins considérable aujourd'hui qu'il ne l'étoit autrefois, car Hérodote nous dit que le Nil étoit cent jours à croître & autant à décroître; si le fait est vrai, on ne peut guère en attribuer la cause qu'à l'élévation du terrein que le limon des eaux a haussé peu à peu, & à la diminution de la hauteur des montagnes de l'intérieur de l'Afrique dont il tire sa source: il est assez naturel d'imaginer que ces montagnes ont diminué, parce que les pluies abondantes qui tombent dans ces climats pendant la moitié de l'année, entraînent les sables & les terres du dessus des montagnes dans les vallons, d'où les torrens les charient dans le canal du Nil, qui en emporte une bonne partie en Égypte, où il les dépose dans ses débordemens.

Le Nil n'est pas le seul fleuve dont les inondations soient périodiques & annuelles: on a appellé la rivière de Pégu le Nil Indien, parce que ses débordemens se font tous les ans régulièrement; il inonde ce pays à plus de trente lieues de ses bords, & il laisse, comme le Nil, un limon qui fertilise si fort la terre, que les pâturages y deviennent excellens pour le bétail, & que le riz y vient en si grande abondance, qu'on en charge tous les ans un grand nombre de vaisseaux, sans que le pays en manque. *Voyez les Voyages d'Ovington, tome 2, page 290.* Le Niger, ou, ce qui revient au même, la partie supérieure du Sénégal, déborde aussi comme le Nil, & l'inondation qui couvre tout le plat pays de la Nigritie, commence à peu près dans le même temps que celle du Nil, vers le quinze juin, elle augmente aussi pendant quarante jours; le fleuve de la Plata au Bresil déborde aussi tous les ans, & dans le même temps que le Nil; le Gange, l'Indus, l'Euphrate & quelques autres débordent aussi tous les ans, mais tous les autres fleuves n'ont pas des débordemens périodiques, & quand il arrive des inondations, c'est un effet de plusieurs causes qui se combinent pour fournir une plus grande quantité d'eau qu'à l'ordinaire, & pour retarder en même temps la vîtesse du fleuve.

Nous avons dit que dans presque tous les fleuves la pente de leur lit va toûjours en diminuant jusqu'à leur embouchûre d'une manière assez insensible, mais il y en a dont la pente est très-brusque dans certains endroits, ce qui forme ce qu'on appelle une cataracte, qui n'est autre chose qu'une chûte d'eau plus vive que le courant ordinaire du fleuve. Le Rhin, par exemple, a deux cataractes, l'une à Bilefeld & l'autre auprès de Schafhouse: le Nil en a plusieurs, & entr'autres deux qui sont très-violentes & qui tombent de fort haut entre deux montagnes; la rivière Vologda en Moscovie a aussi deux cataractes auprès de Ladoga; le Zaire, fleuve de Congo, commence par une forte cataracte qui tombe du haut d'une montagne, mais la plus fameuse cataracte est celle de la rivière Niagara en Canada, elle tombe de cent cinquante-six pieds de hauteur perpendiculaire comme un torrent prodigieux, & elle a plus d'un quart de lieue de largeur; la brume ou le brouillard que l'eau fait en tombant, se voit de cinq lieues & s'élève jusqu'aux nues, il s'y forme un très-bel arc-en-ciel lorsque le soleil donne dessus. Au dessous de cette cataracte il y a des tournoiemens d'eau si terribles, qu'on ne peut y naviger jusqu'à six milles de distance, & au dessus de la cataracte la rivière est beaucoup plus étroite qu'elle ne l'est dans les terres supérieures. *Voyez Transact. philosoph. abr. vol. 6, part. 2, pag. 119.* Voici la description qu'en donne le Père Charlevoix: « Mon premier soin fut de visiter la plus belle cascade qui » soit peut-être dans la Nature, mais je reconnus d'abord » que le Baron de la Hontan s'étoit trompé sur sa hauteur » & sur sa figure, de manière à faire juger qu'il ne l'avoit » point vûe.

» Il est certain que si on mesure sa hauteur par les trois » montagnes qu'il faut franchir d'abord, il n'y a pas beau- » coup à rabattre des six cens pieds que lui donne la carte » de M. de l'Isle, qui, sans doute, n'a avancé ce paradoxe que ſur la foi du Baron de la Hontan & du P. Hennepin; « mais après que je fus arrivé au ſommet de la troiſième « montagne, j'obſervai que dans l'eſpace de trois lieues « que je fis enſuite juſqu'à cette chûte d'eau, quoiqu'il « faille quelquefois monter, il faut encore plus deſcendre, « & c'eſt à quoi ces voyageurs paroiſſent n'avoir pas fait « aſſez d'attention. Comme on ne peut approcher la caſca- « de que de côté, ni la voir que de profil, il n'eſt pas aiſé « d'en meſurer la hauteur avec les inſtrumens : on a voulu « le faire avec une longue corde attachée à une longue per- « che, & après avoir ſouvent réitéré cette manière, on n'a « trouvé que cent quinze ou cent vingt pieds de profon- « deur; mais il n'eſt pas poſſible de s'aſſurer ſi la perche « n'a pas été arrêtée par quelque rocher qui avançoit, car « quoiqu'on l'eût toûjours retiré mouillée auſſi-bien qu'un « bout de la corde à quoi elle étoit attachée, cela ne prou- « ve rien, puiſque l'eau qui ſe précipite de la montagne, « rejaillit fort haut en écumant; pour moi, après l'avoir « conſidérée de tous les endroits d'où on peut l'examiner « à ſon aiſe, j'eſtime qu'on ne ſçauroit lui donner moins « de cent quarante ou cent cinquante pieds. «

Quant à ſa figure, elle eſt en fer à cheval, & elle a « environ quatre cens pas de circonférence, mais préciſé- « ment dans ſon milieu elle eſt partagée en deux par une « iſle fort étroite & d'un demi-quart de lieue de long, qui « y aboutit. Il eſt vrai que ces deux parties ne tardent pas « à ſe rejoindre; celle qui étoit de mon côté, & qu'on ne « voyoit que de profil, a pluſieurs pointes qui avancent, «

» mais celle que je découvrois en face me parut fort unie. » Le Baron de la Hontan y ajoûte un torrent qui vient de » l'oueſt, il faut que dans la fonte des neiges les eaux ſauvages viennent ſe décharger là par quelque ravine, &c. » *pag. 332, &c. tom. 3.*

Il y a une autre cataracte à trois lieues d'Albanie, dans la province de la nouvelle Yorck, qui a environ cinquante pieds de hauteur perpendiculaire, & de cette chûte d'eau il s'élève auſſi un brouillard dans lequel on aperçoit un léger arc-en-ciel, qui change de place à meſure qu'on s'en éloigne ou qu'on s'en approche. *Voyez Tranſ. phil. abr. vol. 6, part. 2, pag. 119.*

En général, dans tous les pays où le nombre d'hommes n'eſt pas aſſez conſidérable pour former des ſociétés policées, les terreins ſont plus irréguliers & le lit des fleuves plus étendu, moins égal & rempli de cataractes. Il a fallu des ſiècles pour rendre le Rhône & la Loire navigables; c'eſt en contenant les eaux, en les dirigeant & en nettoyant le fond des fleuves, qu'on leur donne un cours aſſuré; dans toutes les terres où il y a peu d'habitans la Nature eſt brute, & quelquefois difforme.

Il y a des fleuves qui ſe perdent dans les ſables, d'autres qui ſemblent ſe précipiter dans les entrailles de la terre; le Guadalquivir en Eſpagne, la rivière de Gottemburg en Suède, & le Rhin même, ſe perdent dans la terre. On aſſure que dans la partie occidentale de l'iſle Saint-Domingue il y a une montagne d'une hauteur conſidérable, au pied de laquelle ſont pluſieurs cavernes où les rivières & les

& les ruiſſeaux ſe précipitent avec tant de bruit, qu'on l'entend de ſept ou huit lieues. *Voyez Varenii Geograph. general. pag. 43.*

Au reſte le nombre de ces fleuves qui ſe perdent dans le ſein de la terre, eſt fort petit, & il n'y a pas d'apparence que ces eaux deſcendent bien bas dans l'intérieur du globe, il eſt plus vrai-ſemblable qu'elles ſe perdent, comme celles du Rhin, en ſe diviſant dans les ſables, ce qui eſt fort ordinaire aux petites rivières qui arroſent les terreins ſecs & ſablonneux ; on en a pluſieurs exemples en Afrique, en Perſe, en Arabie, &c.

Les fleuves du nord tranſportent dans les mers une prodigieuſe quantité de glaçons qui, venant à s'accumuler, forment ces maſſes énormes de glace ſi funeſtes aux voyageurs ; un des endroits de la mer glaciale où elles ſont le plus abondantes, eſt le détroit de Waigats qui eſt gelé en entier pendant la plus grande partie de l'année ; ces glaces ſont formées des glaçons que le fleuve Oby tranſporte preſque continuellement ; elles s'attachent le long des côtes, & s'élèvent à une hauteur conſidérable des deux côtés du détroit, le milieu du détroit eſt l'endroit qui gèle le dernier, & où la glace eſt le moins élevée ; lorſque le vent ceſſe de venir du nord & qu'il ſouffle dans la direction du détroit, la glace commence à fondre & à ſe rompre dans le milieu, enſuite il s'en détache des côtes de grandes maſſes qui voyagent dans la haute mer. Le vent, qui pendant tout l'hiver vient du nord & paſſe ſur les terres gelées de la nouvelle Zemble, rend le pays arrofé par l'Oby & toute la Sibérie fi froids, qu'à Tobolsk même, qui eft au 57me degré, il n'y a point d'arbres fruitiers, tandis qu'en Suède, à Stokolm, & même à de plus hautes latitudes, on a des arbres fruitiers & des légumes; cette différence ne vient pas, comme on l'a cru, de ce que la mer de Laponie eft moins froide que celle du détroit, ou de ce que la terre de la nouvelle Zemble l'eft plus que celle de la Laponie, mais uniquement de ce que la mer Baltique & le golfe de Bothnie adouciffent un peu la rigueur des vents de nord, au lieu qu'en Sibérie il n'y a rien qui puiffe tempérer l'activité du froid. Ce que je dis ici eft fondé fur de bonnes obfervations; il ne fait jamais auffi froid fur les côtes de la mer, que dans l'intérieur des terres; il y a des plantes qui paffent l'hiver en plein air à Londres, & qu'on ne peut conferver à Paris; & la Sibérie, qui fait un vafte continent où la mer n'entre pas, eft par cette raifon plus froide que la Suède, qui eft environnée de la mer prefque de tous côtés.

Le pays du monde le plus froid eft le Spitzberg; c'eft une terre au 78me degré de latitude, toute formée de petites montagnes aigues; ces montagnes font compofées de gravier & de certaines pierres plates, femblables à de petites pierres d'ardoife grife, entaffées les unes fur les autres; ces collines fe forment, difent les voyageurs, de ces petites pierres & de ces graviers que les vents amoncellent, elles croiffent à vûe d'œil, & les matelots en découvrent tous les ans de nouvelles: on ne trouve dans ce pays que des rennes, qui paiffent une petite herbe fort courte & de la mousse. Au dessus de ces petites montagnes, & à plus d'une lieue de la mer, on a trouvé un mât qui avoit une poulie attachée à un de ses bouts, ce qui a fait penser que la mer passoit autrefois sur ces montagnes, & que ce pays est formé nouvellement; il est inhabité & inhabitable, le terrein qui forme ces petites montagnes n'a aucune liaison, & il en sort une vapeur si froide & si pénétrante, qu'on est gelé pour peu qu'on y demeure.

Les vaisseaux qui vont au Spitzberg pour la pêche de la baleine, y arrivent au mois de juillet & en partent vers le quinze d'Août, les glaces empêcheroient d'entrer dans cette mer avant ce temps, & d'en sortir après; on y trouve des morceaux prodigieux de glaces épaisses de 60, 70 & 80 brasses. Il y a des endroits où il semble que la mer soit glacée jusqu'au fond; ces glaces qui sont si élevées au dessus du niveau de la mer, sont claires & luisantes comme du verre. *Voyez le Recueil des voyages du Nord, tom. 1, pag. 154.*

Il y a aussi beaucoup de glaces dans les mers du nord de l'Amérique, comme dans la baie de l'Ascension, dans les détroits de Hudson, de Cumberland, de Davis, de Forbisher, &c. Robert Lade nous assure que les montagnes de Frisland sont entièrement couvertes de neige, & toutes les côtes de glace, comme d'un boulevard qui ne permet pas d'en approcher: « Il est, dit-il, fort remarquable que dans cette mer on trouve des isles de glace de plus « d'une demi lieue de tour, extrêmement élevées, & qui ont « 70 ou 80 brasses de profondeur dans la mer; cette glace «

» qui eſt douce, eſt peut-être formée dans les détroits des » terres voiſines, &c. Ces iſſes, ou montagnes de glace, » ſont ſi mobiles, que dans des temps orageux elles ſuivent » la courſe d'un vaiſſeau comme ſi elles étoient entraînées » dans le même ſillon; il y en a de ſi groſſes, que leur ſu- » perficie au deſſus de l'eau ſurpaſſe l'extrémité des mâts des plus gros navires, &c. » *Voyez la Traduction des voyages de Lade, par M. l'Abbé Prevot, tom. 2, pag. 305 & ſuiv.*

On trouve dans le recueil des voyages qui ont ſervi à l'établiſſement de la Compagnie des Indes de Hollande, un petit journal hiſtorique au ſujet des glaces de la nouvelle Zemble, dont voici l'extrait. « Au cap de Trooſt le temps » fut ſi embrumé, qu'il fallut amarrer le vaiſſeau à un banc » de glace qui avoit 36 braſſes de profondeur dans l'eau, & » environ 16 braſſes au deſſus, ſi bien qu'il avoit 52 braſſes » d'épaiſſeur.......

» Le 10 d'août les glaces s'étant ſéparées, les glaçons » commencèrent à flotter, & alors on remarqua que le gros » banc de glace auquel le vaiſſeau avoit été amarré, touchoit » au fond, parce que tous les autres paſſoient au long & le » heurtoient ſans l'ébranler; on craignit donc de demeurer » pris dans les glaces, & on tâcha de ſortir de ce parage, » quoiqu'en paſſant on trouvât déjà l'eau priſe, le vaiſſeau » faiſant craquer la glace bien loin autour de lui; enfin on » aborda un autre banc, où l'on porta vîte l'ancre de toüei, » & l'on s'y amarra juſqu'au ſoir.

» Après le repas, pendant le premier quart, les glaces » commencèrent à ſe rompre avec un bruit ſi terrible, qu'il n'eſt pas poſſible de l'exprimer. Le vaiſſeau avoit le cap « au courant qui charioit les glaçons, ſi bien qu'il fallut filer « du cable pour ſe retirer; on compta plus de quatre cens « gros bancs de glace, qui enfonçoient de dix braſſes dans « l'eau & paroiſſoient de la hauteur de deux braſſes au deſſus. «

Enſuite on amarra le vaiſſeau à un autre banc qui enfon- « çoit de ſix grandes braſſes, & l'on y mouilla en croupière. « Dès qu'on y fut établi, on vit encore un autre banc peu « éloigné de cet endroit-là, dont le haut s'élevoit en pointe, « tout de même que la pointe d'un clocher, & il touchoit « le fond de la mer; on s'avança vers ce banc, & l'on trouva « qu'il avoit vingt braſſes de haut dans l'eau, & à peu près « douze braſſes au deſſus. «

Le 11 août on nagea encore vers un autre banc qui avoit « dix-huit braſſes de profondeur & dix braſſes au deſſus de « l'eau...... «

Le 21 les Hollandois entrèrent aſſez avant dans le port « des glaces, & y demeurèrent à l'ancre pendant la nuit; le « lendemain matin ils ſe retirèrent & allèrent amarrer leur « bâtiment à un banc de glace, ſur lequel ils montèrent & « dont ils admirèrent la figure comme une choſe très-ſingu- « lière; ce banc étoit couvert de terre ſur le haut, & on y « trouva près de quarante œufs; la couleur n'en étoit pas non « plus comme celle de la glace, elle étoit d'un bleu céleſte. « Ceux qui étoient là raiſonnèrent beaucoup ſur cet objet; « les uns diſoient que c'étoit un effet de la glace, & les autres « ſoûtenoient que c'étoit une terre gelée. Quoi qu'il en fût, « ce banc étoit extrêmement haut, il avoit environ dix-huit «

braffes fous l'eau & dix braffes au deffus.» *Pag. 46, &c. tom. 1, troifième Voyage des Hollandois par le Nord.*

Wafer rapporte que près de la terre de Feu il a rencontré plufieurs glaces flottantes très-élevées, qu'il prit d'abord pour des ifles: Quelques-unes, dit-il, paroiffoient avoir une lieue ou deux de long, & la plus groffe de toutes lui parut avoir quatre ou cinq cens pieds de haut. *Voyez le Voyage de Wafer imprimé à la fuite de ceux de Dampier, tom. 4, pag. 304.*

Toutes ces glaces, comme je l'ai dit dans l'article 6me, viennent des fleuves qui les tranfportent dans la mer; celles de la mer de la nouvelle Zemble & du détroit de Waigats viennent de l'Oby, & peut-être du Jénifca & des autres grands fleuves de la Sibérie & de la Tartarie; celles du détroit de Hudfon viennent de la baie de l'Afcenfion, où tombent plufieurs fleuves du nord de l'Amérique; celles de la terre de Feu viennent du continent auftral, & s'il y en a moins fur les côtes de la Laponie feptentrionale que fur celles de la Sibérie & au détroit de Waigats, quoique la Laponie feptentrionale foit plus près du pole, c'eft que toutes les rivières de la Laponie tombent dans le golfe de Bothnie & qu'aucune ne va dans la mer du Nord: elles peuvent auffi fe former dans les détroits où les marées s'élèvent beaucoup plus haut qu'en pleine mer, & où par conféquent les glaçons qui font à la furface, peuvent s'amonceler & former ces bancs de glace qui ont quelques braffes de hauteur; mais pour celles qui ont quatre ou cinq cens pieds de hauteur, il me paroît qu'elles ne peuvent fe former ailleurs que contre des côtes élevées, & j'imagine que dans le temps de la fonte des neiges qui couvrent le dessus de ces côtes, il en découle des eaux qui tombant sur des glaces, se glacent elles-mêmes de nouveau, & augmentent ainsi le volume des premières jusqu'à cette hauteur de quatre ou cinq cens pieds; qu'ensuite dans un été plus chaud, par l'action des vents & par l'agitation de la mer, & peut-être même par leur propre poids, ces glaces collées contre les côtes se détachent & voyagent ensuite dans la mer au gré du vent, & qu'elles peuvent arriver jusque dans les climats temperez avant que d'être entièrement fondues.

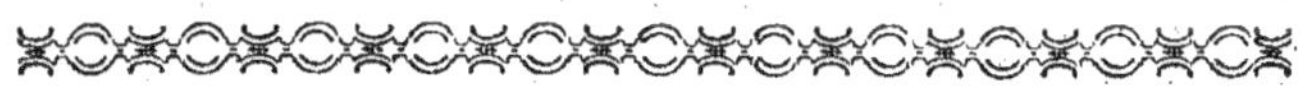

PREUVES
DE LA
THÉORIE DE LA TERRE.

ARTICLE XI.

Des Mers & des Lacs.

L'OCÉAN environne de tous côtés les continens, il pénètre en plusieurs endroits dans l'intérieur des terres, tantôt par des ouvertures assez larges, tantôt par de petits détroits, & il forme des mers méditerranées, dont les unes participent immédiatement à ses mouvemens de flux & de reflux, & dont les autres semblent n'avoir rien de commun que la continuité des eaux: nous allons ſuivre l'océan dans tous ſes contours, & faire en même temps l'énumération de toutes les mers méditerranées; nous tâcherons de les diſtinguer de celles qu'on doit appeller golfes, & auſſi de celles qu'on devroit regarder comme des lacs.

La mer qui baigne les côtes occidentales de la France, fait un golfe entre les terres de l'Eſpagne & celles de la Bretagne; ce golfe, que les Navigateurs appellent le golfe de Biſcaie, eſt fort ouvert, & la pointe de ce golfe la plus avancée dans les terres eſt entre Bayonne & Saint-Sébaſtien : une autre partie du golfe, qui eſt auſſi fort avancée, c'eſt celle qui baigne les côtes du pays d'Aunis à la Rochelle & à Rochefort; ce golfe commence au cap d'Ortegal & finit à Breſt, où commence un détroit entre la pointe de la Bretagne & le cap Lézard; ce détroit, qui d'abord eſt aſſez large, fait un petit golfe dans le terrein de la Normandie, dont la pointe la plus avancée dans les terres eſt à Avranches; le détroit continue ſur une aſſez grande largeur juſqu'au pas de Calais où il eſt fort étroit, enſuite il s'élargit tout à coup fort conſidérablement, & finit entre le Texel & la côte d'Angleterre à Norwich; au Texel il forme une petite mer méditerranée qu'on appelle Zuiderſée, & pluſieurs autres grandes lagunes, dont les eaux ont peu de profondeur, auſſi-bien que celles de Zuiderſée.

Après cela l'océan forme un grand golfe qu'on appelle la mer d'Allemagne, & ce golfe pris dans toute ſon étendue, commence

commence à la pointe ſeptentrionale de l'Ecoſſe, en deſcendant tout le long des côtes orientales de l'Ecoſſe & de l'Angleterre juſqu'à Norwich, de-là au Texel tout le long des côtes de Hollande & d'Allemagne, de Jutland & de la Norvège juſqu'au deſſus de Berguen; on pourroit même prendre ce grand golfe pour une mer méditerranée, parce que les iſles Orcades ferment en partie ſon ouverture, & ſemblent être dirigées comme ſi elles étoient une continuation des montagnes de Norvège. Ce grand golfe forme un large détroit qui commence à la pointe méridionale de la Norvège, & qui continue ſur une grande largeur juſqu'à l'iſle de Zélande, où il ſe rétrécit tout à coup, & forme entre les côtes de la Suède, les iſles du Dannemarck & de Jutland, quatre petits détroits, après quoi il s'élargit comme un petit golfe, dont la pointe la plus avancée eſt à Lubec, de-là il continue ſur une aſſez grande largeur juſqu'à l'extrémité méridionale de la Suède, enſuite il s'élargit toûjours de plus en plus, & forme la mer Baltique, qui eſt une mer méditerranée qui s'étend du midi au nord dans une étendue de près de trois cens lieues, en y comprenant le golfe de Bothnie, qui n'eſt en effet que la continuation de la mer Baltique; cette mer a de plus deux autres golfes, celui de Livonie, dont la pointe la plus avancée dans les terres eſt auprès de Mittau & de Riga, & celui de Finlande qui eſt un bras de la mer Baltique, qui s'étend entre la Livonie & la Finlande juſqu'à Péterſbourg, & communique au lac Ladoga, & même au lac Onega, qui communique par le fleuve

Onega à la mer blanche. Toute cette étendue d'eau qui forme la mer Baltique, le golfe de Bothnie, celui de Finlande & celui de Livonie, doit être regardée comme un grand lac qui eſt entretenu par les eaux des fleuves qu'il reçoit en très-grand nombre, comme l'Oder, la Viſtule, le Niemen, le Droine en Allemagne & en Pologne, pluſieurs autres rivières en Livonie & en Finlande, d'autres plus grandes encore qui viennent des terres de la Laponie, comme le fleuve de Torneå, les rivières Calis, Lula, Pitha, Uma, & pluſieurs autres encore qui viennent de la Suède; ces fleuves qui ſont aſſez conſidérables, ſont au nombre de plus de quarante, y compris les rivières qu'ils reçoivent, ce qui ne peut manquer de produire une très-grande quantité d'eau, qui eſt probablement plus que ſuffiſante pour entretenir la mer Baltique; d'ailleurs cette mer n'a aucun mouvement de flux & de reflux, quoiqu'elle ſoit étroite, elle eſt auſſi fort peu ſalée; & ſi l'on conſidère le giſement des terres & le nombre des lacs & des marais de la Finlande & de la Suède, qui ſont preſque contigus à cette mer, on ſera très-porté à la regarder, non pas comme une mer, mais comme un grand lac formé dans l'intérieur des terres par l'abondance des eaux, qui ont forcé les paſſages auprès du Dannemarck pour s'écouler dans l'océan, comme elles y coulent en effet, au rapport de tous les navigateurs.

Au ſortir du grand golfe qui forme la mer d'Allemagne & qui finit au deſſus de Berguen, l'océan ſuit les côtes de Norvège, de la Laponie Suédoiſe, de la Laponie ſeptentrionale, & de la Laponie Moſcovite, à la partie orientale de laquelle il forme un aſſez large détroit qui aboutit à une mer méditerranée, qu'on appelle la mer blanche. Cette mer peut encore être regardée comme un grand lac, car elle reçoit douze ou treize rivières toutes aſſez conſidérables, & qui ſont plus que ſuffiſantes pour l'entretenir, & elle n'eſt que peu ſalée; d'ailleurs il ne s'en faut preſque rien qu'elle n'ait communication avec la mer Baltique en pluſieurs endroits, elle en a même une effective avec le golfe de Finlande, car en remontant le fleuve Onega on arrive au lac de même nom; de ce lac Onega il y a deux rivières de communication avec le lac Ladoga, ce dernier lac communique par un large bras avec le golfe de Finlande, & il y a dans la Laponie Suédoiſe pluſieurs endroits dont les eaux coulent preſque indifféremment les unes vers la mer blanche, les autres vers le golfe de Bothnie & les autres vers celui de Finlande; & tout ce pays étant rempli de lacs & de marais, il ſemble que la mer Baltique & la mer blanche ſoient les réceptacles de toutes ces eaux, qui ſe déchargent enſuite dans la mer glaciale & dans la mer d'Allemagne.

En ſortant de la mer blanche & en côtoyant l'iſle de Candenos & les côtes ſeptentrionales de la Ruſſie, on trouve que l'océan fait un petit bras dans les terres à l'embouchûre du fleuve Petzora; ce petit bras qui a environ quarante lieues de longueur ſur huit ou dix de largeur, eſt plûtôt un amas d'eau formé par le fleuve, qu'un golfe de la mer, & l'eau y eſt auſſi fort peu ſalée. Là les terres ſont un cap avancé & terminé par les petites isles Maurice & d'Orange, & entre ces terres & celles qui avoisinent le détroit de Waigats au midi, il y a un petit golfe d'environ trente lieues dans sa plus grande profondeur au dedans des terres ; ce golfe appartient immédiatement à l'océan, & n'est pas formé des eaux de la terre : on trouve ensuite le détroit de Waigats qui est à très-peu près sous le 70me degré de latitude nord, ce détroit n'a pas plus de huit ou dix lieues de longueur, & communique à une mer qui baigne les côtes septentrionales de la Sibérie ; comme ce détroit est fermé par les glaces pendant la plus grande partie de l'année, il est assez difficile d'arriver dans la mer qui est au delà. Le passage de ce détroit a été tenté inutilement par un grand nombre de navigateurs, & ceux qui l'ont passé heureusement, ne nous ont pas laissé de cartes exactes de cette mer, qu'ils ont appellée mer tranquille ; il paroît seulement par les cartes les plus récentes, & par le dernier globe de Senex fait en 1739 ou 1740, que cette mer tranquille pourroit bien être entièrement méditerranée, & ne pas communiquer avec la grande mer de Tartarie, car elle paroît renfermée & bornée au midi par les terres des Samoïedes, qui sont aujourd'hui bien connues, & ces terres qui la bornent au midi, s'étendent depuis le détroit de Waigats jusqu'à l'embouchûre du fleuve Jénisca ; au levant elle est bornée par la terre de Jelmorland, au couchant par celles de la nouvelle Zemble ; & quoiqu'on ne connoisse pas l'étendue de cette mer méditerranée du côté du nord & du nord-est, comme on y connoît des terres non interrompues, il eſt très-probable que cette mer tranquille eſt une mer méditerranée, une eſpèce de cul-de-ſac fort difficile à aborder & qui ne mène à rien; ce qui le prouve, c'eſt qu'en partant du détroit de Waigats on a côtoyé la nouvelle Zemble dans la mer glaciale tout le long de ſes côtes occidentales & ſeptentrionales juſqu'au cap Deſiré, qu'après ce cap on a ſuivi les côtes à l'eſt de la nouvelle Zemble juſqu'à un petit golfe qui eſt environ à 75 degrés, où les Hollandois paſſèrent un hiver mortel en 1596, qu'au delà de ce petit golfe on a découvert la terre de Jelmorland en 1664, laquelle n'eſt éloignée que de quelques lieues des terres de la nouvelle Zemble, en ſorte que le ſeul petit endroit qui n'ait pas été reconnu, eſt auprès du petit golfe dont nous venons de parler, & cet endroit n'a peut-être pas trente lieues de longueur, de ſorte que ſi la mer tranquille communique à l'océan, il faut que ce ſoit à l'endroit de ce petit golfe, qui eſt le ſeul par où cette mer méditerranée peut ſe joindre à la grande mer; & comme ce petit golfe eſt à 75 degrés nord, & que quand même la communication exiſteroit, il faudroit toûjours s'élever de cinq degrés vers le nord pour gagner la grande mer, il eſt clair que ſi l'on veut tenter la route du nord pour aller à la Chine, il vaut beaucoup mieux paſſer au nord de la nouvelle Zemble à 77 ou 78 degrés, où d'ailleurs la mer eſt plus libre & moins glacée, que de tenter encore le chemin du détroit glacé de Waigats, avec l'incertitude de ne pouvoir ſortir de cette mer méditerranée.

En ſuivant donc l'océan tout le long des côtes de la nouvelle Zemble & du Jelmorland, on a reconnu ces terres juſqu'à l'embouchûre du Chotanga, qui eſt environ au 73me degré, après quoi l'on trouve un eſpace d'environ deux cens lieues, dont les côtes ne ſont pas encore connues; on a ſçu ſeulement par le rapport des Moſcovites qui ont voyagé par terre dans ces climats, que les terres ne ſont point interrompues, & leurs cartes y marquent des fleuves & des peuples qu'ils ont appellez *Populi Patati;* cet intervalle de côtes encore inconnues, eſt depuis l'embouchûre du Chotanga juſqu'à celle du Kauvoina au 66me degré de latitude: là l'océan fait un golfe dont le point le plus avancé dans les terres eſt à l'embouchûre du Len qui eſt un fleuve très-conſidérable; ce golfe eſt formé par les eaux de l'océan, il eſt fort ouvert & il appartient à la mer de Tartarie; on l'appelle le golfe Linchidolin, & les Moſcovites y pêchent la baleine.

De l'embouchûre du fleuve Len on peut ſuivre les côtes ſeptentrionales de la Tartarie dans un eſpace de plus de 500 lieues vers l'orient, juſqu'à une grande péninſule ou terre avancée où habitent les peuples Schelates; cette pointe eſt l'extrémité la plus ſeptentrionale de la Tartarie la plus orientale, & elle eſt ſituée ſous le 72me degré environ de latitude nord: dans cette longueur de plus de 500 lieues l'océan ne fait aucune irruption dans les terres, aucun golfe, aucun bras, il forme ſeulement un coude conſidérable à l'endroit de la naiſſance de cette péninſule des peuples Schelates, à l'embouchûre du fleuve Korvinea;

cette pointe de terre fait aussi l'extrémité orientale de la côte septentrionale du continent de l'ancien monde, dont l'extrémité occidentale est au cap-nord en Laponie, en sorte que l'ancien continent a environ 1700 lieues de côtes septentrionales, en y comprenant les sinuosités des golfes, en comptant depuis le cap-nord de Laponie jusqu'à la pointe de la terre des Schelates, & il y a environ 1100 lieues en navigeant sous le même parallèle.

Suivons maintenant les côtes orientales de l'ancien continent, en commençant à cette pointe de la terre des peuples Schelates, & en descendant vers l'équateur: l'océan fait d'abord un coude entre la terre des peuples Schelates & celle des peuples Tschutschi, qui avance considérablement dans la mer; au midi de cette terre il forme un petit golfe fort ouvert, qu'on appelle le golfe Suctoikret, & ensuite un autre plus petit golfe qui avance même comme un bras à 40 ou 50 lieues dans la terre de Kamtschatka; après quoi l'océan entre dans les terres par un large détroit rempli de plusieurs petites isles, entre la pointe méridionale de la terre de Kamtschatka & la pointe septentrionale de la terre d'Yeço, & il forme une grande mer méditerranée dont il est bon que nous suivions toutes les parties: la première est la mer de Kamtschatka dans laquelle se trouve une isle très-considérable qu'on appelle l'isle Amour; cette mer de Kamtschatka pousse un bras dans les terres au nord-est, mais ce petit bras & la mer de Kamtschatka elle-même pourroient bien être, au moins en partie, formez par l'eau des fleuves qui y arrivent, tant des terres de Kamtſchatka, que de celles de la Tartarie. Quoi qu'il en ſoit, cette mer de Kamtſchatka communique par un très-large détroit avec la mer de Corée, qui fait la ſeconde partie de cette mer méditerranée, & toute cette mer, qui a plus de 600 lieues de longueur, eſt bornée à l'occident & au nord par les terres de Corée & de Tartarie, à l'orient & au midi par celles de Kamtſchatka, d'Yeço & du Japon, ſans qu'il y ait d'autre communication avec l'océan que celle du détroit dont nous avons parlé, entre Kamtſchatka & Yeço; car on n'eſt pas aſſuré ſi celui que quelques cartes ont marqué entre le Japon & la terre d'Yeço, exiſte réellement, & quand même ce détroit exiſteroit, la mer de Kamtſchatka & celle de Corée ne laiſſeroient pas d'être toûjours regardées comme formant enſemble une grande mer méditerranée, ſéparée de l'océan de tous côtés, & qui ne doit pas être priſe pour un golfe, car elle ne communique pas directement avec le grand océan par ſon détroit méridional qui eſt entre le Japon & la Corée; la mer de la Chine à laquelle elle communique par ce détroit, eſt plûtôt encore une mer méditerranée qu'un golfe de l'océan.

Nous avons dit dans le diſcours précédent, que la mer avoit un mouvement conſtant d'orient en occident, & que par conſéquent la grande mer pacifique fait des efforts continuels contre les terres orientales: l'inſpection attentive du globe confirmera les conſéquences que nous avons tirées de cette obſervation; car ſi l'on examine le giſement des terres, à commencer de Kamtſchatka juſqu'à la nouvelle la nouvelle Bretagne découverte en 1700 par Dampier, & qui est à 4 ou 5 degrés de l'équateur latitude sud, on sera très-porté à croire que l'océan a rongé toutes les terres de ces climats dans une profondeur de quatre ou cinq cens lieues, que par conséquent les bornes orientales de l'ancien continent ont été reculées, & qu'il s'étendoit autrefois beaucoup plus vers l'orient; car on remarquera que la nouvelle Bretagne & Kamtschatka, qui sont les terres les plus avancées vers l'orient, sont sous le même méridien; on observera que toutes les terres sont dirigées du nord au midi, Kamtschatka fait une pointe d'environ 160 lieues du nord au midi, & cette pointe, qui du côté de l'orient est baignée par la mer pacifique, & de l'autre par la mer méditerranée dont nous venons de parler, est partagée dans cette direction du nord au midi par une chaîne de montagnes. Ensuite Yeço & le Japon forment une terre dont la direction est aussi du nord au midi dans une étendue de plus de 400 lieues entre la grande mer & celle de Corée, & les chaînes des montagnes d'Yeço & de cette partie du Japon ne peuvent pas manquer d'être dirigées du nord au midi, puisque ces terres qui ont quatre cens lieues de longueur dans cette direction, n'en ont pas plus de cinquante, soixante, ou cent de largeur dans l'autre direction de l'est à l'ouest; ainsi Kamtschatka, Yeço & la partie orientale du Japon sont des terres qu'on doit regarder comme contigues & dirigées du nord au sud, & suivant toûjours la même direction l'on trouve, après la pointe du cap Ava au Japon, l'isle de Barnevelt & trois autres isles qui sont posées les unes au dessus des autres exactement dans la direction du nord au sud, & qui occupent en tout un espace d'environ cent lieues: on trouve ensuite dans la même direction trois autres isles appellées les isles des Callanos, qui sont encore toutes trois posées les unes au dessus des autres dans la même direction du nord au sud, après quoi on trouve les isles des Larrons au nombre de quatorze ou quinze, qui sont toutes posées les unes au dessus des autres dans la même direction du nord au sud, & qui occupent toutes ensemble, y compris les isles des Callanos, un espace de plus de trois cens lieues de longueur dans cette direction du nord au sud, sur une largeur si petite que dans l'endroit où elle est la plus grande, ces isles n'ont pas sept à huit lieues: il me paroît donc que Kamtschatka, Yeço, le Japon oriental, les isles Barnevelt, du Prince, des Callanos & des Larrons, ne sont que la même chaîne de montagnes & les restes de l'ancien pays que l'océan a rongé & couvert peu à peu. Toutes ces contrées ne sont en effet que des montagnes, & ces isles des pointes de montagnes, les terreins moins élevez ont été submergez par l'océan, & si ce qui est rapporté dans les Lettres édifiantes est vrai, & qu'en effet on ait découvert une quantité d'isles qu'on a appellées les nouvelles Philippines, & que leur position soit réellement telle qu'elle est donnée par le P. Gobien, on ne pourra guère douter que les isles les plus orientales de ces nouvelles Philippines ne soient une continuation de la chaîne de montagnes qui forme les isles des Larrons; car ces isles orientales, au nombre de onze, ſont toutes placées les unes au deſſus des autres dans la même direction du nord au ſud, elles occupent en longueur un eſpace de plus de deux cens lieues, & la plus large n'a pas ſept ou huit lieues de largeur dans la direction de l'eſt à l'oueſt.

Mais ſi l'on trouve ces conjectures trop haſardées, & qu'on m'oppoſe les grands intervalles qui ſont entre les iſles voiſines du cap Ava, du Japon & celles des Callanos, & entre ces iſles & celles des Larrons, & encore entre celles des Larrons & les nouvelles Philippines, dont en effet le premier eſt d'environ cent ſoixante lieues, le ſecond de cinquante ou ſoixante, & le troiſième de près de cent vingt, je répondrai que les chaînes des montagnes s'étendent ſouvent beaucoup plus loin ſous les eaux de la mer, & que ces intervalles ſont petits en comparaiſon de l'étendue de terre que préſentent ces montagnes dans cette direction, qui eſt de plus de onze cens lieues, en les prenant depuis l'intérieur de la preſqu'iſle de Kamtſchatka. Enfin ſi l'on ſe refuſe totalement à cette idée que je viens de propoſer au ſujet des cinq cens lieues que l'océan doit avoir gagnées ſur les côtes orientales du continent, & de cette ſuite de montagnes que je fais paſſer par les iſles des Larrons, on ne pourra pas s'empêcher de m'accorder au moins que Kamtſchatka, Yeço, le Japon, les iſles Bongo, Tanaxima, celles de Lequeo-grande, l'iſle des Rois, celle de Formoſa, celle de Vaif, de Bashe, de Babuyanes, la grande iſle de Luçon, les autres Philippines, Mindanao, Gilolo, &c. & enfin la nouvelle Guinée qui s'étend jusqu'à la nouvelle Bretagne située sous le même méridien que Kamtschatka, ne fassent une continuité de terre de plus de deux mille deux cens lieues, qui n'est interrompue que par de petits intervalles, dont le plus grand n'a peut-être pas vingt lieues, en sorte que l'océan forme dans l'intérieur des terres du continent oriental un très-grand golfe, qui commence à Kamtschatka & finit à la nouvelle Bretagne; que ce golfe est semé d'isles, qu'il est figuré comme le seroit tout autre enfoncement que les eaux pourroient faire à la longue en agissant continuellement contre des rivages & des côtes, & que par conséquent on peut conjecturer avec quelque vrai-semblance, que l'océan par son mouvement constant d'orient en occident a gagné peu à peu cette étendue sur le continent oriental, & qu'il a de plus formé les mers méditerranées de Kamtschatka, de Corée, de la Chine, & peut-être tout l'archipel des Indes, car la terre & la mer y sont mêlées de façon qu'il paroît évidemment que c'est un pays inondé, duquel on ne voit plus que les éminences & les terres élevées, & dont les terres plus basses sont cachées par les eaux; aussi cette mer n'est-elle pas profonde comme les autres, & les isles innombrables qu'on y trouve, ne sont presque toutes que des montagnes.

Si l'on examine maintenant toutes ces mers en particulier, à commencer au détroit de la mer de Corée vers celle de la Chine, où nous en étions demeurez, on trouvera que cette mer de la Chine forme dans sa partie septentrionale un golfe fort profond, qui commence à l'isle

Fungma, & ſe termine à la frontière de la province de Pekin, à une diſtance d'environ quarante-cinq ou cinquante lieues de cette capitale de l'Empire Chinois; ce golfe dans ſa partie la plus intérieure & la plus étroite s'appelle le golfe de Changi : il eſt très-probable que ce golfe de Changi & une partie de cette mer de la Chine ont été formez par l'océan, qui a inondé tout le plat-pays de ce continent, dont il ne reſte que les terres les plus élevées, qui ſont les iſles dont nous avons parlé; dans cette partie méridionale ſont les golfes de Tunquin & de Siam, auprès duquel eſt la preſqu'iſle de Malaie formée par une longue chaîne de montagnes, dont la direction eſt du nord au ſud, & les iſles Andamans, qui ſont une autre chaîne de montagnes dans la même direction, & qui ne paroiſſent être qu'une ſuite des montagnes de Sumatra.

L'océan fait enſuite un grand golfe qu'on appelle le golfe de Bengale, dans lequel on peut remarquer que les terres de la preſqu'iſle de l'Inde ſont une courbe concave vers l'orient, à peu près comme le grand golfe du continent oriental, ce qui ſemble auſſi avoir été produit par le même mouvement de l'océan d'orient en occident; c'eſt dans cette preſqu'iſle que ſont les montagnes de Gates, qui ont une direction du nord au ſud juſqu'au cap de Comorin, & il ſemble que l'iſle de Ceylan en ait été ſéparée & qu'elle ait fait autrefois partie de ce continent. Les Maldives ne ſont qu'une autre chaîne de montagnes, dont la direction eſt encore la même, c'eſt-à-dire, du nord au ſud; après cela eſt la mer d'Arabie qui eſt un très-grand golfe, duquel partent quatre bras qui s'étendent dans les terres, les deux plus grands du côté de l'occident, & les deux plus petits du côté de l'orient; le premier de ces bras du côté de l'orient eſt le petit golfe de Cambaie, qui n'a guère que 50 à 60 lieues de profondeur, & qui reçoit deux rivières aſſez conſidérables, ſçavoir, le fleuve Tapti & la rivière de Baroche, que Pietro della Valle appelle le Mehi; le ſecond bras vers l'orient eſt cet endroit fameux par la vîteſſe & la hauteur des marées, qui y ſont plus grandes qu'en aucun lieu du monde, en ſorte que ce bras, ou ce petit golfe tout entier, n'eſt qu'une terre, tantôt couverte par le flux, & tantôt découverte par le reflux, qui s'étend à plus de cinquante lieues: il tombe dans cet endroit pluſieurs grands fleuves, tels que l'Indus, le Padar, &c. qui ont amené une grande quantité de terre & de limon à leurs embouchûres, ce qui a peu à peu élevé le terrein du golfe, dont la pente eſt ſi douce, que la marée s'étend à une diſtance extrêmement grande. Le premier bras du golfe Arabique vers l'occident eſt le golfe Perſique, qui a plus de deux cens cinquante lieues d'étendue dans les terres, & le ſecond eſt la mer rouge, qui en a plus de ſix cens quatre-vingts en comptant depuis l'iſle de Socotora; on doit regarder ces deux bras comme deux mers méditerranées, en les prenant au delà des détroits d'Ormuz & de Babelmandel; & quoiqu'elles ſoient toutes deux ſujettes à un grand flux & reflux, & qu'elles participent par conſéquent aux mouvemens de l'océan, c'eſt parce qu'elles ne ſont pas éloignées de l'équateur où le mouvement des marées eſt beaucoup plus grand que dans les autres climats, & que d'ailleurs elles ſont toutes deux fort longues & fort étroites; le mouvement des marées eſt beaucoup plus violent dans la mer rouge que dans le golfe Perſique, parce que la mer rouge qui eſt près de trois fois plus longue & preſque auſſi étroite que le golfe Perſique, ne reçoit aucun fleuve dont le mouvement puiſſe s'oppoſer à celui du flux, au lieu que le golfe Perſique en reçoit de très-conſidérables à ſon extrémité la plus avancée dans les terres. Il paroît ici aſſez viſiblement que la mer rouge a été formée par une irruption de l'océan dans les terres; car ſi on examine le giſement des terres au deſſus & au deſſous de l'ouverture qui lui ſert de paſſage, on verra que ce paſſage n'eſt qu'une coupure, & que de l'un & de l'autre côté de ce paſſage les côtes ſuivent une direction droite & ſur la même ligne, la côte d'Arabie depuis le cap Rozalgate juſqu'au cap Fartaque étant dans la même direction que la côte d'Afrique depuis le cap de Guardafu juſqu'au cap de Sands.

A l'extrémité de la mer rouge eſt cette fameuſe langue de terre qu'on appelle l'iſthme de Suez, qui fait une barrière aux eaux de la mer rouge & empêche la communication des mers. On a vû dans le diſcours précédent les raiſons qui peuvent faire croire que la mer rouge eſt plus élevée que la méditerranée, & que ſi l'on coupoit l'iſthme de Suez il pourroit s'enſuivre une inondation & une augmentation de la méditerranée; nous ajoûterons à ce que nous avons dit, que quand même on ne voudroit pas convenir que la mer rouge fût plus élevée que la méditerranée, on ne pourra pas nier qu'il n'y ait aucun flux & reflux dans cette partie de la méditerranée voisine des bouches du Nil, & qu'au contraire il y a dans la mer rouge un flux & reflux très-considérable & qui élève les eaux de plusieurs pieds, ce qui seul suffiroit pour faire passer une grande quantité d'eau dans la méditerranée si l'isthme étoit rompu. D'ailleurs nous avons un exemple cité à ce sujet par Varenius, qui prouve que les mers ne sont pas également élevées dans toutes leurs parties; voici ce qu'il en dit page 100 de sa Géographie: *Oceanus Germanicus, qui est Atlantici pars, inter Frisiam & Hollandiam se effundens, efficit sinum qui, etsi parvus sit respectu celebrium sinuum maris, tamen & ipse dicitur mare, alluitque Hollandiæ emporium celeberrimum, Amstelodamum. Non procul indè abest lacus Harlemensis, qui etiam mare Harlemense dicitur. Hujus altitudo non est minor altitudine sinûs illius Belgici, quem diximus, & mittit ramum ad urbem Leidam, ubi in varias fossas divaricatur. Quoniam itaque nec lacus hic, neque sinus ille, Hollandici maris inundant adjacentes agros (de naturali constitutione loquor, non ubi tempestatibus urgentur, propter quas aggeres facti sunt) patet indè quòd non sint altiores quàm agri Hollandiæ. At verò Oceanum Germanicum esse altiorem quàm terras hasce experti sunt Leidenses, cùm suscepissent fossam seu alveum ex urbe sua ad Oceani Germanici littora, propè Cattorum vicum perducere (distantia est duorum milliarium) ut, recepto per alveum hunc mari, possent navigationem instituere in Oceanum Germanicum, & hinc in varias terræ regiones.*

regiones. Verùm enimverò cum magnam jam alvei partem perfeciſſent, deſiſtere coacti ſunt, quoniam tùm demùm per obſervationem cognitum eſt Oceani Germanici aquam eſſe altiorem quàm agrum inter Leidam & littus Oceani illius; undè locus ille, ubi fodere deſierunt, dicitur Het malle Gat. *Oceanus itaque Germanicus eſt aliquantùm altior quàm ſinus ille Hollandicus, &c.* Ainſi on peut croire que la mer rouge eſt plus haute que la méditerranée, comme la mer d'Allemagne eſt plus haute que la mer de Hollande. Quelques anciens Auteurs, comme Hérodote & Diodore de Sicile, parlent d'un canal de communication du Nil & de la méditerranée avec la mer rouge, & en dernier lieu M. de l'Iſle a donné une carte en 1704 dans laquelle il a marqué un bout de canal qui ſort du bras le plus oriental du Nil, & qu'il juge devoir être une partie de celui qui faiſoit autrefois cette communication du Nil avec la mer rouge. *Voyez les Mém. de l'Acad. des Sciences, année 1704.* Dans la troiſième partie du Livre qui a pour titre, *Connoiſſance de l'ancien Monde,* imprimé en 1707, on trouve le même ſentiment, & il y eſt dit d'après Diodore de Sicile, que ce fut Néco Roi d'Egypte qui commença ce canal, que Darius Roi de Perſe le continua, & que Ptolomée II. l'acheva & le conduiſit juſqu'à la ville d'Arſinoé; qu'il le faiſoit ouvrir & fermer ſelon qu'il en avoit beſoin. Sans que je prétende vouloir nier ces faits, je ſuis obligé d'avouer qu'ils me paroiſſent douteux, & je ne ſçais pas ſi la violence & la hauteur des marées dans la mer rouge ne ſe feroient pas néceſſairement communiquées aux eaux de ce canal, il me ſemble qu'au moins il auroit fallu de grandes précautions pour contenir les eaux, éviter les inondations, & beaucoup de ſoin pour entretenir ce canal en bon état; auſſi les Hiſtoriens qui nous diſent que ce canal a été entrepris & achevé, ne nous diſent pas s'il a duré, & les veſtiges qu'on prétend en reconnoître aujourd'hui ſont peut-être tout ce qui en a jamais été fait. On a donné à ce bras de l'océan le nom de mer rouge, parce qu'elle a en effet cette couleur dans tous les endroits où il ſe trouve des madrépores ſur ſon fond; voici ce qui eſt rapporté dans l'*Hiſtoire générale des Voyages, tome 1, pages 198 & 199.* « Avant que de quitter la mer rouge » D. Jean examina quelles peuvent avoir été les raiſons qui » ont fait donner ce nom au golfe Arabique par les anciens, » & ſi cette mer eſt en effet différente des autres par la cou- » leur; il obſerva que Pline rapporte pluſieurs ſentimens ſur » l'origine de ce nom; les uns le font venir d'un Roi nom- » Erythros qui régna dans ces cantons, & dont le nom en » grec ſignifie rouge; d'autres ſe ſont imaginé que la réfle- » xion du ſoleil produit une couleur rougeâtre ſur la ſurface » de l'eau, & d'autres que l'eau du golfe a naturellement » cette couleur. Les Portugais qui avoient déjà fait pluſieurs » voyages à l'entrée des détroits, aſſuroient que toute la côte » d'Arabie étant fort rouge, le ſable & la pouſſière qui s'en » détachoient & que le vent pouſſoit dans la mer, teignoient » les eaux de la même couleur.

» Dom Jean qui, pour vérifier ces opinions, ne ceſſa point » jour & nuit depuis ſon départ de Socotora, d'obſerver la nature de l'eau & les qualités des côtes jusqu'à Suez, assure « que loin d'être naturellement rouge, l'eau est de la couleur « des autres mers, & que le sable ou la poussière n'ayant rien « de rouge non plus, ne donnent point cette teinte à l'eau du « golfe. La terre sur les deux côtes est généralement brune, « & noire même en quelques endroits ; dans d'autres lieux « elle est blanche : ce n'est qu'au delà de Suaquen, c'est-à- « dire, sur des côtes où les Portugais n'avoient point encore « pénétré, qu'il vit en effet trois montagnes rayées de rouge, « encore étoient-elles d'un roc fort dur, & le pays voisin étoit « de la couleur ordinaire. «

La vérité donc est que cette mer, depuis l'entrée jusqu'au « fond du golfe, est par-tout de la même couleur, ce qu'il est « facile de se démontrer à soi-même en puisant de l'eau à « chaque lieu ; mais il faut avouer aussi que dans quelques « endroits elle paroît rouge par accident, & dans d'autres « verte & blanche, voici l'explication de ce phénomène. « Depuis Suaquen jusqu'à Kossir, c'est-à-dire, pendant « l'espace de 136 lieues, la mer est remplie de bancs & de « rochers de corail ; on leur donne ce nom, parce que leur « forme & leur couleur les rendent si semblables au corail, « qu'il faut une certaine habileté pour ne pas s'y tromper ; « ils croissent comme des arbres, & leurs branches prennent « la forme de celles du corail ; on en distingue deux sortes, « l'une blanche & l'autre fort rouge ; ils sont couverts en plu- « sieurs endroits d'une espèce de gomme ou de glue verte, « & dans d'autres lieux, orange foncé. Or l'eau de cette « mer étant plus claire & plus transparente qu'aucune autre «

» eau du monde, de ſorte qu'à 20 braſſes de profondeur l'œil » pénètre juſqu'au fond, ſur-tout depuis Suaquen juſqu'à l'ex- » trémité du golfe, il arrive qu'elle paroît prendre la couleur » des choſes qu'elle couvre; par exemple, lorſque les rocs » ſont comme enduits de glue verte, l'eau qui paſſe par-deſſus, » paroît d'un verd plus foncé que les rocs mêmes, & lorſque » le fond eſt uniquement de ſable, l'eau paroît blanche; de » même lorſque les rocs ſont de corail, dans le ſens que j'ai » donné à ce terme, & que la glue qui les environne, eſt rouge » ou rougeâtre, l'eau ſe teint, ou plûtôt ſemble ſe teindre en » rouge; ainſi comme les rocs de cette couleur ſont plus fré- » quens que les blancs & les verds, Dom Jean conclut qu'on » a dû donner au golfe Arabique le nom de mer rouge plûtôt » que celui de mer verte ou blanche; il s'applaudit de cette » découverte avec d'autant plus de raiſon, que la méthode » par laquelle il s'en étoit aſſuré ne pouvoit lui laiſſer aucun » doute. Il faiſoit amarrer une flûte contre les rocs dans » les lieux qui n'avoient point aſſez de profondeur pour per- » mettre aux vaiſſeaux d'approcher, & ſouvent les matelots » pouvoient exécuter ſes ordres à leur aiſe, ſans avoir la mer » plus haut que l'eſtomac à plus d'une demi-lieue des rocs; » la plus grande partie des pierres ou des cailloux qu'ils en » tiroient, dans les lieux où l'eau paroiſſoit rouge, avoient » auſſi cette couleur; dans l'eau qui paroiſſoit verte, les pier- » res étoient vertes, & ſi l'eau paroiſſoit blanche, le fond » étoit d'un ſable blanc, où l'on n'apercevoit point d'autre mêlange. »

Depuis l'entrée de la mer rouge au cap Gardafu juſqu'à

la pointe de l'Afrique au cap de Bonne-eſpérance, l'océan a une direction aſſez égale, & il ne forme aucun golfe conſidérable dans l'intérieur des terres ; il y a ſeulement une eſpèce d'enfoncement à la côte de Mélinde, qu'on pourroit regarder comme faiſant partie d'un grand golfe, ſi l'iſle de Madagaſcar étoit réunie à la terre ferme : il eſt vrai que cette iſle, quoique ſéparée par le large détroit de Mozambique, paroît avoir appartenu autrefois au continent, car il y a des ſables fort hauts & d'une vaſte étendue dans ce détroit, ſur-tout du côté de Madagaſcar ; ce qui reſte de paſſage abſolument libre dans ce détroit, n'eſt pas fort conſidérable.

En remontant la côte occidentale de l'Afrique depuis le cap de Bonne-eſpérance juſqu'au cap Négro, les terres ſont droites & dans la même direction, & il ſemble que toute cette longue côte ne ſoit qu'une ſuite de montagnes ; c'eſt au moins un pays élevé qui ne produit, dans une étendue de plus de 500 lieues, aucune rivière conſidérable, à l'exception d'une ou de deux dont on n'a reconnu que l'embouchûre ; mais au delà du cap Négro la côte fait une courbe dans les terres qui, dans toute l'étendue de cette courbe, paroiſſent être un pays plus bas que le reſte de l'Afrique, & qui eſt arroſé de pluſieurs fleuves dont les plus grands ſont le Coanza & le Zaire ; on compte depuis le cap Négro juſqu'au cap Gonſalvez vingt-quatre embouchûres de rivières toutes conſidérables, & l'eſpace contenu entre ces deux caps eſt d'environ 420 lieues en ſuivant les côtes. On peut croire que l'océan a un peu gagné ſur ces terres baſſes de l'Afrique, non pas par ſon mouvement naturel d'orient en occident, qui eſt dans une direction contraire à celle qu'exigeroit l'effet dont il eſt queſtion, mais ſeulement parce que ces terres étant plus baſſes que toutes les autres, il les aura ſurmontées & minées preſque ſans effort. Du cap Gonſalvez au cap des Trois-pointes l'océan forme un golfe fort ouvert qui n'a rien de remarquable, ſinon un cap fort avancé & ſitué à peu près dans le milieu de l'étendue des côtes qui forment ce golfe, on l'appelle le cap Formoſa; il y a auſſi trois iſles dans la partie la plus méridionale de ce golfe, qui ſont les iſles Fernandpo, du Prince & de Saint Thomas; ces iſles paroiſſent être la continuation d'une chaîne de montagnes ſituée entre Rio del Rey & le fleuve Jamoer. Du cap des Trois-pointes au cap Palmas l'océan rentre un peu dans les terres, & du cap Palmas au cap Tagrin il n'y a rien de remarquable dans le giſement des terres; mais auprès du cap Tagrin l'océan fait un très-petit golfe dans les terres de Sierra-Liona, & plus haut un autre encore plus petit où ſont les iſles Biſagas; enſuite on trouve le cap Verd qui eſt fort avancé dans la mer, & dont il paroît que les iſles du même nom ne ſont que la continuation, ou, ſi l'on veut, celle du cap Blanc qui eſt une terre élevée, encore plus conſidérable & plus avancée que celle du cap Verd. On trouve enſuite la côte montagneuſe & sèche qui commence au cap Blanc & finit au cap Bajador; les iſles Canaries paroiſſent être une continuation de ces montagnes; enfin entre les terres du Portugal & de l'Afrique l'océan fait un golfe fort ouvert, au milieu duquel eſt le fameux détroit de Gibraltar, par lequel l'océan coule dans la méditerranée avec une grande rapidité; cette mer s'étend à près de 900 lieues dans l'intérieur des terres, & elle a pluſieurs choſes remarquables; premièrement elle ne participe pas d'une manière ſenſible au mouvement de flux & de reflux, & il n'y a que dans le golfe de Veniſe où elle ſe rétrécit beaucoup, que ce mouvement ſe fait ſentir; on prétend auſſi s'être aperçu de quelque petit mouvement à Marſeille & à la côte de Tripoli : en ſecond lieu elle contient de grandes iſles, celle de Sicile, celles de Sardaigne, de Corſe, de Chypre, de Majorque, &c. & l'une des plus grandes preſqu'iſles du monde, qui eſt l'Italie : elle a auſſi un archipel, ou plûtôt c'eſt de cet archipel de notre mer méditerranée que les autres amas d'iſles ont emprunté ce nom; mais cet archipel de la méditerranée me paroît appartenir plûtôt à la mer noire, & il ſemble que ce pays de la Grèce ait été en partie noyé par les eaux ſur-abondantes de la mer noire, qui coulent dans la mer de Marmora, & de-là dans la mer méditerranée.

Je ſçais bien que quelques gens ont prétendu qu'il y avoit dans le détroit de Gibraltar un double courant, l'un ſupérieur qui portoit l'eau de l'océan dans la méditerranée, & l'autre inférieur, dont l'effet, diſent-ils, eſt contraire; mais cette opinion eſt évidemment fauſſe & contraire aux loix de l'Hydroſtatique : on a dit de même que dans pluſieurs autres endroits il y avoit de ces courans inférieurs, dont la direction étoit oppoſée à celle du courant ſupérieur, comme dans le Bofphore, dans le détroit du Sund, &c. & Marfilli rapporte même des expériences qui ont été faites dans le Bofphore & qui prouvent ce fait; mais il y a grande apparence que les expériences ont été mal faites, puifque la chofe eft impoffible & qu'elle répugne à toutes les notions que l'on a fur le mouvement des eaux; d'ailleurs Greaves dans fa Pyramidographie, pag. 101 & 102, prouve par des expériences bien faites, qu'il n'y a dans le Bofphore aucun courant inférieur dont la direction foit oppofée au courant fupérieur: ce qui a pû tromper Marfilli & les autres, c'eft que dans le Bofphore, comme dans le détroit de Gibraltar & dans tous les fleuves qui coulent avec quelque rapidité, il y a un remous confidérable le long des rivages, dont la direction eft ordinairement différente, & quelquefois contraire à celle du courant principal des eaux.

Parcourons maintenant toutes les côtes du nouveau continent, & commençons par le point du cap Hold-with-hope, fitué au 73me degré latitude nord, c'eft la terre la plus feptentrionale que l'on connoiffe dans le nouveau Groenland, elle n'eft éloignée du cap nord de Laponie que d'environ 160 ou 180 lieues; de ce cap on peut fuivre la côte du Groenland jufqu'au cercle polaire; là l'océan forme un large détroit entre l'Iflande & les terres du Groenland. On prétend que ce pays voifin de l'Iflande n'eft pas l'ancien Groenland que les Danois poffédoient autrefois comme province dépendante de leur royaume; il y avoit dans cet ancien Groenland des peuples policez & chrétiens, des évêques, des églifes, des villes des villes considérables par leur commerce; les Danois y alloient aussi souvent & aussi aisément que les Espagnols pourroient aller aux Canaries: il existe encore, à ce qu'on assure, des titres & des ordonnances pour les affaires de ce pays, & tout cela n'est pas bien ancien; cependant, sans qu'on puisse deviner comment ni pourquoi, ce pays est absolument perdu, & l'on n'a trouvé dans le nouveau Groenland aucun indice de tout ce que nous venons de rapporter: les peuples y sont sauvages, il n'y a aucun vestige d'édifice, pas un mot de leur langue qui ressemble à la langue Danoise; enfin, rien qui puisse faire juger que c'est le même pays, il est même presque desert & bordé de glaces pendant la plus grande partie de l'année: mais comme ces terres sont d'une très-vaste étendue, & que les côtes ont été très-peu fréquentées par les navigateurs modernes, ces navigateurs ont pû manquer le lieu où habitent les descendans de ces peuples policez, ou bien il se peut que les glaces étant devenues plus abondantes dans cette mer, elles empêchent aujourd'hui d'aborder en cet endroit; tout ce pays cependant, à en juger par les cartes, a été côtoyé & reconnu en entier, il forme une grande presqu'isle à l'extrémité de laquelle sont les deux détroits de Forbisher & l'isle de Frisland, où il fait un froid extrême, quoiqu'ils ne soient qu'à la hauteur des Orcades, c'est-à-dire, à 60 degrés.

Entre la côte occidentale du Groenland & celle de la terre de Labrador l'océan fait un golfe, & ensuite une grande mer méditerranée la plus froide de toutes les mers,

& dont les côtes ne ſont pas encore bien reconnues ; en ſuivant ce golfe droit au nord on trouve le large détroit de Davis qui conduit à la mer Chriſtiane, terminée par la baie de Baffin, qui fait un cul-de-ſac dont il paroît qu'on ne peut ſortir que pour tomber dans un autre cul-de-ſac qui eſt la baie de Hudſon. Le détroit de Cumberland qui peut, auſſi-bien que celui de Davis, conduire à la mer Chriſtiane, eſt plus étroit & plus ſujet à être glacé ; celui de Hudſon, quoique beaucoup plus méridional, eſt auſſi glacé pendant une partie de l'année, & on a remarqué dans ces détroits & dans ces mers méditerranées un mouvement de flux & reflux très-fort, tout au contraire de ce qui arrive dans les mers méditerranées de l'Europe, ſoit dans la méditerranée, ſoit dans la mer Baltique où il n'y a point de flux & reflux, ce qui ne peut venir que de la différence du mouvement de la mer, qui ſe faiſant toûjours d'orient en occident, occaſionne de grandes marées dans les détroits qui ſont oppoſez à cette direction de mouvement, c'eſt-à-dire, dans les détroits dont les ouvertures ſont tournées vers l'orient, au lieu que dans ceux de l'Europe, qui préſentent leur ouverture à l'occident, il n'y a aucun mouvement; l'océan par ſon mouvement général entre dans les premiers & fuit les derniers, & c'eſt par cette même raiſon qu'il y a de violentes marées dans les mers de la Chine, de Corée & de Kamtſchatka.

En deſcendant du détroit de Hudſon vers la terre de Labrador, on voit une ouverture étroite, dans laquelle Davis en 1586 remonta juſqu'à trente lieues, & fit quelque petit commerce avec les habitans; mais personne, que je sçache, n'a depuis tenté la découverte de ce bras de mer, & on ne connoît de la terre voisine que le pays des Eskimaux, le fort Pontchartrain est la seule habitation & la plus septentrionale de tout ce pays, qui n'est séparé de l'isle de Terre-neuve que par le petit détroit de Bellisle, qui n'est pas trop fréquenté; & comme la côte orientale de Terre-neuve est dans la même direction que la côte de Labrador, on doit regarder l'isle de Terre-neuve comme une partie du continent, de même que l'Isle-royale paroît être une partie du continent de l'Acadie; le grand banc & les autres bancs sur lesquels on pêche la morue ne sont pas des hauts fonds, comme on pourroit le croire, ils sont à une profondeur considérable sous l'eau, & produisent dans cet endroit des courans très-violens. Entre le cap Breton & Terre-neuve est un détroit assez large par lequel on entre dans une petite mer méditerranée qu'on appelle le golfe de Saint-Laurent, cette petite mer a un bras qui s'étend assez considérablement dans les terres, & qui semble n'être que l'embouchûre du fleuve Saint-Laurent; le mouvement du flux & reflux est extrêmement sensible dans ce bras de mer, & à Québec même, qui est plus avancé dans les terres, les eaux s'élèvent de plusieurs pieds. Au sortir du golfe de Canada, & en suivant la côte de l'Acadie, on trouve un petit golfe qu'on appelle la baie de Boston, qui fait un petit enfoncement carré dans les terres; mais avant que de suivre cette côte plus loin, il est bon d'observer que depuis l'isle de Terre-neuve jusqu'aux isles Antilles

les plus avancées, comme la Barbade & Antigoa, & même jusqu'à celles de la Guiane, l'océan fait un très-grand golfe qui a plus de 500 lieues d'enfoncement jusqu'à la Floride; ce golfe du nouveau continent est semblable à celui de l'ancien continent dont nous avons parlé, & tout de même que dans le continent oriental l'océan après avoir fait un golfe entre les terres de Kamtschatka & de la nouvelle Bretagne, forme ensuite une vaste mer méditerranée, qui comprend la mer de Kamtschatka, celle de Corée, celle de la Chine, &c. dans le nouveau continent l'océan après avoir fait un grand golfe entre les terres de Terre-neuve & celles de la Guiane, forme une très-grande mer méditerranée qui s'étend depuis les Antilles jusqu'au Mexique; ce qui confirme ce que nous avons dit au sujet des effets du mouvement de l'océan d'orient en occident, car il semble que l'océan ait gagné tout autant de terrein sur les côtes orientales de l'Amérique, qu'il en a gagné sur les côtes orientales de l'Asie, & ces deux grands golfes ou enfoncemens que l'océan a formez dans ces deux continens sont sous le même degré de latitude, & à peu près de la même étendue, ce qui fait des rapports ou des convenances singulières, & qui paroissent venir de la même cause.

Si l'on examine la position des isles Antilles, à commencer par celle de la Trinité qui est la plus méridionale, on ne pourra guère douter que les isles de la Trinité, de Tabago, de la Grenade, les isles des Granadilles, celles de Saint-Vincent, de la Martinique, de Marie-Galante, de la Desirade, d'Antigoa, de la Barbade, avec toutes les autres isles qui les accompagnent, ne fassent une chaîne de montagnes dont la direction est du sud au nord, comme est celle de l'isle de Terre-neuve & de la terre des Eskimaux. Ensuite la direction de ces isles Antilles est de l'est à l'ouest en commençant à l'isle de la Barbade, passant par Saint-Barthélemi, Porto-Rico, Saint-Domingue & l'isle de Cube, à peu près comme les terres du cap Breton, de l'Acadie, de la nouvelle Angleterre; toutes ces isles sont si voisines les unes des autres, qu'on peut les regarder comme une bande de terre non interrompue & comme les parties les plus élevées d'un terrein submergé: la plûpart de ces isles ne sont en effet que des pointes de montagnes, & la mer qui est au delà, est une vraie mer méditerranée, où le mouvement du flux & reflux n'est guère plus sensible que dans notre mer méditerranée, quoique les ouvertures qu'elles présentent à l'océan, soient directement opposées au mouvement des eaux d'orient en occident, ce qui devroit contribuer à rendre ce mouvement sensible dans le golfe du Mexique; mais comme cette mer méditerranée est fort large, le mouvement du flux & reflux qui lui est communiqué par l'océan, se répandant sur un aussi grand espace, perd une grande partie de sa vîtesse & devient presqu'insensible à la côte de la Louisiane & dans plusieurs autres endroits.

L'ancien & le nouveau continent paroissent donc tous les deux avoir été rongez par l'océan à la même hauteur & à la même profondeur dans les terres, tous deux ont ensuite une vaste mer méditerranée & une grande quantité d'isles qui sont encore situées à peu près à la même hauteur; la seule différence est que l'ancien continent étant beaucoup plus large que le nouveau, il y a dans la partie occidentale de cet ancien continent une mer méditerranée occidentale qui ne peut pas se trouver dans le nouveau continent, mais il paroît que tout ce qui est arrivé aux terres orientales de l'ancien monde, est aussi arrivé de même aux terres orientales du nouveau monde, & que c'est à peu près dans leur milieu & à la même hauteur que s'est faite la plus grande destruction des terres, parce qu'en effet c'est dans ce milieu & près de l'équateur qu'est le plus grand mouvement de l'océan.

Les côtes de la Guiane, comprises entre l'embouchûre du fleuve Oronoque & celle de la rivière des Amazones, n'offrent rien de remarquable; mais cette rivière, la plus large de l'univers, forme une étendue d'eau considérable auprès de Coropa, avant que d'arriver à la mer par deux bouches différentes qui forment l'isle de Caviana. De l'embouchûre de la rivière des Amazones jusqu'au cap Saint-Roch la côte va presque droit de l'ouest à l'est, du cap Saint-Roch au cap Saint-Augustin elle va du nord au sud, & du cap Saint-Augustin à la baie de tous les Saints elle retourne vers l'ouest; en sorte que cette partie du Bresil fait une avance considérable dans la mer, qui regarde directement une pareille avance de terre que fait l'Afrique en sens opposé. La baie de tous les Saints est un petit bras de l'océan qui a environ cinquante lieues de profondeur dans les terres, & qui eſt fort fréquenté des navigateurs. De cette baie juſqu'au cap de Saint-Thomas la côte va droit du nord au midi, & enſuite dans une direction ſud-oueſt juſqu'à l'embouchûre du fleuve de la Plata, où la mer fait un petit bras qui remonte à près de cent lieues dans les terres. De-là à l'extrémité de l'Amérique l'océan paroît faire un grand golfe terminé par les terres voiſines de la terre de Feu, comme l'iſle Falkland, les terres du cap de l'Aſſomption, l'iſle Beauchene, & les terres qui forment le détroit de la Roche, découvert en 1671 : on trouve au fond de ce golfe le détroit de Magellan, qui eſt le plus long de tous les détroits, & où le flux & reflux eſt extrêmement ſenſible; au delà eſt celui de le Maire, qui eſt plus court & plus commode, & enfin le cap Horn qui eſt la pointe du continent de l'Amérique méridionale.

On doit remarquer au ſujet de ces pointes formées par les continens, qu'elles ſont toutes poſées de la même façon, elles regardent toutes le midi, & la plûpart ſont coupées par des détroits qui vont de l'orient à l'occident; la première eſt celle de l'Amérique méridionale qui regarde le midi ou le pole auſtral, & qui eſt coupée par le détroit de Magellan; la ſeconde eſt celle du Groenland, qui regarde auſſi directement le midi, & qui eſt coupée de même de l'eſt à l'oueſt par les détroits de Frobisher; la troiſième eſt celle de l'Afrique, qui regarde auſſi le midi, & qui a au delà du cap de Bonne-eſpérance des bancs & des hauts fonds qui paroiſſent en avoir été ſéparez; la quatrième eſt la pointe de la preſqu'iſle de l'Inde, qui eſt coupée par un détroit qui forme l'isle de Ceylan, & qui regarde le midi, comme toutes les autres. Jusqu'ici nous ne voyons pas qu'on puisse donner la raison de cette singularité, & dire pourquoi les pointes de toutes les grandes presqu'isles sont toutes tournées vers le midi, & presque toutes coupées à leurs extrémités par des détroits.

En remontant de la terre de Feu tout le long des côtes occidentales de l'Amérique méridionale l'océan rentre assez considérablement dans les terres, & cette côte semble suivre exactement la direction des hautes montagnes qui traversent du midi au nord toute l'Amérique méridionale depuis l'équateur jusqu'à la terre de Feu. Près de l'équateur l'océan fait un golfe assez considérable, qui commence au cap Saint-François & s'étend jusqu'à Panama où est le fameux isthme qui, comme celui de Suez, empêche la communication des deux mers, & sans lesquels il y auroit une séparation entière de l'ancien & du nouveau continent en deux parties; de-là il n'y a rien de remarquable jusqu'à la Californie, qui est une presqu'isle fort longue entre les terres de laquelle & celles du nouveau Mexique l'océan fait un bras qu'on appelle la *mer vermeille,* qui a plus de 200 lieues d'étendue en longueur. Enfin on a suivi les côtes occidentales de la Californie jusqu'au 43me degré, & à cette latitude Drake, qui le premier a fait la découverte de la terre qui est au nord de la Californie, & qui l'a appellée *nouvelle Albion,* fut obligé, à cause de la rigueur du froid, de changer sa route, & de s'arrêter dans une petite baie qui porte son nom, de sorte qu'au qu'au delà du 43me ou du 44me degré les mers de ces climats n'ont pas été reconnues, non plus que les terres de l'Amérique ſeptentrionale, dont les derniers peuples qui ſont connus, ſont les Moozemleki ſous le 48me degré, & les Aſſiniboïls ſous le 51me, & les premiers ſont beaucoup plus reculez vers l'oueſt que les ſeconds. Tout ce qui eſt au delà, ſoit terre, ſoit mer, dans une étendue de plus de 1000 lieues en longueur & d'autant en largeur, eſt inconnu, à moins que les Moſcovites dans leurs dernières navigations n'aient, comme ils l'ont annoncé, reconnu une partie de ces climats en partant de Kamtſchatka qui eſt la terre la plus voiſine du côté de l'orient.

L'océan environne donc toute la terre ſans interruption de continuité, & on peut faire le tour du globe en paſſant à la pointe de l'Amérique méridionale, mais on ne ſçait pas encore ſi l'océan environne de même la partie ſeptentrionale du globe, & tous les navigateurs qui ont tenté d'aller d'Europe à la Chine par le nord-eſt ou par le nord-oueſt, ont également échoué dans leurs entrepriſes.

Les lacs diffèrent des mers méditerranées en ce qu'ils ne tirent aucune eau de l'océan, & qu'au contraire s'ils ont communication avec les mers, ils leur fourniſſent des eaux, ainſi la mer noire que quelques Géographes ont regardée comme une ſuite de la mer méditerranée, & par conſéquent comme un appendice de l'océan, n'eſt qu'un lac, parce qu'au lieu de tirer des eaux de la méditerranée elle lui en fournit, & coule avec rapidité par le Boſphore dans le lac appellé mer de Marmora, & de là par le détroit des Dardanelles dans la mer de Grèce. La mer noire a environ 250 lieues de longueur ſur 100 de largeur, & elle reçoit un grand nombre de fleuves dont les plus conſidérables ſont le Danube, le Nieper, le Don, le Boh, le Donjec, &c. Le Don, qui ſe réunit avec le Donjec, forme, avant que d'arriver à la mer noire, un lac ou un marais fort conſidérable qu'on appelle le Palus Méotide, dont l'étendue eſt de plus de 100 lieues en longueur, ſur 20 ou 25 de largeur. La mer de Marmora, qui eſt au deſſous de la mer noire, eſt un lac plus petit que le Palus Méotide, & il n'a qu'environ 50 lieues de longueur ſur 8 ou 9 de largeur.

Quelques anciens, & entr'autres Diodore de Sicile, ont écrit que le Pont-Euxin ou la mer noire, n'étoit autrefois que comme une grande rivière ou un grand lac qui n'avoit aucune communication avec la mer de Grèce; mais que ce grand lac s'étant augmenté conſidérablement avec le temps par les eaux des fleuves qui y arrivent, il s'étoit enfin ouvert un paſſage, d'abord du côté des iſles Cyanées, & enſuite du côté de l'Helleſpont. Cette opinion me paroît aſſez vrai-ſemblable, & même il eſt facile d'expliquer le fait, car en ſuppoſant que le fond de la mer noire fut autrefois plus bas qu'il ne l'eſt aujourd'hui, on voit bien que les fleuves qui y arrivent, auront élevé le fond de cette mer par le limon & les ſables qu'ils entraînent, & que par conſéquent il a pû arriver que la ſurface de cette mer ſe ſoit élevée aſſez pour que l'eau ait pû ſe faire une iſſue; & comme les fleuves continuent toûjours à amener du ſable & des terres, & qu'en même temps la quantité d'eau diminue dans les fleuves à proportion que les montagnes dont ils tirent leurs ſources, s'abaiſſent, il peut arriver par une longue ſuite de ſiècles, que le Boſphore ſe rempliſſe; mais comme ces effets dépendent de pluſieurs cauſes, il n'eſt guère poſſible de donner ſur cela quelque choſe de plus que de ſimples conjectures. C'eſt ſur ce témoignage des anciens que M. de Tournefort dit dans ſon voyage du Levant, que la mer noire recevant les eaux d'une grande partie de l'Europe & de l'Aſie, après avoir augmenté conſidérablement, s'ouvrit un chemin par le Boſphore, & enſuite forma la méditerranée, ou l'augmenta ſi conſidérablement que d'un lac qu'elle étoit autrefois, elle devint une grande mer, qui s'ouvrit enſuite elle-même un chemin par le détroit de Gibraltar, & que c'eſt probablement dans ce temps que l'iſle Atlantide dont parle Platon, a été ſubmergée. Cette opinion ne peut ſe ſoûtenir, dès qu'on eſt aſſuré que c'eſt l'océan qui coule dans la méditerranée, & non pas la méditerranée dans l'océan; d'ailleurs M. de Tournefort n'a pas combiné deux faits eſſentiels, & qu'il rapporte cependant tous deux, le premier, c'eſt que la mer noire reçoit neuf ou dix fleuves, dont il n'y en a pas un qui ne lui fourniſſe plus d'eau que le Boſphore n'en laiſſe ſortir; le ſecond, c'eſt que la mer méditerranée ne reçoit pas plus d'eau par les fleuves que la mer noire, cependant elle eſt ſept ou huit fois plus grande, & ce que le Boſphore lui fournit ne fait pas la dixième partie de ce qui tombe dans la mer noire; comment veut-il que cette dixième partie de ce qui tombe dans une petite mer, ait formé non feulement une grande mer, mais encore ait fi fort augmenté la quantité des eaux, qu'elles aient renverfé les terres à l'endroit du détroit, pour aller enfuite fubmerger une ifle plus grande que l'Europe ! il eft aifé de voir que cet endroit de M. de Tournefort n'eft pas affez réfléchi. La mer méditerranée tire au contraire au moins dix fois plus d'eau de l'océan, qu'elle n'en tire de la mer noire, parce que le Bofphore n'a que 800 pas de largeur dans l'endroit le plus étroit, au lieu que le détroit de Gibraltar en a plus de 5000 dans l'endroit le plus ferré, & qu'en fuppofant les vîteffes égales dans l'un & dans l'autre détroit, celui de Gibraltar a bien plus de profondeur.

M. de Tournefort qui plaifante fur Polybe au fujet de l'opinion que le Bofphore fe remplira, & qui la traite de fauffe prédiction, n'a pas fait affez d'attention aux circonftances, pour prononcer, comme il le fait, fur l'impoffibilité de cet événement. Cette mer qui reçoit huit ou dix grands fleuves, dont la plûpart entraînent beaucoup de terre, de fable & de limon, ne fe remplit-elle pas peu à peu ! les vents & le courant naturel des eaux vers le Bofphore, ne doivent-ils pas y tranfporter une partie de ces terres amenées par ces fleuves ! il eft donc au contraire très-probable que par la fucceffion des temps le Bofphore fe trouvera rempli, lorfque les fleuves qui arrivent dans la mer noire auront beaucoup diminué ; or tous les fleuves diminuent de jour en jour, parce que tous les jours les montagnes s'abaiffent ; les vapeurs qui s'arrêtent autour des montagnes étant les premières sources des rivières, leur grosseur & leur quantité d'eau dépend de la quantité de ces vapeurs, qui ne peut manquer de diminuer à mesure que les montagnes diminuent de hauteur.

Cette mer reçoit à la vérité plus d'eau par les fleuves que la méditerranée, & voici ce qu'en dit le même auteur: « Tout le monde sçait que les plus grandes eaux de l'Europe tombent dans la mer noire par le moyen du Danube, « dans lequel se dégorgent les rivières de Suabe, de Franconie, de Bavière, d'Autriche, de Hongrie, de Moravie, « de Carinthie, de Croatie, de Bothnie, de Servie, de « Transilvanie, de Valachie; celles de la Russie noire & de « la Podolie se rendent dans la même mer par le moyen du « Niester; celles des parties méridionales & orientales de la « Pologne, de la Moscovie septentrionale, & du pays des « Cosaques, y entrent par le Nieper ou Borysthène; le Tanaïs « & le Copa arrivent aussi dans la mer noire par le Bosphore « Cimmérien; les rivières de la Mingrélie, dont le Phase est « la principale, se vuident aussi dans la mer noire, de même « que le Casalmac, le Sangaris & les autres fleuves de l'Asie « mineure qui ont leur cours vers le nord, néanmoins le « Bosphore de Thrace n'est comparable à aucune de ces « grandes rivières. » *Voyez Voyage du Levant de Tournefort, vol. 2, pag. 123.*

Tout cela prouve que l'évaporation suffit pour enlever une quantité d'eau très-considérable, & c'est à cause de cette grande évaporation qui se fait sur la méditerranée, que l'eau de l'océan coule continuellement pour y arriver par le détroit de Gibraltar. Il eſt aſſez difficile de juger de la quantité d'eau que reçoit une mer, il faudroit connoître la largeur, la profondeur & la vîteſſe de tous les fleuves qui y arrivent, ſçavoir de combien ils augmentent & diminuent dans les différentes ſaiſons de l'année; & quand même tous ces faits ſeroient acquis, le plus important & le plus difficile reſte encore, c'eſt de ſçavoir combien cette mer perd par l'évaporation ; car en la ſuppoſant même proportionnelle aux ſurfaces, on voit bien que dans un climat chaud elle doit être plus conſidérable que dans un pays froid ; d'ailleurs l'eau mêlée de ſel & de bitume s'évapore plus lentement que l'eau douce, une mer agitée, plus promptement qu'une mer tranquille, la différence de profondeur y fait auſſi quelque choſe : en ſorte qu'il entre tant d'élemens dans cette théorie de l'évaporation, qu'il n'eſt guère poſſible de faire ſur cela des eſtimations qui ſoient exactes.

L'eau de la mer noire paroît être moins claire, & elle eſt beaucoup moins ſalée que celle de l'océan. On ne trouve aucune iſle dans toute l'étendue de cette mer, les tempêtes y ſont très-violentes & plus dangereuſes que ſur l'océan, parce que toutes les eaux étant contenues dans un baſſin qui n'a, pour ainſi dire, aucune iſſue, elles ont une eſpèce de mouvement de tourbillon, lorſqu'elles ſont agitées, qui bat les vaiſſeaux de tous les côtés avec une violence inſupportable. *Voyez les Voyages de Chardin, page 142.*

Après la mer noire le plus grand lac de l'Univers eſt la

mer Caſpienne, qui s'étend du midi au nord ſur une longueur d'environ 300 lieues, & qui n'a guère que 50 lieues de largeur en prenant une meſure moyenne. Ce lac reçoit l'un des plus grands fleuves du monde, qui eſt le Volga, & quelques autres rivières conſidérables, comme celles de Kur, de Faie, de Gempo; mais ce qu'il y a de ſingulier, c'eſt qu'elle n'en reçoit aucune dans toute cette longueur de 300 lieues du côté de l'orient: le pays qui l'avoiſine de ce côté, eſt un déſert de ſable que perſonne n'avoit reconnu juſqu'à ces derniers temps; le Czar Pierre premier y ayant envoyé des Ingénieurs pour lever la carte de la mer Caſpienne, il s'eſt trouvé que cette mer avoit une figure tout-à-fait différente de celle qu'on lui donnoit dans les cartes géographiques; on la repréſentoit ronde, elle eſt fort longue & aſſez étroite; on ne connoiſſoit donc point du tout les côtes orientales de cette mer, non plus que le pays voiſin, on ignoroit juſqu'à l'exiſtence du lac Aral, qui en eſt éloigné vers l'orient d'environ 100 lieues, ou, ſi on connoiſſoit quelques-unes des côtes de ce lac Aral, on croyoit que c'étoit une partie de la mer Caſpienne, en ſorte qu'avant les découvertes du Czar il y avoit dans ce climat un terrein de plus de 300 lieues de longueur ſur 100 & 150 de largeur, qui n'étoit pas encore connu. Le lac Aral eſt à peu près de figure oblongue, & peut avoir 90 ou 100 lieues dans ſa plus grande longueur, ſur 50 ou 60 de largeur; il reçoit deux fleuves très-conſidérables qui ſont le Sirderoias & l'Oxus, & les eaux de ce lac n'ont aucune iſſue non plus que celles de la mer Caſpienne ; & de même que la mer Caſpienne ne reçoit aucun fleuve du côté de l'orient, le lac Aral n'en reçoit aucun du côté de l'occident, ce qui doit faire préſumer qu'autrefois ces deux lacs n'en formoient qu'un ſeul, & que les fleuves ayant diminué peu à peu & ayant amené une très-grande quantité de ſable & de limon, tout le pays qui les ſépare aura été formé de ces ſables ; il y a quelques petites iſles dans la mer Caſpienne, & ſes eaux ſont beaucoup moins ſalées que celles de l'océan, les tempêtes y ſont auſſi fort dangereuſes, & les grands bâtimens n'y ſont pas d'uſage pour la navigation, parce qu'elle eſt peu profonde & ſemée de bancs & d'écueils au deſſous de la ſurface de l'eau : voici ce qu'en dit Pietro della Valle, *tome 3, page 235.* « Les plus grands vaiſſeaux » que l'on voit ſur la mer Caſpienne le long des côtes de » la province de Mazande en Perſe, où eſt bâtie la ville » de Ferhabad, quoiqu'ils les appellent navires, me paroiſ- » ſent plus petits que nos tartanes ; ils ſont fort hauts de » bord, enfoncent peu dans l'eau, & ont le fond plat ; ils » donnent auſſi cette forme à leurs vaiſſeaux, non ſeulement » à cauſe que la mer Caſpienne n'eſt pas profonde à la rade » & ſur les côtes, mais encore parce qu'elle eſt remplie de » bancs de ſable, & que les eaux ſont baſſes en pluſieurs » endroits ; tellement que ſi les vaiſſeaux n'étoient fabriquez » de cette façon, on ne pourroit pas s'en ſervir ſur cette » mer. Certainement je m'étonnois, & avec quelque fon- » dement, ce me ſemble, pourquoi ils ne pêchoient à Fer- » habad que des ſaumons qui ſe trouvent à l'embouchûre du fleuve, du fleuve, & de certains esturgeons très-mal conditionnez, de même que de plusieurs autres sortes de poissons qui se rendent à l'eau douce, & qui ne valent rien; & comme j'en attribuois la cause à l'insuffisance qu'ils ont en l'art de naviger & de pêcher, ou à la crainte qu'ils avoient de se perdre s'ils pêchoient en haute mer, parce que je sçais d'ailleurs que les Persans ne sont pas d'habiles gens sur cet élément, & qu'ils n'entendent presque pas la navigation; le Cham d'Estérabad qui fait sa résidence sur le port de mer, & à qui par conséquent les raisons n'en sont pas inconnues, par l'expérience qu'il en a, m'en débita une, sçavoir, que les eaux sont si basses à 20 & 30 milles dans la mer, qu'il est impossible d'y jeter des filets qui aillent au fond, & d'y faire aucune pêche qui soit de la conséquence de celle de nos tartanes; de sorte que c'est par cette raison qu'ils donnent à leurs vaisseaux la forme que je vous ai marquée ci-dessus, & qu'ils ne les montent d'aucune pièce de canon, parce qu'il se trouve fort peu de Corsaires & de Pirates qui courent cette mer. »

Struys, le P. Avril & d'autres voyageurs ont prétendu qu'il y avoit dans le voisinage de Kilan deux goufres où les eaux de la mer Caspienne étoient englouties, pour se rendre ensuite par des canaux soûterrains dans le golfe Persique; de Fer & d'autres Géographes ont même marqué ces goufres sur leurs cartes, cependant ces goufres n'existent pas, les gens envoyez par le Czar s'en sont assurez. *Voyez les Mém. de l'Acad. des Scien. année 1721.*

Le fait des feuilles de ſaule qu'on voit en quantité ſur le golfe Perſique, & qu'on prétendoit venir de la mer Caſpienne, parce qu'il n'y a pas de ſaule ſur le golfe Perſique, étant avancé par les mêmes auteurs, eſt apparemment auſſi peu vrai que celui des prétendus goufres, & Gémelli Caréri, auſſi-bien que les Moſcovites, aſſure que ces goufres ſont abſolument imaginaires : en effet ſi l'on compare l'étendue de la mer Caſpienne avec celle de la mer noire, on trouvera que la première eſt de près d'un tiers plus petite que la ſeconde, que la mer noire reçoit beaucoup plus d'eau que la mer Caſpienne, que par conſéquent l'évaporation ſuffit dans l'une & dans l'autre pour enlever toute l'eau qui arrive dans ces deux lacs, & qu'il n'eſt pas néceſſaire d'imaginer des goufres dans la mer Caſpienne plûtôt que dans la mer noire.

Il y a des lacs qui ſont comme des mares qui ne reçoivent aucune rivière, & deſquelles il n'en ſort aucune ; il y en a d'autres qui reçoivent des fleuves, & deſquels il ſort d'autres fleuves, & enfin d'autres qui ſeulement reçoivent des fleuves. La mer Caſpienne & le lac Aral ſont de cette dernière eſpèce, ils reçoivent les eaux de pluſieurs fleuves & les contiennent; la mer morte reçoit de même le Jourdain, & il n'en ſort aucun fleuve. Dans l'Aſie mineure il y a un petit lac de la même eſpèce qui reçoit les eaux d'une rivière dont la ſource eſt auprès de Cogni, & qui n'a, comme les précédens, d'autre voie que l'évaporation pour rendre les eaux qu'il reçoit : il y en a un beaucoup plus grand en Perſe, ſur lequel eſt ſituée la ville de Marago, il eſt de figure ovale & il a environ 10 ou 12 lieues de longueur ſur 6 ou 7 de largeur, il reçoit la rivière de Tauris qui n'eſt pas conſidérable. Il y a auſſi un pareil petit lac en Grèce à 12 ou 15 lieues de Lépante, ce ſont-là les ſeuls lacs de cette eſpèce qu'on connoiſſe en Aſie; en Europe il n'y en a pas un qui ſoit un peu conſidérable. En Afrique il y en a pluſieurs, mais qui ſont tous aſſez petits, comme le lac qui reçoit le fleuve Ghir, celui dans lequel tombe le fleuve Zez, celui qui reçoit la rivière de Touguedout, & celui auquel aboutit le fleuve Tafilet. Ces quatre lacs ſont aſſez près les uns des autres, & ils ſont ſituez vers les frontières de Barbarie près des deſerts de Zaara; il y en a un autre ſitué dans la contrée de Kovar qui reçoit la rivière du pays de Berdoa. Dans l'Amérique ſeptentrionale, où il y a plus de lacs qu'en aucun pays du monde, on n'en connoît pas un de cette eſpèce, à moins qu'on ne veuille regarder comme tels deux petits amas d'eau formez par des ruiſſeaux, l'un auprès de Guatimapo & l'autre à quelques lieues de Réalnuevo, tous deux dans le Mexique; mais dans l'Amérique méridionale au Pérou, il y a deux lacs conſécutifs, dont l'un qui eſt le lac Titicaca, eſt fort grand, qui reçoivent une rivière dont la ſource n'eſt pas éloignée de Cuſco, & deſquels il ne ſort aucune autre rivière; il y en a un plus petit dans le Tucuman qui reçoit la rivière Salta, & un autre un peu plus grand dans le même pays, qui reçoit la rivière de Santiago, & encore trois ou quatre autres entre le Tucuman & le Chili.

Les lacs dont il ne ſort aucun fleuve & qui n'en reçoivent aucun, ſont en plus grand nombre que ceux dont je viens de parler; ces lacs ne ſont que des eſpèces de marès où ſe raſſemblent les eaux pluviales, ou bien ce ſont des eaux ſoûterraines qui ſortent en forme de fontaines dans les lieux bas, où elles ne peuvent enſuite trouver d'écoulement; les fleuves qui débordent, peuvent auſſi laiſſer dans les terres des eaux ſtagnantes, qui ſe conſervent enſuite pendant long temps, & qui ne ſe renouvellent que dans le temps des inondations; la mer par de violentes agitations a pû inonder quelquefois de certaines terres & y former des lacs ſalez, comme celui de Harlem & pluſieurs autres de la Hollande, auxquels il ne paroît pas qu'on puiſſe attribuer une autre origine, ou bien la mer en abandonnant par ſon mouvement naturel, de certaines terres, y aura laiſſé des eaux dans les lieux les plus bas, qui y ont formé des lacs que l'eau des pluies entretient. Il y a en Europe pluſieurs petits lacs de cette eſpèce, comme en Irlande, en Jutland, en Italie, dans le pays des Griſons, en Pologne, en Moſcovie, en Finlande, en Grèce; mais tous ces lacs ſont très-peu conſidérables. En Aſie il y en a un près de l'Euphrate, dans le déſert d'Irac, qui a plus de 15 lieues de longueur, un autre auſſi en Perſe, qui eſt à peu près de la même étendue que le premier, & ſur lequel ſont ſituées les villes de Kélat, de Tétuan, de Vaſtan & de Van, un autre petit dans le Choraſſan auprès de Ferrior, un autre petit dans la Tartarie indépendante, qu'on appelle le lac Lévi, deux autres dans la Tartarie

Moſcovite, un autre à la Cochinchine, & enfin un à la Chine, qui eſt aſſez grand, & qui n'eſt pas fort éloigné de Nankin; ce lac cependant communique à la mer voiſine par un canal de quelques lieues. En Afrique il y a un petit lac de cette eſpèce dans le royaume de Maroc, un autre près d'Alexandrie, qui paroît avoir été laiſſé par la mer, un autre aſſez conſidérable, formé par les eaux pluviales dans le déſert d'Azarad, environ ſous le 30me degré de latitude, ce lac a 8 ou 10 lieues de longueur; un autre encore plus grand, ſur lequel eſt ſituée la ville de Gaoga, ſous le 27me degré; un autre, mais beaucoup plus petit, près de la ville de Kanum ſous le 30me degré, un près de l'embouchûre de la rivière de Gambia, pluſieurs autres dans le Congo à 2 ou 3 degrés de latitude ſud, deux autres dans le pays des Cafres, l'un appellé le lac Ruſumbo, qui eſt médiocre, & l'autre dans la province d'Arbuta, qui eſt peut-être le plus grand lac de cette eſpèce, ayant 25 lieues environ de longueur ſur 7 ou 8 de largeur; il y a auſſi un de ces lacs à Madagaſcar près de la côte orientale, environ ſous le 29me degré de latitude ſud.

En Amérique dans le milieu de la péninſule de la Floride il y a un de ces lacs, au milieu duquel eſt une iſle appellée Serrope; le lac de la ville de Mexico eſt auſſi de cette eſpèce, & ce lac, qui eſt à peu près rond, a environ 10 lieues de diamètre; il y en a un autre encore plus grand dans la nouvelle Eſpagne, à 25 lieues de diſtance ou environ de la côte de la baie de Campèche, & un autre plus petit dans la même contrée près des côtes de la mer du ſud; quelques Voyageurs ont prétendu qu'il y avoit dans l'intérieur des terres de la Guiane un très-grand lac de cette eſpèce, ils l'ont appellé le lac d'Or ou le lac Parime, & ils ont raconté des merveilles de la richeſſe des pays voiſins & de l'abondance des paillettes d'or qu'on trouvoit dans l'eau de ce lac; ils donnent à ce lac une étendue de plus de 400 lieues de longueur, & de plus de 125 de largeur; il n'en ſort, diſent-ils, aucun fleuve & il n'y en entre aucun: quoique pluſieurs Géographes aient marqué ce grand lac ſur leurs cartes, il n'eſt pas certain qu'il exiſte, & il l'eſt encore bien moins qu'il exiſte tel qu'ils nous le repréſentent.

Mais les lacs les plus ordinaires & les plus communément grands, ſont ceux qui, après avoir reçu un autre fleuve, ou pluſieurs petites rivières, donnent naiſſance à d'autres grands fleuves; comme le nombre de ces lacs eſt fort grand, je ne parlerai que des plus conſidérables, ou de ceux qui auront quelque ſingularité. En commençant par l'Europe, nous avons en Suiſſe le lac de Genève, celui de Conſtance, &c. en Hongrie celui de Balaton, en Livonie un lac qui eſt aſſez grand & qui ſépare les terres de cette province de celles de la Moſcovie; en Finlande le lac Lapwert qui eſt fort long & qui ſe diviſe en pluſieurs bras, le lac Oula qui eſt de figure ronde; en Moſcovie le lac Ladoga qui a plus de 25 lieues de longueur ſur plus de 12 de largeur, le lac Onéga qui eſt auſſi long, mais moins large, le lac Ilmen, celui de Bélozéro d'où ſort l'une des ſources du Volga, l'Iwan-Oſéro duquel ſort l'une des ſources du Don ; deux autres lacs dont le Vitzogda tire ſon origine ; en Laponie le lac dont ſort le fleuve de Kimi, un autre beaucoup plus grand qui n'eſt pas éloigné de la côte de Wardhus, pluſieurs autres deſquels ſortent les fleuves de Lula, de Pitha, d'Uma, qui tous ne ſont pas fort conſidérables ; en Norvège deux autres à peu près de même grandeur que ceux de Laponie ; en Suède le lac Véner, qui eſt grand, auſſi-bien que le lac Méler ſur lequel eſt ſitué Stockholm, deux autres lacs moins conſidérables, dont l'un eſt près d'Elvédal & l'autre de Lincopin.

Dans la Sibérie & dans la Tartarie Moſcovite & indépendante, il y a un grand nombre de ces lacs, dont les principaux ſont le grand lac Baraba qui a plus de 100 lieues de longueur, & dont les eaux tombent dans l'Irtis, le grand lac Eſtraguel à la ſource du même fleuve Irtis, pluſieurs autres moins grands à la ſource du Jéniſca, le grand lac Kita à la ſource de l'Oby, un autre grand lac à la ſource de l'Angara, le lac Baical qui a plus de 70 lieues de longueur, & qui eſt formé par le même fleuve Angara, le lac Péhu d'où ſort le fleuve Urack, &c. à la Chine & dans la Tartarie Chinoiſe le lac Dalai d'où ſort la groſſe rivière d'Argus qui tombe dans le fleuve Amour, le lac des Trois-montagnes d'où ſort la rivière Hélum qui tombe dans le même fleuve Amour, les lacs de Cinhal, de Cokmor & de Sorama, deſquels ſortent les ſources du fleuve Hoamho, deux autres grands lacs voiſins du fleuve de Nankin, &c. dans le Tonquin le lac de Guadag qui eſt conſidérable, dans l'Inde le lac Chiamai d'où ſort le fleuve Laquia & qui eſt voiſin des ſources du fleuve Ava, du Longenu, &c. ce lac a plus de 40 lieues de largeur ſur 50 de longueur, un autre lac à l'origine du Gange, un autre près de Cachemire à l'une des ſources du fleuve Indus, &c.

En Afrique on a le lac Cayar & deux ou trois autres qui ſont voiſins de l'embouchûre du Sénégal, le lac de Guarde & celui de Sigiſmes, qui tous deux ne ſont qu'un même lac de forme preſque triangulaire, qui a plus de 100 lieues de longueur ſur 75 de largeur, & qui contient une iſle conſidérable; c'eſt dans ce lac que le Niger perd ſon nom, & au ſortir de ce lac qu'il traverſe, on l'appelle Sénégal; dans le cours du même fleuve en remontant vers la ſource, on trouve un autre lac conſidérable qu'on appelle le lac Bournou, où le Niger quitte encore ſon nom, car la rivière qui y arrive, s'appelle Gambaru ou Gombarow. En Éthiopie, aux ſources du Nil, eſt le grand lac Gambéa qui a plus de 50 lieues de longueur; il y a auſſi pluſieurs lacs ſur la côte de Guinée, qui paroiſſent avoir été formez par la mer, & il n'y a que peu d'autres lacs d'une grandeur un peu conſidérable dans le reſte de l'Afrique.

L'Amérique ſeptentrionale eſt le pays des lacs; les plus grands ſont le lac ſupérieur, qui a plus de 125 lieues de longueur ſur 50 de largeur, le lac Huron qui a près de 100 lieues de longueur ſur environ 40 de largeur, le lac des Illinois qui, en y comprenant la baie des Puants, eſt tout auſſi étendu que le lac Huron, le lac Érié & le lac Ontario, qui ont tous deux plus de 80 lieues de longueur

ſur 20

ſur 20 ou 25 de largeur, le lac Miſtaſin au nord de Québec, qui a environ 50 lieues de longueur, le lac Champlain au midi de Québec, qui eſt à peu près de la même étendue que le lac Miſtaſin, le lac Alemipigon & le lac des Chriſtinaux, tous deux au nord du lac ſupérieur, ſont auſſi fort conſidérables, le lac des Aſſiniboïls qui contient pluſieurs iſles, & dont l'étendue en longueur eſt de plus de 75 lieues; il y en a auſſi deux de médiocre grandeur dans le Mexique, indépendamment de celui de Mexico, un autre beaucoup plus grand appellé le lac Nicaragua dans la province du même nom, ce lac a plus de 60 ou 70 lieues d'étendue en longueur.

Enfin dans l'Amérique méridionale il y en a un petit à la ſource du Maragnon, un autre plus grand à la ſource de la rivière du Paraguai, le lac Titicares dont les eaux tombent dans le fleuve de la Plata, deux autres plus petits dont les eaux coulent auſſi vers ce même fleuve, & quelques autres qui ne ſont pas conſidérables dans l'intérieur des terres du Chili.

Tous les lacs dont les fleuves tirent leur origine, tous ceux qui ſe trouvent dans le cours des fleuves ou qui en ſont voiſins & qui y verſent leurs eaux, ne ſont point ſalez; preſque tous ceux au contraire qui reçoivent des fleuves, ſans qu'il en ſorte d'autres fleuves, ſont ſalez, ce qui ſemble favoriſer l'opinion que nous avons expoſée au ſujet de la ſalûre de la mer, qui pourroit bien avoir pour cauſe les ſels que les fleuves détachent des terres, & qu'ils tranſportent continuellement à la mer; car l'évaporation ne peut pas enlever les sels fixes, & par conséquent ceux que les fleuves portent dans la mer, y restent, & quoique l'eau des fleuves paroisse douce, on sçait que cette eau douce ne laisse pas de contenir une petite quantité de sel, & par la succession des temps la mer a dû acquerir un degré de salûre considérable, qui doit toûjours aller en augmentant. C'est ainsi, à ce que j'imagine, que la mer noire, la mer Caspienne, le lac Aral, la mer morte, &c. sont devenus salez; les fleuves qui se jettent dans ces lacs, y ont amené successivement tous les sels qu'ils ont détachez des terres, & l'évaporation n'a pû les enlever: à l'égard des lacs, qui sont comme des mares, qui ne reçoivent aucun fleuve & desquels il n'en sort aucun, ils sont ou doux ou salez, suivant leur différente origine; ceux qui sont voisins de la mer, sont ordinairement salez, & ceux qui en sont éloignez, sont doux, & cela parce que les uns ont été formez par des inondations de la mer, & que les autres ne sont que des fontaines d'eau douce, qui n'ayant pas d'écoulement, forment une grande étendue d'eau. On voit aux Indes plusieurs étangs & réservoirs faits par l'industrie des habitans, qui ont jusqu'à 2 ou 3 lieues de superficie, dont les bords sont revêtus d'une muraille de pierre; ces réservoirs se remplissent pendant la saison des pluies, & servent aux habitans pendant l'été, lorsque l'eau leur manque absolument à cause du grand éloignement où ils sont des fleuves & des fontaines.

Les lacs qui ont quelque chose de particulier, sont la mer morte, dont les eaux contiennent beaucoup plus de bitume que de sel; ce bitume, qu'on appelle bitume de

Judée, n'eſt autre choſe que de l'aſphalte, & auſſi quelques Auteurs ont appellé la mer morte lac aſphaltite. Les terres aux environs du lac contiennent une grande quantité de ce bitume; bien des gens ſe ſont perſuadez au ſujet de ce lac, des choſes ſemblables à celles que les Poëtes ont écrites du lac d'Averne, que le poiſſon ne pouvoit y vivre, que les oiſeaux qui paſſoient par deſſus, étoient ſuffoquez, mais ni l'un ni l'autre de ces lacs ne produit ces funeſtes effets, ils nourriſſent tous deux du poiſſon, les oiſeaux volent par deſſus & les hommes s'y baignent ſans aucun danger.

Il y a, dit-on, en Bohème, dans la campagne de Boleſlaw, un lac où il y a des trous d'une profondeur ſi grande qu'on n'a pû la ſonder, & il s'élève de ces trous des vents impétueux qui parcourent toute la Bohème, & qui pendant l'hiver élèvent ſouvent en l'air des morceaux de glace de plus de 100 livres de peſanteur. *Voyez Act. Lipſ. anno 1682, pag. 246.* On parle d'un lac en Iſlande qui pétrifie, le lac Néagh en Irlande a auſſi la même propriété ; mais ces pétrifications produites par l'eau de ces lacs, ne ſont ſans doute autre choſe que des incruſtations comme celles que fait l'eau d'Arcueil.

PREUVES
DE LA
THÉORIE DE LA TERRE.
ARTICLE XII.
Du Flux & du Reflux.

L'EAU n'a qu'un mouvement naturel qui lui vient de sa fluidité; elle descend toûjours des lieux les plus élevez dans les lieux les plus bas, lorsqu'il n'y a point de digues ou d'obstacles qui la retiennent ou qui s'opposent à son mouvement, & lorsqu'elle est arrivée au lieu le plus bas, elle y reste tranquille & sans mouvement, à moins que quelque cause étrangère & violente ne l'agite & ne l'en fasse sortir. Toutes les eaux de l'océan sont rassemblées dans les lieux les plus bas de la superficie de la terre; ainsi les mouvemens de la mer viennent de causes extérieures. Le principal mouvement est celui du flux & du reflux qui se fait alternativement en sens contraire, & duquel il résulte un mouvement continuel & général de toutes les mers d'orient en occident; ces deux mouvemens ont un rapport constant & régulier avec les mouvemens de la lune : dans les pleines & dans les nouvelles lunes ce mouvement des eaux d'orient en occident est plus sensible, aussi-bien que celui du flux & du reflux;

celui-ci se fait sentir dans l'intervalle de six heures & demie sur la plûpart des rivages, en sorte que le flux arrive toutes les fois que la lune est au dessus ou au dessous du méridien, & le reflux succède toutes les fois que la lune est dans son plus grand éloignement du méridien, c'est-à-dire, toutes les fois qu'elle est à l'horison, soit à son coucher, soit à son lever. Le mouvement de la mer d'orient en occident est continuel & constant, parce que tout l'océan dans le flux se meut d'orient en occident, & pousse vers l'occident une très-grande quantité d'eau, & que le reflux ne paroît se faire en sens contraire qu'à cause de la moindre quantité d'eau qui est alors poussée vers l'occident; car le flux doit plûtôt être regardé comme une intumescence, & le reflux comme une détumescence des eaux, laquelle au lieu de troubler le mouvement d'orient en occident, le produit & le rend continuel, quoiqu'à la vérité il soit plus fort pendant l'intumescence, & plus foible pendant la détumescence par la raison que nous venons d'exposer.

Les principales circonstances de ce mouvement sont, 1° qu'il est plus sensible dans les nouvelles & pleines lunes que dans les quadratures; dans le printemps & l'automne il est aussi plus violent que dans les autres temps de l'année, & il est le plus foible dans le temps des solstices, ce qui s'explique fort naturellement par la combinaison des forces de l'attraction de la lune & du soleil. *Voyez sur cela les Démonstrations de Newton.* 2° Les vents changent souvent la direction & la quantité de ce mouvement, sur-tout les vents qui soufflent constamment du même côté; il en est de même des grands fleuves qui portent leurs eaux dans la mer, & qui y produisent un mouvement de courant qui s'étend souvent à plusieurs lieues, & lorsque la direction du vent s'accorde avec le mouvement général, comme est celui d'orient en occident, il en devient plus sensible; on en a un exemple dans la mer pacifique, où le mouvement d'orient en occident est constant & très-sensible. 3° On doit remarquer que lorsqu'une partie d'un fluide se meut, toute la masse du fluide se meut aussi, or dans le mouvement des marées, il y a une très-grande partie de l'océan qui se meut sensiblement; toute la masse des mers se meut donc en même temps, & les mers sont agitées par ce mouvement dans toute leur étendue & dans toute leur profondeur.

Pour bien entendre ceci il faut faire attention à la nature de la force qui produit le flux & le reflux, & réfléchir sur son action & sur ses effets. Nous avons dit que la lune agit sur la terre par une force que les uns appellent attraction, & les autres pesanteur; cette force d'attraction ou de pesanteur pénètre le globe de la terre dans toutes les parties de sa masse, elle est exactement proportionnelle à la quantité de matière, & en même temps elle décroit comme le carré de la distance augmente : cela posé, examinons ce qui doit arriver en supposant la lune au méridien d'une plage de la mer. La surface des eaux étant immédiatement sous la lune, est alors plus près de cet astre que toutes les autres parties du globe, soit de la terre, soit de la mer, dès-lors cette partie de la mer doit s'élever vers la lune, en formant une éminence dont le ſommet correſpond au centre de cet aſtre; pour que cette éminence puiſſe ſe former, il eſt néceſſaire que les eaux, tant de la ſurface environnante que du fond de cette partie de la mer, y contribuent, ce qu'elles font en effet à proportion de la proximité où elles ſont de l'aſtre qui exerce cette action dans la raiſon inverſe du carré de la diſtance : ainſi la ſurface de cette partie de la mer s'élevant la première, les eaux de la ſurface des parties voiſines s'élèveront auſſi, mais à une moindre hauteur, & les eaux du fond de toutes ces parties éprouveront le même effet & s'élèveront par la même cauſe; en ſorte que toute cette partie de la mer devenant plus haute, & formant une éminence, il eſt néceſſaire que les eaux de la ſurface & du fond des parties éloignées, & ſur leſquelles cette force d'attraction n'agit pas, viennent avec précipitation pour remplacer les eaux qui ſe ſont élevées ; c'eſt là ce qui produit le flux, qui eſt plus ou moins ſenſible ſur les différentes côtes, & qui, comme l'on voit, agite la mer non ſeulement à ſa ſurface, mais juſqu'aux plus grandes profondeurs. Le reflux arrive enſuite par la pente naturelle des eaux; lorſque l'aſtre a paſſé & qu'il n'exerce plus ſa force, l'eau qui s'étoit élevée par l'action de cette puiſſance étrangère, reprend ſon niveau & regagne les rivages & les lieux qu'elle avoit été forcée d'abandonner, enſuite lorſque la lune paſſe au méridien de l'Antipode du lieu où nous avons ſuppoſé qu'elle a d'abord élevé les eaux, le même effet arrive, les eaux dans cet inſtant où la lune eſt abſente & la plus éloignée, s'élèvent ſenſiblement, autant que dans le temps où elle eſt préſente & la plus voiſine de cette partie de la mer; dans le premier cas les eaux s'élèvent, parce qu'elles ſont plus près de l'aſtre que toutes les autres parties du globe; & dans le ſecond cas c'eſt par la raiſon contraire, elles ne s'élèvent que parce qu'elles en ſont plus éloignées que toutes les autres parties du globe, & l'on voit bien que cela doit produire le même effet; car alors les eaux de cette partie étant moins attirées que tout le reſte du globe, elles s'éloigneront néceſſairement du reſte du globe & formeront une éminence dont le ſommet répondra au point de la moindre action, c'eſt-à-dire, au point du ciel directement oppoſé à celui où ſe trouve la lune, ou, ce qui revient au même, au point où elle étoit treize heures auparavant, lorſqu'elle avoit élevé les eaux la première fois; car lorſqu'elle eſt parvenue à l'horizon, le reflux étant arrivé, la mer eſt alors dans ſon état naturel, & les eaux ſont en équilibre & de niveau; mais quand la lune eſt au méridien oppoſé, cet équilibre ne peut plus ſubſiſter, puiſque les eaux de la partie oppoſée à la lune étant à la plus grande diſtance où elles puiſſent être de cet aſtre, elles ſont moins attirées que le reſte du globe, qui étant intermédiaire, ſe trouve être plus voiſin de la lune, & dès-lors leur peſanteur relative, qui les tient toûjours en équilibre & de niveau, les pouſſe vers le point oppoſé à la lune, pour que cet équilibre ſe conſerve. Ainſi dans les deux cas lorſque la lune eſt au méridien d'un lieu ou au méridien oppoſé, les eaux

eaux doivent s'élever à très-peu près de la même quantité, & par conſéquent s'abaiſſer & refluer auſſi de la même quantité lorſque la lune eſt à l'horizon, à ſon coucher ou à ſon lever. On voit bien qu'un mouvement dont la cauſe & l'effet ſont tels que nous venons de l'expliquer, ébranle néceſſairement la maſſe entière des mers, & la remue dans toute ſon étendue & dans toute ſa profondeur; & ſi ce mouvement paroît inſenſible dans les hautes mers, & lorſqu'on eſt éloigné des terres, il n'en eſt cependant pas moins réel; le fond & la ſurface ſont remuez à peu près également, & même les eaux du fond, que les vents ne peuvent agiter comme celles de la ſurface, éprouvent bien plus régulièrement que celles de la ſurface, cette action, & elles ont un mouvement plus réglé & qui eſt toûjours alternativement dirigé de la même façon.

De ce mouvement alternatif de flux & de reflux il réſulte, comme nous l'avons dit, un mouvement continuel de la mer de l'orient vers l'occident, parce que l'aſtre qui produit l'intumeſcence des eaux, va lui-même d'orient en occident, & qu'agiſſant ſucceſſivement dans cette direction, les eaux ſuivent le mouvement de l'aſtre dans la même direction. Ce mouvement de la mer d'orient en occident eſt très-ſenſible dans tous les détroits, par exemple, au détroit de Magellan le flux élève les eaux à près de 20 pieds de hauteur, & cette intumeſcence dure ſix heures, au lieu que le reflux ou la détumeſcence ne dure que deux heures *(voyez le Voyage de Narbrough)* & l'eau coule vers l'occident; ce qui prouve évidemment que le reflux n'eſt pas égal au flux, & que de tous deux il réſulte un mouvement vers l'occident, mais beaucoup plus fort dans le temps du flux que dans celui du reflux; & c'eſt pour cette raiſon que dans les hautes mers éloignées de toute terre, les marées ne ſont ſenſibles que par le mouvement général qui en réſulte, c'eſt-à-dire, par ce mouvement d'orient en occident.

Les marées ſont plus fortes & elles font hauſſer & baiſſer les eaux bien plus conſidérablement dans la zone torride entre les tropiques, que dans le reſte de l'océan; elles ſont auſſi beaucoup plus ſenſibles dans les lieux qui s'étendent d'orient en occident, dans les golfes qui ſont longs & étroits, & ſur les côtes où il y a des iſles & des promontoires; le plus grand flux qu'on connoiſſe, eſt, comme nous l'avons dit dans l'article précédent, à l'une des embouchûres du fleuve Indus, où les eaux s'élèvent de 30 pieds; il eſt auſſi fort remarquable auprès de Malaye, dans le détroit de la Sonde, dans la mer rouge, dans la baie de Nelſon, à 55 degrés de latitude ſeptentrionale, où il s'élève à 15 pieds, à l'embouchûre du fleuve Saint-Laurent, ſur les côtes de la Chine, ſur celles du Japon, à Panama, dans le golfe de Bengale, &c.

Le mouvement de la mer d'orient en occident eſt très-ſenſible dans de certains endroits, les Navigateurs l'ont ſouvent obſervé en allant de l'Inde à Madagaſcar & en Afrique; il ſe fait ſentir auſſi avec beaucoup de force dans la mer pacifique, & entre les Moluques & le Breſil; mais les endroits où ce mouvement eſt le plus violent, ſont les détroits qui joignent l'océan à l'océan, par exemple, les eaux de la mer ſont portées avec une ſi grande force d'orient en occident par le détroit de Magellan, que ce mouvement eſt ſenſible même à une grande diſtance dans l'océan Atlantique, & on prétend que c'eſt ce qui a fait conjecturer à Magellan qu'il y avoit un détroit par lequel les deux mers avoient une communication. Dans le détroit des Manilles & dans tous les canaux qui ſéparent les iſles Maldives, la mer coule d'orient en occident, comme auſſi dans le golfe du Mexique entre Cuba & Jucatan; dans le golfe de Paria ce mouvement eſt ſi violent, qu'on appelle le détroit la gueule du Dragon; dans la mer de Canada ce mouvement eſt auſſi très-violent, auſſi-bien que dans la mer de Tartarie & dans le détroit de Waigats, par lequel l'océan en coulant avec rapidité d'orient en occident, charie des maſſes énormes de glace de la mer de Tartarie dans la mer du nord de l'Europe. La mer pacifique coule de même d'orient en occident par les détroits du Japon, la mer du Japon coule vers la Chine, l'océan Indien coule vers l'occident dans le détroit de Java & par les détroits des autres iſles de l'Inde. On ne peut donc pas douter que la mer n'ait un mouvement conſtant & général d'orient en occident, & l'on eſt aſſuré que l'océan Atlantique coule vers l'Amérique, & que la mer pacifique s'en éloigne, comme on le voit évidemment au cap des courans entre Lima & Panama. *Voyez Varenii Geogr. general. pag. 119.*

Au reſte les alternatives du flux & du reflux ſont régulières & ſe font de ſix heures & demie en ſix heures & demie ſur la plûpart des côtes de la mer, quoiqu'à différentes heures, ſuivant le climat & la poſition des côtes; ainſi les côtes de la mer ſont battues continuellement des vagues, qui enlèvent à chaque fois de petites parties de matières qu'elles tranſportent au loin, & qui ſe dépoſent au fond; & de même les vagues portent ſur les plages baſſes des coquilles, des ſables qui reſtent ſur les bords, & qui s'accumulant peu à peu par couches horizontales forment à la fin des dunes & des hauteurs auſſi élevées que des collines, & qui ſont en effet des collines tout-à-fait ſemblables aux autres collines, tant par leur forme que par leur compoſition intérieure; ainſi la mer apporte beaucoup de productions marines ſur les plages baſſes, & elle emporte au loin toutes les matières qu'elle peut enlever des côtes élevées contre leſquelles elle agit, ſoit dans le temps du flux, ſoit dans le temps des orages & des grands vents.

Pour donner une idée de l'effort que fait la mer agitée contre les hautes côtes, je crois devoir rapporter un fait qui m'a été aſſuré par une perſonne très-digne de foi, & que j'ai cru d'autant plus facilement, que j'ai vû moi-même quelque choſe d'approchant. Dans la principale des iſles Orcades il y a des côtes compoſées de rochers coupez à plomb & perpendiculaires à la ſurface de la mer, en ſorte qu'en ſe plaçant au deſſus de ces rochers, on peut laiſſer tomber un plomb juſqu'à la ſurface de l'eau, en mettant la corde au bout d'une perche de 9 pieds. Cette opération, que l'on peut faire dans le temps que la mer eſt tranquille, a donné la meſure de la hauteur de la côte, qui eſt de 200 pieds. La marée dans cet endroit eſt fort conſidérable, comme elle l'eſt ordinairement dans tous les endroits où il y a des terres avancées & des iſles; mais lorſque le vent eſt fort, ce qui eſt très-ordinaire en Ecoſſe, & qu'en même temps la marée monte, le mouvement eſt ſi grand & l'agitation ſi violente, que l'eau s'élève juſqu'au ſommet des rochers qui bordent la côte, c'eſt-à-dire, à 200 pieds de hauteur, & qu'elle y tombe en forme de pluie; elle jette même à cette hauteur, des graviers & des pierres qu'elle détache du pied des rochers, & quelques-unes de ces pierres, au rapport du témoin oculaire que je cite ici, ſont plus larges que la main.

J'ai vû moi-même dans le port de Livourne, où la mer eſt beaucoup plus tranquille, & où il n'y a point de marée, une tempête au mois de décembre 1731 où l'on fut obligé de couper les mâts de quelques vaiſſeaux qui étoient à la rade, dont les ancres avoient quitté; j'ai vû, dis-je, l'eau de la mer s'élever au deſſus des fortifications, qui me parurent avoir une élévation très-conſidérable au deſſus des eaux, & comme j'étois ſur celles qui ſont les plus avancées, je ne pûs regagner la ville ſans être mouillé de l'eau de la mer beaucoup plus qu'on ne peut l'être par la pluie la plus abondante.

Ces exemples ſuffiſent pour faire entendre avec quelle violence la mer agit contre les côtes; cette violente agitation détruit, uſe *, ronge & diminue peu à peu le terrein

* Une choſe aſſez remarquable ſur les côtes de Syrie & de Phénicie, c'eſt qu'il paroît que les rochers qui ſont le long de cette côte, ont été

des côtes; la mer emporte toutes ces matières & les laiſſe tomber dès que le calme a ſuccédé à l'agitation. Dans ces temps d'orages l'eau de la mer, qui eſt ordinairement la plus claire de toutes les eaux, eſt trouble & mêlée des différentes matières que le mouvement des eaux détache des côtes & du fond; & la mer rejette alors ſur les rivages une infinité de choſes qu'elle apporte de loin, & qu'on ne trouve jamais qu'après les grandes tempêtes, comme de l'ambre gris ſur les côtes occidentales de l'Irlande, de l'ambre jaune ſur celles de Poméranie, des cocos ſur les côtes des Indes, &c. & quelquefois des pierres ponces & d'autres pierres ſingulières. Nous pouvons citer à cette occaſion un fait rapporté dans les nouveaux voyages aux iſles de l'Amérique : « E'tant à Saint-Domingue, dit l'au-» teur, on me donna entr'autres choſes quelques pierres » légères que la mer amène à la côte quand il a fait des grands » vents de ſud, il y en avoit une de 2 pieds & demi de long » ſur 18 pouces de large & environ 1 pied d'épaiſſeur, qui » ne peſoit pas tout-à-fait cinq livres; elle étoit blanche » comme la neige, bien plus dure que les pierres de ponce, » d'un grain fin, ne paroiſſant point du tout poreuſe, & cepen-» dant quand on la jettoit dans l'eau, elle bondiſſoit comme » un ballon qu'on jette contre terre; à peine enfonçoit-elle

anciennement taillez en beaucoup d'endroits en forme d'auges de deux ou trois aunes de longueur, & larges à proportion, pour y recevoir l'eau de la mer & en faire du ſel par l'évaporation, mais nonobſtant la dureté de la pierre, ces auges ſont à l'heure qu'il eſt preſqu'entièrement uſées & aplanies par le battement continuel des vagues. *Voyez les Voyages de Shaw, vol. 2, pag. 69.*

un demi-travers de doigt; j'y fis faire quatre trous de « tarrière pour y planter quatre bâtons & soûtenir deux pe- « tites planches légères qui renfermoient les pierres dont « je la chargeois, j'ai eu le plaisir de lui en faire porter « une fois 160 livres, & une autre fois trois poids de fer « de 50 livres pièce; elle servoit de chaloupe à mon nègre « qui se mettoit dessus & alloit se promener autour de la « caye, » *page 260, tome 5.* Cette pierre devoit être une pierre ponce d'un grain très-fin & serré, qui venoit de quelque volcan, & que la mer avoit transportée, comme elle transporte l'ambre gris, les cocos, la pierre ponce ordinaire, les graines des plantes, les roseaux, &c. on peut voir sur cela les Discours de Ray's; c'est principalement sur les côtes d'Irlande & d'Ecosse qu'on a fait des observations de cette espèce. La mer par son mouvement général d'orient en occident doit porter sur les côtes de l'Amérique les productions de nos côtes, & ce n'est peut-être que par des mouvemens irréguliers, & que nous ne connoissons pas, qu'elle apporte sur nos rivages les productions des Indes orientales & occidentales, elle apporte aussi des productions du nord: il y a grande apparence que les vents entrent pour beaucoup dans les causes de ces effets. On a vû souvent dans les hautes mers & dans un très-grand éloignement des côtes, des plages entières couvertes de pierres ponces, on ne peut guère soupçonner qu'elles puissent venir d'ailleurs que des volcans des isles ou de la terre ferme, & ce sont apparemment les courans qui les transportent au milieu des mers. Avant qu'on connût la partie méridionale de l'Afrique, & dans le temps où on croyoit que la mer des Indes n'avoit aucune communication avec notre océan, on commença à la soupçonner par un indice de cette nature.

Le mouvement alternatif du flux & du reflux, & le mouvement constant de la mer d'orient en occident, offrent différens phénomènes dans les différens climats; ces mouvemens se modifient différemment suivant le gisement des terres & la hauteur des côtes: il y a des endroits où le mouvement général d'orient en occident n'est pas sensible, il y en a d'autres où la mer a même un mouvement contraire, comme sur la côte de Guinée, mais ces mouvemens contraires au mouvement général sont occasionnez par les vents, par la position des terres, par les eaux des grands fleuves, & par la disposition du fond de la mer; toutes ces causes produisent des courans qui altèrent & changent souvent tout-à-fait la direction du mouvement général dans plusieurs endroits de la mer; mais comme ce mouvement des mers d'orient en occident est le plus grand, le plus général & le plus constant, il doit aussi produire les plus grands effets, &, tout pris ensemble, la mer doit avec le temps gagner du terrein vers l'occident & en laisser vers l'orient, quoiqu'il puisse arriver que sur les côtes où le vent d'ouest souffle pendant la plus grande partie de l'année, comme en France, en Angleterre, la mer gagne du terrein vers l'orient, mais encore une fois ces exceptions particulières ne détruisent pas l'effet de la cause générale.

PREUVES

PREUVES
DE LA
THÉORIE DE LA TERRE.

ARTICLE XIII.

Des inégalités du fond de la Mer & des Courans.

ON peut diſtinguer les côtes de la mer en trois eſpèces, 1° les côtes élevées qui ſont de rochers & de pierres dures, coupées ordinairement à plomb à une hauteur conſidérable, & qui s'élèvent quelquefois à 7 ou 800 pieds; 2° les baſſes côtes, dont les unes ſont unies & preſque de niveau avec la ſurface de la mer, & dont les autres ont une élévation médiocre & ſont ſouvent bordées de rochers à fleur d'eau, qui forment des briſans & rendent l'approche des terres fort difficile; 3° les dunes, qui ſont des côtes formées par les ſables que la mer accumule, ou que les fleuves dépoſent, ces dunes forment des collines plus ou moins élevées.

Les côtes d'Italie ſont bordées de marbres & de pierres de pluſieurs eſpèces, dont on diſtingue de loin les différentes carrières; les rochers qui forment la côte, paroiſſent à une très grande diſtance, comme autant de piliers de marbres qui ſont coupez à plomb. Les côtes de France depuis Breſt juſqu'à Bordeaux ſont preſque par-tout environnées de rochers à fleur d'eau qui forment des brisans ; il en est de même de celles d'Angleterre, d'Espagne & de plusieurs autres côtes de l'océan & de la méditerranée, qui sont bordées de rochers & de pierres dures, à l'exception de quelques endroits dont on a profité pour faire les baies, les ports & les havres.

La profondeur de l'eau le long des côtes, est ordinairement d'autant plus grande que ces côtes sont plus élevées, & d'autant moindre qu'elles sont plus basses ; l'inégalité du fond de la mer le long des côtes correspond aussi ordinairement à l'inégalité de la surface du terrein des côtes, je dois citer ici ce qu'en dit un célèbre Navigateur.

« J'ai toujours remarqué que dans les endroits où la » côte est défendue par des rochers escarpez, la mer y est » très-profonde, & qu'il est rare d'y pouvoir ancrer, & au » contraire dans les lieux où la terre penche du côté de la » mer, quelque élevée qu'elle soit plus avant dans le pays, » le fond y est bon, & par conséquent l'ancrage : à proportion que la côte penche ou est escarpée près de la mer, » à proportion trouvons-nous aussi communément que le » fond pour ancrer est plus ou moins profond ou escarpé ; » aussi mouillons-nous plus près ou plus loin de la terre, » comme nous jugeons à propos, car il n'y a point, que je » sçache, de côte au monde, ou dont j'aie entendu parler, » qui soit d'une hauteur égale & qui n'ait des hauts & des » bas. Ce sont ces hauts & ces bas, ces montagnes & ces » vallées qui font les inégalités des côtes & des bras de mer, » des petites baies & des havres, &c. où l'on peut ancrer ſûrement, parce que telle eſt la ſurface de la terre, tel eſt « ordinairement le fond qui eſt couvert d'eau; ainſi l'on « trouve pluſieurs bons havres ſur les côtes où la terre bor- « ne la mer par des rochers eſcarpez, & cela parce qu'il « y a des pentes ſpacieuſes entre ces rochers; mais dans « les lieux où la pente d'une montagne ou d'un rocher n'eſt « pas à quelque diſtance en terre d'une montagne à l'autre, « & que, comme ſur la côte de Chili & du Pérou, le pen- « chant va du côté de la mer, ou eſt dedans, que la côte « eſt perpendiculaire ou fort eſcarpée depuis les montagnes « voiſines, comme elle eſt en ces pays-là depuis les mon- « tagnes d'Andes qui règnent le long de la côte; la mer y « eſt profonde, & pour des havres ou bras de mer il n'y en « a que peu ou point, toute cette côte eſt trop eſcarpée « pour y ancrer, & je ne connois point de côtes où il y ait « ſi peu de rades commodes aux vaiſſeaux. Les côtes de « Galice, de Portugal, de Norwège, de Terre-neuve, &c. « ſont comme la côte du Pérou & des hautes iſles de l'Ar- « chipelague, mais moins dépourvûes de bons havres. Là « où il y a de petits eſpaces de terre, il y a de bonnes baies « aux extrémités de ces eſpaces dans les lieux où ils s'avan- « cent dans la mer, comme ſur la côte de Caracos, &c. les « iſles de Jean Fernando, de Sainte-Hélène, &c. ſont des « terres hautes dont la côte eſt profonde. Généralement par- « lant, tel eſt le fond qui paroît au deſſus de l'eau, tel eſt « celui que l'eau couvre, & pour mouiller ſûrement il faut « ou que le fond ſoit au niveau, ou que ſa pente ſoit bien « peu ſenſible; car s'il eſt eſcarpé l'ancre gliſſe & le vaiſſeau «

» eſt emporté. De-là vient que nous ne nous mettons jamais » en devoir de mouiller dans les lieux où nous voyons les » terres hautes & des montagnes eſcarpées qui bornent la » mer : auſſi étant à vûe des iſles des Etats, proche de la » terre del Fuego, avant que d'entrer dans les mers du ſud, » nous ne ſongeames ſeulement pas à mouiller après que » nous eumes vû la côte, parce qu'il nous parut près de la » mer des rochers eſcarpez : cependant il peut y avoir de » petits havres où des barques ou autres petits bâtimens » peuvent mouiller, mais nous ne nous mîmes pas en peine » de les chercher.

» Comme les côtes hautes & eſcarpées ont ceci d'incom- » mode qu'on n'y mouille que rarement, elles ont auſſi ceci » de commode, qu'on les découvre de loin, & qu'on en » peut approcher ſans danger : auſſi eſt-ce pour cela que » nous les appellons côtes hardies, ou, pour parler plus na- » turellement, côtes exhauſſées, mais pour les terres baſſes » on ne les voit que de fort près, & il y a pluſieurs lieux dont » on n'oſe approcher de peur d'échouer avant que de les » apercevoir; d'ailleurs il y a en pluſieurs des bancs qui ſe » forment par le concours des groſſes rivières, qui des » terres baſſes ſe jettent dans la mer.

» Ce que je viens de dire, qu'on mouille d'ordinaire ſûre- » ment près des terres baſſes, peut ſe confirmer par pluſieurs » exemples. Au midi de la baie de Campèche les terres ſont » baſſes pour la plûpart, auſſi peut-on ancrer tout le long de » la côte, & il y a des endroits à l'orient de la ville de Cam- » pèche, où vous avez autant de braſſes d'eau que vous êtes éloigné de la terre, c'est-à-dire, depuis 9 à 10 lieues de « distance, jusqu'à ce que vous en soyez à 4 lieues, & de-là « jusqu'à la côte la profondeur va toûjours en diminuant. La « baie de Honduras est encore un pays bas, & continue de « même tout le long de-là aux côtes de Porto-bello & de « Carthagène, jusqu'à ce qu'on soit à la hauteur de Sainte- « Marthe; de-là le pays est encore bas jusques vers la côte de « Caracos, qui est haute. Les terres des environs de Surinam « sur la même côte, sont basses & l'ancrage y est bon; il en est « de même de-là à la côte de Guinée. Telle est aussi la baie « de Panama, & les livres de pilotage ordonnent aux pilotes « d'avoir toûjours la sonde à la main & de ne pas approcher « d'une telle profondeur, soit de nuit, soit de jour. Sur les « mêmes mers, depuis les hautes terres de Guatimala en « Mexique jusqu'à Californie, la plus grande partie de la côte « est basse, aussi y peut-on mouiller sûrement. En Asie la « côte de la Chine, les baies de Siam & de Bengale, toute « la côte de Coromandel & la côte des environs de Malaga, « & près de-là l'isle de Sumatra du même côté, la plûpart de « ces côtes sont basses & bonnes pour ancrer, mais à côté « de l'occident de Sumatra les côtes sont escarpées & har- « dies; telles sont aussi la plûpart des isles situées à l'orient « de Sumatra, comme les isles de Bornéo, de Célèbes, de « Gilolo, & quantité d'autres isles de moindre considération « qui sont dispersées par-ci par-là sur ces mers, & qui ont « de bonnes rades avec plusieurs fonds bas. mais les isles de « l'océan de l'Inde orientale, sur-tout l'ouest de ces isles, sont « des terres hautes & escarpées, principalement les parties «

» occidentales, non feulement de Sumatra mais auffi de » Java, de Timor, &c. On n'auroit jamais fait fi l'on vouloit » produire tous les exemples qu'on pourroit trouver; on dira » feulement en général, qu'il eft rare que les côtes hautes » foient fans eaux profondes, & au contraire les terres baffes » & les mers peu creufes, fe trouvent prefque toûjours enfemble. » *Voyage de Dampier autour du monde, tome 2, pag. 476 & fuiv.*

On eft donc affuré qu'il y a des inégalités dans le fond de la mer, & des montagnes très-confidérables, par les obfervations que les navigateurs ont faites avec la fonde. Les plongeurs affurent auffi qu'il y a d'autres petites inégalités formées par des rochers, & qu'il fait fort froid dans les vallées de la mer; en général dans les grandes mers les profondeurs augmentent, comme nous l'avons dit, d'une manière affez uniforme, en s'éloignant ou en s'approchant des côtes. Par la carte que M. Buache a dreffée de la partie de l'océan comprife entre les côtes d'Afrique & d'Amérique, & par les coupes qu'il donne de la mer depuis le cap Tagrin jufqu'à la côte de Rio-Grande, il paroît qu'il y a des inégalités dans tout l'océan comme fur la terre; que les abrolhos où il y a des vigies & où l'on voit quelques rochers à fleur d'eau, ne font que des fommets de très-groffes & de très-grandes montagnes, dont l'ifle Dauphine eft une des plus hautes pointes; que les ifles du Cap Verd ne font de même que des fommets de montagnes; qu'il y a un grand nombre d'écueils dans cette mer, où l'on eft obligé de mettre des vigies, qu'enfuite le terrein tout autour de ces abrolhos, defcend jufqu'à des profondeurs inconnues, & auffi autour des ifles.

A l'égard de la qualité des différens terreins qui forment le fond de la mer, comme il eft impoffible de l'examiner de près, & qu'il faut s'en rapporter aux plongeurs & à la fonde, nous ne pouvons rien dire de bien précis; nous fçavons feulement qu'il y a des endroits couverts de bourbe & de vafe à une grande épaiffeur, & fur lefquels les ancres n'ont point de ténue, c'eft probablement dans ces endroits que fe dépofe le limon des fleuves; dans d'autres endroits ce font des fables femblables aux fables que nous connoiffons, & qui fe trouvent de même de différente couleur & de différente groffeur, comme nos fables terreftres; dans d'autres ce font des coquillages amoncelez, des madrépores, des coraux & d'autres productions animales, lefquelles commencent à s'unir, à prendre corps & à former des pierres; dans d'autres ce font des fragmens de pierre, des graviers, & même fouvent des pierres toutes formées & des marbres, par exemple, dans les ifles Maldives on ne bâtit qu'avec de la pierre dure que l'on tire fous les eaux à quelques braffes de profondeur; à Marfeille on tire du très-beau marbre du fond de la mer, j'en ai vû plufieurs échantillons, & bien loin que la mer altère & gâte les pierres & les marbres, nous prouverons dans notre difcours fur les minéraux, que c'eft dans la mer qu'ils fe forment & qu'ils fe confervent, au lieu que le foleil, la terre, l'air & l'eau des pluies les corrompent & les détruifent.

Nous ne pouvons donc pas douter que le fond de la

mer ne ſoit compoſé comme la terre que nous habitons, puiſqu'en effet on y trouve les mêmes matières, & qu'on tire de la ſurface du fond de la mer les mêmes choſes que nous tirons de la ſurface de la terre; & de même qu'on trouve au fond de la mer de vaſtes endroits couverts de coquillages, de madrépores, & d'autres ouvrages des inſectes de la mer, on trouve auſſi ſur la terre une infinité de carrières & de bancs de craie & d'autres matières remplies de ces mêmes coquillages, de ces madrépores, &c. en ſorte qu'à tous égards les parties découvertes du globe reſſemblent à celles qui ſont couvertes par les eaux, ſoit pour la compoſition & pour le mélange des matières, ſoit par les inégalités de la ſuperficie.

C'eſt à ces inégalités du fond de la mer qu'on doit attribuer l'origine des courans; car on ſent bien que ſi le fond de l'océan étoit égal & de niveau, il n'y auroit dans la mer d'autre courant que le mouvement général d'orient en occident, & quelques autres mouvemens qui auroient pour cauſe l'action des vents & qui en ſuivroient la direction; mais une preuve certaine que la plûpart des courans ſont produits par le flux & le reflux, & dirigez par les inégalités du fond de la mer, c'eſt qu'ils ſuivent régulièrement les marées & qu'ils changent de direction à chaque flux & à chaque reflux. Voyez ſur cet article ce que dit Pietro della Valle, au ſujet des courans du golfe de Cambaie, *vol. 6, page 363,* & le rapport de tous les navigateurs, qui aſſurent unanimement que dans les endroits où le flux & le reflux de la mer eſt le plus violent

violent & le plus impétueux, les courans y ſont auſſi plus rapides.

Ainſi on ne peut pas douter que le flux & le reflux ne produiſent des courans dont la direction ſuit toûjours celle des collines ou des montagnes oppoſées entre leſquelles ils coulent. Les courans qui ſont produits par les vents, ſuivent auſſi la direction de ces mêmes collines qui ſont cachées ſous l'eau, car ils ne ſont preſque jamais oppoſez directement au vent qui les produit, non plus que ceux qui ont le flux & reflux pour cauſe, ne ſuivent pas pour cela la même direction.

Pour donner une idée nette de la production des courans, nous obſerverons d'abord qu'il y en a dans toutes les mers, que les uns ſont plus rapides & les autres plus lents, qu'il y en a de fort étendus, tant en longueur qu'en largeur, & d'autres qui ſont plus courts & plus étroits; que la même cauſe, ſoit le vent, ſoit le flux & le reflux, qui produit ces courans, leur donne à chacun une vîteſſe & une direction ſouvent très-différente; qu'un vent de nord, par exemple, qui devroit donner aux eaux un mouvement général vers le ſud, dans toute l'étendue de la mer où il exerce ſon action, produit au contraire un grand nombre de courans ſéparez les uns des autres & bien différens en étendue & en direction; quelques-uns vont droit au ſud, d'autres au ſud-eſt, d'autres au ſud-oueſt; les uns ſont fort rapides, d'autres ſont lents, il y en a de plus & moins forts, de plus & moins larges, de plus & moins étendus, & cela dans une variété de combinaiſons ſi grande, qu'on ne peut leur trouver rien de commun que la cauſe qui les produit; & lorſqu'un vent contraire ſuccède, comme cela arrive ſouvent dans toutes les mers, & régulièrement dans l'océan Indien, tous ces courans prennent une direction oppoſée à la première, & ſuivent en ſens contraire les mêmes routes & le même cours, en ſorte que ceux qui alloient au ſud, vont au nord, ceux qui couloient vers le ſud-eſt, vont au nord-oueſt, &c. & ils ont la même étendue en longueur & en largeur, la même vîteſſe, &c. & leur cours au milieu des autres eaux de la mer, ſe fait préciſément de la même façon qu'il ſe feroit ſur la terre entre deux rivages oppoſez & voiſins; comme on le voit aux Maldives & entre toutes les iſles de la mer des Indes, où les courans vont comme les vents pendant ſix mois dans une direction, & pendant ſix autres mois dans la direction oppoſée: on a fait la même remarque ſur les courans qui ſont entre les bancs de ſable & entre les hauts-fonds; & en général tous les courans, ſoit qu'ils aient pour cauſe le mouvement du flux & du reflux, ou l'action des vents, ont chacun conſtamment la même étendue, la même largeur & la même direction dans tout leur cours, & ils ſont très-différens les uns des autres en longueur, en largeur, en rapidité & en direction, ce qui ne peut venir que des inégalités des collines, des montagnes & des vallées qui ſont au fond de la mer, comme l'on voit qu'entre deux iſles le courant ſuit la direction des côtes auſſi-bien qu'entre les bancs de ſable, les écueils & les hauts-fonds. On doit donc regarder les collines & les montagnes du fond de la mer, comme les bords qui contiennent & qui dirigent les courans, & dès-lors un courant est un fleuve dont la largeur est déterminée par celle de la vallée dans laquelle il coule, dont la rapidité dépend de la force qui le produit, combinée avec le plus ou le moins de largeur de l'intervalle par où il doit passer, & enfin dont la direction est tracée par la position des collines & des inégalités entre lesquelles il doit prendre son cours.

Ceci étant entendu, nous allons donner une raison palpable de ce fait singulier dont nous avons parlé, de cette correspondance des angles des montagnes & des collines, qui se trouve par-tout, & qu'on peut observer dans tous les pays du monde. On voit en jetant les yeux sur les ruisseaux, les rivières & toutes les eaux courantes, que les bords qui les contiennent forment toûjours des angles alternativement opposez; de sorte que quand un fleuve fait un coude, l'un des bords du fleuve forme d'un côté une avance ou un angle rentrant dans les terres, & l'autre bord forme au contraire une pointe ou un angle saillant hors des terres, & que dans toutes les sinuosités de leur cours cette correspondance des angles alternativement opposez se trouve toûjours; elle est en effet fondée sur les loix du mouvement des eaux & l'égalité de l'action des fluides, & il nous seroit facile de démontrer la cause de cet effet, mais il nous suffit ici qu'il soit général & universellement reconnu, & que tout le monde puisse s'assurer par ses yeux que toutes les fois que le bord d'une rivière fait une avance dans les terres, que je suppose à main gauche, l'autre bord fait au contraire une avance hors des terres à main droite.

Dès-lors les courans de la mer, qu'on doit regarder comme de grands fleuves ou des eaux courantes, sujettes aux mêmes loix que les fleuves de la terre, formeront de même dans l'étendue de leur cours, plusieurs sinuosités dont les avances ou les angles seront rentrans d'un côté & saillans de l'autre côté; & comme les bords de ces courans sont les collines & les montagnes qui se trouvent au dessous ou au dessus de la surface des eaux, ils auront donné à ces éminences cette même forme qu'on remarque aux bords des fleuves; ainsi on ne doit pas s'étonner que nos collines & nos montagnes, qui ont été autrefois couvertes des eaux de la mer & qui ont été formées par le sédiment des eaux, aient pris par le mouvement des courans cette figure régulière, & que tous les angles en soient alternativement opposez; elles ont été les bords des courans ou des fleuves de la mer, elles ont donc nécessairement pris une figure & des directions semblables à celles des bords des fleuves de la terre, & par conséquent toutes les fois que le bord à main gauche aura formé un angle rentrant, le bord à main droite aura formé un angle saillant, comme nous l'observons dans toutes les collines opposées.

Cela seul, indépendamment des autres preuves que nous avons données, suffiroit pour faire voir que la terre de nos continens a été autrefois sous les eaux de la mer; & l'usage que je fais de cette observation de la correspondance des angles des montagnes & la cause que j'en assigne, me paroissent être des sources de lumière & de démonstration dans le ſujet dont il eſt queſtion ; car ce n'étoit point aſſez que d'avoir prouvé que les couches extérieures de la terre ont été formées par les ſédimens de la mer, que les montagnes ſe ſont élevées par l'entaſſement ſucceſſif de ces mêmes ſédimens, qu'elles ſont compoſées de coquilles & d'autres productions marines, il falloit encore rendre raiſon de cette régularité de figure des collines dont les angles ſont correſpondans, & en trouver la vraie cauſe, que perſonne juſqu'à préſent n'avoit même ſoupçonnée, & qui cependant étant réunie avec les autres forme un corps de preuves auſſi complet qu'on puiſſe en avoir en Phyſique, & fournit une théorie appuyée ſur des faits & indépendante de toute hypothèſe, ſur un ſujet qu'on n'avoit jamais tenté par cette voie, & ſur lequel il paroiſſoit avoué qu'il étoit permis, & même néceſſaire, de s'aider d'une infinité de ſuppoſitions & d'hypothèſes gratuites, pour pouvoir dire quelque choſe de conſéquent & de ſyſtématique.

Les principaux courans de l'océan ſont ceux qu'on a obſervez dans la mer Atlantique près de la Guinée ; ils s'étendent depuis le cap Verd juſqu'à la baie de Fernandopo ; leur mouvement eſt d'occident en orient, & il eſt contraire au mouvement général de la mer qui ſe fait d'orient en occident : ces courans ſont fort violens, en ſorte que les vaiſſeaux peuvent venir en deux jours de Moura à Rio de Bénin, c'eſt-à-dire, faire une route de plus de 150 lieues, & il leur faut ſix ou ſept ſemaines pour y retourner ; ils ne peuvent même ſortir de ces parages qu'en profitant des vents orageux qui s'élèvent tout à coup dans ces climats; mais il y a des saisons entières pendant lesquelles ils sont obligez de rester, la mer étant continuellement calme, à l'exception du mouvement des courans qui est toûjours dirigé vers les côtes dans cet endroit : ces courans ne s'étendent guère qu'à 20 lieues de distance des côtes. Auprès de Sumatra il y a des courans rapides qui coulent du midi vers le nord, & qui probablement ont formé le golfe qui est entre Malaye & l'Inde : on trouve des courans semblables entre l'isle de Java & la terre de Magellan, il y a aussi de très-grands courans entre le cap de Bonne-espérance & l'isle de Madagascar, & sur-tout sur la côte d'Afrique, entre la terre de Natal & le cap; dans la mer pacifique sur les côtes du Pérou & du reste de l'Amérique la mer se meut du midi au nord, & il y règne constamment un vent de midi qui semble être la cause de ces courans; on observe le même mouvement du midi au nord sur les côtes du Bresil, depuis le cap Saint-Augustin jusqu'aux isles Antilles, à l'embouchûre du détroit des Manilles, aux Philippines & au Japon dans le port de Kibuxia. *Voyez Varen. Geograph. gener. pag. 140.*

Il y a des courans très-violens dans la mer voisine des isles Maldives, & entre ces isles ces courans coulent, comme je l'ai dit, constamment pendant six mois d'orient en occident, & rétrogradent pendant les six autres mois d'occident en orient; ils suivent la direction des vents moussons, & il est probable qu'ils sont produits par ces vents qui, comme l'on ſçait, ſoufflent dans cette mer ſix mois de l'eſt à l'oueſt, & ſix mois en ſens contraire.

Au reſte nous ne faiſons ici mention que des courans dont l'étendue & la rapidité ſont fort conſidérables; car il y a dans toutes les mers une infinité de courans que les navigateurs ne reconnoiſſent qu'en comparant la route qu'ils ont faite avec celle qu'ils auroient dû faire, & ils ſont ſouvent obligez d'attribuer à l'action de ces courans la dérive de leur vaiſſeau. Le flux & le reflux, les vents & toutes les autres cauſes qui peuvent donner de l'agitation aux eaux de la mer, doivent produire des courans, leſquels ſeront plus ou moins ſenſibles dans les différens endroits. Nous avons vû que le fond de la mer eſt, comme la ſurface de la terre, hériſſé de montagnes, ſemé d'inégalités & coupé par des bancs de ſable; dans tous ces endroits montueux & entre-coupez les courans ſeront violens, dans les lieux plats où le fond de la mer ſe trouvera de niveau, ils ſeront preſqu'inſenſibles, la rapidité du courant augmentera à proportion des obſtacles que les eaux trouveront, ou plûtôt du rétréciſſement des eſpaces par leſquels elles tendent à paſſer. Entre deux chaînes de montagnes qui ſeront dans la mer, il ſe formera néceſſairement un courant qui ſera d'autant plus violent que ces deux montagnes ſeront plus voiſines : il en ſera de même entre deux bancs de ſable ou entre deux iſles voiſines; auſſi remarque t on dans l'océan indien, qui eſt entre-coupé d'une infinité d'iſles & de bancs, qu'il y a par-tout des courans très rapides qui rendent la navigation de cette mer fort périlleuſe ; ces courans ont en général des directions ſemblables à celles des vents ou du flux & du reflux qui les produiſent.

Non ſeulement toutes les inégalités du fond de la mer doivent former des courans, mais les côtes mêmes doivent faire un effet en partie ſemblable. Toutes les côtes font refouler les eaux à des diſtances plus ou moins conſidérables, ce refoulement des eaux eſt un eſpèce de courant que les circonſtances peuvent rendre continuel & violent, la poſition oblique d'une côte, le voiſinage d'un golfe ou de quelque grand fleuve, un promontoire, en un mot tout obſtacle particulier qui s'oppoſe au mouvement général produira toûjours un courant : or comme rien n'eſt plus irrégulier que le fond & les bords de la mer, on doit donc ceſſer d'être ſurpris du grand nombre de courans qu'on y trouve preſque par-tout.

Au reſte tous ces courans ont une largeur déterminée & qui ne varie point, cette largeur du courant dépend de celle de l'intervalle qui eſt entre les deux éminences qui lui ſervent de lit. Les courans coulent dans la mer comme les fleuves coulent ſur la terre, & ils y produiſent des effets ſemblables; ils forment leur lit, ils donnent aux éminences, entre leſquelles ils coulent, une figure régulière, & dont les angles ſont correſpondans : ce ſont en un mot ces courans qui ont creuſé nos vallées, figuré nos montagnes, & donné à la ſurface de notre terre, lorſqu'elle étoit ſous l'eau de la mer, la forme qu'elle conſerve encore aujourd'hui.

Si

Si quelqu'un doutoit de cette correſpondance des angles des montagnes, j'oſerois en appeller aux yeux de tous les hommes, ſur-tout lorſqu'ils auront lû ce qui vient d'être dit; je demande ſeulement qu'on examine en voyageant, la poſition des collines oppoſées & les avances qu'elles font dans les vallons, on ſe convaincra par ſes yeux que le vallon étoit le lit, & les collines les bords des courans, car les côtés oppoſez des collines ſe correſpondent exactement, comme les deux bords d'un fleuve. Dès que les collines à droite du vallon font une avance, les collines à gauche du vallon font une gorge; ces collines ont auſſi à très-peu près, la même élévation, & il eſt très-rare de voir une grande inégalité de hauteur dans deux collines oppoſées & ſéparées par un vallon : je puis aſſurer que plus j'ai regardé les contours & les hauteurs des collines, plus j'ai été convaincu de la correſpondance des angles, & de cette reſſemblance qu'elles ont avec les lits & les bords des rivières, & c'eſt par des obſervations réitérées ſur cette régularité ſurprenante & ſur cette reſſemblance frappante, que mes premières idées ſur la théorie de la terre me ſont venues : qu'on ajoûte à cette obſervation celle des couches parallèles & horizontales, & celle des coquillages répandus dans toute la terre & incorporez dans toutes les différentes matières, & on verra s'il peut y avoir plus de probabilité dans un ſujet de cette eſpèce.

PREUVES
DE LA
THÉORIE DE LA TERRE.

ARTICLE XIV.

Des Vents réglez.

RIEN ne paroît plus irrégulier & plus variable que la force & la direction des vents dans nos climats, mais il y a des pays où cette irrégularité n'est pas si grande, & d'autres où le vent souffle constamment dans la même direction & presque avec la même force.

Quoique les mouvemens de l'air dépendent d'un grand nombre de causes, il y en a cependant de principales dont on peut estimer les effets, mais il est difficile de juger des modifications que d'autres causes secondaires peuvent y apporter. La plus puissante de toutes ces causes est la chaleur du soleil, laquelle produit successivement une raréfaction considérable dans les différentes parties de l'atmosphère, ce qui fait le vent d'est, qui souffle constamment entre les tropiques, où la raréfaction est la plus grande.

La force d'attraction du soleil, & même celle de la lune sur l'atmosphère, sont des causes dont l'effet est insensible en comparaison de celle dont nous venons de parler ; il eſt vrai que cette force produit dans l'air un mouvement ſemblable à celui du flux & du reflux dans la mer, mais ce mouvement n'eſt rien en comparaiſon des agitations de l'air qui ſont produites par la raréfaction, car il ne faut pas croire que l'air, parce qu'il a du reſſort & qu'il eſt huit cens fois plus léger que l'eau, doive recevoir par l'action de la lune un mouvement de flux fort conſidérable ; pour peu qu'on y réfléchiſſe, on verra que ce mouvement n'eſt guère plus conſidérable que celui du flux & du reflux des eaux de la mer ; car la diſtance à la lune étant ſuppoſée la même, une mer d'eau ou d'air, ou de telle autre matière fluide qu'on voudra imaginer, aura à peu près le même mouvement, parce que la force qui produit ce mouvement pénètre la matière & eſt proportionnelle à ſa quantité ; ainſi une mer d'eau, d'air ou de vif-argent s'éleveroit à peu près à la même hauteur par l'action du ſoleil & de la lune, & dès-lors on voit que le mouvement que l'attraction des aſtres peut cauſer dans l'atmoſphère, n'eſt pas aſſez conſidérable pour produire une grande agitation * ; & quoiqu'elle doive cauſer un léger mouvement de l'air d'orient en occident, ce mouvement eſt tout-à-fait inſenſible en comparaiſon de celui que la chaleur du ſoleil doit produire en raréfiant l'air ; & comme la raréfaction ſera toûjours plus grande dans les endroits où le ſoleil eſt au

* L'effet de cette cauſe a été déterminé géométriquement dans différentes hypothèſes, & calculé par M. d'Alembert. *Voyez Réflexions ſur la cauſe générale des Vents. Paris, 1747.*

zénith, il eſt clair que le courant d'air doit ſuivre le ſoleil & former un vent conſtant & général d'orient en occident: ce vent ſouffle continuellement ſur la mer dans la zone torride, & dans la plûpart des endroits de la terre entre les tropiques, c'eſt le même vent que nous ſentons au lever du ſoleil, & en général les vents d'eſt ſont bien plus fréquens & bien plus impétueux que les vents d'oueſt; ce vent général d'orient en occident s'étend même au delà des tropiques, & il ſouffle ſi conſtamment dans la mer pacifique, que les navires qui vont d'Acapulco aux Philippines, font cette route, qui eſt de plus de 2700 lieues, ſans aucun riſque, &, pour ainſi dire, ſans avoir beſoin d'être dirigez : il en eſt de même de la mer atlantique entre l'Afrique & le Breſil, ce vent général y ſouffle conſtamment; il ſe fait ſentir auſſi entre les Philippines & l'Afrique, mais d'une manière moins conſtante, à cauſe des iſles & des différens obſtacles qu'on rencontre dans cette mer, car il ſouffle pendant les mois de janvier, février, mars & avril entre la côte de Mozambique & l'Inde, mais pendant les autres mois il cède à d'autres vents; & quoique ce vent d'eſt ſoit moins ſenſible ſur les côtes qu'en pleine mer, & encore moins dans le milieu des continens que ſur les côtes de la mer, cependant il y a des lieux où il ſouffle preſque continuellement, comme ſur les côtes orientales du Breſil, ſur les côtes de Loango en Afrique, &c.

Ce vent d'eſt, qui ſouffle continuellement ſous la ligne, fait que lorſqu'on part d'Europe pour aller en

Amérique, on dirige le cours du vaiſſeau du nord au ſud dans la direction des côtes d'Eſpagne & d'Afrique juſqu'à 20 degrés en deçà de la ligne, où l'on trouve ce vent d'eſt qui vous porte directement ſur les côtes d'Amérique; & de même dans la mer pacifique l'on fait en deux mois le voyage de Callao ou d'Acapulco aux Philippines à la faveur de ce vent d'eſt qui eſt continuel, mais le retour des Philippines à Acapulco eſt plus long & plus difficile. A 28 ou 30 degrés de ce côté-ci de la ligne, on trouve des vents d'oueſt aſſez conſtans, & c'eſt pour cela que les vaiſſeaux qui reviennent des Indes occidentales en Europe ne prennent pas la même route pour aller & pour revenir; ceux qui viennent de la nouvelle Eſpagne, font voile le long des côtes & vers le nord juſqu'à ce qu'ils arrivent à la Havane dans l'iſle de Cuba, & de-là ils gagnent du côté du nord pour trouver les vents d'oueſt qui les amènent aux Açores & enſuite en Eſpagne; de même dans la mer du ſud ceux qui reviennent des Philippines ou de la Chine au Pérou ou au Mexique, gagnent le nord juſqu'à la hauteur du Japon, & navigent ſous ce parallèle juſqu'à une certaine diſtance de Californie, d'où, en ſuivant la côte de la nouvelle Eſpagne, ils arrivent à Acapulco. Au reſte ces vents d'eſt ne ſoufflent pas toûjours du même point, mais en général ils ſont au ſud-eſt depuis le mois d'avril juſqu'au mois de novembre, & ils ſont au nord-eſt depuis novembre juſqu'en avril.

Le vent d'eſt contribue par ſon action à augmenter le mouvement général de la mer d'orient en occident, il produit auſſi des courans qui ſont conſtans & qui ont leur direction, les uns de l'eſt à l'oueſt, les autres de l'eſt au ſud-oueſt ou au nord-oueſt, ſuivant la direction des éminences & des chaînes de montagnes qui ſont au fond de la mer, dont les vallées ou les intervalles qui les ſéparent, ſervent de canaux à ces courans; de même les vents alternatifs qui ſoufflent tantôt de l'eſt & tantôt de l'oueſt, produiſent auſſi des courans qui changent de direction en même temps que ces vents en changent auſſi.

Les vents qui ſoufflent conſtamment pendant quelques mois, ſont ordinairement ſuivis de vents contraires, & les navigateurs ſont obligez d'attendre celui qui leur eſt favorable; lorſque ces vents viennent à changer, il y a pluſieurs jours, & quelquefois un mois ou deux de calme ou de tempêtes dangereuſes.

Ces vents généraux, cauſez par la raréfaction de l'atmoſphère ſe combinent différemment, par différentes cauſes dans différens climats, dans la partie de la mer atlantique, qui eſt ſous la zone tempérée, le vent du nord ſouffle preſque conſtamment pendant les mois d'octobre, novembre, décembre & janvier, c'eſt pour cela que ces mois ſont les plus favorables pour s'embarquer lorſqu'on veut aller de l'Europe aux Indes, afin de paſſer la ligne à la faveur de ces vents, & l'on ſçait par expérience, que les vaiſſeaux qui partent au mois de mars d'Europe n'arrivent quelquefois pas plûtôt au Breſil que ceux qui partent au mois d'octobre ſuivant. Le vent de nord règne preſque continuellement pendant l'hiver dans la nouvelle Zemble & dans les autres côtes ſeptentrionales: le vent de midi ſouffle pendant le mois de juillet au cap Verd, c'eſt alors le temps des pluies, ou l'hiver de ces climats; au cap de Bonne-eſpérance le vent de nord-oueſt ſouffle pendant le mois de ſeptembre; à Patna dans l'Inde, ce même vent de nord-oueſt ſouffle pendant les mois de novembre, décembre & janvier, & il produit de grandes pluies: mais les vents d'eſt ſoufflent pendant les neuf autres mois. Dans l'océan indien, entre l'Afrique & l'Inde, & juſqu'aux iſles Moluques, les vents mouſſons règnent d'orient en occident depuis janvier juſqu'au commencement de juin, & les vents d'occident commencent aux mois d'août & de ſeptembre, & pendant l'intervalle de juin & de juillet il y a de très-grandes tempêtes, ordinairement par des vents de nord, mais ſur les côtes ces vents varient davantage qu'en pleine mer.

Dans le royaume de Guzarate & ſur les côtes de la mer voiſine les vents de nord ſoufflent depuis le mois de mars juſqu'au mois de ſeptembre, & pendant les autres mois de l'année il règne preſque toûjours des vents de midi. Les Hollandois, pour revenir de Java, partent ordinairement aux mois de janvier & de février par un vent d'eſt qui ſe fait ſentir juſqu'à 18 degrés de latitude auſtrale, & enſuite ils trouvent des vents de midi qui les portent juſqu'à Sainte-Hélène. *Voyez Varen. Geograph. gener. chap. 20.*

Il y a des vents réglez qui ſont produits par la fonte des neiges; les anciens Grecs les ont obſervez. Pendant l'été les vents de nord-oueſt, & pendant l'hiver ceux de ſud-eſt ſe font ſentir en Grèce, dans la Thrace, dans la Macédoine, dans la mer Egée, & juſqu'en Egypte & en Afrique; on remarque des vents de même eſpèce dans le Congo, à Guzarate, à l'extrémité de l'Afrique, qui ſont tous produits par la fonte des neiges. Le flux & le reflux de la mer produiſent auſſi des vents réglez qui ne durent que quelques heures, & dans pluſieurs endroits on remarque des vents qui viennent de terre pendant la nuit & de la mer pendant le jour, comme ſur les côtes de la nouvelle Eſpagne, ſur celles de Congo, à la Havane, &c.

Les vents de nord ſont aſſez réglez dans les climats des cercles polaires; mais plus on approche de l'équateur, plus ces vents de nord ſont foibles, ce qui eſt commun aux deux poles.

Dans l'océan atlantique & éthiopique il y a un vent d'eſt général entre les tropiques, qui dure toute l'année ſans aucune variation conſidérable, à l'exception de quelques petits endroits où il change ſuivant les circonſtances & la poſition des côtes; 1° auprès de la côte d'Afrique, auſſitôt que vous avez paſſé les iſles Canaries, vous êtes sûr de trouver un vent frais de nord-eſt à environ 28 degrés de latitude nord, ce vent paſſe rarement le nord-eſt ou le nord-nord-eſt, & il vous accompagne juſqu'à 10 degrés latitude nord, à environ 100 lieues de la côte de Guinée, où l'on trouve au 4me degré latitude nord les calmes & tornados; 2° ceux qui vont aux iſles Caribes trouvent, en approchant de l'Amérique, que ce même vent de nord-eſt tourne de plus en plus à l'eſt, à meſure qu'on approche

approche davantage; 3° les limites de ces vents variables dans cet océan sont plus grandes sur les côtes d'Amérique que sur celles d'Afrique. Il y a dans cet océan un endroit où les vents de sud & de sud-ouest sont continuels, sçavoir, tout le long de la côte de Guinée dans un espace d'environ 500 lieues, depuis Sierra-Leona jusqu'à l'isle de Saint-Thomas; l'endroit le plus étroit de cette mer est depuis la Guinée jusqu'au Bresil, où il n'y a qu'environ 500 lieues; cependant les vaisseaux qui partent de la Guinée, ne dirigent pas leur cours droit au Bresil, mais ils descendent du côté du sud, sur-tout lorsqu'ils partent au mois de juillet & d'août, à cause des vents de sud-est qui règnent dans ce temps. *Voyez Transf. phil. Abrig'd. tom. 2, p. 129.*

Dans la mer méditerranée le vent souffle de la terre vers la mer au coucher du soleil, & au contraire de la mer vers la terre au lever, en sorte que le matin c'est un vent du levant, & le soir un vent du couchant; le vent du midi qui est pluvieux, & qui souffle ordinairement à Paris, en Bourgogne & en Champagne au commencement de novembre, & qui cède à une bise douce & tempérée, produit le beau temps qu'on appelle vulgairement l'été de la Saint Martin. *Voyez le Traité des eaux de M. Mariotte.*

Le Docteur Lister, d'ailleurs bon Observateur, prétend que le vent d'est général qui se fait sentir entre les tropiques pendant toute l'année, n'est produit que par la respiration de la plante appellée lentille de mer, qui est extrêmement abondante dans ces climats, & que la différence des vents sur la terre ne vient que de la différente diſpoſition des arbres & des forêts, & il donne très-ſérieuſement cette ridicule imagination pour cauſe des vents, en diſant qu'à l'heure de midi le vent eſt plus fort, parce que les plantes ont plus chaud & reſpirent l'air plus ſouvent, & qu'il ſouffle d'orient en occident, parce que toutes les plantes font un peu le tourneſol, & reſpirent toûjours du côté du ſoleil. *Voyez Tranſ. philoſ. n. 156.*

D'autres auteurs, dont les vûes étoient plus ſaines, ont donné pour cauſe de ce vent conſtant le mouvement de la terre ſur ſon axe, mais cette opinion n'eſt que ſpécieuſe, & il eſt facile de faire comprendre aux gens, même les moins initiez en méchanique, que tout fluide qui environneroit la terre, ne pourroit avoir aucun mouvement particulier en vertu de la rotation du globe, que l'atmoſphère ne peut avoir d'autre mouvement que celui de cette même rotation, & que tout tournant enſemble & à la fois, ce mouvement de rotation eſt auſſi inſenſible dans l'atmoſphère qu'il l'eſt à la ſurface de la terre.

La principale cauſe de ce mouvement conſtant eſt, comme nous l'avons dit, la chaleur du ſoleil; on peut voir ſur cela le *Traité de Halley dans les Tranſ. philoſoph.* & en général toutes les cauſes qui produiront dans l'air une raréfaction ou une condenſation conſidérable, produiront des vents dont les directions ſeront toûjours directes ou oppoſées aux lieux où ſera la plus grande raréfaction ou la plus grande condenſation.

La preſſion des nuages, les exhalaiſons de la terre, l'inflammation des météores, la réſolution des vapeurs en pluies, &c. ſont auſſi des cauſes qui toutes produiſent des agitations conſidérables dans l'atmoſphère, chacune de ces cauſes ſe combinant de différentes façons, produit des effets différens; il me paroît donc qu'on tenteroit vainement de donner une théorie des vents, & qu'il faut ſe borner à travailler à en faire l'hiſtoire, c'eſt dans cette vûe que j'ai raſſemblé des faits qui pourront y ſervir.

Si nous avions une ſuite d'obſervations ſur la direction, la force & la variation des vents dans les différens climats, ſi cette ſuite d'obſervations étoit exacte & aſſez étendue pour qu'on pût voir d'un coup d'œil le réſultat de ces viciſſitudes de l'air dans chaque pays, je ne doute pas qu'on n'arrivât à ce degré de connoiſſance dont nous ſommes encore ſi fort éloignez, à une méthode par laquelle nous pourrions prévoir & prédire les différens états du ciel & la différence des ſaiſons; mais il n'y a pas aſſez long-temps qu'on fait des obſervations météorologiques, il y en a beaucoup moins qu'on les fait avec ſoin, & il s'en écoulera peut-être beaucoup avant qu'on ſçache en employer les réſultats, qui ſont cependant les ſeuls moyens que nous ayions pour arriver à quelque connoiſſance poſitive ſur ce ſujet.

Sur la mer les vents ſont plus réguliers que ſur la terre, parce que la mer eſt un eſpace libre, & dans lequel rien ne s'oppoſe à la direction du vent; ſur la terre au contraire les montagnes, les forêts, les villes, &c. forment des obſtacles qui font changer la direction des vents, & qui ſouvent produiſent des vents contraires aux premiers. Ces vents réfléchis par les montagnes se font sentir dans toutes les provinces qui en sont voisines, avec une impétuosité souvent aussi grande que celle du vent direct qui les produit; ils sont aussi très-irréguliers, parce que leur direction dépend du contour, de la hauteur & de la situation des montagnes qui les réfléchissent. Les vents de mer soufflent avec plus de force & plus de continuité que les vents de terre, ils sont aussi beaucoup moins variables & durent plus long-temps; dans les vents de terre, quelque violens qu'ils soient, il y a des momens de rémission & quelquefois des instans de repos; dans ceux de mer le courant d'air est constant & continuel sans aucune interruption, la différence de ces effets dépend de la cause que nous venons d'indiquer.

En général sur la mer les vents d'est & ceux qui viennent des poles, sont plus forts que les vents d'ouest & que ceux qui viennent de l'équateur; dans les terres au contraire les vents d'ouest & de sud sont plus ou moins violens que les vents d'est & de nord, suivant la situation des climats. Au printemps & en automne les vents sont plus violens qu'en été ou en hiver, tant sur mer que sur terre; on peut en donner plusieurs raisons, 1° le printemps & l'automne sont les saisons des plus grandes marées, & par conséquent les vents que ces marées produisent, sont plus violens dans ces deux saisons; 2° le mouvement que l'action du soleil & de la lune produit dans l'air, c'est-à-dire, le flux & le reflux de l'atmosphère, est aussi plus grand dans la saison des équinoxes; 3° la fonte des neiges au printemps, & la réſolution des vapeurs que le ſoleil a élevées pendant l'été, qui retombent en pluies abondantes pendant l'automne, produiſent, ou du moins augmentent les vents; 4° le paſſage du chaud au froid, ou du froid au chaud ne peut ſe faire ſans augmenter & diminuer conſidérablement le volume de l'air, ce qui ſeul doit produire de très-grands vents.

On remarque ſouvent dans l'air des courans contraires, on voit des nuages qui ſe meuvent dans une direction, & d'autres nuages plus élevez ou plus bas que les premiers, qui ſe meuvent dans une direction contraire; mais cette contrariété de mouvement ne dure pas long-temps, & n'eſt ordinairement produite que par la réſiſtance de quelque nuage à l'action du vent, & par la répulſion du vent direct qui règne ſeul dès que l'obſtacle eſt diſſipé.

Les vents ſont plus violens dans les lieux élevés que dans les plaines, & plus on monte dans les hautes montagnes, plus la force du vent augmente juſqu'à ce qu'on ſoit arrivé à la hauteur ordinaire des nuages, c'eſt-à-dire, à environ un quart ou un tiers de lieue de hauteur perpendiculaire; au delà de cette hauteur le ciel eſt ordinairement ſerein, au moins pendant l'été, & le vent diminue: on prétend même qu'il eſt tout-à-fait inſenſible au ſommet des plus hautes montagnes; cependant la plûpart de ces ſommets, & même les plus élevez, étant couverts de glace & de neige, il eſt naturel de penſer que cette région de l'air eſt agitée par les vents dans le temps de la chûte de ces neiges; ainſi ce ne peut être que pendant l'été que les vents ne s'y font pas sentir; ne pourroit-on pas dire qu'en été les vapeurs légères qui s'élèvent au sommet de ces montagnes, retombent en rosée, au lieu qu'en hiver elles se condensent, se gèlent & retombent en neige ou en glace, ce qui peut produire en hiver des vents au dessus de ces montagnes, quoiqu'il n'y en ait point en été!

Un courant d'air augmente de vîtesse comme un courant d'eau lorsque l'espace de son passage se rétrécit; le même vent, qui ne se fait sentir que médiocrement dans une plaine large & découverte, devient violent en passant par une gorge de montagne, ou seulement entre deux bâtimens élevez, & le point de la plus violente action du vent est au dessus de ces mêmes bâtimens ou de la gorge de la montagne; l'air étant comprimé par la résistance de ces obstacles, a plus de masse, plus de densité, & la même vîtesse subsistant, l'effort ou le coup du vent, le *momentum* en devient beaucoup plus fort. C'est ce qui fait qu'auprès d'une église ou d'une tour les vents semblent être beaucoup plus violens qu'ils ne le sont à une certaine distance de ces édifices. J'ai souvent remarqué que le vent réfléchi par un bâtiment isolé ne laissoit pas d'être bien plus violent que le vent direct qui produisoit ce vent réfléchi, & lorsque j'en ai cherché la raison, je n'en ai pas trouvé d'autre que celle que je viens de rapporter, l'air chassé se comprime contre le bâtiment & se réfléchit, non seulement avec la vîtesse qu'il avoit auparavant, mais encore avec plus de masse, ce qui rend en effet son action beaucoup plus violente.

A ne confidérer que la denfité de l'air, qui eft plus grande à la furface de la terre que dans tout autre point de l'atmofphère, on feroit porté à croire que la plus grande action du vent devroit être auffi à la furface de la terre, & je crois que cela eft en effet ainfi toutes les fois que le ciel eft ferein, mais lorfqu'il eft chargé de nuages la plus violente action du vent eft à la hauteur de ces nuages, qui font plus denfes que l'air, puifqu'ils tombent en forme de pluie ou de grêle. On doit donc dire que la force du vent doit s'eftimer, non feulement par fa vîteffe, mais auffi par la denfité de l'air, de quelque caufe que puiffe provenir cette denfité, & qu'il doit arriver fouvent qu'un vent qui n'aura pas plus de vîteffe qu'un autre vent, ne laiffera pas de renverfer des arbres & des édifices, uniquement parce que l'air pouffé par ce vent fera plus denfe. Ceci fait voir l'imperfection des machines qu'on a imaginées pour mefurer la vîteffe du vent.

Les vents particuliers, foit qu'ils foient directs ou réfléchis, font plus violens que les vents généraux. L'action interrompue des vents de terre dépend de cette compreffion de l'air, qui rend chaque bouffée beaucoup plus violente qu'elle ne le feroit fi le vent foufffloit uniformément; quelque fort que foit un vent continu, il ne caufera jamais les défaftres que produit la fureur de ces vents qui foufflent, pour ainfi dire, par accès; nous en donnerons des exemples dans l'article qui fuit.

On pourroit confidérer les vents & leurs différentes directions fous des points de vûe généraux, dont on tireroit, peut-être des inductions utiles; par exemple, il me paroît qu'on pourroit diviser les vents par zones, que le vent d'est, qui s'étend à environ 25 ou 30 degrés de chaque côté de l'équateur, doit être regardé comme exerçant son action tout autour du globe dans la zone torride; le vent de nord souffle presqu'aussi constamment dans la zone froide, que le vent d'est dans la zone torride, & on a reconnu qu'à la terre de Feu & dans les endroits les moins éloignez du pole austral où l'on est parvenu, le vent vient aussi du pole; ainsi l'on peut dire que le vent d'est occupant la zone torride, les vents de nord occupent les zones froides; & à l'égard des zones temperées, les vents qui y règnent ne sont, pour ainsi dire, que des courans d'air, dont le mouvement est composé de ceux de ces deux vents principaux qui doivent produire tous les vents dont la direction tend à l'occident; & à l'égard des vents d'ouest, dont la direction tend à l'orient, & qui règnent souvent dans la zone tempérée, soit dans la mer pacifique, soit dans l'océan atlantique, on peut les regarder comme des vents réfléchis par les terres de l'Asie & de l'Amérique, mais dont la première origine est dûe aux vents d'est & de nord.

Quoique nous ayions dit que, généralement parlant, le vent d'est règne tout autour du globe à environ 25 ou 30 degrés de chaque côté de l'équateur, il est cependant vrai que dans quelques endroits il s'étend à une bien moindre distance, & que sa direction n'est pas par-tout de l'est à l'ouest; car en deçà de l'équateur il est un peu est-nord-est, & au delà de l'équateur il est est-sud-est, & plus on s'éloigne de l'équateur, de l'équateur, ſoit au nord, ſoit au ſud, plus la direction du vent eſt oblique; l'équateur eſt la ligne ſous laquelle la direction du vent de l'eſt à l'oueſt eſt la plus exacte; par exemple, dans l'océan indien le vent général d'orient en occident ne s'étend guère au delà de 15 degrés : en allant de Goa au cap de Bonne-eſpérance on ne trouve ce vent d'eſt qu'au delà de l'équateur, environ au 12me degré de latitude ſud, & il ne ſe fait pas ſentir en deçà de l'équateur; mais lorſqu'on eſt arrivé à ce 12me degré de latitude ſud, on a ce vent juſqu'au 28me degré de latitude ſud. Dans la mer qui ſépare l'Afrique de l'Amérique, il y a un intervalle qui eſt depuis le 4me degré de latitude nord, juſqu'au 10me ou 11me degré de latitude nord, où ce vent général n'eſt pas ſenſible; mais au delà de ce 10me ou 11me degré ce vent règne & s'étend juſqu'au 30me degré.

Il y a auſſi beaucoup d'exceptions à faire au ſujet des vents mouſſons, dont le mouvement eſt alternatif; les uns durent plus ou moins long-temps, les autres s'étendent à de plus grandes ou à de moindres diſtances, les autres ſont plus ou moins réguliers, plus ou moins violens. Nous rapporterons ici d'après Varenius, les principaux phénomènes de ces vents. « Dans l'océan indien, entre l'Afrique & l'Inde juſqu'aux Moluques, les vents d'eſt « commencent à règner au mois de janvier, & durent juſ- « qu'au commencement de juin; au mois d'août ou de « ſeptembre commence le mouvement contraire, & les « vents d'oueſt règnent pendant trois ou quatre mois; dans «

» l'intervalle de ces mouſſons, c'eſt-à-dire, à la fin de juin, » au mois de juillet & au commencement d'août il n'y a » ſur cette mer aucun vent fait, & on éprouve de violentes » tempêtes qui viennent du ſeptentrion.

» Ces vents ſont ſujets à de plus grandes variations en » approchant des terres, car les vaiſſeaux ne peuvent partir » de la côte de Malabar, non plus que des autres ports de » la côte occidentale de la preſqu'iſle de l'Inde, pour aller » en Afrique, en Arabie, en Perſe, &c. que depuis le mois » de janvier juſqu'au mois d'avril ou de mai; car dès la fin » de mai & pendant les mois de juin, de juillet & d'août il » ſe fait de ſi violentes tempêtes par les vents de nord ou » de nord-eſt, que les vaiſſeaux ne peuvent tenir à la mer; » au contraire de l'autre côté de cette preſqu'iſle, c'eſt-à- » dire, ſur la mer qui baigne la côte de Coromandel, on » ne connoît point ces tempêtes.

» On part de Java, de Ceylan & de pluſieurs endroits au » mois de ſeptembre pour aller aux iſles Moluques, parce » que le vent d'occident commence alors à ſouffler dans » ces parages; cependant lorſqu'on s'éloigne de l'équateur » à 15 degrés de latitude auſtrale, on perd ce vent d'oueſt » & on retrouve le vent général, qui eſt dans cet endroit un » vent de ſud-eſt. On part de même de Cochin, pour aller » à Malaca, au mois de mars, parce que les vents d'oueſt » commencent à ſouffler dans ce temps, ainſi ces vents » d'occident ſe font ſentir en différens temps dans la mer » des Indes; on part, comme l'on voit, dans un temps pour » aller de Java aux Moluques, dans un autre temps pour aller de Cochin à Malaca, dans un autre pour aller de « Malaca à la Chine, & encore dans un autre pour aller de « la Chine au Japon. «

A Banda les vents d'occident finiffent à la fin de mars, « il règne des vents variables & des calmes pendant le « mois d'avril, au mois de mai les vents d'orient recom- « mencent avec une grande violence; à Ceylan les vents « d'occident commencent vers le milieu du mois de mars « & durent jufqu'au commencement d'octobre que revien- « nent les vents d'eft, ou plûtôt d'eft-nord-eft; à Mada- « gafcar depuis le milieu d'avril jufqu'à la fin de mai on « a des vents de nord & de nord-oueft, mais aux mois de « février & de mars ce font des vents d'orient & de midi; « de Madagafcar au cap de Bonne-efpérance le vent du « nord & les vents collatéraux foufflent pendant les mois « de mars & d'avril : dans le golfe de Bengale le vent de « midi fe fait fentir avec violence après le 20 d'avril, au- « paravant il règne dans cette mer des vents de fud-oueft « ou de nord-oueft; les vents d'oueft font auffi très-violens « dans la mer de la Chine pendant les mois de juin & de « juillet, c'eft auffi la faifon la plus convenable pour aller « de la Chine au Japon; mais pour revenir du Japon à la « Chine ce font les mois de février & de mars qu'on préfère, « parce que les vents d'eft ou de nord-eft règnent alors « dans cette mer. «

Il y a des vents qu'on peut regarder comme particuliers « à de certaines côtes, par exemple, le vent de fud eft « prefque continuel fur les côtes du Chili & du Pérou, il «

» commence au 46me degré ou environ, de latitude sud, » & il s'étend jusqu'au delà de Panama, ce qui rend le » voyage de Lima à Panama beaucoup plus aisé à faire & » plus court que le retour. Les vents d'occident soufflent » presque continuellement, ou du moins très-fréquemment, » sur les côtes de la terre Magellanique, aux environs du » détroit de le Maire; sur la côte de Malabar les vents de » nord & de nord-ouest règnent presque continuellement; » sur la côte de Guinée le vent de nord-ouest est aussi fort » fréquent, & à une certaine distance de cette côte en » pleine mer on retrouve le vent de nord-est; les vents » d'occident règnent sur les côtes du Japon aux mois de novembre & de décembre. »

Les vents alternatifs ou périodiques dont nous venons de parler, sont des vents de mer; mais il y a aussi des vents de terre qui sont périodiques & qui reviennent, ou dans une certaine saison, ou à de certains jours, ou même à de certaines heures; par exemple, sur la côte de Malabar depuis le mois de septembre jusqu'au mois d'avril il souffle un vent de terre qui vient du côté de l'orient, ce vent commence ordinairement à minuit & finit à midi, & il n'est plus sensible dès qu'on s'éloigne à 12 ou 15 lieues de la côte, & depuis midi jusqu'à minuit il règne un vent de mer qui est fort foible & qui vient de l'occident; sur la côte de la nouvelle Espagne en Amérique, & sur celle de Congo en Afrique, il règne des vents de terre pendant la nuit & des vents de mer pendant le jour; à la Jamaïque les vents soufflent de tous côtés à la fois pendant la nuit, & les vaiſſeaux ne peuvent alors y arriver ſûrement, ni en ſortir avant le jour.

En hiver le port de Cochin eſt inabordable, & il ne peut en ſortir aucun vaiſſeau, parce que les vents y ſoufflent avec une telle impétuoſité, que les bâtimens ne peuvent pas tenir à la mer, & que d'ailleurs le vent d'oueſt qui y ſouffle avec fureur, amène à l'embouchûre du fleuve de Cochin une ſi grande quantité de ſable, qu'il eſt impoſſible aux navires, & même aux barques, d'y entrer pendant ſix mois de l'année; mais les vents d'eſt qui ſoufflent pendant les ſix autres mois, repouſſent ces ſables dans la mer & rendent libre l'entrée de la rivière. Au détroit de Babel-mandel il y a des vents de ſud-eſt qui y règnent tous les ans dans la même ſaiſon, & qui ſont toûjours ſuivis de vents de nord-oueſt. A Saint-Domingue il y a deux vents différens qui s'élèvent régulièrement preſque chaque jour, l'un qui eſt un vent de mer, vient du côté de l'orient & il commence à 10 heures du matin, l'autre qui eſt un vent de terre & qui vient de l'occident, s'élève à 6 ou 7 heures du ſoir & dure toute la nuit. Il y auroit pluſieurs autres faits de cette eſpèce à tirer des Voyageurs, dont la connoiſſance pourroit peut-être nous conduire à donner une hiſtoire des vents, qui ſeroit un ouvrage très-utile pour la Navigation & pour la Phyſique.

PREUVES
DE LA
THÉORIE DE LA TERRE.

ARTICLE XV.

Des Vents irréguliers, des Ouragans, des Trombes, & de quelques autres phénomènes causez par l'agitation de la mer & de l'air.

Les Vents sont plus irréguliers sur terre que sur mer, & plus irréguliers dans les pays élevez que dans les pays de plaine. Les montagnes non seulement changent la direction des vents, mais même elles en produisent qui sont ou constans ou variables suivant les différentes causes; la fonte des neiges qui sont au dessus des montagnes, produit ordinairement des vents constans qui durent quelquefois assez long-temps; les vapeurs qui s'arrêtent contre les montagnes & qui s'y accumulent, produisent des vents variables qui sont très-fréquens dans tous les climats, & il y a autant de variations dans ces mouvemens de l'air, qu'il y a d'inégalités sur la surface de la terre. Nous ne pouvons donc donner sur cela que des exemples, & rapporter les faits qui sont avérez, & comme nous manquons d'observations suivies sur la variation des vents, & même sur celle des saisons dans les différens pays, nous ne prétendons pas expliquer toutes les caufes de ces différences, & nous nous bornerons à indiquer celles qui nous paroîtront les plus naturelles & les plus probables.

Dans les détroits, fur toutes les côtes avancées, à l'extrémité & aux environs de tous les promontoires, des prefqu'iffles & des caps, & dans tous les golfes étroits les orages font fréquens; mais il y a outre cela des mers beaucoup plus orageufes que d'autres. L'océan indien, la mer du Japon, la mer Magellanique, celle de la côte d'Afrique au delà des Canaries, & de l'autre côté vers la terre de Natal, la mer rouge, la mer vermeille font toutes fort fujettes aux tempêtes; l'océan atlantique eft auffi plus orageux que le grand océan, qu'on a appellé, à caufe de fa tranquillité, *Mer pacifique :* cependant cette mer pacifique n'eft abfolument tranquille qu'entre les tropiques, & jufqu'au quart environ des zones tempérées, & plus on approche des poles, plus elle eft fujette à des vents variables dont le changement fubit caufe fouvent des tempêtes.

Tous les continens terreftres font fujets à des vents variables qui produifent fouvent des effets finguliers; dans le royaume de Kachemire, qui eft environné des montagnes du Caucafe, on éprouve à la montagne Pire-Penjale des changemens foudains; on paffe, pour ainfi dire, de l'été à l'hiver en moins d'une heure; il y règne deux vents directement oppofez, l'un de nord, & l'autre de midi, que, felon Bernier, on fent fucceffivement en moins de deux cens pas de diftance. La pofition de cette montagne doit être singulière & mériteroit d'être observée. Dans la presqu'isle de l'Inde qui est traversée du nord au sud par les montagnes de Gate, on a l'hiver d'un côté de ces montagnes, & l'été de l'autre côté dans le même temps, en sorte que sur la côte de Coromandel l'air est serein, & tranquille & fort chaud, tandis qu'à celle de Malabar, quoique sous la même latitude, les pluies, les orages, les tempêtes rendent l'air aussi froid qu'il peut l'être dans ce climat, & au contraire lorsqu'on a l'été à Malabar, on a l'hiver à Coromandel. Cette même différence se trouve des deux côtés du cap de Rosalgate en Arabie, dans la partie de la mer qui est au nord du cap il règne une grande tranquillité, tandis que dans la partie qui est au sud on éprouve de violentes tempêtes. Il en est encore de même dans l'isle de Ceylan, l'hiver & les grands vents se font sentir dans la partie septentrionale de l'isle, tandis que dans les parties méridionales il fait un très-beau temps d'été, & au contraire quand la partie septentrionale jouit de la douceur de l'été, la partie méridionale à son tour est plongée dans un air sombre, orageux & pluvieux : cela arrive, non seulement dans plusieurs endroits du continent des Indes, mais aussi dans plusieurs isles, par exemple, à Céram, qui est une longue isle dans le voisinage d'Amboine, on a l'hiver dans la partie septentrionale de l'isle, & l'été en même temps dans la partie méridionale, & l'intervalle qui sépare les deux saisons n'est pas de trois ou quatre lieues.

En Égypte il règne souvent pendant l'été des vents du midi

midi qui ſont ſi chauds, qu'ils empêchent la reſpiration, ils élèvent une ſi grande quantité de ſable, qu'il ſemble que le ciel eſt couvert de nuages épais; ce ſable eſt ſi fin & il eſt chaſſé avec tant de violence, qu'il pénètre partout, & même dans les coffres les mieux fermez: lorſque ces vents durent pluſieurs jours ils cauſent des maladies épidémiques, & ſouvent elles ſont ſuivies d'une grande mortalité. Il pleut très-rarement en Egypte, cependant tous les ans il y a quelques jours de pluie pendant les mois de décembre, janvier & février; il s'y forme auſſi des brouillards épais qui y ſont plus fréquens que les pluies, ſur-tout aux environs du Caire, ces brouillards commencent au mois de novembre & continuent pendant l'hiver, ils s'élèvent avant le lever du ſoleil; pendant toute l'année il tombe une roſée ſi abondante, lorſque le ciel eſt ſerein, qu'on pourroit la prendre pour une petite pluie.

Dans la Perſe l'hiver commence en novembre & dure juſqu'en mars, le froid y eſt aſſez fort pour y former de la glace, & il tombe beaucoup de neige dans les montagnes & ſouvent un peu dans les plaines; depuis le mois de mars juſqu'au mois de mai il s'élève des vents qui ſouffſent avec force & qui ramènent la chaleur; du mois de mai au mois de ſeptembre le ciel eſt ſerein, & la chaleur de la ſaiſon eſt modérée pendant la nuit par des vents frais qui s'élèvent tous les ſoirs & qui durent juſqu'au lendemain matin, & en automne il ſe fait des vents qui, comme ceux du printemps, ſoufflent avec force; cependant quoique ces vents ſoient aſſez violens, il eſt rare qu'ils produiſent des ouragans & des tempêtes : mais il s'élève ſouvent pendant l'été le long du golfe Perſique, un vent très-dangereux que les habitans appellent *Samyel,* & qui eſt encore plus chaud & plus terrible que celui d'Egypte dont nous venons de parler; ce vent eſt ſuffoquant & mortel, ſon action eſt preſque ſemblable à celle d'un tourbillon de vapeur enflammée, & on ne peut en éviter les effets lorſqu'on s'y trouve malheureuſement enveloppé. Il s'élève auſſi ſur la mer rouge, en été, & ſur les terres de l'Arabie, un vent de même eſpèce qui ſuffoque les hommes & les animaux & qui transporte une ſi grande quantité de ſable, que bien des gens prétendent que cette mer ſe trouvera comblée avec le temps par l'entaſſement ſucceſſif des ſables qui y tombent. Il y a ſouvent de ces nuées de ſable en Arabie, qui obſcurciſſent l'air & qui forment des tourbillons dangereux. A la Vera-Cruz lorſque le vent de nord ſouffle, les maiſons de la ville ſont preſque enterrées ſous le ſable qu'un vent pareil amène; il s'élève auſſi des vents chauds en été à Négapatan dans la preſqu'iſle de l'Inde, auſſi-bien qu'à Pétapouli & à Maſulipatan; ces vents brûlans qui font périr les hommes, ne ſont heureuſement pas de longue durée, mais ils ſont violens, & plus ils ont de vîteſſe & plus ils ſont brûlans, au lieu que tous les autres vents rafraîchiſſent d'autant plus qu'ils ont plus de vîteſſe; cette différence ne vient que du degré de chaleur de l'air, tant que la chaleur de l'air eſt moindre que celle du corps des animaux, le mouvement de l'air eſt rafraîchiſſant, mais ſi la chaleur de l'air eſt plus grande que celle du corps, alors le mouvement de l'air ne peut qu'échauffer & brûler; à Goa l'hiver, ou plûtôt le temps des pluies & des tempêtes, eſt aux mois de mai, de juin & de juillet, ſans cela les chaleurs y ſeroient inſupportables.

Le cap de Bonne-eſpérance eſt fameux par ſes tempêtes & par le nuage ſingulier qui les produit; ce nuage ne paroît d'abord que comme une petite tache ronde dans le ciel, & les matelots l'ont appellé *Œil de bœuf*, j'imagine que c'eſt parce qu'il ſe ſoûtient à une très-grande hauteur qu'il paroît ſi petit. De tous les Voyageurs qui ont parlé de ce nuage, Kolbe me paroît être celui qui l'a examiné avec le plus d'attention; voici ce qu'il en dit *tom. 1, pag. 224 & ſuiv.* « Le nuage qu'on voit ſur les montagnes de la *Table*, ou du *Diable*, ou du *Vent*, eſt compoſé, ſi je ne « me trompe, d'une infinité de petites particules pouſſées, « premièrement contre les montagnes du cap, qui ſont à « l'eſt, par les vents d'eſt qui règnent pendant preſque toute « l'année dans la zone torride; ces particules ainſi pouſſées « ſont arrêtées dans leur cours par ces hautes montagnes & « ſe ramaſſent ſur leur côté oriental; alors elles deviennent « viſibles & y forment de petits monceaux ou aſſemblages de « nuages, qui étant inceſſamment pouſſez par le vent d'eſt, « s'élèvent au ſommet de ces montagnes; ils n'y reſtent pas « long-temps tranquilles & arrêtez, contraints d'avancer, ils « s'engouffrent entre les collines qui ſont devant eux, où ils « ſont ſerrez & preſſez comme dans une manière de canal, « le vent les preſſe au deſſous, & les côtés oppoſez de deux «

» montagnes les retiennent à droite & à gauche; lorsqu'en » avançant toûjours ils parviennent au pied de quelque » montagne où la campagne est un peu plus ouverte, ils » s'étendent, se déploient & deviennent de nouveau invi- » sibles, mais bien-tôt ils sont chassez sur les montagnes » par les nouveaux nuages qui sont poussez derrière eux, » & parviennent ainsi, avec beaucoup d'impétuosité, sur les » montagnes les plus hautes du cap, qui sont celles du *Vent* » & de la *Table,* où règne alors un vent tout contraire; là » il se fait un conflit affreux, ils sont poussez par derrière » & repoussez par devant, ce qui produit des tourbillons » horribles, soit sur les hautes montagnes dont je parle, » soit dans la vallée de la Table où ces nuages voudroient » se précipiter. Lorsque le vent de nord-ouest a cédé le » champ de bataille, celui de sud-est augmente & continue » de souffler avec plus ou moins de violence pendant son » sémestre; il se renforce pendant que le nuage de l'œil de » bœuf est épais, parce que les particules qui viennent s'y » amasser par derrière, s'efforcent d'avancer; il diminue » lorsqu'il est moins épais, parce qu'alors moins de parti- » cules pressent par derrière; il baisse entièrement lorsque » le nuage ne paroît plus, parce qu'il n'y vient plus de l'est » de nouvelles particules, ou qu'il n'en arrive pas assez; le » nuage enfin ne se dissipe point, ou plûtôt paroît toûjours » à peu près de même grosseur, parce que de nouvelles » matières remplacent par derrière celles qui se dissipent » par devant.

» Toutes ces circonstances du phénomène conduisent à

une hypothèſe qui en explique ſi bien toutes les parties : « 1.° Derrière la montagne de la *Table* on remarque une « eſpèce de ſentier ou une traînée de légers brouillards « blancs, qui commençant ſur la deſcente orientale de « cette montagne, aboutit à la mer & occupe dans ſon « étendue les montagnes de *Pierre.* Je me ſuis très-ſouvent « occupé à contempler cette traînée qui, ſuivant moi, étoit « cauſée par le paſſage rapide des particules dont je parle, « depuis les montagnes de *Pierre* juſqu'à celle de la *Table.* «

Ces particules, que je ſuppoſe, doivent être extrême- « ment embarraſſées dans leur marche par les fréquens « chocs & contre-chocs cauſez non ſeulement par les « montagnes, mais encore par les vents de ſud & d'eſt qui « règnent aux lieux circonvoiſins du cap ; c'eſt ici ma ſe- « conde obſervation : j'ai déja parlé des deux montagnes « qui ſont ſituées ſur les pointes de la baie *Falzo* ou fauſſe « baie, l'une s'appelle la *Lèvre pendante* & l'autre *Norvège.* « Lorſque les particules que je conçois ſont pouſſées ſur « ces montagnes par les vents d'eſt, elles en ſont repouſſées « par les vents de ſud, ce qui les porte ſur les montagnes « voiſines; elles y ſont arrêtées pendant quelque-temps & y « paroiſſent en nuages, comme elles le faiſoient ſur les deux « montagnes de la baie *Falzo* & même un peu davantage. « Ces nuages ſont ſouvent fort épais ſur la *Hollande* Hot- « tentote, ſur les montagnes de *Stellenboſch,* de *Drakenſtein* « & de *Pierre,* mais ſur-tout ſur la montagne de la *Table* « & ſur celle du *Diable.* «

Enfin ce qui confirme mon opinion eſt que conſtamment «

» deux ou trois jours avant que les vents de ſud-eſt ſoufflent, » on apperçoit ſur la *Tête-du-lion* de petits nuages noirs qui » la couvrent ; ces nuages ſont, ſuivant moi, composez des » particules dont j'ai parlé ; ſi le vent de nord-oueſt règne » encore lorſqu'elles arrivent, elles ſont arrêtées dans leur » courſe, mais elles ne ſont jamais chaſſées fort loin juſqu'à ce que le vent de ſud-eſt commence. »

Les premiers navigateurs qui ont approché du cap de Bonne-eſpérance ignoroient les effets de ces nuages funeſtes, qui ſemblent ſe former lentement, tranquillement & ſans aucun mouvement ſenſible dans l'air, & qui tout d'un coup lancent la tempête & cauſent un orage qui précipite les vaiſſeaux dans le fond de la mer, ſur-tout lorſque les voiles ſont déployées. Dans la terre de Natal il ſe forme auſſi un petit nuage ſemblable à l'œil de bœuf du cap de Bonne-eſpérance, & de ce nuage il ſort un vent terrible & qui produit les mêmes effets ; dans la mer qui eſt entre l'Afrique & l'Amérique, ſur-tout ſous l'équateur & dans les parties voiſines de l'équateur, il s'élève très-ſouvent de ces eſpèces de tempêtes ; près de la côte de Guinée il ſe fait quelquefois trois ou quatre de ces orages en un jour, ils ſont cauſez & annoncez, comme ceux du cap de Bonne-eſpérance, par de petits nuages noirs ; le reſte du ciel eſt ordinairement fort ſerein, & la mer tranquille. Le premier coup de vent qui ſort de ces nuages eſt furieux, & feroit périr les vaiſſeaux en pleine mer, ſi l'on ne prenoit pas auparavant la précaution de caler les voiles ; c'eſt principalement aux mois d'avril, de mai & de juin qu'on éprouve ces tempêtes ſur la mer de Guinée, parce qu'il n'y règne aucun vent réglé dans cette ſaiſon; & plus bas, en deſcendant à Loango, la ſaiſon de ces orages ſur la mer voiſine des côtes de Loango, eſt celle des mois de janvier, février, mars & avril. De l'autre côté de l'Afrique, au cap de Gardafu, il s'élève de ces eſpèces de tempêtes au mois de mai, & les nuages qui les produiſent ſont ordinairement au nord, comme ceux du cap de Bonne-eſpérance.

Toutes ces tempêtes ſont donc produites par des vents qui ſortent d'un nuage & qui ont une direction, ſoit du nord au ſud, ſoit du nord-eſt au ſud-oueſt, &c. mais il y a d'autres eſpèces de tempêtes que l'on appelle des ouragans, qui ſont encore plus violentes que celles-ci, & dans leſquelles les vents ſemblent venir de tous les côtés, ils ont un mouvement de tourbillon & de tournoiement auquel rien ne peut réſiſter. Le calme précède ordinairement ces horribles tempêtes, & la mer paroît alors auſſi unie qu'une glace; mais dans un inſtant la fureur des vents élève les vagues juſqu'aux nues. Il y a des endroits dans la mer où l'on ne peut pas aborder, parce qu'alternativement il y a toûjours ou des calmes ou des ouragans de cette eſpèce; les Eſpagnols ont appellé ces endroits calmes & tornados, les plus conſidérables ſont auprès de la Guinée à 2 ou 3 degrés latitude nord, ils ont environ 300 ou 350 lieues de longueur ſur autant de largeur, ce qui fait un eſpace de plus de 100000 lieues carrées; le calme ou les orages ſont presque continuels ſur cette côte de Guinée, & il y a des vaiſſeaux qui y ont été retenus trois mois ſans pouvoir en ſortir.

Lorſque les vents contraires arrivent à la fois dans le même endroit, comme à un centre, ils produiſent ces tourbillons & ces tournoiemens d'air par la contrariété de leur mouvement, comme les courans contraires produiſent dans l'eau des gouffres ou des tournoiemens; mais lorſque ces vents trouvent en oppoſition d'autres vents qui contre-balancent de loin leur action, alors ils tournent autour d'un grand eſpace dans lequel il règne un calme perpétuel, & c'eſt ce qui forme les calmes dont nous parlons, & deſquels il eſt ſouvent impoſſible de ſortir. Ces endroits de la mer ſont marquez ſur les globes de Sénex, auſſi-bien que les directions des différens vents qui règnent ordinairement dans toutes les mers. A la vérité je ſerois porté à croire que la contrariété ſeule des vents ne pourroit pas produire cet effet, ſi la direction des côtes & la forme particulière du fond de la mer dans ces endroits n'y contribuoient pas; j'imagine donc que les courans cauſez en effet par les vents, mais dirigez par la forme des côtes & des inégalités du fond de la mer, viennent tous aboutir dans ces endroits, & que leurs directions oppoſées & contraires forment les tornados en queſtion dans une plaine environnée de tous côtés d'une chaîne de montagnes.

Les gouffres ne paroiſſent être autre choſe que des tournoiemens d'eau cauſez par l'action de deux ou de pluſieurs courans oppoſez; l'Euripe ſi fameux par la mort d'Ariſtote, abſorbe & rejette alternativement les eaux ſept fois en vingten vingt-quatre heures: ce gouffre eſt près des côtes de la Grèce. Le Carybde qui eſt près du détroit de Sicile, rejette & abſorbe les eaux trois fois en vingt-quatre heures: au reſte on n'eſt pas trop ſûr du nombre de ces alternatives de mouvement dans ces gouffres. Le Docteur Placentia, dans ſon Traité qui a pour titre l'*Egeo redivivo,* dit que l'Euripe a des mouvemens irréguliers pendant dix-huit ou dix-neuf jours de chaque mois, & des mouvemens réguliers pendant onze jours, qu'ordinairement il ne groſſit que d'un pied & rarement de deux pieds; il dit auſſi que les Auteurs ne s'accordent pas ſur le flux & le reflux de l'Euripe, que les uns diſent qu'il ſe fait deux fois, d'autres ſept, d'autres onze, d'autres douze, d'autres quatorze fois en vingt-quatre heures, mais que *Loirius* l'ayant examiné de ſuite pendant un jour entier, il l'avoit obſervé à chaque ſix heures d'une manière évidente & avec un mouvement ſi violent, qu'à chaque fois il pouvoit faire tourner alternativement les roues d'un moulin.

Le plus grand gouffre que l'on connoiſſe eſt celui de la mer de Norwège, on aſſure qu'il a plus de vingt lieues de circuit; il abſorbe pendant ſix heures tout ce qui eſt dans ſon voiſinage, l'eau, les baleines, les vaiſſeaux, & rend enſuite pendant autant de temps tout ce qu'il a abſorbé.

Il n'eſt pas néceſſaire de ſuppoſer dans le fond de la mer des trous & des abîmes qui engloutiſſent continuellement les eaux, pour rendre raiſon de ces gouffres; on ſçait que quand l'eau a deux directions contraires, la compoſition de ces mouvemens produit un tournoiement circulaire &

ſemble former un vuide dans le centre de ce mouvement, comme on peut l'obſerver dans pluſieurs endroits auprès des piles qui ſoûtiennent les arches des ponts, ſur-tout dans les rivières rapides; il en eſt de même des gouffres de la mer, ils ſont produits par le mouvement de deux ou de pluſieurs courans contraires; & comme le flux & le reflux ſont la principale cauſe des courans, en ſorte que pendant le flux ils ſont dirigez d'un côté & que pendant le reflux ils vont en ſens contraire, il n'eſt pas étonnant que les gouffres qui réſultent de ces courans, attirent & engloutiſſent pendant quelques heures tout ce qui les environne, & qu'ils rejettent enſuite pendant tout autant de temps tout ce qu'ils ont abſorbé.

Les gouffres ne ſont donc que des tournoiemens d'eau qui ſont produits par des courans oppoſez, & les ouragans ne ſont que des tourbillons ou tournoiemens d'air produits par des vents contraires; ces ouragans ſont communs dans la mer de la Chine & du Japon, dans celle des iſles Antilles & en pluſieurs autres endroits de la mer, ſur-tout auprès des terres avancées & des côtes élevées, mais ils ſont encore plus fréquens ſur la terre, & les effets en ſont quelquefois prodigieux. « J'ai vû, dit » Bellarmin, je ne le croirois pas ſi je ne l'euſſe pas vû, » une foſſe énorme creuſée par le vent, & toute la terre de » cette foſſe emportée ſur un village, en ſorte que l'endroit » d'où la terre avoit été enlevée, paroiſſoit un trou épouvan- » table, & que le village fut entièrement enterré par cette terre tranſportée. » *Bellarminus de aſcenſu mentis in Deum.*

On peut voir dans l'Hiſtoire de l'Académie des Sciences & dans les Tranſactions Philoſophiques le détail des effets de pluſieurs ouragans qui paroiſſent inconcevables, & qu'on auroit de la peine à croire, ſi les faits n'étoient atteſtez par un grand nombre de témoins oculaires, véridiques & intelligens.

Il en eſt de même des trombes que les Navigateurs ne voient jamais ſans crainte & ſans admiration; ces trombes ſont fort fréquentes auprès de certaines côtes de la méditerranée, ſur-tout lorſque le ciel eſt fort couvert & que le vent ſouffle en même temps de pluſieurs côtés; elles ſont plus communes près des caps de Laodicée, de Grecgo & de Carmel, que dans les autres parties de la méditerranée. La plûpart de ces trombes ſont autant de cylindres d'eau qui tombent des nues, quoiqu'il ſemble quelquefois, ſur-tout quand on eſt à quelque diſtance, que l'eau de la mer s'élève en haut. *Voyez les Voyages de Shaw, vol. 2, p. 56.*

Mais il faut diſtinguer deux eſpèces de trombes; la première, qui eſt la trombe dont nous venons de parler, n'eſt autre choſe qu'une nuée épaiſſe, comprimée, reſſerrée & réduite en un petit eſpace par des vents oppoſez & contraires, leſquels ſoufflant en même temps de pluſieurs côtés, donnent à la nuée la forme d'un tourbillon cylindrique, & font que l'eau tombe tout-à-la fois ſous cette forme cylindrique; la quantité d'eau eſt ſi grande & la chûte en eſt ſi précipitée, que ſi malheureuſement une de ces trombes tomboit ſur un vaiſſeau, elle le briſeroit & le ſubmergeroit dans un inſtant. On prétend,

& cela pourroit être fondé, qu'en tirant ſur la trombe pluſieurs coups de canons chargez à boulets, on la rompt, & que cette commotion de l'air la fait ceſſer aſſez promptement; cela revient à l'effet des cloches qu'on ſonne pour écarter les nuages qui portent le tonnerre & la grêle.

L'autre eſpèce de trombe s'appelle typhon, & pluſieurs Auteurs ont confondu le typhon avec l'ouragan, ſur-tout en parlant des tempêtes de la mer de la Chine, qui eſt en effet ſujette à tous deux; cependant ils ont des cauſes bien différentes. Le typhon ne deſcend pas des nuages comme la première eſpèce de trombe, il n'eſt pas uniquement produit par le tournoiement des vents comme l'ouragan, il s'élève de la mer vers le ciel avec une grande violence, & quoique ces typhons reſſemblent aux tourbillons qui s'élèvent ſur la terre en tournoiant, ils ont une autre origine. On voit ſouvent, lorſque les vents ſont violens & contraires, les ouragans élever des tourbillons de ſable, de terre, & ſouvent ils enlèvent & tranſportent dans ce tourbillon les maiſons, les arbres, les animaux. Les typhons de mer au contraire reſtent dans la même place, & ils n'ont pas d'autre cauſe que celle des feux ſoûterrains, car la mer eſt alors dans une grande ébullition & l'air eſt ſi fort rempli d'exhalaiſons ſulphureuſes, que le ciel paroît caché d'une croûte couleur de cuivre, quoiqu'il n'y ait aucuns nuages & qu'on puiſſe voir à travers ces vapeurs le ſoleil & les étoiles; c'eſt à ces feux ſoûterrains qu'on peut attribuer la tiédeur de la mer de la Chine en hiver, où ces typhons ſont très-fréquens. *Voyez Acta erud. Lipſ. Supplem. tom. 1, pag. 405.*

Nous allons donner quelques exemples de la manière dont ils ſe produiſent : voici ce que dit Thévenot dans ſon voyage du Levant. « Nous vîmes des trombes dans le golfe Perſique entre les iſles Quéſomo, Laréca & « Ormus. Je crois que peu de perſonnes ont conſidéré « les trombes avec toute l'attention que j'ai faite, dans la « rencontre dont je viens de parler, & peut-être qu'on n'a « jamais fait les remarques que le haſard m'a donné lieu « de faire ; je les expoſerai avec toute la ſimplicité dont « je fais profeſſion dans tout le récit de mon voyage, afin « de rendre les choſes plus ſenſibles & plus aiſées à com- « prendre. «

La première qui parut à nos yeux étoit du côté du nord « ou tramontane, entre nous & l'iſle Quéſomo, à la portée « d'un fuſil du vaiſſeau, nous avions alors la proue à grec- « levant ou nord-eſt. Nous aperçûmes d'abord en cet « endroit l'eau qui bouillonnoit & étoit élevée de la ſurface « de la mer d'environ un pied, elle étoit blancheâtre, « & au deſſus paroiſſoit comme une fumée noire un peu « épaiſſe, de manière que cela reſſembloit proprement à un « tas de paille où l'on auroit mis le feu, mais qui ne feroit « encore que fumer ; cela faiſoit un bruit ſourd ſemblable « à celui d'un torrent qui court avec beaucoup de violence « dans un profond vallon ; mais ce bruit étoit mêlé d'un « autre un peu plus clair ſemblable à un fort ſifflement de » ſerpens ou d'oies ; un peu après nous vîmes comme un »

» canal obſcur qui avoit aſſez de reſſemblance à une fumée » qui va montant aux nues en tournant avec beaucoup de » vîteſſe, & ce canal paroiſſoit gros comme le doigt, & le » même bruit continuoit toûjours. Enſuite la lumière nous » en ôta la vûe, & nous connûmes que cette trombe étoit » finie, parce que nous vîmes que cette trombe ne s'élevoit » plus, & ainſi la durée n'avoit pas été de plus d'un demi- » quart d'heure. Celle-là finie nous en vîmes une autre du » côté du midi, qui commença de la même manière qu'a- » voit fait la précédente; preſque auſſi-tôt il s'en fit une » ſemblable à côté de celle-ci vers le couchant, & incon- » tinent après une troiſième à côté de cette ſeconde, la plus » éloignée des trois pouvoit être à portée du mouſquet loin » de nous, elles paroiſſoient toutes trois comme trois tas de » paille hauts d'un pied & demi ou de deux, qui fumoient » beaucoup, & faiſoient même bruit que la première. Enſuite » nous vîmes tout autant de canaux qui venoient depuis les » nues ſur ces endroits où l'eau étoit élevée, & chacun de » ces canaux étoit large par le bout qui tenoit à la nue, com- » me le large bout d'une trompette, & faiſoit la même figure » (pour l'expliquer intelligiblement) que peut faire la » mamelle ou la tette d'un animal tirée perpendiculaire- » ment par quelques poids. Ces canaux paroiſſoient blancs » d'une blancheur blafarde, & je crois que c'étoit l'eau qui » étoit dans ces canaux tranſparens qui les faiſoit paroître » blancs; car apparemment ils étoient déjà formez avant que » de tirer l'eau, ſelon qu'on peut juger par ce qui ſuit, & » lorſqu'ils étoient vuides, ils ne paroiſſoient pas, de même qu'un canal de verre fort clair exposé au jour devant nos « yeux à quelque distance, ne paroît pas s'il n'est rempli de « quelque liqueur teinte. Ces canaux n'étoient pas droits, « mais courbez en quelques endroits, même ils n'étoient « pas perpendiculaires, au contraire depuis les nues où ils « paroissoient entez jusqu'aux endroits où ils tiroient l'eau « ils étoient fort inclinez, & ce qui est de plus particulier, « c'est que la nue où étoit attachée la seconde de ces trois, « ayant été chassée du vent, ce canal la suivit sans se rompre « & sans quitter le lieu où il tiroit l'eau, & passant derrière « le canal de la première, ils furent quelque temps croisez « comme en sautoir ou en croix de Saint André. Au com- « mencement ils étoient tous trois gros comme le doigt, si « ce n'est auprès de la nue qu'ils étoient plus gros, comme « j'ai déjà remarqué; mais dans la suite celui de la première « de ces trois se grossit considérablement: pour ce qui est « des deux autres, je n'en ai autre chose à dire, car la der- « nière formée ne dura guère davantage qu'avoit duré celle « que nous avions vûe du côté du nord. La seconde du côté « du midi dura environ un quart d'heure, mais la première « de ce même côté dura un peu davantage, & ce fut celle « qui nous donna le plus de crainte; & c'est de celle-là qu'il « me reste encore quelque chose à dire. D'abord son canal « étoit gros comme le doigt, ensuite il se fit gros comme « le bras & après comme la jambe, & enfin comme un gros « tronc d'arbre, autant qu'un homme pourroit embrasser. « Nous voyions distinctement au travers de ce corps transpa- « rent l'eau qui montoit en serpentant un peu, & quelquefois «

» il diminuoit un peu de grosseur, tantôt par le haut & » tantôt par bas : pour lors il ressembloit justement à un » boyau rempli de quelque matière fluide que l'on presseroit » avec les doigts, ou par haut pour faire descendre cette » liqueur, ou par bas pour la faire monter, & je me persua- » dai que c'étoit la violence du vent qui faisoit ces change- » mens, faisant monter l'eau fort vîte lorsqu'il pressoit le » canal par le bas, & la faisant descendre lorsqu'il le pressoit » par le haut. Après cela il diminua tellement de grosseur » qu'il étoit plus menu que le bras, comme un boyau qu'on » alonge en le tirant perpendiculairement, ensuite il retourna » gros comme la cuisse, après il redevint fort menu, enfin » je vis que l'eau élevée sur la superficie de la mer com- » mençoit à s'abaisser, & le bout du canal qui lui touchoit, » s'en sépara & s'étrécit, comme si on l'eût lié, & alors la » lumière qui nous parut par le moyen d'un nuage qui se » détourna, m'en ôta la vûe; je ne laissai pas de regarder » encore quelque temps si je ne le reverrois point, parce » que j'avois remarqué que par trois ou quatre fois le canal » de la seconde de ce même côté du midi nous avoit paru » se rompre par le milieu, & incontinent après nous le re- » voyions entier, & ce n'étoit que la lûmière qui nous en » cachoit la moitié, mais j'eus beau regarder avec toute » l'attention possible, je ne revis plus celui-ci, & il ne se » fit plus de trombe, &c.

» Ces trombes sont fort dangereuses sur mer; car si elles » viennent sur un vaisseau, elles se mêlent dans les voiles, en » sorte que quelquefois elles l'enlèvent, & le laissant ensuite retomber,

retomber, elles le coulent à fond, & cela arrive particulièrement quand c'eſt un petit vaiſſeau ou une barque; tout au moins ſi elles n'enlèvent pas un vaiſſeau, elles rompent toutes les voiles, ou bien laiſſent tomber dedans toute l'eau qu'elles tiennent, ce qui le fait ſouvent couler à fond. Je ne doute point que ce ne ſoit par de ſemblables accidens que pluſieurs des vaiſſeaux dont on n'a jamais eu de nouvelles, ont été perdus, puiſqu'il n'y a que trop d'exemples de ceux que l'on a ſçu de certitude avoir péri de cette manière. »

Je ſoupçonne qu'il y a pluſieurs illuſions d'optique dans les phénomènes que ce voyageur nous raconte; mais j'ai été bien aiſe de rapporter les faits tels qu'il a cru les voir, afin qu'on puiſſe ou les vérifier, ou du moins les comparer avec ceux que rapportent les autres voyageurs: voici la deſcription qu'en donne le Gentil dans ſon voyage autour du monde. « A onze heures du matin, l'air étant chargé de nuages, nous vîmes autour de notre vaiſſeau, à un quart de lieue environ de diſtance, ſix trombes de mer qui ſe formèrent avec un bruit ſourd, ſemblable à celui que fait l'eau en coulant dans des canaux ſoûterrains; ce bruit s'accrut peu à peu, & reſſembloit au ſifflement que font les cordages d'un vaiſſeau lorſqu'un vent impétueux s'y mêle. Nous remarquâmes d'abord l'eau qui bouillonnoit & qui s'élevoit au deſſus de la ſurface de la mer d'environ un pied & demi; il paroiſſoit au deſſus de ce bouillonnement un brouillard, ou plûtôt une fumée épaiſſe d'une couleur pâle, & cette fumée formoit une eſpèce de canal qui montoit à la nue.

« Les canaux ou manches de ces trombes ſe plioient

» ſelon que le vent emportoit les nues auxquelles ils étoient » attachez, & malgré l'impulſion du vent, non ſeulement » ils ne ſe détachoient pas, mais encore il ſembloit qu'ils » s'alongeaſſent pour les ſuivre, en s'étréciſſant & ſe groſ- » ſiſſant à meſure que le nuage s'élevoit ou ſe baiſſoit.

» Ces phénomènes nous cauſèrent beaucoup de frayeur, » & nos matelots au lieu de s'enhardir, fomentoient leur » peur par les contes qu'ils débitoient. Si ces trombes, » diſoient-ils, viennent à tomber ſur notre vaiſſeau, elles » l'enleveront, & le laiſſant enſuite retomber, elles le ſub- » mergeront; d'autres (& ceux-ci étoient les Officiers) » répondoient d'un ton décifif qu'elles n'enleveroient pas » le vaiſſeau, mais que venant à le rencontrer ſur leur route, » cet obſtacle romproit la communication qu'elles avoient » avec l'eau de la mer, & qu'étant pleines d'eau, toute l'eau » qu'elles renfermoient, tomberoit perpendiculairement ſur » le tillac du vaiſſeau & le briſeroit.

» Pour prévenir ce malheur on amena les voiles & on » chargea le canon; les gens de mer prétendant que le bruit » du canon agitant l'air, fait crever les trombes & les diſſipe, » mais nous n'eûmes pas beſoin de recourir à ce remède; » quand elles eurent couru pendant dix minutes autour du » vaiſſeau, les unes à un quart de lieue, les autres à une » moindre diſtance, nous vîmes que les canaux s'étréciſſoient » peu à peu, qu'ils ſe détachèrent de la ſuperficie de la mer, » & qu'enfin ils ſe diſſipèrent. » *Pag. 191, tom. 1.*

Il paroît par la deſcription que ces deux voyageurs donnent des trombes, qu'elles ſont produites, au moins en partie, par l'action d'un feu ou d'une fumée qui s'élève du fond de la mer avec une grande violence, & qu'elles sont fort différentes de l'autre espèce de trombe qui est produite par l'action des vents contraires, & par la compression forcée & la résolution subite d'un ou de plusieurs nuages, comme les décrit M. Shaw, *pag. 56, tom. 2.* « Les trombes, dit-il, que j'ai eu occasion de voir, m'ont paru « autant de cylindres d'eau qui tomboient des nuées, quoi- « que par la réflexion des colonnes qui descendent ou par les « gouttes qui se détachent de l'eau qu'elles contiennent & qui « tombent, il semble quelquefois, sur-tout quand on en est à « quelque distance, que l'eau s'élève de la mer en haut. Pour « rendre raison de ce phénomène on peut supposer que les « nuées étant assemblées dans un même endroit par des vents « opposez, ils les obligent, en les pressant avec violence, de « se condenser & de descendre en tourbillons. »

Il reste beaucoup de faits à acquerir avant qu'on puisse donner une explication complette de ces phénomènes; il me paroît seulement que s'il y a sous les eaux de la mer des terreins mêlez de soufre, de bitume & de minéraux, comme l'on n'en peut guère douter, on peut concevoir que ces matières venant à s'enflammer, produisent une grande quantité d'air * comme en produit la poudre à canon, que cette quantité d'air nouvellement généré & prodigieusement raréfié, s'échappe & monte avec rapidité, ce qui doit élever l'eau & peut produire ces trombes qui s'élèvent de la mer vers le ciel; & de même si par l'inflammation des matières sulphureuses que contient un nuage,

* Voyez l'Analyse de l'Air de M. Hales, & le Traité de l'Artillerie de M. Robins.

il se forme un courant d'air qui descende perpendiculairement du nuage vers la mer, toutes les parties aqueuses que contient le nuage, peuvent suivre le courant d'air & former une trombe qui tombe du ciel sur la mer; mais il faut avouer que l'explication de cette espèce de trombe, non plus que celle que nous avons donnée par le tournoiement des vents & la compression des nuages, ne satisfait pas encore à tout, car on aura raison de nous demander pourquoi l'on ne voit pas plus souvent sur la terre comme sur la mer de ces espèces de trombes qui tombent perpendiculairement des nuages.

L'Histoire de l'Académie, année 1727, fait mention d'une trombe de terre qui parut à Capestan près de Béziers; c'étoit une colonne assez noire qui descendoit d'une nue jusqu'à terre, & diminuoit toûjours de largeur en approchant de la terre où elle se terminoit en pointe; elle obéissoit au vent qui souffloit de l'ouest au sud-ouest; elle étoit accompagnée d'une espèce de fumée fort épaisse & d'un bruit pareil à celui d'une mer fort agitée, arrachant quantité de rejetons d'olivier, déracinant des arbres & jusqu'à un gros noyer qu'elle transporta jusqu'à quarante ou cinquante pas, & marquant son chemin par une large trace bien battue, où trois carrosses de front auroient passé; il parut une autre colonne de la même figure, mais qui se joignit bien-tôt à la première, & après que le tout eut disparu, il tomba une grande quantité de grêle.

Cette espèce de trombe paroît être encore différente des deux autres; il n'est pas dit qu'elle contînt de l'eau, & il semble, tant par ce que je viens d'en rapporter, que par l'explication qu'en a donné M. Andoque lorſqu'il a fait part de l'obſervation de ce phénomène à l'Académie, que cette trombe n'étoit qu'un tourbillon de vent épaiſſi & rendu viſible par la pouſſière & les vapeurs condenſées qu'il contenoit. *Voyez l'Hiſt. de l'Acad. an. 1727. pag. 4 & ſuiv.* Dans la même Hiſtoire, année 1741, il eſt parlé d'une trombe vûe ſur le lac de Genève, c'étoit une colonne dont la partie ſupérieure aboutiſſoit à un nuage aſſez noir, & dont la partie inférieure, qui étoit plus étroite, ſe terminoit un peu au deſſus de l'eau. Ce météore ne dura que quelques minutes, & dans le moment qu'il ſe diſſipa on aperçut une vapeur épaiſſe qui montoit de l'endroit où il avoit paru, & là même les eaux du lac bouillonnoient & ſembloient faire effort pour s'élever. L'air étoit fort calme pendant le temps que parut cette trombe, & lorſqu'elle ſe diſſipa il ne s'enſuivit ni vent ni pluie. « Avec tout ce que nous ſçavons déjà, dit l'Hiſtorien de l'Académie, ſur les trombes marines, ne ſeroit-ce pas une preuve de plus qu'elles ne ſe forment point par le ſeul conflit des vents, & qu'elles ſont preſque toûjours produites par quelque éruption de vapeurs ſoûterraines, ou même de volcans, dont on ſçait d'ailleurs que le fond de la mer n'eſt pas exempt. Les tourbillons d'air & les ouragans qu'on croit communément être la cauſe de ces ſortes de phénomènes, pourroient donc bien n'en être que l'effet ou une ſuite accidentelle. » *Voyez l'Hiſtoire de l'Acad. an. 1741, pag. 20.*

PREUVES
DE LA
THÉORIE DE LA TERRE.

ARTICLE XVI.

Des Volcans & des Tremblemens de terre.

Les montagnes ardentes qu'on appelle *Volcans* renferment dans leur sein le soufre, le bitume & les matières qui servent d'aliment à un feu soûterrain, dont l'effet plus violent que celui de la poudre ou du tonnerre, a de tout temps étonné, effrayé les hommes, & désolé la terre; un volcan est un canon d'un volume immense, dont l'ouverture a souvent plus d'une demie-lieue; cette large bouche à feu vomit des torrens de fumée & de flammes, des fleuves de bitume, de soufre & de métal fondu, des nuées de cendres & de pierres, & quelquefois elle lance à plusieurs lieues de distance des masses de rochers énormes, & que toutes les forces humaines réunies ne pourroient pas mettre en mouvement; l'embrasement est si terrible, & la quantité des matières ardentes, fondues, calcinées, vitrifiées que la montagne rejette, est si abondante, qu'elles enterrent les villes, les forêts, couvrent les campagnes de cent & de deux cens pieds d'épaisseur, & forment quelquefois des collines & des montagnes qui ne ſont que des monceaux de ces matières entaſſées. L'action de ce feu eſt ſi grande, la force de l'exploſion eſt ſi violente qu'elle produit par ſa réaction des ſecouſſes aſſez fortes pour ébranler & faire trembler la terre, agiter la mer, renverſer les montagnes, détruire les villes & les édifices les plus ſolides à des diſtances même très-conſidérables.

Ces effets, quoique naturels, ont été regardez comme des prodiges, & quoiqu'on voie en petit des effets du feu aſſez ſemblables à ceux des volcans, le grand, de quelque nature qu'il ſoit, a ſi fort le droit de nous étonner que je ne ſuis pas ſurpris que quelques auteurs aient pris ces montagnes pour les ſoupiraux d'un feu central, & le peuple pour les bouches de l'enfer. L'étonnement produit la crainte, & la crainte fait naître la ſuperſtition; les habitans de l'iſle d'Iſlande croient que les mugiſſemens de leur volcan ſont les cris des damnez, & que leurs éruptions ſont les effets de la fureur & du déſeſpoir de ces malheureux.

Tout cela n'eſt cependant que du bruit, du feu & de la fumée, il ſe trouve dans une montagne des veines de ſoufre, de bitume & d'autres matières inflammables, il s'y trouve en même temps des minéraux, des pyrites qui peuvent fermenter, & qui fermentent en effet toutes les fois qu'elles ſont expoſées à l'air ou à l'humidité, il s'en trouve enſemble une très-grande quantité, le feu s'y met & cauſe une exploſion proportionnée à la quantité des matières enflammées, & dont les effets ſont auſſi plus ou moins grands dans la même proportion; voilà ce que c'eſt qu'un volcan pour un Phyſicien, & il lui eſt facile d'imiter l'action de ces feux ſoûterrains, en mêlant enſemble une certaine quantité de ſoufre & de limaille de fer qu'on enterre à une certaine profondeur, & de faire ainſi un petit volcan dont les effets ſont les mêmes, proportion gardée, que ceux des grands, car il s'enflamme par la ſeule fermentation, il jette la terre & les pierres dont il eſt couvert, & il fait de la fumée, de la flamme & des exploſions.

Il y a en Europe trois fameux volcans, le mont Etna en Sicile, le mont Hécla en Iſlande, & le mont Véſuve en Italie près de Naples. Le mont Etna brûle depuis un temps immémorial, ſes éruptions ſont très-violentes, & les matières qu'il rejette ſi abondantes qu'on peut y creuſer juſqu'à 68 pieds de profondeur, où l'on a trouvé des pavez de marbre & des veſtiges d'une ancienne ville qui a été couverte & enterrée ſous cette épaiſſeur de terre rejetée, de la même façon que la ville d'Héraclée a été couverte par les matières rejetées du Véſuve. Il s'eſt formé de nouvelles bouches de feu dans l'Etna en 1650, 1669 & en d'autres temps : on voit les flammes & les fumées de ce volcan depuis Malthe, qui en eſt à 60 lieues, il s'en élève continuellement de la fumée, & il y a des temps où cette montagne ardente vomit avec impétuoſité des flammes & des matières de toute eſpèce. En 1537 il y eut une éruption de ce volcan qui cauſa un tremblement de terre dans toute la Sicile pendant douze jours, & qui renverſa un très-grand nombre de maiſons & d'édifices, il ne ceſſa

cessa que par l'ouverture d'une nouvelle bouche à feu qui brûla tout à cinq lieues aux environs de la montagne; les cendres rejetées par le volcan étoient si abondantes & lancées avec tant de force, qu'elles furent portées jusqu'en Italie, & des vaisseaux qui étoient éloignez de la Sicile, en furent incommodez. Farelli décrit fort au long les embrasemens de cette montagne, dont il dit que le pied a 100 lieues de circuit.

Ce volcan a maintenant deux bouches principales, l'une est plus étroite que l'autre; ces deux ouvertures fument toûjours, mais on n'y voit jamais de feu que dans le temps des éruptions : on prétend qu'on a trouvé des pierres qu'il a lancées jusqu'à soixante mille pas.

En 1683 il arriva un terrible tremblement en Sicile, causé par une violente éruption de ce volcan, il détruisit entièrement la ville de Catanéa & fit périr plus de 60000 personnes dans cette ville seule, sans compter ceux qui périrent dans les autres villes & villages voisins.

L'Hécla lance ses feux à travers les glaces & les neiges d'une terre gelée; ses éruptions sont cependant aussi violentes que celles de l'Etna & des autres volcans des pays méridionaux. Il jette beaucoup de cendres, des pierres ponces, & quelquefois, dit-on, de l'eau bouillante; on ne peut pas habiter à six lieues de distance de ce volcan, & toute l'isle d'Islande est fort abondante en soufre. On peut voir l'Histoire des violentes éruptions de l'Hécla dans Dithmar Bleffken.

Le mont Vésuve, à ce que disent les Historiens, n'a

pas toûjours brûlé, & il n'a commencé que du temps du ſeptième conſulat de Tite Veſpaſien & de Flavius Domitien : le ſommet s'étant ouvert, ce volcan rejeta d'abord des pierres & des rochers, & enſuite du feu & des flammes en ſi grande abondance, qu'elles brûlèrent deux villes voiſines, & des fumées ſi épaiſſes, qu'elles obſcurciſſoient la lumière du ſoleil. Pline voulant conſidérer cet incèndie de trop près, fut étouffé par la fumée. *Voyez l'Epître de Pline le Jeune à Tacite.* Dion Caſſius rapporte que cette éruption du Véſuve fut ſi violente, qu'il jeta des cendres & des fumées ſulphureuſes en ſi grande quantité & avec tant de force, qu'elles furent portées juſqu'à Rome, & même au delà de la mer méditerranée en Afrique & en Egypte. L'une des deux villes qui fut couverte des matières rejetées par ce premier incendie du Véſuve, eſt celle d'Héraclée qu'on a retrouvée dans ces derniers temps à plus de 60 pieds de profondeur ſous ces matières, dont la ſurface étoit devenue par la ſucceſſion du temps, une terre labourable & cultivée. La relation de la découverte d'Héraclée eſt entre les mains de tout le monde, il ſeroit ſeulement à deſirer que quelqu'un verſé dans l'Hiſtoire Naturelle & la Phyſique, prît la peine d'examiner les différentes matières qui compoſent cette épaiſſeur de terrein de 60 pieds; qu'il fît en même temps attention à la diſpoſition & à la ſituation de ces mêmes matières, aux altérations qu'elles ont produites ou ſouffertes elles-mêmes, à la direction qu'elles ont ſuivie, à la dureté qu'elles ont acquiſe, &c.

Il y a apparence que Naples eſt ſitué ſur un terrein creux & rempli de minéraux brûlans, puiſque le Véſuve & la Solfatare ſemblent avoir des communications intérieures; car quand le Véſuve brûle, la Solfatare jette des flammes, & lorſqu'il ceſſe, la Solfatare ceſſe auſſi. La ville de Naples eſt à peu près à égale diſtance entre les deux.

Une des dernières & des plus violentes éruptions du Véſuve, a été celle de l'année 1737; la montagne vomiſſoit par pluſieurs bouches de gros torrens de matières métalliques fondues & ardentes, qui ſe répandoient dans la campagne & s'alloient jeter dans la mer. M. de Montealègre, qui communiqua cette relation à l'Académie des Sciences, obſerva avec horreur un de ces fleuves de feu, & vit que ſon cours étoit de 6 ou 7 milles depuis ſa ſource juſqu'à la mer, ſa largeur de 50 ou 60 pas, ſa profondeur de 25 ou 30 palmes, & dans certains fonds ou vallées, de 120; la matière qu'il rouloit étoit ſemblable à l'écume qui ſort du fourneau d'une forge, &c. *Voyez l'Hiſt. de l'Acad. an. 1737, pag. 7 & 8.*

En Aſie, ſur-tout dans les iſles de l'océan indien, il y a un grand nombre de volcans; l'un des plus fameux eſt le mont Albours auprès du mont Taurus à 8 lieues de Hérat, ſon ſommet fume continuellement, & il jette fréquemment des flammes & d'autres matières en ſi grande abondance, que toute la campagne aux environs eſt couverte de cendres. Dans l'iſle de Ternate il y a un volcan qui rejette beaucoup de matière ſemblable à la pierre ponce. Quelques voyageurs prétendent que ce volcan eſt plus enflammé & plus furieux dans le temps des équinoxes que dans les autres saisons de l'année, parce qu'il règne alors de certains vents qui contribuent à embraser la matière qui nourrit ce feu depuis tant d'années. *Voyez les Voyages d'Argensola, tom. 1, pag. 21.* L'isle de Ternate n'a que sept lieues de tour & n'est qu'un sommet de montagne ; on monte toûjours depuis le rivage jusqu'au milieu de l'isle, où le volcan s'élève à une hauteur très-considérable & à laquelle il est très-difficile de parvenir. Il coule plusieurs ruisseaux d'eau douce qui descendent sur la croupe de cette même montagne, & lorsque l'air est calme & que la saison est douce, ce gouffre embrasé est dans une moindre agitation que quand il fait des grands vents & des orages. *Voyez le Voyage de Schouten.* Ceci confirme ce que j'ai dit dans le discours précédent, & semble prouver évidemment que le feu qui consume les volcans, ne vient pas de la profondeur de la montagne, mais du sommet, ou du moins d'une profondeur assez petite, & que le foyer de l'embrasement n'est pas éloigné du sommet du volcan ; car si cela n'étoit pas ainsi, les grands vents ne pourroient pas contribuer à leur embrasement. Il y a quelques autres volcans dans les Moluques. Dans l'une des isles Maurices, à 70 lieues des Moluques, il y a un volcan dont les effets sont aussi violens que ceux de la montagne de Ternate. L'isle de Sorca, l'une des Moluques, étoit autrefois habitée ; il y avoit au milieu de cette isle un volcan, qui étoit une montagne très-élevée. En 1693 ce volcan vomit du bitume & des matières enflammées en ſi grande quantité, qu'il ſe forma un lac ardent qui s'étendit peu à peu, & toute l'iſle fut abymée & diſparut. *Voyez Phil. Tranſ. Ab. vol. 2, p. 391.* Au Japon il y a auſſi pluſieurs volcans, & dans les iſles voiſines du Japon les navigateurs ont remarqué pluſieurs montagnes dont les ſommets jettent des flammes pendant la nuit & de la fumée pendant le jour. Aux iſles Philippines il y a auſſi pluſieurs montagnes ardentes. Un des plus fameux volcans des iſles de l'océan indien, & en même temps un des plus nouveaux, eſt celui qui eſt près de la ville de Panarucan dans l'iſle de Java; il s'eſt ouvert en 1586, on n'avoit pas mémoire qu'il eût brûlé auparavant, & à la première éruption il pouſſa une énorme quantité de ſoufre, de bitume & de pierres. La même année le mont Gounapi dans l'iſle de Banda, qui brûloit ſeulement depuis dix-ſept ans, s'ouvrit & vomit avec un bruit affreux des rochers & des matières de toute eſpèce. Il y a encore quelques autres volcans dans les Indes, comme à Sumatra & dans le nord de l'Aſie au delà du fleuve Jéniſcéa & de la rivière de Péſida; mais ces deux derniers volcans ne ſont pas bien reconnus.

En Afrique il y a une montagne, ou plûtôt une caverne appellée Beni-guazeval, auprès de Fez, qui jette toûjours de la fumée & quelquefois des flammes. L'une des iſles du cap Verd, appellée l'iſle de Fuogue, n'eſt qu'une groſſe montagne qui brûle continuellement; ce volcan rejette, comme les autres, beaucoup de cendres & de pierres, & les Portugais qui ont pluſieurs fois tenté de faire des habitations dans cette isle, ont été contraints d'abandonner leur projet par la crainte des effets du volcan. Aux Canaries le pic de Ténériffe, autrement appellé la montagne de Teide, qui passe pour être l'une des plus hautes montagnes de la terre, jette du feu, des cendres & de grosses pierres; du sommet coulent des ruisseaux de soufre fondu du côté du sud à travers les neiges; ce soufre se coagule bien-tôt & forme des veines dans la neige, qu'on peut distinguer de fort loin.

En Amérique il y a un très-grand nombre de volcans, & sur-tout dans les montagnes du Pérou & du Mexique; celui d'Aréquipa est un des plus fameux, il cause souvent des tremblemens de terre plus communs dans le Pérou que dans aucun autre pays du monde. Le volcan de Carrapa & celui de Malahallo sont, au rapport des voyageurs, les plus considérables après celui d'Aréquipa; mais il y en a beaucoup d'autres dont on n'a pas une connoissance exacte. M. Bouguer, dans la relation qu'il a donnée de son voyage au Pérou dans le volume des Mémoires de l'Académie de l'année 1744, fait mention de deux volcans, l'un appellé Cotopaxi & l'autre Pichincha; le premier est à quelque distance & l'autre est très-voisin de la ville de Quito; il a même été témoin d'un incendie de Cotopaxi en 1742, & de l'ouverture qui se fit dans cette montagne d'une nouvelle bouche à feu; cette éruption ne fit cependant d'autre mal que celui de fondre les neiges de la montagne & de produire ainsi des torrens d'eau si abondans, qu'en moins de trois heures ils inondèrent un pays de 18 lieues d'étendue, & renversèrent tout ce qui se trouva sur leur passage.

Au Mexique il y a plusieurs volcans dont les plus considérables sont Popochampèche & Popocatepec, ce fut auprès de ce dernier volcan que Cortés passa pour aller au Mexique, & il y eut des Espagnols qui montèrent jusqu'au sommet où ils virent la bouche du volcan qui a environ une demie-lieue de tour. On trouve aussi de ces montagnes de soufre à la Guadeloupe, à Tercère & dans les autres isles des Açores ; & si on vouloit mettre au nombre des volcans toutes les montagnes qui fument ou desquelles il s'élève même des flammes, on pourroit en compter plus de soixante ; mais nous n'avons parlé que de ces volcans redoutables, auprès desquels on n'ose habiter, & qui rejettent des pierres & des matières minérales à une grande distance.

Ces volcans qui sont en si grand nombre dans les Cordillères causent, comme je l'ai dit, des tremblemens de terre presque continuels, ce qui empêche qu'on y bâtisse avec de la pierre au dessus du premier étage, & pour ne pas risquer d'être écrasez les habitans de ces parties du Pérou ne construisent les étages supérieurs de leurs maisons qu'avec des roseaux & du bois léger. Il y a aussi dans ces montagnes plusieurs précipices & de larges ouvertures dont les parois sont noires & brûlées, comme dans le précipice du mont Ararat en Arménie, qu'on appelle l'*Abyme ;* ces abymes sont les bouches des anciens volcans qui se sont éteints.

Il y a eu dernièrement un tremblement de terre à Lima

dont les effets ont été terribles; la ville de Lima & le port de Callao ont été presqu'entièrement abymez, mais le mal a encore été plus considérable au Callao. La mer a couvert de ses eaux tous les édifices, & par conséquent noyé tous les habitans, il n'est resté qu'une tour; de vingt-cinq vaisseaux qu'il y avoit dans ce port, il y en a eu quatre qui ont été portez à une lieue dans les terres, & le reste a été englouti par la mer. A Lima, qui est une très-grande ville, il n'est resté que vingt sept maisons sur pied, il y a eu un grand nombre de personnes qui ont été écrasées, sur-tout des Moines & des Religieuses, parce que leurs édifices sont plus exhaussez, & qu'ils sont construits de matières plus solides que les autres maisons : ce malheur est arrivé dans le mois d'octobre 1746 pendant la nuit, la secousse a duré 15 minutes.

Il y avoit autrefois près du port de Pisco au Pérou une ville célèbre située sur le rivage de la mer, mais elle fut presque entièrement ruinée & désolée par le tremblement de terre qui arriva le 19 octobre 1682; car la mer ayant quitté ses bornes ordinaires, engloutit cette ville malheureuse qu'on a tâché de rétablir un peu plus loin à un bon quart de lieue de la mer.

Si l'on consulte les historiens & les voyageurs on y trouvera des relations de plusieurs tremblemens de terre & d'éruption de volcans, dont les effets ont été aussi terribles que ceux que nous venons de rapporter. Posidonius, cité par Strabon dans son premier livre, rapporte qu'il y avoit une ville en Phénicie située auprès de Sidon, qui fut engloutie fut engloutie par un tremblement de terre, & avec elle le territoire voiſin & les deux tiers même de la ville de Sidon, & que cet effet ne ſe fit pas ſubitement, de ſorte qu'il donna le temps à la plûpart des habitans de fuir; que ce tremblement s'étendit preſque par toute la Syrie & juſqu'aux iſles Cyclades, & en Eubée où les fontaines d'Aréthuſe tarirent tout-à-coup & ne reparurent que pluſieurs jours après par de nouvelles ſources éloignées des anciennes, & ce tremblement ne ceſſa pas d'agiter l'iſle, tantôt dans un endroit, tantôt dans un autre, juſqu'à ce que la terre ſe fût ouverte dans la campagne de Lépante & qu'elle eût rejetté une grande quantité de terre & de matières enflammées. Pline dans ſon premier livre *ch. 84*, rapporte que ſous le règne de Tibère il arriva un tremblement de terre qui renverſa douze villes d'Aſie; & dans ſon ſecond livre *ch. 83* il fait mention dans les termes ſuivans d'un prodige cauſé par un tremblement de terre : *Factum eſt ſemel (quod equidem in Etruſcæ diſciplinæ voluminibus inveni) ingens terrarum portentum Lucio Marco, Sex. Julio Coſſ. in agro Mutinenſi. Namque montes duo inter ſe concurrerunt crepitu maximo adſultantes, recedenteſque, inter eos flamma, fumoque in cœlum exeunte interdiu, ſpectante è via Æmilia magnâ equitum Romanorum, familiarumque & viatorum multitudine. Eo concurſu villæ omnes eliſæ, animalia permulta, quæ intrà fuerant, exanimata ſunt, &c.* Saint Auguſtin, *lib. 2, de Miraculis, cap. 3*, dit, que par un très-grand tremblement de terre il y eut cent villes renverſées dans la Lybie. Du temps de Trajan la ville d'Antioche

& une grande partie du pays adjacent furent abymées par un tremblement de terre; & du temps de Juſtinien, en 528, cette ville fut une ſeconde fois détruite par la même cauſe avec plus de 40000 de ſes habitans, & 60 ans après, du temps de Saint Grégoire, elle eſſuya un troiſième tremblement avec perte de 60000 de ſes habitans. Du temps de Saladin, en 1182, la plûpart des villes de Syrie & du royaume de Jéruſalem furent détruites par la même cauſe. Dans la Pouille & dans la Calabre il eſt arrivé plus de tremblemens de terre qu'en aucune autre partie de l'Europe; du temps du Pape Pie II. toutes les égliſes & les palais de Naples furent renverſez, il y eut près de 30000 perſonnes de tuées, & tous les habitans qui reſtèrent furent obligez de demeurer ſous des tentes juſqu'à ce qu'ils euſſent rétabli leurs maiſons. En 1629 il y eut des tremblemens de terre dans la Pouille, qui firent périr 7000 perſonnes; & en 1638 la ville de Sainte-Euphémie fut engloutie, & il n'eſt reſté en ſa place qu'un lac de fort mauvaiſe odeur; Raguſe & Smyrne furent auſſi preſqu'entièrement détruites. Il y eut en 1692 un tremblement de terre qui s'étendit en Angleterre, en Hollande, en Flandres, en Allemagne, en France, & qui ſe fit ſentir principalement ſur les côtes de la mer & auprès des grandes rivières; il ébranla au moins 2600 lieues carrées, il ne dura que deux minutes, le mouvement étoit plus conſidérable dans les montagnes que dans les vallées. *Voyez Ray's Diſcurſes, pag. 272.* En 1688, le 10me de juillet, il y eut un tremblement de terre à Smyrne qui commença par un mouvement d'occident en orient, le château fut renversé d'abord, ses quatre murs s'étant entr'ouverts & enfoncez de 6 pieds dans la mer; ce château, qui étoit un isthme, est à présent une véritable isle éloignée de la terre d'environ 100 pas, dans l'endroit où la langue de terre a manqué; les murs qui étoient du couchant au levant sont tombez, ceux qui alloient du nord au sud sont restez sur pied; la ville, qui est à dix milles du château, fut renversée presqu'aussi-tôt; on vit en plusieurs endroits des ouvertures à la terre, on entendit divers bruits soûterrains, il y eut de cette manière cinq ou six secousses jusqu'à la nuit, la première dura environ une demi-minute; les vaisseaux qui étoient à la rade furent agitez, le terrein de la ville a baissé de deux pieds, il n'est resté qu'environ le quart de la ville, & principalement les maisons qui étoient sur des rochers; on a compté 15 ou 20 mille personnes accablées par ce tremblement de terre. *Voyez l'Hist. de l'Acad. des Sciences, an. 1688.* En 1695 dans un tremblement de terre qui se fit sentir à Boulogne en Italie, on remarqua comme une chose particulière, que les eaux devinrent troubles un jour auparavant. *Voyez l'Hist. de l'Acad. an. 1696.*

« Il se fit un si grand tremblement de terre à Tercère le 4 mai 1614, qu'il renversa en la ville d'Angra onze « églises & neuf chapelles sans les maisons particulières, & « en la ville de Praya il fut si effroyable, qu'il n'y demeura « presque pas une maison debout; & le 16 juin 1628 il y « eut un si horrible tremblement dans l'isle de Saint-Michel, «

» que proche de là la mer s'ouvrit & fit fortir de fon fein, » en un lieu où il y avoit plus de 150 toifes d'eau, une ifle » qui avoit plus d'une lieue & demie de long & plus de 60 toifes de haut ». *Voyez les Voyages de Mandelflo.* « Il s'en » étoit fait un autre en 1591 qui commença le 26 de juillet » & dura dans l'ifle de Saint-Michel jufqu'au 12 du mois » fuivant; Tercère & Fayal furent agitées le lendemain avec » tant de violence, qu'elles paroiffoient tourner, mais ces » affreufes fecouffes n'y recommencèrent que quatre fois, » au lieu qu'à Saint-Michel elles ne cefsèrent point un mo- » ment pendant plus de quinze jours; les infulaires ayant » abandonné leurs maifons qui tomboient d'elles-mêmes à » leurs yeux, pafsèrent tout ce temps expofez aux injures de » l'air. Une ville entière nommée Villa-franca fut renverfée » jufqu'aux fondemens, & la plûpart de fes habitans écrafez » fous les ruines. Dans plufieurs endroits les plaines s'éle- » vèrent en collines, & dans d'autres quelques montagnes » s'applanirent ou changèrent de fituation; il fortit de la » terre une fource d'eau-vive qui coula pendant quatre » jours & qui parut enfuite fécher tout d'un coup; l'air & » la mer encore plus agitez retentiffoient d'un bruit qu'on » auroit pris pour le mugiffement de quantité de bêtes fé- » roces; plufieurs perfonnes mourroient d'effroi, il n'y eut » point de vaiffeaux dans les ports mêmes qui ne fouffriffent » des atteintes dangereufes, & ceux qui étoient à l'ancre ou » à la voile, à 20 lieues aux environs des ifles, furent encore » plus mal traitez. Les tremblemens de terre font fréquens » aux Açores; vingt ans auparavant il en étoit arrivé un dans l'isle de Saint-Michel, qui avoit renversé une montagne « fort haute ». *Voyez Hist. génér. des Voyag. tom. 1, p. 325.*

« Il s'en fit un à Manille au mois de septembre 1627, qui applanit une des deux montagnes qu'on appelle Carvallos « dans la province de Cagayan; en 1645 la troisième partie « de la ville fut ruinée par un pareil accident, & trois cens « personnes y périrent; l'année suivante elle en souffrit en- « core un autre : les vieux Indiens disent qu'ils étoient au- « trefois plus terribles, & qu'à cause de cela on ne bâtissoit « les maisons que de bois, ce que font aussi les Espagnols, « depuis le premier étage. «

La quantité de volcans qui se trouvent dans l'isle, con- « firme ce qu'on a dit jusqu'à présent; parce qu'en certains « temps ils vomissent des flammes, ébranlent la terre & font « tous ces effets que Pline attribue à ceux d'Italie, c'est-à- « dire, de faire changer de lit aux rivières & retirer les mers « voisines, de remplir de cendres tous les environs, & d'en- « voyer des pierres fort loin avec un bruit semblable à celui « du canon ». *Voyez le Voyage de Gemelli Careri, pag. 129.*

« L'an 1646 la montagne de l'isle de Machian se fendit avec des bruits & un fracas épouvantables, par un terrible « tremblement de terre, accident qui est fort ordinaire en « ces pays-là, il sortit tant de feux par cette fente, qu'ils « consumèrent plusieurs négreries avec les habitans & tout « ce qui y étoit; on voyoit encore l'an 1685, cette pro- « digieuse fente, & apparemment elle subsiste toûjours; on « la nommoit l'ornière de Machian, parce qu'elle descen- « doit du haut au bas de la montagne comme un chemin «

» qui y auroit été creusé, mais qui de loin ne paroissoit être qu'une ornière ». *Voyez l'Histoire de la Conquête des Moluques, tom. 3, pag. 318.*

L'histoire de l'Académie fait mention dans les termes suivans, des tremblemens de terre qui se sont faits en Italie en 1702 & 1703 : « Les tremblemens commencèrent en » Italie au mois d'octobre 1702, & continuèrent jusqu'au » mois de juillet 1703 ; les pays qui en ont le plus souffert, » & qui sont aussi ceux par où ils commencèrent, sont la » ville de Norcia avec ses dépendances dans l'Etat Ecclé- » siastique & la province de l'Abrusse : ces pays sont conti- » gus & situez au pied de l'Appennin du côté du midi.

» Souvent les tremblemens ont été accompagnez de » bruits épouvantables dans l'air, & souvent aussi on a en- » tendu ces bruits sans qu'il y ait eu de tremblemens, le » ciel étant même fort serein. Le tremblement du 2 février » 1703, qui fut le plus violent de tous, fut accompagné, » du moins à Rome, d'une grande sérénité du ciel & d'un » grand calme dans l'air; il dura à Rome une demi-minute, » & à Aquila, capitale de l'Abrusse, trois heures. Il ruina » toute la ville d'Aquila, ensevelit 5000 personnes sous les » ruines, & fit un grand ravage dans les environs.

» Communément les balancemens de la terre ont été du » nord au sud, ou à peu près, ce qui a été remarqué par le » mouvement des lampes des églises.

» Il s'est fait dans un champ deux ouvertures, d'où il est » sorti avec violence une grande quantité de pierres qui » l'ont entiérement couvert & rendu stérile; après les pierres il s'élança de ces ouvertures deux jets d'eau qui surpassoient beaucoup en hauteur les arbres de cette campagne, qui durèrent un quart d'heure & inondèrent jusqu'aux campagnes voisines : cette eau est blancheâtre, semblable à de l'eau de savon, & n'a aucun goût. « « « « «

Une montagne qui est près de Sigillo, bourg éloigné d'Aquila de vingt-deux milles, avoit sur son sommet une plaine assez grande environnée de rochers qui lui servoient comme de murailles. Depuis le tremblement du 2 février il s'est fait à la place de cette plaine un gouffre de largeur inégale, dont le plus grand diamètre est de 25 toises, & le moindre de 20 : on n'a pû en trouver le fond, quoiqu'on ait été jusqu'à 300 toises. Dans le temps que se fit cette ouverture on en vit sortir des flammes, & ensuite une très-grosse fumée qui dura trois jours avec quelques interruptions. « « « « « « « « « « «

A Gènes le 1er & le 2 juillet 1703 il y eut deux petits tremblemens, le dernier ne fut senti que par des gens qui travailloient sur le mole ; en même temps la mer dans le port s'abaissa de six pieds, en sorte que les galères touchèrent le fond, & cette basse mer dura près d'un quart d'heure. « « « « «

L'eau soufrée qui est dans le chemin de Rome à Tivoli, s'est diminuée de deux pieds & demi de hauteur, tant dans le bassin que dans le fossé. En plusieurs endroits de la plaine appellée le *Testine*, il y avoit des sources & des ruisseaux d'eau qui formoient des marais impraticables, tout s'est séché. L'eau du lac appellé l'*Enfer* a diminué aussi de trois pieds en hauteur ; à la place des anciennes « « « « « « «

» ſources qui ont tari, il en eſt ſorti de nouvelles environ à » une lieue des premières, en ſorte qu'il y a apparence que ce ſont les mêmes eaux qui ont changé de route. *Pag. 10, année 1704.*

Le même tremblement de terre, qui en 1538 forma le *Monte di cenere* auprès de Pouzzol, remplit en même temps le lac Lucrin de pierres, de terres & de cendres; de ſorte qu'actuellement ce lac eſt un terrein marécageux. *Voyez Ray's Diſcurſes, page 12.*

Il y a des tremblemens de terre qui ſe ſont ſentir au loin dans la mer. M. Shaw rapporte qu'en 1724 étant à bord de la Gazelle, vaiſſeau Algérien de 50 canons, on ſentit trois violentes ſecouſſes l'une après l'autre, comme ſi à chaque fois on avoit jeté d'un endroit fort élevé un poids de 20 ou 30 tonneaux ſur le leſt, cela arriva dans un endroit de la méditerranée, où il y avoit plus de 200 braſſes d'eau; il rapporte auſſi que d'autres avoient ſenti des tremblemens de terre bien plus conſidérables en d'autres endroits, & un entr'autres à 40 lieues oueſt de Liſbonne. *Voyez les Voyages de Shaw, vol. 1, pag. 303.*

Schouten, en parlant d'un tremblement de terre qui ſe fit aux iſles Moluques, dit que les montagnes furent ébranlées, & que les vaiſſeaux qui étoient à l'ancre ſur 30 & 40 braſſes ſe tourmentèrent comme s'ils ſe fuſſent donné des culées ſur le rivage, ſur des rochers ou ſur des bancs. « L'expérience, continue-t-il, nous apprend » tous les jours que la même choſe arrive en pleine mer où » l'on ne trouve point de fond, & que quand la terre tremble,

les vaiſſeaux

les vaiſſeaux viennent tout d'un coup à ſe tourmenter juſ- « que dans les endroits où la mer étoit tranquille. » *Voyez tom. 6, pag. 103.* Le Gentil dans ſon voyage autour du monde parle des tremblemens de terre dont il a été témoin, dans les termes ſuivans : « J'ai, dit-il, fait quelques remarques ſur ces tremblemens de terre; la première eſt qu'une « demi-heure avant que la terre s'agite, tous les animaux « paroiſſent ſaiſis de frayeur, les chevaux henniſſent, rom- « pent leurs licols & fuient de l'écurie, les chiens aboient, « les oiſeaux épouvantez & preſque étourdis entrent dans les « maiſons, les rats & les ſouris ſortent de leurs trous, &c; « la ſeconde eſt que les vaiſſeaux qui ſont à l'ancre, ſont « agitez ſi violemment, qu'il ſemble que toutes les parties « dont ils ſont compoſez, vont ſe déſunir, les canons ſautent « ſur leurs affûts & les mâts par cette agitation rompent leurs « haubans, c'eſt ce que j'aurois eu de la peine à croire, ſi « pluſieurs témoignages unanimes ne m'en avoient con- « vaincu. Je conçois bien que le fond de la mer eſt une « continuation de la terre, que ſi cette terre eſt agitée, elle « communique ſon agitation aux eaux qu'elle porte ; mais « ce que je ne conçois pas, c'eſt ce mouvement irrégulier « du vaiſſeau dont tous les membres & les parties priſes ſé- « parément participent à cette agitation, comme ſi tout le « vaiſſeau faiſoit partie de la terre & qu'il ne nageât pas dans « une matière fluide, ſon mouvement devroit être tout au « plus ſemblable à celui qu'il éprouveroit dans une tempête; « d'ailleurs, dans l'occaſion où je parle, la ſurface de la mer « étoit unie & ſes flots n'étoient point élevez, toute l'agitation «

» étoit intérieure, parce que le vent ne se mêla point au » tremblement de terre. La troisième remarque est que si » la caverne de la terre où le feu soûterrain est renfermé, va » du septentrion au midi, & si la ville est pareillement située » dans sa longueur du septentrion au midi, toutes les maisons » sont renversées, au lieu que si cette veine ou caverne fait » son effet en prenant la ville par sa largeur, le tremblement de terre fait moins de ravage, &c. » *Voyez le nouveau voyage autour du monde de M. le Gentil, tom. 1, pag. 172 & suiv.*

Il arrive que dans les pays sujets aux tremblemens de terre, lorsqu'il se fait un nouveau volcan, les tremblemens de terre finissent & ne se font sentir que dans les éruptions violentes du volcan, comme on l'a observé dans l'isle Saint-Christophe. *Voyez Phil. Transf. Abr. vol. 2, pag. 392.*

Ces énormes ravages produits par les tremblemens de terre ont fait croire à quelques Naturalistes que les montagnes & les inégalités de la surface du globe n'étoient que le résultat des effets de l'action des feux soûterrains, & que toutes les irrégularités que nous remarquons sur la terre, devoient être attribuées à ces secousses violentes & aux bouleversemens qu'elles ont produits; c'est, par exemple, le sentiment de Ray's, il croit que toutes les montagnes ont été formées par des tremblemens de terre ou par l'explosion des volcans, comme le mont di Cenere, l'isle nouvelle près de Santorin, &c. mais il n'a pas pris garde que ces petites élévations formées par l'éruption d'un volcan ou par l'action d'un tremblement de terre, ne sont pas intérieurement composées de couches horizontales, comme le sont toutes les autres montagnes; car en fouillant dans le mont di Cenere on trouve les pierres calcinées, les cendres, les terres brûlées, le machefer, les pierres ponces, tous mêlez & confondus comme dans un monceau de décombres. D'ailleurs si les tremblemens de terre & les feux soûterrains eussent produit les grandes montagnes de la terre, comme les Cordillères, le mont Taurus, les Alpes, &c. la force prodigieuse qui auroit élevé ces masses énormes auroit en même temps détruit une grande partie de la surface du globe, & l'effet du tremblement auroit été d'une violence inconcevable, puisque les plus fameux tremblemens de terre dont l'histoire fasse mention, n'ont pas eu assez de force pour élever des montagnes, par exemple, il y eut du temps de Valentinien premier un tremblement de terre qui se fit sentir dans tout le monde connu, comme le rapporte Ammian Marcellin, *lib. 26, chap. 14,* & cependant il n'y eut aucune montagne élevée par ce grand tremblement.

Il est cependant vrai qu'en calculant on pourroit trouver qu'un tremblement de terre assez violent pour élever les plus hautes montagnes, ne le feroit pas assez pour déplacer le reste du globe.

Car supposons pour un instant que la chaîne des hautes montagnes qui traverse l'Amérique méridionale depuis la pointe des terres Magellaniques jusqu'aux montagnes de la nouvelle Grenade & au golfe de Darien, ait été élevée tout-à-la fois & produite par un tremblement de terre, & voyons par le calcul l'effet de cette explosion. Cette chaîne de montagnes a environ 1700 lieues de longueur &

communément 40 lieues de largeur, y compris les Sierras, qui ſont des montagnes moins élevées que les Andes; la ſurface de ce terrein eſt donc de 68000 lieues carrées; je ſuppoſe que l'épaiſſeur de la matière déplacée par le tremblement, eſt d'une lieue, c'eſt-à-dire, que la hauteur moyenne de ces montagnes, priſe du ſommet juſqu'au pied, ou plûtôt juſqu'aux cavernes qui dans cette hypothèſe doivent les ſupporter, n'eſt que d'une lieue, ce qu'on m'accordera facilement, alors je dis que la force de l'exploſion ou du tremblement de terre aura élevé à une lieue de hauteur, une quantité de terre égale à 68000 lieues cubiques; or l'action étant égale à la réaction, cette exploſion aura communiqué au reſte du globe la même quantité de mouvement; mais le globe entier eſt de 12310523801 lieues cubiques dont ôtant 68000 il reſte 12310455801 lieues cubiques, dont la quantité de mouvement aura été égale à celle de 68000 lieues cubiques élevées à une lieue; d'où l'on voit que la force qui aura été aſſez grande pour déplacer 68000 lieues cubiques & les pouſſer à une lieue, n'aura pas déplacé d'un pouce le reſte du globe.

Il n'y auroit donc pas d'impoſſibilité abſolue à ſuppoſer que les montagnes ont été élevées par des tremblemens de terre, ſi leur compoſition intérieure auſſi-bien que leur forme extérieure, n'étoient pas évidemment l'ouvrage des eaux de la mer. L'intérieur eſt compoſé de couches régulières & parallèles, remplies de coquilles; l'extérieur a une figure dont les angles ſont par-tout correſpondans, eſt-il croyable que cette compoſition uniforme & cette forme régulière aient été produites par des secousses irrégulières & des explosions subites ?

Mais comme cette opinion a prévalu chez quelques Physiciens, & qu'il nous paroît que la Nature & les effets des tremblemens de terre ne sont pas bien entendus, nous croyons qu'il est nécessaire de donner sur cela quelques idées qui pourront servir à éclaircir cette matière.

La terre ayant subi de grands changemens à sa surface, on trouve même à des profondeurs considérables, des trous, des cavernes, des ruisseaux soûterrains & des endroits vuides qui se communiquent quelquefois par des fentes & des boyaux. Il y a de deux espèces de cavernes, les premières sont celles qui sont produites par l'action des feux soûterrains & des volcans ; l'action du feu soûlève, ébranle & jette au loin les matières supérieures, & en même temps elle divise, fend & dérange celles qui sont à côté, & produit ainsi des cavernes, des grottes, des trous & des anfractuosités, mais cela ne se trouve ordinairement qu'aux environs des hautes montagnes où sont les volcans, & ces espèces de cavernes produites par l'action du feu sont plus rares que les cavernes de la seconde espèce, qui sont produites par les eaux. Nous avons vû que les différentes couches qui composent le globe terrestre à sa surface, sont toutes interrompues par des fentes perpendiculaires dont nous expliquerons l'origine dans la suite ; les eaux des pluies & des vapeurs, en descendant par ces fentes perpendiculaires, se rassemblent sur la glaise & forment des sources & des ruisseaux ; elles cherchent par leur mouvement naturel toutes les petites cavités & les petits vuides, & elles tendent toûjours à couler & à s'ouvrir des routes, jusqu'à ce qu'elles trouvent une issue; elles entraînent en même temps les sables, les terres, les graviers & les autres matières qu'elles peuvent diviser, & peu à peu elles se font des chemins; elles forment dans l'intérieur de la terre des espèces de petites tranchées ou de canaux qui leur servent de lit; elles sortent enfin, soit à la surface de la terre, soit dans la mer, en forme de fontaines : les matières qu'elles entraînent, laissent des vuides dont l'étendue peut être fort considérable, & ces vuides forment des grottes & des cavernes dont l'origine est, comme l'on voit, bien différente de celle des cavernes produites par les tremblemens de terre.

Il y a deux espèces de tremblemens de terre, les uns causez par l'action des feux soûterrains & par l'explosion des volcans, qui ne se font sentir qu'à de petites distances & dans les temps que les volcans agissent, ou avant qu'ils s'ouvrent; lorsque les matières qui forment les feux soûterrains, viennent à fermenter, à s'échauffer & à s'enflammer, le feu fait effort de tous côtés, & s'il ne trouve pas naturellement des issues, il soûlève la terre & se fait un passage en la rejetant, ce qui produit un volcan dont les effets se répètent & durent à proportion de la quantité des matières inflammables. Si la quantité des matières qui s'enflamment, est peu considérable, il peut arriver un soûlèvement & une commotion, un tremblement de terre, sans que pour cela il se forme un volcan; l'air produit & raréfié par le feu soûterrain, peut aussi trouver de petites issues par où il s'échappera, & dans ce cas il n'y aura encore qu'un tremblement sans éruption & sans volcan, mais lorsque la matière enflammée est en grande quantité, & qu'elle est resserrée par des matières solides & compactes, alors il y a commotion & volcan; mais toutes ces commotions ne sont que la première espèce des tremblemens de terre, & elles ne peuvent ébranler qu'un petit espace. Une éruption très-violente de l'Etna causera, par exemple, un tremblement de terre dans toute l'isle de Sicile, mais il ne s'étendra jamais à des distances de 3 ou 400 lieues. Lorsque dans le mont Vésuve il s'est formé quelques nouvelles bouches à feu, il s'est fait en même temps des tremblemens de terre à Naples & dans le voisinage du volcan; mais ces tremblemens n'ont jamais ébranlé les Alpes & ne se sont pas communiquez en France ou aux autres pays éloignez du Vésuve; ainsi les tremblemens de terre produits par l'action des volcans, sont bornez à un petit espace, c'est proprement l'effet de la réaction du feu, & ils ébranlent la terre, comme l'explosion d'un magasin à poudre produit une secousse & un tremblement sensible à plusieurs lieues de distance.

Mais il y a une autre espèce de tremblement de terre bien différente pour les effets & peut-être pour les causes, ce sont les tremblemens qui se font sentir à de grandes distances, & qui ébranlent une longue suite de terrein sans qu'il paroisse aucun nouveau volcan ni aucune éruption. On a des exemples de tremblemens qui se sont fait sentir en même temps en Angleterre, en France, en Allemagne & jusqu'en Hongrie; ces tremblemens s'étendent toûjours beaucoup plus en longueur qu'en largeur, ils ébranlent une bande ou une zone de terrein avec plus ou moins de violence en différens endroits, & ils sont presque toûjours accompagnez d'un bruit sourd, semblable à celui d'une grosse voiture qui rouleroit avec rapidité.

Pour bien entendre quelles peuvent être les causes de cette espèce de tremblement, il faut se souvenir que toutes les matières inflammables & capables d'explosion, produisent, comme la poudre, par l'inflammation, une grande quantité d'air; que cet air produit par le feu est dans l'état d'une très-grande raréfaction, & que par l'état de compression où il se trouve dans le sein de la terre, il doit produire des effets très-violens. Supposons donc qu'à une profondeur très-considérable, comme à cent ou deux cens toises, il se trouve des pyrites & d'autres matières sulphureuses, & que par la fermentation produite par la filtration des eaux ou par d'autres causes elles viennent à s'enflammer, & voyons ce qui doit arriver, d'abord ces matières ne sont pas disposées régulièrement par couches horizontales, comme le sont les matières anciennes qui ont été formées par le sédiment des eaux, elles sont au contraire dans les fentes perpendiculaires, dans les cavernes au pied de ces fentes & dans les autres endroits où les eaux peuvent agir & pénétrer. Ces matières venant à s'enflammer, produiront une grande quantité d'air, dont le ressort comprimé dans un petit espace, comme celui d'une caverne,

caverne, non ſeulement ébranlera le terrein ſupérieur, mais cherchera des routes pour s'échapper & ſe mettre en liberté. Les routes qui ſe préſentent, ſont les cavernes & les tranchées formées par les eaux & par les ruiſſeaux ſoûterrains; l'air raréfié ſe précipitera avec violence dans tous ces paſſages qui lui ſont ouverts, & il formera un vent furieux dans ces routes ſoûterraines, dont le bruit ſe fera entendre à la ſurface de la terre, & en accompagnera l'ébranlement & les ſecouſſes; ce vent ſoûterrain produit par le feu s'étendra tout auſſi loin que les cavités ou tranchées ſoûterraines, & cauſera un tremblement plus ou moins violent à meſure qu'il s'éloignera du foyer & qu'il trouvera des paſſages plus ou moins étroits; ce mouvement ſe faiſant en longueur, l'ébranlement ſe fera de même, & le tremblement ſe fera ſentir dans une longue zone de terrein; cet air ne produira aucune éruption, aucun volcan, parce qu'il aura trouvé aſſez d'eſpace pour s'étendre, ou bien parce qu'il aura trouvé des iſſues & qu'il ſera ſorti en forme de vent & de vapeur; & quand même on ne voudroit pas convenir qu'il exiſte en effet des routes ſoûterraines par leſquelles cet air & ces vapeurs ſoûterraines peuvent paſſer, on conçoit bien que dans le lieu même où ſe fait la première exploſion, le terrein étant ſoûlevé à une hauteur conſidérable, il eſt néceſſaire que celui qui avoiſine ce lieu, ſe diviſe & ſe fende horizontalement pour ſuivre le mouvement du premier, ce qui ſuffit pour faire des routes qui de proche en proche peuvent communiquer le mouvement à une très-grande diſtance; cette explication s'accorde avec tous les phénomènes. Ce n'eſt pas dans le même inſtant ni à la même heure qu'un tremblement de terre ſe fait ſentir en deux endroits diſtans, par exemple, de cent ou de deux cens lieues; il n'y a point de feu ni d'éruption au dehors par ces tremblemens qui s'étendent au loin, & le bruit qui les accompagne preſque toûjours, marque le mouvement progreſſif de ce vent ſoûterrain. On peut encore confirmer ce que nous venons de dire, en le liant avec d'autres faits : on ſçait que les mines exhalent des vapeurs, indépendamment des vents produits par le courant des eaux on y remarque ſouvent des courans d'un air mal-ſain & de vapeurs ſuffocantes ; on ſçait auſſi qu'il y a ſur la terre des trous, des abymes, des lacs profonds qui produiſent des vents, comme le lac de Boleſlaw en Bohème, dont nous avons parlé.

Tout ceci bien entendu, je ne vois pas trop comment on peut croire que les tremblemens de terre ont pû produire des montagnes, puiſque la cauſe même de ces tremblemens ſont des matières minérales & ſulphureuſes qui ne ſe trouvent ordinairement que dans les fentes perpendiculaires des montagnes & dans les autres cavités de la terre, dont le plus grand nombre a été produit par les eaux; que ces matières en s'enflammant ne produiſent qu'une exploſion momentanée & des vents violens qui ſuivent les routes ſoûterraines des eaux; que la durée des tremblemens n'eſt en effet que momentanée à la ſurface de la terre, & que par conſéquent leur cauſe n'eſt qu'une explosion & non pas un incendie durable, & qu'enfin ces tremblemens qui ébranlent un grand espace, & qui s'étendent à des distances très-considérables, bien-loin d'élever des chaînes de montagnes, ne soûlèvent pas la terre d'une quantité sensible & ne produisent pas la plus petite colline dans toute la longueur de leur cours.

Les tremblemens de terre sont à la vérité bien plus fréquens dans les endroits où sont les volcans, qu'ailleurs, comme en Sicile & à Naples; on sçait par les observations faites en différens temps, que les plus violens tremblemens de terre arrivent dans le temps des grandes éruptions des volcans; mais ces tremblemens ne sont pas ceux qui s'étendent le plus loin, & ils ne pourroient jamais produire une chaîne de montagnes.

On a quelquefois observé que les matières rejetées de l'Etna, après avoir été refroidies pendant plusieurs années, & ensuite humectées par l'eau des pluies, se sont rallumées & ont jeté des flammes avec une explosion assez violente, qui produisoit même une espèce de petit tremblement.

En 1669 dans une furieuse éruption de l'Etna, qui commença le 11 mars, le sommet de la montagne baissa considérablement, comme tous ceux qui avoient vû cette montagne avant cette éruption, s'en apperçurent. *Voyez Transf. Phil. Ab. vol. 2, pag. 387.* ce qui prouve que le feu du volcan vient plûtôt du sommet que de la profondeur intérieure de la montagne. Borelli est du même sentiment & il dit précisément « que le feu des volcans ne vient pas du centre ni du pied de la montagne, mais qu'au contraire «

» il ſort du ſommet & ne s'allume qu'à une très-petite profondeur. » *Voyez Borelli, de Incendiis montis Ætnæ.*

Le mont Véſuve a ſouvent rejeté dans ſes éruptions, une grande quantité d'eau bouillante; M. Ray's, dont le ſentiment eſt que le feu des volcans vient d'une très-grande profondeur, dit que c'eſt de l'eau de la mer qui communique aux cavernes intérieures du pied de cette montagne; il en donne pour preuve la ſéchereſſe & l'aridité du ſommet du Véſuve, & le mouvement de la mer, qui dans le temps de ces violentes éruptions, s'éloigne des côtes, & diminue au point d'avoir laiſſé quelquefois à ſec le port de Naples; mais quand ces faits ſeroient bien certains, ils ne prouveroient pas d'une manière ſolide que le feu des volcans vient d'une grande profondeur; car l'eau qu'ils rejettent eſt certainement l'eau des pluies qui pénètre par les fentes, & qui ſe ramaſſe dans les cavités de la montagne : on voit découler des eaux vives & des ruiſſeaux du ſommet des volcans, comme il en découle des autres montagnes élevées; & comme elles ſont creuſes & qu'elles ont été plus ébranlées que les autres montagnes, il n'eſt pas étonnant que les eaux ſe ramaſſent dans les cavernes qu'elles contiennent dans leur intérieur, & que ces eaux ſoient rejetées dans le temps des éruptions avec les autres matières; à l'égard du mouvement de la mer, il provient uniquement de la ſecouſſe communiquée aux eaux par l'exploſion, ce qui doit les faire affluer ou refluer, ſuivant les différentes circonſtances.

Les matières que rejettent les volcans, ſortent le plus

ſouvent ſous la forme d'un torrent de minéraux fondus, qui inonde tous les environs de ces montagnes; ces fleuves de matières liquéfiées s'étendent même à des diſtances conſidérables, & en ſe refroidiſſant, ces matières qui ſont en fuſion, forment des couches horizontales ou inclinées, qui pour la poſition ſont ſemblables aux couches formées par les ſédimens des eaux; mais il eſt fort aiſé de diſtinguer ces couches produites par l'expanſion des matières rejetées des volcans, de celles qui ont pour origine les ſédimens de la mer, 1° parce que ces couches ne ſont pas d'égale épaiſſeur par-tout; 2° parce qu'elles ne contiennent que des matières qu'on reconnoît évidemment avoir été calcinées, vitrifiées ou fondues; 3° parce qu'elles ne s'étendent pas à une grande diſtance. Comme il y a au Pérou un grand nombre de volcans, & que le pied de la plûpart des montagnes des Cordillères eſt recouvert de ces matières rejetées par ces volcans, il n'eſt pas étonnant qu'on ne trouve pas de coquilles marines dans ces couches de terre, elles ont été calcinées & détruites par l'action du feu, mais je ſuis perſuadé que ſi l'on creuſoit dans la terre argilleuſe qui, ſelon M. Bouguer, eſt la terre ordinaire de la vallée de Quito, on y trouveroit des coquilles, comme l'on en trouve par-tout ailleurs; en ſuppoſant que cette terre ſoit vraiement de l'argille, & qu'elle ne ſoit pas, comme celle qui eſt au pied des montagnes, un terrein formé par les matières rejetées des volcans.

On a ſouvent demandé pourquoi les volcans ſe trouvent tous dans les hautes montagnes! je crois avoir ſatisfait en partie à cette queſtion dans le diſcours précédent, mais comme je ne ſuis pas entré dans un aſſez grand détail, j'ai cru que je ne devois pas finir cet article ſans développer davantage ce que j'ai dit ſur ce ſujet.

Les pics ou les pointes des montagnes étoient autrefois recouvertes & environnées de ſables & de terres que les eaux pluviales ont entraînez dans les vallées, il n'eſt reſté que les rochers & les pierres qui formoient le noyau de la montagne; ce noyau ſe trouvant à découvert & déchauſſé juſqu'au pied, aura encore été dégradé par les injures de l'air, la gelée en aura détaché de groſſes & de petites parties qui auront roulé au bas, en même temps elle aura fait fendre pluſieurs rochers au ſommet de la montagne; ceux qui forment la baſe de ce ſommet ſe trouvant découverts, & n'étant plus appuyez par les terres qui les environnoient, auront un peu cédé, & en s'écartant les uns des autres ils auront formé de petits intervalles: cet ébranlement des rochers inférieurs n'aura pû ſe faire ſans communiquer aux rochers ſupérieurs un mouvement plus grand, ils ſe seront fendus ou écartez les uns des autres. Il ſe ſera donc formé dans ce noyau de montagne une infinité de petites & de grandes fentes perpendiculaires, depuis le ſommet juſqu'à la baſe des rochers inférieurs; les pluies auront pénétré dans toutes ces fentes & elles auront détaché dans l'intérieur de la montagne toutes les parties minérales & toutes les autres matières qu'elles auront pû enlever ou diſſoudre; elles auront formé des pyrites, des ſoufres & d'autres matières combuſtibles, & lorſque par ſucceſſion des temps ces matières ſe ſeront accumulées en grande quantité, elles auront fermenté, & en s'enflammant elles auront produit les exploſions & les autres effets des volcans. Peut-être auſſi y avoit-il dans l'intérieur de la montagne des amas de ces matières minérales déja formées avant que les pluies pûſſent y pénétrer; dès qu'il ſe ſera fait des ouvertures & des fentes qui auront donné paſſage à l'eau & à l'air, ces matières ſe ſeront enflammées & auront formé un volcan : aucun de ces mouvemens ne pouvant ſe faire dans les plaines, puiſque tout eſt en repos & que rien ne peut ſe déplacer, il n'eſt pas ſurprenant qu'il n'y ait aucun volcan dans les plaines, & qu'ils ſe trouvent tous en effet dans les hautes montagnes.

Lorſqu'on a ouvert des minières de charbon de terre, que l'on trouve ordinairement dans l'argille à une profondeur conſidérable, il eſt arrivé quelquefois que le feu s'eſt mis à ces matières, il y a même des mines de charbon en Ecoſſe, en Flandres, &c. qui brûlent continuellement depuis pluſieurs années : la communication de l'air ſuffit pour produire cet effet, mais ces feux qui ſe ſont allumez dans ces mines, ne produiſent que de légères exploſions, & ils ne forment pas des volcans, parce que tout étant ſolide & plein dans ces endroits, le feu ne peut pas être excité, comme celui des volcans dans leſquels il y a des cavités & des vuides où l'air pénètre, ce qui doit néceſſairement étendre l'embraſement & peut augmenter l'action du feu au point où nous la voyons lorſqu'elle produit les terribles effets dont nous avons parlé.

PREUVES
DE LA
THÉORIE DE LA TERRE.
ARTICLE XVII.
Des Isles nouvelles, des Cavernes, des Fentes perpendiculaires, &c.

LES Isles nouvelles se forment de deux façons, ou subitement par l'action des feux soûterrains, ou lentement par le dépôt du limon des eaux. Nous parlerons d'abord de celles qui doivent leur origine à la première de ces deux causes. Les anciens Historiens & les voyageurs modernes rapportent à ce sujet des faits, de la vérité desquels on ne peut guère douter. Sénèque assure que de son temps l'isle de Thérasie * parut tout d'un coup à la vûe des mariniers. Pline rapporte qu'autrefois il y eut treize isles dans la mer méditerranée qui sortirent en même temps du fond des eaux, & que Rhodes & Délos sont les principales de ces treize isles nouvelles; mais il paroît par ce qu'il en dit, & par ce qu'en disent aussi Ammian Marcellin, Philon, &c. que ces treize isles n'ont pas été produites par un tremblement de terre, ni par une explosion soûterraine : elles étoient auparavant cachées sous les eaux, & la

* Aujourd'hui Santorin.

mer

mer en s'abaissant a laissé, disent-ils, ces isles à découvert; Délos avoit même le nom de *Pelagia,* comme ayant autrefois appartenue à la mer. Nous ne sçavons donc pas si l'on doit attribuer l'origine de ces treize isles nouvelles à l'action des feux soûterrains ou à quelqu'autre cause qui auroit produit un abaissement & une diminution des eaux dans la mer méditerranée; mais Pline rapporte que l'isle d'Hiéra près de Thérasie, a été formée de masses ferrugineuses & de terres lancées du fond de la mer; & dans le *chap. 89,* il parle de plusieurs autres isles formées de la même façon, nous avons sur tout cela des faits plus certains & plus nouveaux.

Le 23 mai 1707 au lever du soleil on vit de cette même isle de Thérasie ou de Santorin, à deux ou trois milles en mer, comme un rocher flottant; quelques gens curieux y allèrent, & trouvèrent que cet écueil, qui étoit sorti du fond de la mer, augmentoit sous leurs pieds; & ils en rapportèrent de la pierre ponce & des huîtres que le rocher qui s'étoit élevé du fond de la mer, tenoit encore attachées à sa surface. Il y avoit eu un petit tremblement de terre à Santorin deux jours auparavant la naissance de cet écueil: cette nouvelle isle augmenta considérablement jusqu'au 14 juin, sans accident, & elle avoit alors un demi-mille de tour & 20 à 30 pieds de hauteur; la terre étoit blanche & tenoit un peu de l'argille, mais après cela la mer se troubla de plus en plus, il s'en éleva des vapeurs qui infectoient l'isle de Santorin, & le 16 juillet on vit 17 ou 18 rochers sortir à la fois du fond de la mer, ils ſe réunirent. Tout cela ſe fit avec un bruit affreux qui continua plus de deux mois, & des flammes qui s'élevoient de la nouvelle iſle; elle augmentoit toûjours en circuit & en hauteur, & les exploſions lançoient toûjours des rochers & des pierres à plus de ſept milles de diſtance. L'iſle de Santorin elle-même, a paſſé chez les anciens pour une production nouvelle, & en 726, 1427 & 1573 elle a reçu des accroiſſemens, & il s'eſt formé de petites iſles auprès de Santorin. *Voyez l'Hiſt. de l'Acad. 1708, pag 23 & ſuiv.* Le même volcan, qui du temps de Sénèque a formé l'iſle de Santorin, a produit du temps de Pline celle d'Hiéra ou de Volcanelle, & de nos jours a formé l'écueil dont nous venons de parler.

Le 10 octobre 1720, on vit auprès de l'iſle de Tercère un feu aſſez conſidérable s'élever de la mer; des navigateurs s'en étant approchez par ordre du Gouverneur, ils aperçûrent le 19 du même mois une iſle qui n'étoit que feu & fumée, avec une prodigieuſe quantité de cendres jetées au loin, comme par la force d'un volcan, avec un bruit pareil à celui du tonnerre. Il ſe fit en même temps un tremblement de terre qui ſe fit ſentir dans les lieux circonvoiſins, & on remarqua ſur la mer une grande quantité de pierres ponces, ſur-tout autour de la nouvelle iſle; ces pierres ponces voyagent, & on en a quelquefois trouvé une grande quantité dans le milieu même des grandes mers. *Voyez Tranſ. Phil. Abr. vol. 6, part. 2, pag. 154.* L'hiſtoire de l'Académie, année 1721, dit à l'occaſion de cet événement, qu'après un tremblement de terre dans l'isle de Saint-Michel, l'une des Açores, il a paru à 28 lieues au large, entre cette isle & la Tercère un torrent de feu qui a donné naissance à deux nouveaux écueils. *Pag. 26.* Dans le volume de l'année suivante 1722, on trouve le détail qui suit.

« M. de l'Isle a fait sçavoir à l'Académie plusieurs particularités de la nouvelle isle entre les Açores, dont nous « n'avions dit qu'un mot en 1721, *pag. 26,* il les avoit tirées « d'une lettre de M. de Montagnac consul à Lisbonne. «

Un vaisseau où il étoit, mouilla le 18 septembre 1721, « devant la forteresse de la ville de Saint-Michel, qui est dans « l'isle du même nom, & voici ce qu'on apprit d'un pilote « du port. «

La nuit du 7 au 8 décembre 1720, il y eut un grand « tremblement de terre dans la Tercère & dans Saint-Mi- « chel, distantes l'une de l'autre de 28 lieues, & l'isle neuve « sortit: on remarqua en même temps que la pointe de l'isle « de Pic, qui en étoit à 30 lieues & qui auparavant jetoit du « feu, s'étoit affaissée & n'en jetoit plus; mais l'isle neuve « jetoit continuellement une grosse fumée, & effectivement « elle fut vûe du vaisseau où étoit M. de Montagnac, tant « qu'il en fut à portée. Le pilote assura qu'il avoit fait dans « une chaloupe le tour de l'isle, en l'approchant le plus qu'il « avoit pû. Du côté du sud il jetta la sonde & fila 60 brasses « sans trouver fond; du côté de l'ouest il trouva les eaux « fort changées, elles étoient d'un blanc bleu & verd, qui « sembloit du bas-fond, & qui s'étendoit à deux tiers de « lieue, elles paroissoient vouloir bouillir; au nord-ouest, «

» qui étoit l'endroit d'où ſortoit la fumée, il trouva 15 braſſes » d'eau fond de gros ſable ; il jeta une pierre à la mer, & il » vit à l'endroit où elle étoit tombée, l'eau bouillir & ſauter » en l'air avec impétuoſité; le fond étoit ſi chaud, qu'il » fondit deux fois de ſuite le ſuif qui étoit au bout du plomb ; » le pilote obſerva encore de ce côté-là que la fumée ſortoit » d'un petit lac borné d'une dune de ſable ; l'iſle eſt à peu » près ronde & aſſez haute pour être aperçue de 7 à 8 lieues » dans un temps clair.

» On a appris depuis par une lettre de M. Adrien conſul » de la Nation françoiſe dans l'iſle de Saint-Michel, en date » du mois de mars 1722, que l'iſle neuve avoit conſidéra- » blement diminué, & qu'elle étoit preſque à fleur d'eau, » de ſorte qu'il n'y avoit pas d'apparence qu'elle ſubſiſtât encore long-temps. » *Pag. 12.*

On eſt donc aſſuré par ces faits & par un grand nombre d'autres ſemblables à ceux-ci, qu'au deſſous même des eaux de la mer les matières inflammables renfermées dans le ſein de la terre, agiſſent & font des exploſions violentes. Les lieux où cela arrive, ſont des eſpèces de volcans qu'on pourroit appeller ſoûmarins, leſquels ne diffèrent des volcans ordinaires que par le peu de durée de leur action, & le peu de fréquence de leurs effets ; car on conçoit bien que le feu s'étant une fois ouvert un paſſage, l'eau doit y pénétrer & l'éteindre : l'iſle nouvelle laiſſe néceſſairement un vuide que l'eau doit remplir, & cette nouvelle terre, qui n'eſt compoſée que des matières rejettées par le volcan marin, doit reſſembler en tout au *Monte di Cenere*, & aux autres éminences que les volcans terrestres ont formées en plusieurs endroits; or dans le temps du déplacement causé par la violence de l'explosion, & pendant ce mouvement, l'eau aura pénétré dans la plûpart des endroits vuides, & elle aura éteint pour un temps ce feu soûterrain. C'est apparemment par cette raison que ces volcans soûmarins agissent plus rarement que les volcans ordinaires, quoique les causes de tous les deux soient les mêmes, & que les matières qui produisent & nourrissent ces feux soûterrains, puissent se trouver sous les terres couvertes par la mer en aussi grande quantité que sous les terres qui sont à découvert.

Ce sont ces mêmes feux soûterrains ou soûmarins, qui sont la cause de toutes ces ébullitions des eaux de la mer, que les voyageurs ont remarquées en plusieurs endroits, & des trombes dont nous avons parlé; ils produisent aussi des orages & des tremblemens qui ne sont pas moins sensibles sur la mer que sur la terre. Ces isles qui ont été formées par ces volcans soûmarins, sont ordinairement composées de pierres ponces & de rochers calcinez, & ces volcans produisent, comme ceux de la terre, des tremblemens & des commotions très-violentes.

On a aussi vû souvent des feux s'élever de la surface des eaux; Pline nous dit que le lac de Thrasimène a paru enflammé sur toute sa surface. Agricola rapporte que lorsqu'on jette une pierre dans le lac de Denstad en Thuringe, il semble, lorsqu'elle descend dans l'eau, que ce soit un trait de feu.

Enfin la quantité de pierres ponces que les voyageurs nous assurent avoir rencontrées dans plusieurs endroits de l'océan & de la méditerranée, prouve qu'il y a au fond de la mer des volcans semblables à ceux que nous connoissons, & qui ne diffèrent, ni par les matières qu'ils rejettent, ni par la violence des explosions, mais seulement par la rareté & par le peu de continuité de leurs effets; tout, jusqu'aux volcans, se trouve au fond des mers, comme à la surface de la terre.

Si même on y fait attention, on trouvera plusieurs rapports entre les volcans de terre & les volcans de mer; les uns & les autres ne se trouvent que dans les sommets des montagnes. Les isles des Açores & celles de l'Archipel ne sont que des pointes de montagnes, dont les unes s'élèvent au dessus de l'eau, & les autres sont au dessous. On voit par la relation de la nouvelle isle des Açores, que l'endroit d'où sortoit la fumée n'étoit qu'à 15 brasses de profondeur sous l'eau, ce qui étant comparé avec les profondeurs ordinaires de l'océan, prouve que cet endroit même est un sommet de montagne. On en peut dire tout autant du terrein de la nouvelle isle auprès de Santorin, il n'étoit pas à une grande profondeur sous les eaux, puisqu'il y avoit des huîtres attachées aux rochers qui s'élevèrent. Il paroît aussi que ces volcans de mer ont quelquefois, comme ceux de terre, des communications soûterraines, puisque le sommet du volcan du pic de Saint-George, dans l'isle de Pic, s'abaissa lorsque la nouvelle isle des Açores s'éleva. On doit encore observer que ces nouvelles iſles ne paroiſſent jamais qu'auprès des anciennes, & qu'on n'a point d'exemple qu'il s'en ſoit élevé de nouvelles dans les hautes mers : on doit donc regarder le terrein où elles ſont, comme une continuation de celui des iſles voiſines, & lorſque ces iſles ont des volcans, il n'eſt pas étonnant que le terrein qui en eſt voiſin, contienne des matières propres à en former, & que ces matières viennent à s'enflammer, ſoit par la ſeule fermentation, ſoit par l'action des vents ſoûterrains.

Au reſte les iſles produites par l'action du feu & des tremblemens de terre ſont en petit nombre, & ces événemens ſont rares; mais il y a un nombre infini d'iſles nouvelles produites par les limons, les ſables & les terres que les eaux des fleuves ou de la mer entraînent & tranſportent en différens endroits. A l'embouchûre de toutes les rivières il ſe forme des amas de terre & des bancs de ſable dont l'étendue devient ſouvent aſſez conſidérable pour former des iſles d'une grandeur médiocre. La mer en ſe retirant & en s'éloignant de certaines côtes, laiſſe à découvert les parties les plus élevées du fond, ce qui forme autant d'iſles nouvelles; & de même en s'étendant ſur de certaines plages, elle en couvre les parties les plus baſſes, & laiſſe paroître les parties les plus élevées qu'elle n'a pû ſurmonter, ce qui fait encore autant d'iſles; & on remarque en conſéquence qu'il y a fort peu d'iſles dans le milieu des mers, & qu'elles ſont preſque toutes dans le voiſinage des continens où la mer les a formées, ſoit en s'éloignant, ſoit en s'approchant de ces différentes contrées.

L'eau & le feu, dont la nature eſt ſi différente & même ſi contraire, produiſent donc des effets ſemblables, ou du moins qui nous paroiſſent être tels, indépendamment des productions particulières de ces deux élémens, dont quelques-unes ſe reſſemblent au point de s'y méprendre, comme le cryſtal & le verre, l'antimoine naturel & l'antimoine fondu, les pépites naturelles des mines, & celles qu'on fait artificiellement par la fuſion, &c. Il y a dans la Nature une infinité de grands effets que l'eau & le feu produiſent, qui ſont aſſez ſemblables pour qu'on ait de la peine à les diſtinguer. L'eau, comme on l'a vû, a produit les montagnes & formé la plûpart des iſles, le feu a élevé quelques collines & quelques iſles, il en eſt de même des cavernes, des fentes, des ouvertures, des gouffres, &c. les unes ont pour origine les feux ſoûterrains, & les autres les eaux, tant ſoûterraines que ſuperficielles.

Les cavernes ſe trouvent dans les montagnes, & peu ou point du tout dans les plaines, il y en a beaucoup dans les iſles de l'Archipel & dans pluſieurs autres iſles, & cela, parce que les iſles ne ſont en général, que des deſſus de montagnes; les cavernes ſe forment, comme les précipices, par l'affaiſſement des rochers, ou, comme les abymes, par l'action du feu; car pour faire d'un précipice ou d'un abyme une caverne, il ne faut qu'imaginer des rochers contrebutez & faiſant voûte par deſſus, ce qui doit arriver très-ſouvent lorſqu'ils viennent à être ébranlez & déracinez. Les cavernes peuvent être produites par les mêmes cauſes qui produiſent les ouvertures,

les ébranlemens

les ébranlemens & les affaiſſemens des terres, & ces cauſes ſont les explosions des volcans, l'action des vapeurs ſoûterraines & les tremblemens de terre; car ils font des bouleverſemens & des éboulemens qui doivent néceſſairement former des cavernes, des trous, des ouvertures & des anfractuoſités de toute eſpèce.

La caverne de Saint Patrice en Irlande, n'eſt pas auſſi conſidérable qu'elle eſt fameuſe, il en eſt de même de la grotte du chien en Italie, & de celle qui jette du feu dans la montagne de Beni-guazeval au royaume de Fez. Dans la province de Darby en Angleterre il y a une grande caverne, fort conſidérable, & beaucoup plus grande que la fameuſe caverne de Bauman auprès de la forêt noire dans le pays de Brunſwick. J'ai appris par une perſonne auſſi reſpectable par ſon mérite que par ſon nom (Mylord Comte de Morton) que cette grande caverne, appellée *Devel's-hole*, préſente d'abord une ouverture fort conſidérable, comme celle d'une très-grande porte d'égliſe; que par cette ouverture il coule un gros ruiſſeau, qu'en avançant, la voûte de la caverne ſe rabaiſſe ſi fort qu'en un certain endroit on eſt obligé pour continuer ſa route, de ſe mettre ſur l'eau du ruiſſeau dans des baquets fort plats, où on ſe couche pour paſſer ſous la voûte de la caverne, qui eſt abaiſſée dans cet endroit au point que l'eau touche preſque à la voûte, mais après avoir paſſé cet endroit la voûte ſe relève & on voyage encore ſur la rivière juſqu'à ce que la voûte ſe rabaiſſe de nouveau & touche à la ſuperficie de l'eau, & c'eſt-là le fond de la caverne & la ſource du ruiſſeau qui en ſort ; il groſſit conſidérablement dans de certains temps, & il amène & amoncelle beaucoup de ſable dans un endroit de la caverne qui forme comme un cul-de-ſac dont la direction eſt différente de celle de la caverne principale.

Dans la Carniole il y a une caverne auprès de Potpéchio, qui eſt fort ſpacieuſe & dans laquelle on trouve un grand lac ſoûterrain. Près d'Adelſperg il y a une caverne dans laquelle on peut faire deux milles d'Allemagne de chemin, & où on trouve des précipices très-profonds. *Voyez Act. erud. Lipſ. anno 1689, pag. 558.* Il y a auſſi de grandes cavernes & de belles grottes ſous les montagnes de Mendipp en Galles, on trouve des mines de plomb auprès de ces cavernes, & des chênes enterrez à 15 braſſes de profondeur. Dans la province de Glocester il y a une très-grande caverne qu'on appelle *Pen-park-hole,* au fond de laquelle on trouve de l'eau à 32 braſſes de profondeur, on y trouve auſſi des filons de mine de plomb.

On voit bien que la caverne de Devel's-hole & les autres dont il ſort de groſſes fontaines ou des ruiſſeaux, ont été creuſées & formées par les eaux qui ont emporté les ſables & les matières diviſées qu'on trouve entre les rochers & les pierres, & on auroït tort de rapporter l'origine de ces cavernes aux éboulemens & aux tremblemens de terre.

Une des plus ſingulières & des plus grandes cavernes que l'on connoiſſe, eſt celle d'Antiparos, dont M. de

Tournefort nous a donné une ample deſcription : On trouve d'abord une caverne ruſtique d'environ trente pas de largeur, partagée par quelques piliers naturels, entre les deux piliers qui ſont ſur la droite il y a un terrein en pente douce, & enſuite juſqu'au fond de la même caverne un epente plus rude d'environ vingt pas de longueur, c'eſt le paſſage pour aller à la grotte ou caverne intérieure, & ce paſſage n'eſt qu'un trou fort obſcur, par lequel on ne ſçauroit entrer qu'en ſe baiſſant, & au ſecours des flambeaux; on deſcend d'abord dans un précipice horrible à l'aide d'un cable que l'on prend la précaution d'attacher tout à l'entrée, on ſe coule dans un autre bien plus effroyable dont les bords ſont fort gliſſans, & qui répondent ſur la gauche à des abymes profonds. On place ſur les bords de ces gouffres une échelle, au moyen de laquelle on franchit, en tremblant, un rocher tout à fait coupé à plomb, on continue à gliſſer par des endroits un peu moins dangereux; mais dans le temps qu'on ſe croit en pays praticable, le pas le plus affreux vous arrête tout court, & on s'y caſſeroit la tête, ſi on n'étoit averti ou arrêté par ſes guides; pour le franchir il faut ſe couler ſur le dos le long d'un gros rocher, & deſcendre une échelle qu'il faut y porter exprès; quand on eſt arrivé au bas de l'échelle on ſe roule quelque temps encore ſur des rochers, & enfin on arrive dans la grotte. On compte trois cens braſſes de profondeur depuis la ſurface de la terre, la grotte paroît avoir quarante braſſes de hauteur, ſur cinquante de large; elle eſt remplie de belles & grandes ſtalactites de différentes formes, tant au deſſus de la voûte que ſur le terrein d'en bas. *Voyez le Voyage du Levant, pag. 188 & ſuiv.*

Dans la partie de la Grèce appellée Livadie (*Achaia* des anciens) il y a une grande caverne dans une montagne, qui étoit autrefois fort fameuſe par les oracles de Trophonius, entre le lac de Livadia & la mer voiſine qui, dans l'endroit le plus près, en eſt à quatre milles; il y a quarante paſſages ſoûterrains à travers le rocher ſous une haute montagne, par où les eaux du lac s'écoulent. *Voyez Géographie de Gordon, édit. de Londres 1733, pag. 179.*

Dans tous les volcans, dans tous les pays qui produiſent du ſoufre, dans toutes les contrées qui ſont ſujettes aux tremblemens de terre il y a des cavernes; le terrein de la plûpart des iſles de l'Archipel, eſt caverneux preſque partout; celui des iſles de l'océan indien, principalement celui des iſles Moluques, ne paroît être ſoûtenu que ſur des voûtes & des concavités; celui des iſles Açores, celui des iſles Canaries, celui des iſles du cap Verd, & en général le terrein de preſque toutes les petites iſles, eſt à l'intérieur creux & caverneux en pluſieurs endroits, parce que ces iſles ne ſont, comme nous l'avons dit, que des pointes de montagnes, où il s'eſt fait des éboulemens conſidérables, ſoit par l'action des volcans, ſoit par celle des eaux, des gelées & des autres injures de l'air. Dans les Cordillères, où il y a pluſieurs volcans & où les tremblemens de terre ſont fréquens, il y a auſſi un grand nombre de cavernes, de même que dans le volcan de l'isle de Banda, dans le mont Ararat qui est un ancien volcan, &c.

Le fameux labyrinthe de l'isle de Candie, n'est pas l'ouvrage de la Nature toute seule, M. de Tournefort assure que les hommes y ont beaucoup travaillé, & on doit croire que cette caverne n'est pas la seule que les hommes aient augmentée, ils en forment même tous les jours de nouvelles en fouillant les mines & les carrières, & lorsqu'elles sont abandonnées pendant un très-long espace de temps, il n'est pas fort aisé de reconnoître si ces excavations ont été produites par la Nature ou faites de la main des hommes. On connoît des carrières qui sont d'une étendue très-considérable, celle de Mastricht, par exemple, où l'on dit que 50000 personnes peuvent se réfugier, & qui est soûtenue par plus de mille piliers qui ont vingt ou vingt-quatre pieds de hauteur; l'épaisseur de terre & de rocher qui est au dessus, est de plus de vingt-cinq brasses : il y a dans plusieurs endroits de cette carrière de l'eau & de petits étangs où on peut abreuver du bétail, &c. *Voyez Transf. Phil. Abr. vol. 2, pag. 463.* Les mines de sel de Pologne forment des excavations encore plus grandes que celle-ci; il y a ordinairement de vastes carrières auprès de toutes les grandes villes, mais nous n'en parlerons pas ici en détail; d'ailleurs les ouvrages des hommes, quelque grands qu'ils puissent être, ne tiendront jamais qu'une bien petite place dans l'Histoire de la Nature.

Les volcans & les eaux qui produisent les cavernes à

l'intérieur, forment auſſi à l'extérieur des fentes, des précipices & des abymes. A Cajéta en Italie il y a une montagne, qui autrefois a été ſéparée par un tremblement de terre, de façon qu'il ſemble que la diviſion en a été faite par la main des hommes; nous avons déjà parlé de l'ornière de l'iſle Machian, de l'abyme du mont Ararat, de la porte des Cordillères & de celle des Thermopyles, &c. nous pouvons y ajoûter la porte de la montagne des Troglodytes en Arabie, celle des Echelles en Savoie, que la Nature n'avoit fait qu'ébaucher, & que Victor-Amédée a fait achever; les eaux produiſent, auſſi-bien que les feux ſoûterrains, des affaiſſemens de terre conſidérables, des éboulemens, des chûtes de rochers, des renverſemens de montagnes dont nous pouvons donner pluſieurs exemples.

« Au mois de juin 1714, une partie de la montagne de » Diableret en Valais tomba ſubitement & tout-à-la fois » entre deux & trois heures après midi, le ciel étant fort » ſerein, elle étoit de figure conique; elle renverſa cin- » quante-cinq cabanes de payſans, écraſa quinze perſonnes » & plus de cent bœufs & vaches & beaucoup plus de menu » bétail, & couvrit de ſes débris une bonne lieue carrée; il » y eut une profonde obſcurité cauſée par la pouſſière, les » tas de pierres amaſſez en bas ſont hauts de plus de trente » perches, qui ſont apparemment des perches du Rhin de » dix pieds; ces amas ont arrêté des eaux qui forment de » nouveaux lacs fort profonds, il n'y a dans tout cela nul » veſtige de matière bitumineuſe, ni de ſoufre, ni de chaux » cuite, ni par conſéquent de feu ſoûterrain, apparemment la baſe de ce grand rocher s'étoit pourrie d'elle-même & » réduite en pouſſière. » *Hiſt. de l'Acad. des Scienc. pag. 4. an. 1715.*

On a un exemple remarquable de ces affaiſſemens dans la province de Kent auprès de Folkſtone, les collines des environs ont baiſſé de diſtance en diſtance par un mouvement inſenſible & ſans aucun tremblement de terre. Ces collines ſont à l'intérieur de rochers de pierre & de craie, par cet affaiſſement elles ont jetté dans la mer des rochers & des terres qui en étoient voiſines; on peut voir la relation de ce fait bien atteſté dans les *Tranſactions Philoſoph. Abreg. vol. 4, pag. 250.*

En 1618 la ville de Pleurs en Valteline fut enterrée ſous les rochers, au pied deſquels elle étoit ſituée. En 1678 il y eut une grande inondation en Gaſcogne, cauſée par l'affaiſſement de quelques morceaux de montagnes dans les Pyrénées, qui firent ſortir les eaux qui étoient contenues dans les cavernes ſoûterraines de ces montagnes. En 1680 il en arriva encore une plus grande en Irlande, qui avoit auſſi pour cauſe l'affaiſſement d'une montagne dans des cavernes remplies d'eau. On peut concevoir aiſément la cauſe de tous ces effets; on ſçait qu'il y a des eaux ſoûterraines en une infinité d'endroits; ces eaux entraînent peu à peu les ſables & les terres à travers leſquelles elles paſſent, & par conſéquent elles peuvent détruire peu à peu la couche de terre ſur laquelle porte une montagne, & cette couche de terre qui lui ſert de baſe, venant à manquer plûtôt d'un côté que de l'autre, il faut que la montagne ſe renverſe, ou ſi cette baſe manque à peu près également par-tout; la montagne s'affaiſſe ſans ſe renverſer.

Après avoir parlé des affaiſſemens, des éboulemens & de tout ce qui n'arrive, pour ainſi dire, que par accident dans la Nature, nous ne devons pas paſſer ſous ſilence une choſe qui eſt plus générale, plus ordinaire & plus ancienne, ce ſont les fentes perpendiculaires que l'on trouve dans toutes les couches de terre. Ces fentes ſont ſenſibles & aiſées à reconnoître, non ſeulement dans les rochers, dans les carrières de marbre & de pierre, mais encore dans les argilles & dans les terres de toute eſpèce qui n'ont pas été remuées, & on peut les obſerver dans toutes les coupes un peu profondes des terreins, & dans toutes les cavernes & les excavations; je les appelle fentes perpendiculaires, parce que ce n'eſt jamais que par accident lorſqu'elles ſont obliques, comme les couches horizontales ne ſont inclinées que par accident. Woodward & Ray parlent de ces fentes, mais d'une manière confuſe, & ils ne les appellent pas fentes perpendiculaires, parce qu'ils croient qu'elles peuvent être indifféremment obliques ou perpendiculaires, & aucun Auteur n'en a expliqué l'origine; cependant il eſt viſible que ces fentes ont été produites, comme nous l'avons dit dans le diſcours précédent, par le deſſéchement des matières qui compoſent les couches horizontales; de quelque manière que ce deſſéchement ſoit arrivé, il a dû produire des fentes perpendiculaires; les matières qui compoſent les couches, n'ont pas pû diminuer de volume, ſans ſe fendre de diſtance en diſtance dans une direction

direction perpendiculaire à ces mêmes couches. Je comprends cependant sous ce nom de fentes perpendiculaires toutes les séparations naturelles des rochers, soit qu'ils se trouvent dans leur position originaire, soit qu'ils aient un peu glissé sur leur base, & que par conséquent ils se soient un peu éloignez les uns des autres; lorsqu'il est arrivé quelque mouvement considérable à des masses de rochers, ces fentes se trouvent quelquefois posées obliquement, mais c'est parce que la masse est elle-même oblique, & avec un peu d'attention il est toûjours fort aisé de reconnoître que ces fentes sont en général perpendiculaires aux couches horizontales, sur-tout dans les carrières de marbre, de pierre à chaux, & dans toutes les grandes chaînes de rocher.

L'intérieur des montagnes est principalement composé de pierres & de rochers, dont les différens lits sont parallèles; on trouve souvent entre les lits horizontaux de petites couches d'une matière moins dure que la pierre, & les fentes perpendiculaires sont remplies de sable, de crystaux, de minéraux, de métaux, &c. Ces dernières matières sont d'une formation plus nouvelle que celle des lits horizontaux dans lesquels on trouve des coquilles marines. Les pluies ont peu à peu détaché les sables & les terres du dessus des montagnes, & elles ont laissé à découvert les pierres & les autres matières solides, dans lesquelles on distingue aisément les couches horizontales & les fentes perpendiculaires; dans les plaines au contraire les eaux des pluies & les fleuves ayant amené une quantité confidérable de terre, de fable, de gravier & d'autres matières divifées, il s'en eft formé des couches de tuf, de pierre molle & fondante, de fable & de gravier arrondi, de terre mêlée de végétaux; ces couches ne contiennent point de coquilles marines, ou du moins n'en contiennent que des fragmens qui ont été détachez des montagnes avec les graviers & les terres : il faut diftinguer avec foin ces nouvelles couches des anciennes, où l'on trouve prefque toûjours un grand nombre de coquilles entières & pofées dans leur fituation naturelle.

Si l'on veut obferver l'ordre & la diftribution intérieure des matières dans une montagne compofée, par exemple, de pierres ordinaires ou de matières lapidifiques calcinables, on trouve ordinairement fous la terre végétale une couche de gravier; ce gravier eft de la nature & de la couleur de la pierre qui domine dans ce terrein, & fous le gravier on trouve de la pierre; lorfque la montagne eft coupée par quelque tranchée ou par quelque ravine profonde, on diftingue aifément tous les bancs, toutes les couches dont elle eft compofée; chaque couche horizontale eft féparée par une efpèce de joint qui eft auffi horizontal, & l'épaiffeur de ces bancs ou de ces couches horizontales augmente ordinairement à proportion qu'elles font plus baffes, c'eft-à-dire, plus éloignées du fommet de la montagne; on reconnoît auffi que des fentes à peu près perpendiculaires divifent toutes ces couches & les coupent verticalement. Pour l'ordinaire la première couche, le premier lit qui fe trouve fous le gravier, & même le second, sont non seulement plus minces que les lits qui forment la base de la montagne, mais ils sont aussi divisez par des fentes perpendiculaires, si fréquentes qu'ils ne peuvent fournir aucuns morceaux de longueur, mais seulement du moëllon; ces fentes perpendiculaires qui sont en si grand nombre à la superficie, & qui ressemblent parfaitement aux gerçures d'une terre qui se seroit desséchée, ne parviennent pas toutes, à beaucoup près, jusqu'au pied de la montagne; la plûpart disparoissent insensiblement à mesure qu'elles descendent, & au bas il ne reste qu'un certain nombre de ces fentes perpendiculaires, qui coupent encore plus à plomb qu'à la superficie les bancs inférieurs, qui ont aussi plus d'épaisseur que les bancs supérieurs.

Ces lits de pierre ont souvent, comme je l'ai dit, plusieurs lieues d'étendue sans interruption; on retrouve aussi presque toûjours la même nature de pierre dans la montagne opposée, quoiqu'elle en soit séparée par une gorge ou par un vallon, & les lits de pierre ne disparoissent entièrement que dans les lieux où la montagne s'abaisse & se met au niveau de quelque grande plaine. Quelquefois entre la première couche de terre végétale & celle de gravier on en trouve une de marne, qui communique sa couleur & ses autres caractères aux deux autres; alors les fentes perpendiculaires des carrières qui sont au dessous, sont remplies de cette marne, qui y acquiert une dureté presqu'égale en apparence à celle de la pierre, mais en l'exposant à l'air elle se gerce, elle s'amollit, & elle devient grasse & ductile.

Dans la plûpart des carrières les lits qui forment le dessus ou le sommet de la montagne, sont de pierre tendre, & ceux qui forment la base de la montagne sont de pierre dure; la première est ordinairement blanche, d'un grain si fin qu'à peine il peut être aperçu; la pierre devient plus grenue & plus dure à mesure qu'on descend, & la pierre des bancs les plus bas, est non seulement plus dure que celle des lits supérieurs, mais elle est aussi plus serrée, plus compacte & plus pesante; son grain est fin & brillant, & souvent elle est aigre & se casse presqu'aussi net que le caillou.

Le noyau d'une montagne est donc composé de différens lits de pierre, dont les supérieurs sont de pierre tendre & les inférieurs de pierre dure, le noyau pierreux est toûjours plus large à la base & plus pointu ou plus étroit au sommet, on peut en attribuer la cause à ces différens degrés de dureté que l'on trouve dans les lits de pierre; car comme ils deviennent d'autant plus durs qu'ils s'éloignent davantage du sommet de la montagne, on peut croire que les courans & les autres mouvemens des eaux qui ont creusé les vallées & donné la figure aux contours des montagnes, auront usé latéralement les matières dont la montagne est composée, & les auront dégradées d'autant plus qu'elles auront été plus molles; en sorte que les couches supérieures étant les plus tendres, auront souffert la plus grande diminution sur leur largeur, & auront été usées latéralement plus que les autres; les couches suivantes auront résisté un peu davantage, & celles de la base étant plus anciennes, plus ſolides, & formées d'une matière plus compacte & plus dure, auront été plus en état que toutes les autres de ſe défendre contre l'action des cauſes extérieures, & elles n'auront ſouffert que peu ou point de diminution latérale par le frottement des eaux : c'eſt-là l'une des cauſes auxquelles on peut attribuer l'origine de la pente des montagnes, cette pente ſera devenue encore plus douce, à meſure que les terres du ſommet & les graviers auront coulé & auront été entraînez par les eaux des pluies ; & c'eſt par ces deux raiſons que toutes les collines & les montagnes qui ne ſont compoſées que de pierres calcinables ou d'autres matières lapidifiques calcinables, ont une pente qui n'eſt jamais auſſi rapide que celle des montagnes compoſées de roc vif & de caillou en grande maſſe, qui ſont ordinairement coupées à plomb à des hauteurs très-conſidérables, parce que dans ces maſſes de matières vitrifiables les lits ſupérieurs, auſſi-bien que les lits inférieurs, ſont d'une très-grande dureté, & qu'ils ont tous également réſiſté à l'action des eaux qui n'a pû les uſer qu'également du haut en bas, & leur donner par conſéquent une pente perpendiculaire ou preſque perpendiculaire.

Lorſqu'au deſſus de certaines collines dont le ſommet eſt plat & d'une aſſez grande étendue, on trouve d'abord de la pierre dure ſous la couche de terre végétale, on remarquera, ſi l'on obſerve les environs de ces collines, que ce qui paroît en être le ſommet, ne l'eſt pas en effet, & que ce deſſus de colline n'eſt que la continuation de la pente insensible de quelque colline plus élevée; car après avoir traversé cet espace de terrein on trouve d'autres éminences qui s'élèvent plus haut, & dont les couches supérieures sont de pierre tendre, & les inférieures de pierre dure, c'est le prolongement de ces dernières couches qu'on retrouve au dessus de la première colline.

Lorsqu'au contraire on ouvre une carrière à peu près au sommet d'une montagne & dans un terrein qui n'est surmonté d'aucune hauteur considérable, on n'en tire ordinairement que de la pierre tendre, & il faut fouiller très-profondément pour trouver la pierre dure; ce n'est jamais qu'entre ces lits de pierre dure que l'on trouve des bancs de marbres; ces marbres sont diversement colorez par les terres métalliques que les eaux pluviales introduisent dans les couches par infiltration, après les avoir détachées des autres couches supérieures; & on peut croire que dans tous les pays où il y a de la pierre, on trouveroit des marbres si l'on fouilloit assez profondément pour arriver aux bancs de pierre dure; *quoto enim loco non suum marmor invenitur!* dit Pline; c'est en effet une pierre bien plus commune qu'on ne le croit, & qui ne diffère des autres pierres que par la finesse du grain, qui la rend plus compacte & susceptible d'un poli brillant, qualité qui lui est essentielle, & de laquelle elle a tiré sa dénomination chez les Anciens.

Les fentes perpendiculaires des carrières & les joints des lits de pierre, sont souvent remplis & incrustez de certaines concrétions, qui sont tantôt transparentes, comme le cryſtal, & d'une figure régulière, & tantôt opaques & terreuſes; l'eau coule par les fentes perpendiculaires & elle pénètre même le tiſſu ſerré de la pierre; les pierres qui ſont poreuſes, s'imbibent d'une ſi grande quantité d'eau que la gelée les fait fendre & éclater. Les eaux pluviales en criblant à travers les lits d'une carrière & pendant le ſéjour qu'elles font dans les couches de marne, de pierre, de marbre, en détachent les molécules les moins adhérentes & les plus fines, & ſe chargent de toutes les matières qu'elles peuvent enlever ou diſſoudre. Ces eaux coulent d'abord le long des fentes perpendiculaires, elles pénètrent enſuite entre les lits de pierre, elles dépoſent entre les joints horizontaux auſſi-bien que dans les fentes perpendiculaires, les matières qu'elles ont entraînées, & elles y forment des congélations différentes, ſuivant les différentes matières qu'elles dépoſent; par exemple, lorſque ces eaux *gouttières* criblent à travers la marne, la craie ou la pierre tendre, la matière qu'elles dépoſent n'eſt auſſi qu'une marne très-pure & très-fine qui ſe pelotonne ordinairement dans les fentes perpendiculaires des rochers ſous la forme d'une ſubſtance poreuſe, molle, ordinairement fort blanche & très-légère, que les Naturaliſtes ont appellée *Lac lunæ* ou *Medulla ſaxi.*

Lorſque ces filets d'eau chargée de matière lapidifique s'écoulent par les joints horizontaux des lits de pierre tendre ou de craie, cette matière s'attache à la ſuperficie des blocs de pierre & elle y forme une croûte écailleuſe, blanche, légère & ſpongieuſe; c'eſt cette eſpèce de matière que quelques auteurs ont nommée *Agaric minéral,* par ſa reſſemblance avec l'agaric végétal. Mais ſi la matière des couches a un certain degré de dureté, c'eſt-à-dire, ſi les lits de la carrière ſont de pierre dure ordinaire, de pierre propre à faire de la bonne chaux, le filtre étant alors plus ſerré, l'eau en ſortira chargée d'une matière lapidifique, plus pure, plus homogène & dont les molécules pourront s'engraîner plus exactement, s'unir plus intimement, & alors il s'en formera des congélations qui auront à peu près la dureté de la pierre & un peu de tranſparence, & l'on trouvera dans ces carrières ſur la ſuperficie des blocs, des incruſtations pierreuſes diſpoſées en ondes, qui rempliſſent entièrement les joints horizontaux.

Dans les grottes & dans les cavités des rochers, qu'on doit regarder comme les baſſins & les égoûts des fentes perpendiculaires, la direction diverſe des filets d'eau qui charient la matière lapidifique, donne aux concrétions qui en réſultent, des formes différentes, ce ſont ordinairement des culs-de-lampe & des cônes renverſez qui ſont attachez à la voûte, ou bien ce ſont des cylindres creux & très blancs formez par des couches preſque concentriques à l'axe du cylindre, & ces congélations deſcendent quelquefois juſqu'à terre & forment dans ces lieux ſoûterrains des colonnes & mille autres figures auſſi bizarres que les noms qu'il a plû aux Naturaliſtes de leur donner, tels ſont ceux de ſtalactites, ſtélegmites, oſtéocolles, &c.

Enfin lorſque ces ſucs concrets ſortent immédiatement d'une matière très-dure, comme des marbres & des pierres dures,

dures, la matière lapidifique que l'eau charie étant auſſi homogène qu'elle peut l'être, & l'eau en ayant, pour ainſi dire, plûtôt diſſous que détaché les petites parties conſtituantes, elle prend en s'uniſſant, une figure conſtante & régulière, elle forme des colonnes à pans, terminées par une pointe triangulaire, qui ſont tranſparentes & compoſées de couches obliques, c'eſt ce qu'on appelle ſparr ou ſpalt. Ordinairement cette matière eſt tranſparente & ſans couleur, mais quelquefois auſſi elle eſt colorée lorſque la pierre dure ou le marbre dont elle ſort, contient des parties métalliques. Ce ſparr a le degré de dureté de la pierre, il ſe diſſout, comme la pierre, par les eſprits acides, il ſe calcine au même degré de chaleur, ainſi on ne peut pas douter que ce ne ſoit de la vraie pierre, mais qui eſt devenue parfaitement homogène; on pourroit même dire que c'eſt de la pierre pure & élémentaire, de la pierre qui eſt ſous ſa forme propre & ſpécifique.

Cependant la plûpart des Naturaliſtes regardent cette matière comme une ſubſtance diſtincte & exiſtante indépendamment de la pierre, c'eſt leur ſuc lapidifique ou cryſtallin, qui, ſelon eux, lie non ſeulement les parties de la pierre ordinaire, mais même celles du caillou; ce ſuc, diſent-ils, augmente la denſité des pierres par des infiltrations réitérées, il les rend chaque jour plus pierres qu'elles n'étoient, & il les convertit enfin en véritable caillou; & lorſque ce ſuc s'eſt fixé en ſparr, il reçoit par des infiltrations réitérées de ſemblables ſucs encore plus épurez qui en augmentent la denſité & la dureté, en ſorte que cette matière ayant été succeſſivement ſparr, verre, enſuite cryſtal, elle devient diamant ; ainſi toutes les pierres, ſelon eux, tendent à devenir caillou, & toutes les matières tranſparentes à devenir diamant.

Mais ſi cela eſt, pourquoi voyons-nous que dans de très-grands cantons, dans des provinces entières, ce ſuc cryſtallin ne forme que de la pierre, & que dans d'autres provinces il ne forme que du caillou ? dira-t-on que ces deux terreins ne ſont pas auſſi anciens l'un que l'autre, que ce ſuc n'a pas eu le temps de circuler & d'agir auſſi long-temps dans l'un que dans l'autre, cela n'eſt pas probable ? D'ailleurs d'où ce ſuc peut-il venir ? s'il produit les pierres & les cailloux, qu'eſt-ce qui peut le produire lui-même ? il eſt aiſé de voir qu'il n'exiſte pas indépendamment de ces matières, qui ſeules peuvent donner à l'eau qui les pénètre cette qualité pétrifiante toûjours relativement à leur nature & à leur caractère ſpécifique, en ſorte que dans les pierres elle forme du ſparr, & dans les cailloux du cryſtal, & il y a autant de différentes eſpèces de ce ſuc, qu'il y a de matières différentes qui peuvent le produire & deſquelles il peut ſortir. L'expérience eſt parfaitement d'accord avec ce que nous diſons ; on trouvera toûjours que les eaux *gouttières* des carrières de pierres ordinaires forment des concrétions tendres & calcinables, comme ces pierres le ſont, qu'au contraire celles qui ſortent du roc vif & du caillou, forment des congélations dures & vitrifiables, & qui ont toutes les autres propriétés du caillou, comme les premières ont toutes celles de la pierre ; & les eaux qui ont pénétré des lits de matières minérales & métalliques, donnent lieu à la production des pyrites, des marcassites & des grains métalliques.

Nous avons dit qu'on pouvoit diviser toutes les matières en deux grandes classes & par deux caractères généraux ; les unes sont vitrifiables, les autres sont calcinables ; l'argille & le caillou, la marne & la pierre peuvent être regardez comme les deux extrêmes de chacune de ces classes, dont les intervalles sont remplis par la variété presqu'infinie des mixtes qui ont toûjours pour base l'une ou l'autre de ces matières.

Les matières de la première classe ne peuvent jamais acquerir la nature & les propriétés de celles de l'autre ; la pierre, quelqu'ancienne qu'on la suppose, sera toûjours aussi éloignée de la nature du caillou, que l'argille l'est de la marne : aucun agent connu ne sera jamais capable de les faire sortir du cercle de combinaisons propres à leur nature ; les pays où il n'y a que des marbres & de la pierre, n'auront jamais que des marbres & de la pierre, aussi certainement que ceux où il n'y a que du grès, du caillou & du roc vif, n'auront jamais de la pierre ou du marbre.

Si l'on veut observer l'ordre & la distribution des matières dans une colline composée de matières vitrifiables, comme nous l'avons fait tout-à-l'heure dans une colline composée de matières calcinables, on trouvera ordinairement sous la première couche de terre végétale un lit de glaise ou d'argille, matière vitrifiable & analogue au caillou, & qui n'eſt, comme je l'ai dit, que du ſable vitrifiable décompoſé ; ou bien on trouve ſous la terre végétale une couche de ſable vitrifiable ; ce lit d'argille ou de ſable répond au lit de gravier qu'on trouve dans les collines compoſées de matières calcinables; après cette couche d'argille ou de ſable on trouve quelques lits de grès, qui le plus ſouvent n'ont pas plus d'un demi-pied d'épaiſſeur, & qui ſont diviſez en petits morceaux par une infinité de fentes perpendiculaires, comme le moëllon du 3me lit de la colline compoſée de matières calcinables. Sous ce lit de grès on en trouve pluſieurs autres de la même matière, & auſſi des couches de ſable vitrifiable, & le grès devient plus dur & ſe trouve en plus gros blocs à meſure que l'on deſcend; au deſſous de ces lits de grès on trouve une matière très-dure que j'ai appellée du roc vif ou du caillou en grande maſſe, c'eſt une matière très-dure, très-denſe, qui réſiſte à la lime, au burin, à tous les eſprits acides, beaucoup plus que n'y réſiſte le ſable vitrifiable & même le verre en poudre, ſur leſquels l'eau-forte paroît avoir quelque priſe; cette matière frappée avec un autre corps dur jette des étincelles & elle exhale une odeur de ſouffre très-pénétrante : j'ai cru devoir appeller cette matière du caillou en grande maſſe; il eſt ordinairement *ſtratifié* ſur d'autres lits d'argille, d'ardoiſe, de charbon de terre & de ſable vitrifiable d'une très-grande épaiſſeur, & ces lits de cailloux en grande maſſe répondent encore aux couches de matières dures, & aux marbres qui ſervent de baſe aux collines compoſées de matières calcinables.

L'eau en coulant par les fentes perpendiculaires & en pénétrant les couches de ces ſables vitrifiables, de ces grès, de ces argilles, de ces ardoiſes, ſe charge des parties les plus fines & les plus homogènes de ces matières, & elle en forme pluſieurs concrétions différentes, telles que les talcs, les amiantes, & pluſieurs autres matières qui ne ſont que des productions de ces ſtillations de matières vitrifiables, comme nous l'expliquerons dans notre diſcours ſur les minéraux.

Le caillou malgré ſon extrême dureté & ſa grande denſité a auſſi, comme le marbre ordinaire & comme la pierre dure, ſes exudations, d'où réſultent des ſtalactites de différentes eſpèces, dont les variétés dans la tranſparence, les couleurs & la configuration ſont relatives à la différente nature du caillou qui les produit, & participent auſſi des différentes matières métalliques ou hétérogènes qu'il contient; le cryſtal de roche, toutes les pierres précieuſes, blanches ou colorées, & même le diamant, peuvent être regardez comme des ſtalactites de cette eſpèce. Les cailloux en petite maſſe, dont les couches ſont ordinairement concentriques, ſont auſſi des ſtalactites & des pierres paraſites du caillou en grande maſſe, & la plûpart des pierres fines opaques ne ſont que des eſpèces de caillou; les matières du genre vitrifiable produiſent, comme l'on voit, une auſſi grande variété de concrétions que celles du genre calcinable, & ces concrétions produites par les cailloux ſont preſque toutes des pierres dures & précieuſes, au lieu que celles de la pierre calcinable ne font que des matières tendres & qui n'ont aucune valeur.

On trouve les fentes perpendiculaires dans le roc & dans les lits de caillou en grande maffe, auffi-bien que dans les lits de marbre & de pierre dure, fouvent même elles y font plus larges, ce qui prouve que cette matière, en prenant corps, s'eft encore plus defféchée que la pierre; l'une & l'autre de ces collines dont nous avons obfervé les couches, celle de matières calcinables & celle de matières vitrifiables font foûtenues tout au deffous fur l'argille ou fur le fable vitrifiable, qui font les matières communes & générales dont le globe eft compofé, & que je regarde comme les parties les plus légères, comme les fcories de la matière vitrifiée dont il eft rempli à l'intérieur; ainfi toutes les montagnes & toutes les plaines ont pour bafe commune l'argille ou le fable. On voit par l'exemple du puits d'Amfterdam, par celui de Marly-la-Ville, qu'on trouve toûjours au plus profond du fable vitrifiable, j'en rapporterai d'autres exemples dans mon difcours fur les minéraux.

On peut obferver dans la plûpart des rochers découverts que les parois des fentes perpendiculaires fe correfpondent auffi exactement que celles d'un morceau de bois fendu, & cette correfpondance fe trouve auffi-bien dans les fentes étroites que dans les plus larges. Dans les grandes carrières de l'Arabie, qui font prefque toutes de granit, ces fentes ou féparations perpendiculaires font très-fenfibles & très-fréquentes, & quoiqu'il y en ait qui aient jusqu'à vingt & trente aunes de large, cependant les côtés se rapportent exactement & laissent une profonde cavité entre les deux. *Voyez Voyage de Shaw, vol. 2, pag. 83.* Il est assez ordinaire de trouver dans les fentes perpendiculaires des coquilles rompues en deux, de manière que chaque morceau demeure attaché à la pierre de chaque côté de la fente; ce qui fait voir que ces coquilles étoient placées dans le solide de la couche horizontale lorsqu'elle étoit continue, & avant que la fente s'y fût faite. *Voyez Woodward, pag. 298.*

Il y a de certaines matières dans lesquelles les fentes perpendiculaires sont fort larges, comme dans les carrières que cite M. Shaw, c'est peut-être ce qui fait qu'elles y sont moins fréquentes; dans les carrières de roc vif & de granit les pierres peuvent se tirer en très-grandes masses, nous en connoissons des morceaux, comme les grands obélisques & les colonnes qu'on voit à Rome en tant d'endroits, qui ont plus de 60, 80, 100 & 150 pieds de longueur sans aucune interruption; ces énormes blocs sont tous d'une seule pierre continue. Il paroît que ces masses de granit ont été travaillées dans la carrière même, & qu'on leur donnoit telle épaisseur que l'on vouloit, à peu près comme nous voyons que dans les carrières de grès qui sont un peu profondes, on tire des blocs de telle épaisseur que l'on veut. Il y a d'autres matières où ces fentes perpendiculaires sont fort étroites, par exemple, elles sont fort étroites dans l'argille, dans la marne, dans la craie; elles sont au contraire plus larges dans les marbres

& dans la plûpart des pierres dures. Il y en a qui sont imperceptibles & qui sont remplies d'une matière à peu près semblable à celle de la masse où elles se trouvent, & qui cependant interrompent la continuité des pierres, c'est ce que les ouvriers appellent des *poils;* lorsqu'ils débitent un grand morceau de pierre & qu'ils le réduisent à une petite épaisseur, comme à un demi-pied, la pierre se casse dans la direction de ce poil : j'ai souvent remarqué dans le marbre & dans la pierre que ces poils traversent le bloc tout entier, ainsi ils ne diffèrent des fentes perpendiculaires que parce qu'il n'y a pas solution totale de continuité. Ces espèces de fentes sont remplies d'une matière transparente, & qui est du vrai sparr. Il y a un grand nombre de fentes considérables entre les différens rochers qui composent les carrières de grès, cela vient de ce que ces rochers portent souvent sur des bases moins solides que celles des marbres ou des pierres calcinables, qui portent ordinairement sur des glaises, au lieu que les grès ne sont le plus souvent appuyez que sur du sable extrêmement fin : aussi y a-t-il beaucoup d'endroits où l'on ne trouve pas les grès en grande masse; & dans la plûpart des carrières où l'on tire le bon grès, on peut remarquer qu'il est en cubes & en parallélépipèdes posez les uns sur les autres d'une manière assez irrégulière, comme dans les collines de Fontainebleau, qui de loin paroissent être des ruines de bâtimens; cette disposition irrégulière vient de ce que la base de ces collines est de sable, & que les masses de grès se sont éboulées, renversées & affaissées

& affaiſſées les unes ſur les autres, ſur-tout dans les endroits où on a travaillé autrefois pour tirer du grès, ce qui a formé un grand nombre de fentes & d'intervalles entre les blocs; & ſi on y veut faire attention, on remarquera dans tous les pays de ſable & de grès, qu'il y a des morceaux de rochers & de groſſes pierres dans le milieu des vallons & des plaines en très-grande quantité, au lieu que dans les pays de marbre & de pierre dure, ces morceaux diſperſez & qui ont roulé du deſſus des collines & du haut des montagnes, ſont fort rares, ce qui ne vient que de la différente ſolidité de la baſe ſur laquelle portent ces pierres, & de l'étendue des bancs de marbre & des pierres calcinables, qui eſt plus conſidérable que celle des grès.

PREUVES
DE LA
THÉORIE DE LA TERRE.

ARTICLE XVIII.

De l'effet des Pluies, des Marécages, des Bois ſoûterrains, des Eaux ſoûterraines.

NOUS avons dit que les pluies & les eaux courantes qu'elles produiſent, détachent continuellement du ſommet & de la croupe des montagnes les ſables, les terres, les graviers, &c. & qu'elles les entraînent dans les plaines, d'où les rivières & les fleuves en charient une partie dans les plaines plus basses, & souvent jusqu'à la mer; les plaines se remplissent donc successivement & s'élèvent peu à peu, & les montagnes diminuent tous les jours & s'abaissent continuellement, & dans plusieurs endroits on s'est aperçu de cet abaissement. Joseph Blancanus rapporte sur cela des faits qui étoient de notoriété publique dans son temps, & qui prouvent que les montagnes s'étoient abaissées au point que l'on voyoit des villages & des châteaux de plusieurs endroits, d'où on ne pouvoit pas les voir autrefois. Dans la province de Darby en Angleterre, le clocher du village Craih n'étoit pas visible en 1572 depuis une certaine montagne, à cause de la hauteur d'une autre montagne interposée, laquelle s'étend en Hopton & Wirksworth, & 80 ou 100 ans après on voyoit ce clocher, & même une partie de l'église. Le Docteur Plot donne un exemple pareil d'une montagne entre Sibbertoft & Ashby dans la province de Northampton. Les eaux entraînent non seulement les parties les plus légères des montagnes, comme la terre, le sable, le gravier & les petites pierres, mais elles roulent même de très-gros rochers, ce qui en diminue considérablement la hauteur; en général, plus les montagnes sont hautes & plus leur pente est roide, plus les rochers y sont coupez à pic. Les plus hautes montagnes du pays de Galles ont des rochers extrêmement droits & fort nuds, on voit les copeaux de ces rochers (si on peut se servir de ce nom) en gros monceaux à leurs pieds; ce font les gelées & les eaux qui les féparent & les entraînent; ainfi ce ne font pas feulement les montagnes de fable & de terre que les pluies rabaiffent, mais, comme l'on voit, elles attaquent les rochers les plus durs, & en entraînent les fragmens jufque dans les vallées. Il arriva dans la vallée de Nant-phrancon en 1685, qu'une partie d'un gros rocher qui ne portoit que fur une bafe étroite, ayant été minée par les eaux, tomba & fe rompit en plufieurs morceaux avec plus d'un millier d'autres pierres, dont la plus groffe fit en defcendant une tranchée confidérable jufque dans la plaine, où elle continua à cheminer dans une petite prairie, & traverfa une petite rivière de l'autre côté de laquelle elle s'arrêta. C'eft à de pareils accidens qu'on doit attribuer l'origine de toutes les groffes pierres que l'on trouve ordinairement çà & là dans les vallées voifines des montagnes. On doit fe fouvenir, à l'occafion de cette obfervation, de ce que nous avons dit dans l'article précédent, fçavoir, que ces rochers & ces groffes pierres difperfées font bien plus communes dans les pays dont les montagnes font de fable & de grès, que dans ceux où elles font de marbre & de glaife, parce que le fable qui fert de bafe au rocher, eft un fondement moins folide que la glaife.

Pour donner une idée de la quantité de terre que les pluies détachent des montagnes & qu'elles entraînent dans les vallées, nous pouvons citer un fait rapporté par le Docteur Plot: il dit dans fon Hiftoire Naturelle de Stafford, qu'on a trouvé dans la terre, à 18 pieds de profondeur, un grand nombre de pièces de monnoie frappées du temps d'Édouard IV, c'est-à-dire, 200 ans auparavant, en sorte que ce terrein, qui est marécageux, s'est augmenté d'environ un pied en onze ans, ou d'un pouce & un douzième par an. On peut encore faire une observation semblable sur des arbres enterrez à 17 pieds de profondeur, au dessous desquels on a trouvé des médailles de Jules César; ainsi les terres amenées du dessus des montagnes dans les plaines par les eaux courantes, ne laissent pas d'augmenter très-considérablement l'élévation du terrein des plaines.

Ces graviers, ces sables & ces terres que les eaux détachent des montagnes & qu'elles entraînent dans les plaines, y forment des couches qu'il ne faut pas confondre avec les couches anciennes & originaires de la terre. On doit mettre dans la classe de ces nouvelles couches, celles de tuf, de pierre molle, de gravier & de sable dont les grains sont lavez & arrondis; on doit y rapporter aussi les couches de pierre qui se sont faites par une espèce de dépôt & d'incrustation, toutes ces couches ne doivent pas leur origine au mouvement & aux sédimens des eaux de la mer. On trouve dans ces tufs & dans ces pierres molles & imparfaites une infinité de végétaux, de feuilles d'arbres, de coquilles terrestres ou fluviatiles, de petits os d'animaux terrestres, & jamais de coquilles ni d'autres productions marines; ce qui prouve évidemment, aussi-bien que leur peu de solidité, que ces couches se sont formées sur la surface de la terre sèche, & qu'elles sont bien plus nouvelles que les marbres & les autres pierres qui contiennent des coquilles, & qui se sont formées autrefois dans la mer. Les tufs & toutes ces pierres nouvelles paroissent avoir de la dureté & de la solidité lorsqu'on les tire, mais si on veut les employer, on trouve que l'air & les pluies les dissolvent bientôt; leur substance est même si différente de la vraie pierre, que lorsqu'on les réduit en petites parties & qu'on en veut faire du sable, elles se convertissent bientôt en une espèce de terre & de boue; les stalactites & les autres concrétions pierreuses que M. de Tournefort prenoit pour des marbres qui avoient végété, ne sont pas de vraies pierres, non plus que celles qui sont formées par des incrustations. Nous avons déjà fait voir que les tufs ne sont pas de l'ancienne formation, & qu'on ne doit pas les ranger dans la classe des pierres. Le tuf est une matière imparfaite, différente de la pierre & de la terre, & qui tire son origine de toutes deux par le moyen de l'eau des pluies, comme les incrustations pierreuses tirent la leur du dépôt des eaux de certaines fontaines, ainsi les couches de ces matières ne sont pas anciennes & n'ont pas été formées, comme les autres, par le sédiment des eaux de la mer; les couches de tourbes doivent être aussi regardées comme des couches nouvelles qui ont été produites par l'entassement successif des arbres & des autres végétaux à demi pourris, & qui ne se sont conservez que parce qu'ils se sont trouvez dans des terres bitumineuses, qui les ont empêché de se corrompre en entier. On ne trouve dans toutes ces nouvelles couches de tuf, ou de pierre molle, ou de pierre formée par des dépôts, ou de tourbes, aucune production marine, mais on y trouve au contraire beaucoup de végétaux, d'os d'animaux terreſtres, de coquilles fluviatiles & terreſtres, comme on peut le voir dans les prairies de la province de Northampton auprès d'Ashby, où l'on a trouvé un grand nombre de coquilles d'eſcargots, avec des plantes, des herbes & pluſieurs coquilles fluviatiles, bien conſervées à quelques pieds de profondeur ſous terre, ſans aucunes coquilles marines. *Voyez Tranſ. Phil. Abr. vol. 4, pag. 271.* Les eaux qui roulent ſur la ſurface de la terre, ont formé toutes ces nouvelles couches en changeant ſouvent de lit & en ſe répandant de tous côtés; une partie de ces eaux pénètre à l'intérieur & coule à travers les fentes des rochers & des pierres; & ce qui fait qu'on ne trouve point d'eau dans les pays élevez, non plus qu'au deſſus des collines, c'eſt parce que toutes les hauteurs de la terre ſont ordinairement compoſées de pierres & de rochers, ſur-tout vers le ſommet. Il faut, pour trouver de l'eau, creuſer dans la pierre & dans le rocher juſqu'à ce qu'on parvienne à la baſe, c'eſt-à-dire, à la glaiſe ou à la terre ferme ſur laquelle portent ces rochers, & on ne trouve point d'eau tant que l'épaiſſeur de pierre n'eſt pas percée juſqu'au deſſous, comme je l'ai obſervé dans pluſieurs puits creuſez dans les lieux élevez; & lorſque la hauteur des rochers, c'eſt-à-dire, l'épaiſſeur de la pierre qu'il faut percer, eſt fort conſidérable, comme dans les hautes montagnes, où les rochers ont ſouvent plus de mille pieds d'élévation, il eſt impoſſible d'y faire des puits, & par conſéquent d'avoir de l'eau. Il y a même de grandes étendues de terre où l'eau manque abſolument, comme dans l'Arabie pétrée, qui eſt un deſert où il ne pleut jamais, où des ſables brûlans couvrent toute la ſurface de la terre, où il n'y a preſque point de terre végétale, où le peu de plantes qui s'y trouvent, languiſſent; les ſources & les puits y ſont ſi rares, que l'on n'en compte que cinq depuis le Caire juſqu'au mont Sinai, encore l'eau en eſt-elle amère & ſaumâtre.

Lorſque les eaux qui ſont à la ſurface de la terre ne peuvent trouver d'écoulement, elles forment des marais & des marécages; les plus fameux marais de l'Europe, ſont ceux de Moſcovie à la ſource du Tanaïs, ceux de Finlande, où ſont les grands marais Savolax & E'naſak; il y en a auſſi en Hollande, en Weſtphalie & dans pluſieurs autres pays bas: en Aſie on a les marais de l'Euphrate, ceux de la Tartarie, le Palus Méotide; cependant en général il y en a moins en Aſie & en Afrique qu'en Europe, mais l'Amérique n'eſt, pour ainſi dire, qu'un marais continu dans toutes ſes plaines; cette grande quantité de marais, eſt une preuve de la nouveauté du pays & du petit nombre des habitans, encore plus que du peu d'induſtrie.

Il y a de très-grands marécages en Angleterre dans la province de Lincoln près de la mer, qui a perdu beaucoup de terrein d'un côté & en a gagné de l'autre. On trouve dans l'ancien terrein une grande quantité d'arbres qui y ſont enterrez au deſſous du nouveau terrein amené par les eaux; on en trouve de même en grande quantité en E'cosse, à l'embouchûre de la rivière Neff. Auprès de Bruges en Flandre, en fouillant à 40 ou 50 pieds de profondeur, on trouve une très-grande quantité d'arbres aussi près les uns des autres que dans une forêt, les troncs, les rameaux & les feuilles sont si bien conservez qu'on distingue aisément les différentes espèces d'arbres. Il y a 500 ans que cette terre où l'on trouve des arbres, étoit une mer, & avant ce temps-là on n'a point de mémoire ni de tradition que jamais cette terre eût existé : cependant il est nécessaire que cela ait été ainsi dans le temps que ces arbres ont crû & végété, ainsi le terrein qui dans les temps les plus reculez étoit une terre ferme couverte de bois, a été ensuite couvert par les eaux de la mer qui y ont amené 40 ou 50 pieds d'épaisseur de terre, & ensuite ces eaux se sont retirées. On a de même trouvé une grande quantité d'arbres soûterrains à Youle dans la province d'Yorck à douze milles au dessous de la ville sur la rivière Humber, il y en a qui sont si gros qu'on s'en sert pour bâtir, & on assure, peut-être mal-à-propos, que ce bois est aussi durable & d'aussi bon service que le chêne, on en coupe en petites baguettes & en longs copeaux que l'on envoie vendre dans les villes voisines, & les gens s'en servent pour allumer leur pipe. Tous ces arbres paroissent rompus, & les troncs sont séparez de leurs racines, comme des arbres que la violence d'un ouragan ou d'une inondation auroit cassez & emportez; ce bois ressemble beaucoup au sapin, il a la même odeur lorsqu'on le brûle,

brûle, & fait des charbons de la même eſpèce. *Voyez Tranſ. phil. nº 228.* Dans l'iſle de Man on trouve dans un marais qui a ſix milles de long & trois milles de large, appellé *Curragh,* des arbres ſoûterrains qui ſont des ſapins, & quoiqu'ils ſoient à 18 ou 20 pieds de profondeur, ils ſont cependant fermes ſur leurs racines. *Voyez Ray's Diſcourſes, pag. 232.* On en trouve ordinairement dans tous les grands marais, dans les fondrières & dans la plûpart des endroits marécageux, dans les provinces de Sommerſet, de Cheſter, de Lancaſtre, de Stafford. Il y a de certains endroits où l'on trouve des arbres ſous terre, qui ont été coupez, ſciez, équarris & travaillez par les hommes : on y a même trouvé des coignées & des ſerpes, & entre Bermingham & Brumley dans la province de Lincoln, il y a des collines élevées de ſable fin & léger que les pluies & les vents emportent & tranſportent en laiſſant à ſec & à découvert des racines de grands ſapins, où l'impreſſion de la coignée paroît encore auſſi fraîche que ſi elle venoit d'être faite. Ces collines ſe ſeront ſans doute formées, comme les dunes, par des amas de ſable que la mer a apporté & accumulé, & ſur leſquels ces ſapins auront pû croître, enſuite ils auront été recouverts par d'autres ſables qui y auront été amenez comme les premiers, par des inondations ou par des vents violens. On trouve auſſi une grande quantité de ces arbres ſoûterrains dans les terres marécageuſes de Hollande, dans la Friſe & auprès de Groningue, & c'eſt de-là que viennent les tourbes qu'on brûle dans tout le pays.

On trouve dans la terre une infinité d'arbres grands & petits de toute espèce, comme sapins, chênes, bouleaux, hêtres, ifs, aubépins, saules, frênes; dans les marais de Lincoln, le long de la rivière d'Ouse, & dans la province d'Yorck en Hatfield-chace, ces arbres sont droits & plantez comme on les voit dans une forêt. Les chênes sont fort durs, & on en emploie dans les bâtimens, où ils durent * fort long-temps, les frênes sont tendres & tombent en poussière, aussi-bien que les saules; on en trouve qui ont été équarris, d'autres sciez, d'autres percez, avec des coignées rompues, & des haches dont la forme ressemble à celle des couteaux de sacrifice. On y trouve aussi des noisettes, des glands & des cônes de sapins en grande quantité. Plusieurs autres endroits marécageux de l'Angleterre & de l'Irlande sont remplis de troncs d'arbres, aussi-bien que les marais de France & de Suisse, de Savoie & d'Italie. *Voyez Transf. phil. abr. pag. 218, &c. vol. 4.*

Dans la ville de Modène & à quatre milles aux environs, en quelqu'endroit qu'on fouille, lorsqu'on est parvenu à la profondeur de 63 pieds & qu'on a percé la terre à 5 pieds de profondeur de plus avec une tarrière, l'eau jaillit avec une si grande force que le puits se remplit en fort peu de temps presque jusqu'au dessus, cette eau

* Je doute beaucoup de la vérité de ce fait, tous les arbres qu'on tire de la terre, au moins tous ceux que j'ai vûs, soit chênes, soit autres, perdent en se desséchant, toute la solidité qu'ils paroissent avoir d'abord, & ne doivent jamais être employez dans les bâtimens.

coule continuellement & ne diminue ni n'augmente par la pluie ou par la féchereffe; ce qu'il y a de remarquable dans ce terrein, c'eft que lorfqu'on eft parvenu à 14 pieds de profondeur, on trouve les décombremens & les ruines d'une ancienne ville, des rues pavées, des planchers, des maifons, différentes pièces de mofaïque; après quoi on trouve une terre affez folide & qu'on croiroit n'avoir jamais été remuée, cependant au deffous on trouve une terre humide & mêlée de végétaux, & à 26 pieds des arbres tout entiers, comme des noifetiers avec les noifettes deffus, & une grande quantité de branches & de feuilles d'arbres; à 28 pieds on trouve une craie tendre mêlée de beaucoup de coquillages, & ce lit a 11 pieds d'épaiffeur, après quoi on retrouve encore des végétaux, des feuilles & des branches, & ainfi alternativement de la craie & une terre mêlée de végétaux jufqu'à la profondeur de 63 pieds, à laquelle profondeur eft un lit de fable mêlé de petit gravier & de coquilles femblables à celles qu'on trouve fur les côtes de la mer d'Italie : ces lits fucceffifs de terre marécageufe & de craie fe trouvent toûjours dans le même ordre, en quelqu'endroit qu'on fouille, & quelquefois la tarrière trouve de gros troncs d'arbres qu'il faut percer, ce qui donne beaucoup de peine aux ouvriers; on y trouve auffi des os, du charbon de terre, des cailloux & des morceaux de fer. Ramazzini qui rapporte ces faits, croit que le golfe de Venife s'étendoit autrefois jufqu'à Modène & au delà, & que par la fucceffion des temps les rivières,

& peut-être les inondations de la mer ont formé successivement ce terrein.

Je ne m'étendrai pas davantage ici sur les variétés que présentent ces couches de nouvelle formation, il suffit d'avoir montré qu'elles n'ont pas d'autres causes que les eaux courantes ou stagnantes qui sont à la surface de la terre, & qu'elles ne sont jamais aussi dures, ni aussi solides que les couches anciennes qui se sont formées sous les eaux de la mer.

PREUVES DE LA THÉORIE DE LA TERRE.

ARTICLE XIX.

Des changemens de terres en mers, & de mers en terres.

IL paroît par ce que nous avons dit dans les articles 1, 7, 8 & 9, qu'il est arrivé au globe terrestre de grands changemens qu'on peut regarder comme généraux, & il est certain par ce que nous avons rapporté dans les autres articles, que la surface de la terre a souffert des altérations particulières : quoique l'ordre, ou plûtôt la succession de ces altérations ou de ces changemens particuliers ne nous ſoit pas bien connue, nous en connoiſſons cependant les cauſes principales, nous ſommes même en état d'en diſtinguer les différens effets; & ſi nous pouvions raſſembler tous les indices & tous les faits que l'hiſtoire naturelle & l'hiſtoire civile nous fourniſſent au ſujet des révolutions arrivées à la ſurface de la terre, nous ne doutons pas que la Théorie que nous avons donnée n'en devînt bien plus plauſible.

L'une des principales cauſes des changemens qui arrivent ſur la terre, c'eſt le mouvement de la mer, mouvement qu'elle a éprouvé de tout temps; car dès la création il y a eu le ſoleil, la lune, la terre, les eaux, l'air, &c. dès-lors le flux & le reflux, le mouvement d'orient en occident, celui des vents & des courans ſe ſont fait ſentir, les eaux ont eu dès-lors les mêmes mouvemens que nous remarquons aujourd'hui dans la mer; & quand même on ſuppoſeroit que l'axe du globe auroit eu une autre inclinaiſon, & que les continens terreſtres auſſi-bien que les mers auroient eu une autre diſpoſition, cela ne détruit point le mouvement du flux & du reflux, non plus que la cauſe & l'effet des vents; il ſuffit que l'immenſe quantité d'eau qui remplit le vaſte eſpace des mers, ſe ſoit trouvé raſſemblée quelque part ſur le globe de la terre, pour que le flux & le reflux, & les autres mouvemens de la mer aient été produits.

Lorſqu'une fois on a commencé à ſoupçonner qu'il ſe pouvoit bien que notre continent eût autrefois été le fond d'une mer, on ſe le perſuade bien-tôt à n'en pouvoir douter; d'un côté ces débris de la mer qu'on trouve par-tout, de l'autre la ſituation horizontale des couches de la terre, & enfin cette diſpoſition des collines & des montagnes qui ſe correſpondent, me paroiſſent autant de preuves convaincantes; car en conſidérant les plaines, les vallées, les collines, on voit clairement que la ſurface de la terre a été figurée par les eaux; en examinant l'intérieur des coquilles qui ſont renfermées dans les pierres, on reconnoît évidemment que ces pierres ſe ſont formées par le ſédiment des eaux, puiſque les coquilles ſont remplies de la matière même de la pierre qui les environne; & enfin en réfléchiſſant ſur la forme des collines dont les angles ſaillans répondent toûjours aux angles rentrans des collines oppoſées, on ne peut pas douter que cette direction ne ſoit l'ouvrage des courans de la mer: à la vérité depuis que notre continent eſt découvert, la forme de la ſurface a un peu changé, les montagnes ont diminué de hauteur, les plaines ſe ſont élevées, les angles des collines ſont devenus plus obtus, pluſieurs matières entraînées par les fleuves ſe ſont arrondies, il s'eſt formé des couches de tuf, de pierre molle, de gravier, &c. mais l'eſſentiel eſt demeuré, la forme ancienne ſe reconnoît encore, & je ſuis perſuadé que tout le monde peut ſe convaincre par ſes yeux de tout ce que nous avons dit à ce ſujet, & que quiconque aura bien voulu ſuivre nos obſervations & nos preuves, ne doutera pas que la terre n'ait été autrefois ſous les eaux de la mer, & que ce ne ſoit les courans de la mer qui aient donné à la ſurface de la terre la forme que nous voyons.

Le mouvement principal des eaux de la mer eſt, comme

nous l'avons dit, d'orient en occident; auſſi il nous paroît que la mer a gagné ſur les côtes orientales, tant de l'ancien que du nouveau continent, un eſpace d'environ 500 lieues; on doit ſe ſouvenir des preuves que nous en avons données dans l'article XI, & nous pouvons y ajoûter que tous les détroits qui joignent les mers, ſont dirigez d'orient en occident, le détroit de Magellan, les deux détroits de Forbisher, celui de Hudſon, le détroit de l'iſle de Ceylan, ceux de la mer de Corée & de Kamtſchatka ont tous cette direction, & paroiſſent avoir été formez par l'irruption des eaux qui, étant pouſſées d'orient en occident, ſe ſont ouvert ces paſſages dans la même direction dans laquelle elles éprouvent auſſi un mouvement plus conſidérable que dans toutes les autres directions; car il y a dans tous ces détroits des marées très-violentes, au lieu que dans ceux qui ſont ſituez ſur les côtes occidentales, comme l'eſt celui de Gibraltar, celui du Sund, &c. le mouvement des marées eſt preſqu'inſenſible.

Les inégalités du fond de la mer changent la direction du mouvement des eaux, elles ont été produites ſucceſſivement par les ſédimens de l'eau & par les matières qu'elle a tranſportées, ſoit par ſon mouvement de flux & de reflux, ſoit par d'autres mouvemens; car nous ne donnons pas pour cauſe unique de ces inégalités le mouvement du flux & du reflux, nous avons ſeulement donné cette cauſe comme la principale & la première, parce qu'elle eſt la plus conſtante & qu'elle agit ſans interruption, mais on doit auſſi admettre comme cauſe l'action des vents, ils agiſſent même à la ſurface de l'eau avec une tout autre violence que les marées, & l'agitation qu'ils communiquent à la mer eſt bien plus conſidérable pour les effets extérieurs, elle s'étend même à des profondeurs conſidérables, comme on le voit par les matières qui ſe détachent, par la tempête, du fond des mers, & qui ne ſont preſque jamais rejetées ſur les rivages que dans les temps d'orages.

Nous avons dit qu'entre les tropiques, & même à quelques degrés au delà, il règne continuellement un vent d'eſt; ce vent, qui contribue au mouvement général de la mer d'orient en occident, eſt auſſi ancien que le flux & le reflux, puiſqu'il dépend du cours du ſoleil & de la raréfaction de l'air, produite par la chaleur de cet aſtre. Voilà donc deux cauſes de mouvement réunies, & plus grandes ſous l'équateur que par-tout ailleurs; la première, le flux & le reflux qui, comme l'on ſçait, eſt plus ſenſible dans les climats méridionaux; & la ſeconde, le vent d'eſt qui ſouffle continuellement dans ces mêmes climats; ces deux cauſes ont concouru depuis la formation du globe à produire les mêmes effets, c'eſt-à-dire, à faire mouvoir les eaux d'orient en occident, & à les agiter avec plus de force dans cette partie du monde que dans toutes les autres; c'eſt pour cela que les plus grandes inégalités de la ſurface du globe ſe trouvent entre les tropiques. La partie de l'Afrique compriſe entre ces deux cercles, n'eſt, pour ainſi dire, qu'un grouppe de montagnes dont les différentes chaînes s'étendent pour la plûpart,

plûpart, d'orient en occident, comme on peut s'en assurer en considérant la direction des grands fleuves de cette partie de l'Afrique; il en est de même de la partie de l'Asie & de celle de l'Amérique qui sont comprises entre les tropiques, & l'on doit juger de l'inégalité de la surface de ces climats par la quantité de hautes montagnes & d'isles qu'on y trouve.

De la combinaison du mouvement général de la mer d'orient en occident, de celui du flux & du reflux, de celui que produisent les courans, & encore de celui que forment les vents, il a résulté une infinité de différens effets, tant sur le fond de la mer que sur les côtes & les continens. Varenius dit qu'il est très-probable que les golfes & les détroits ont été formez par l'effort réitéré de l'océan contre les terres; que la mer méditerranée, les golfes d'Arabie, de Bengale & de Cambaye ont été formez par l'irruption des eaux, aussi-bien que les détroits entre la Sicile & l'Italie, entre Ceylan & l'Inde, entre la Grèce & l'Eubée, & qu'il en est de même du détroit des Manilles, de celui de Magellan & de celui de Danemarck; qu'une preuve des irruptions de l'océan sur les continens, qu'une preuve qu'il a abandonné différens terreins, c'est qu'on ne trouve que très-peu d'isles dans le milieu des grandes mers, & jamais un grand nombre d'isles voisines les unes des autres; que dans l'espace immense qu'occupe la mer pacifique, à peine trouve-t-on deux ou trois petites isles vers le milieu; que dans le vaste océan Atlantique entre l'Afrique & le Bresil, on ne trouve que les petites isles de Sainte-Hélène & de l'Ascension, mais que toutes les isles sont auprès des grands continens, comme les isles de l'Archipel auprès du continent de l'Europe & de l'Asie, les Canaries auprès de l'Afrique, toutes les isles de la mer des Indes auprès du continent oriental, les isles Antilles auprès de celui de l'Amérique, & qu'il n'y a que les Açores qui soient fort avancées dans la mer entre l'Europe & l'Amérique.

Les habitans de Ceylan disent que leur isle a été séparée de la presqu'isle de l'Inde par une irruption de l'océan, & cette tradition populaire est assez vrai-semblable; on croit aussi que l'isle de Sumatra a été séparée de Malaye, le grand nombre d'écueils & de bancs de sable qu'on trouve entre deux semble le prouver. Les Malabares assurent que les isles Maldives faisoient partie du continent de l'Inde, & en général on peut croire que toutes les isles orientales ont été séparées des continens par une irruption de l'océan. *Voyez Varen. Geog. pag. 203, 217 & 220.*

Il paroît qu'autrefois l'isle de la Grande-Bretagne faisoit partie du continent, & que l'Angleterre tenoit à la France, les lits de terre & de pierre, qui sont les mêmes des deux côtés du pas de Calais, le peu de profondeur de ce détroit semblent l'indiquer: en supposant, dit le Docteur Wallis, comme tout paroît l'indiquer, que l'Angleterre communiquoit autrefois à la France par un isthme au dessous de Douvres & de Calais, les grandes mers des deux côtés battoient les côtes de cet isthme par un flux impétueux, deux fois en 24 heures; la mer d'Allemagne, qui est entre l'Angleterre & la Hollande, frappoit cet isthme du côté de l'est, & la mer de France du côté de l'oueſt, cela suffit avec le temps pour uſer & détruire une langue de terre étroite, telle que nous ſuppoſons qu'étoit autrefois cet isthme : le flux de la mer de France agiſſant avec grande violence, non ſeulement contre l'isthme, mais auſſi contre les côtes de France & d'Angleterre, doit néceſſairement, par le mouvement des eaux, avoir enlevé une grande quantité de ſable, de terre, de vaſe de tous les endroits contre leſquels la mer agiſſoit; mais étant arrêtée dans ſon courant par cet isthme, elle ne doit pas avoir dépoſé, comme on pourroit le croire, des ſédimens contre l'isthme, mais elle les aura tranſportez dans la grande plaine qui forme actuellement le marécage de Romne, qui a quatorze milles de long ſur huit de large; car quiconque a vû cette plaine, ne peut pas douter qu'elle n'ait été autrefois ſous les eaux de la mer, puiſque dans les hautes marées elle ſeroit encore en partie inondée ſans les digues de Dimchurch.

La mer d'Allemagne doit avoir agi de même contre l'isthme & contre les côtes d'Angleterre & de Flandres, & elle aura emporté les ſédimens en Hollande & en Zélande, dont le terrein qui étoit autrefois ſous les eaux, s'eſt élevé de plus de 40 pieds; de l'autre côté ſur la côte d'Angleterre, la mer d'Allemagne devoit occuper cette large vallée où coule actuellement la rivière de Sture, à plus de vingt milles de diſtance, à commencer par Sandwich, Cantorberi, Chattam, Chilham juſqu'à Ashford, & peut-être plus loin; le terrein eſt actuellement beaucoup plus élevé qu'il ne l'étoit autrefois, puisqu'à Chattam on a trouvé les os d'un hippopotame enterrez à 17 pieds de profondeur, des ancres de vaisseaux & des coquilles marines.

Or il est très-vrai-semblable que la mer peut former de nouveaux terreins en y apportant les sables, la terre, la vase, &c. car nous voyons sous nos yeux que dans l'isle d'Okney, qui est adjacente à la côte marécageuse de Romne, il y avoit un terrein bas toûjours en danger d'être inondé par la rivière Rother, mais en moins de 60 ans la mer a élevé ce terrein considérablement en y amenant à chaque flux & reflux une quantité considérable de terre & de vase, & en même temps elle a creusé si fort le canal par où elle entre, qu'en moins de 50 ans la profondeur de ce canal est devenue assez grande pour recevoir de gros vaisseaux, au lieu qu'auparavant c'étoit un gué où les hommes pouvoient passer.

La même chose est arrivée auprès de la côte de Norfolck, & c'est de cette façon que s'est formé le banc de sable qui s'étend obliquement depuis la côte de Norfolck vers la côte de Zélande; ce banc est l'endroit où les marées de la mer d'Allemagne & de la mer de France se rencontrent depuis que l'isthme a été rompu, & c'est là où se déposent les terres & les sables entraînez des côtes; on ne peut pas dire si avec le temps ce banc de sable ne formera pas un nouvel isthme, &c. *Voyez Trans. Phil. abr. vol. 4, pag. 227.*

Il y a grande apparence, dit Ray, que l'isle de la Grande-Bretagne étoit autrefois jointe à la France & faisoit partie du continent; on ne ſçait point ſi c'eſt par un tremblement de terre, ou par une irruption de l'océan, ou par le travail des hommes, à cauſe de l'utilité & de la commodité du paſſage, ou par d'autres raiſons; mais ce qui prouve que cette iſle faiſoit partie du continent, c'eſt que les rochers & les côtes des deux côtés ſont de même nature & compoſez des mêmes matières, à la même hauteur, en ſorte que l'on trouve le long des côtes de Douvres les mêmes lits de pierre & de craie que l'on trouve entre Calais & Boulogne; la longueur de ces rochers le long de ces côtes eſt à très-peu près la même de chaque côté, c'eſt-à-dire, d'environ ſix milles; le peu de largeur du canal qui dans cet endroit n'a pas plus de vingt-quatre milles anglois de largeur, & le peu de profondeur, eu égard à la mer voiſine, font croire que l'Angleterre a été ſéparée de la France par accident; on peut ajoûter à ces preuves, qu'il y avoit autrefois des loups & même des ours dans cette iſle, & il n'eſt pas à préſumer qu'ils y ſoient venus à la nage, ni que les hommes aient tranſporté ces animaux nuiſibles; car en général on trouve les animaux nuiſibles des continens dans toutes les iſles qui en ſont fort voiſines, & jamais dans celles qui en ſont éloignées, comme les Eſpagnols l'ont obſervé lorſqu'ils ſont arrivez en Amérique. *Voyez Ray's Diſcourſes, pag. 208.*

Du temps de Henri I Roi d'Angleterre il arriva une grande inondation dans une partie de la Flandre par une irruption de la mer; en 1446 une pareille irruption fit périr plus de 10000 perſonnes ſur le territoire de Dordrecht, &

plus de 100000 autour de Dullart, en Frise & en Zélande, & il y eut dans ces deux provinces plus de deux ou trois cens villages de submergez, on voit encore les sommets de leurs tours & les pointes de leurs clochers qui s'élèvent un peu au dessus des eaux.

Sur les côtes de France, d'Angleterre, de Hollande, d'Allemagne, de Prusse, la mer s'est éloignée en beaucoup d'endroits. Hubert Thomas dit dans sa description du pays de Liége, que la mer environnoit autrefois les murailles de la ville de Tongres, qui maintenant en est éloignée de 35 lieues, ce qu'il prouve par plusieurs bonnes raisons, & entr'autres il dit qu'on voyoit encore de son temps les anneaux de fer dans les murailles auxquelles on attachoit les vaisseaux qui y arrivoient. On peut encore regarder comme des terres abandonnées par la mer, en Angleterre les grands marais de Lincoln & l'isle d'Ely, en France la Crau de la Provence, & même la mer s'est éloignée assez considérablement à l'embouchûre du Rhône depuis l'année 1665. En Italie il s'est formé de même un terrein considérable à l'embouchûre de l'Arne, & Ravenne qui autrefois étoit un port de mer des Exarques, n'est plus une ville maritime; toute la Hollande paroit être un terrein nouveau, où la surface de la terre est presque de niveau avec le fond de la mer, quoique le pays se soit considérablement élevé & s'élève tous les jours par les limons & les terres que le Rhin, la Meuse, &c. y amènent; car autrefois on comptoit que le terrein de la Hollande étoit en plusieurs endroits de 50 pieds plus bas que le fond de la mer.

On prétend qu'en l'année 860, la mer dans une tempête furieuſe amena vers la côte une ſi grande quantité de ſables qu'ils fermèrent l'embouchûre du Rhin auprès de Catt, & que ce fleuve inonda tout le pays, renverſa les arbres & les maiſons, & ſe jeta dans le lit de la Meuſe. En 1421 il y eut une autre inondation qui ſépara la ville de Dordrecht de la terre ferme, ſubmergea ſoixante & douze villages, pluſieurs châteaux, noya 100000 ames, & fit périr une infinité de beſtiaux. La digue de l'Iſſel ſe rompit en 1638 par quantité de glaces que le Rhin entraînoit, qui ayant bouché le paſſage de l'eau, firent une ouverture de quelques toiſes à la digue, & une partie de la province fut inondée avant qu'on eût pû réparer la brêche; en 1682 il y eut une pareille inondation dans la province de Zélande, qui ſubmergea plus de trente villages, & cauſa la perte d'une infinité de monde & de beſtiaux qui furent ſurpris la nuit par les eaux. Ce fut un bonheur pour la Hollande que le vent de ſud-eſt gagna ſur celui qui lui étoit oppoſé; car la mer étoit ſi enflée que les eaux étoient de 18 pieds plus hautes que les terres les plus élevées de la province, à la réſerve des dunes. *Voyez les Voyag. hiſt. de l'Europe, tom. 5, pag. 70.*

Dans la province de Kent en Angleterre, il y avoit à Hith un port qui s'eſt comblé malgré tous les ſoins que l'on a pris pour l'empêcher, & malgré la dépenſe qu'on a faite pluſieurs fois pour le vuider; on y trouve une multitude étonnante de galets & de coquillages apportez par la mer dans l'étendue de pluſieurs milles, qui s'y ſont amoncelez autrefois, & qui de nos jours ont été recouverts par de la vafe & de la terre fur laquelle font actuellement des pâturages; d'autre côté il y a des terres fermes que la mer avec le temps vient à gagner & à couvrir, comme les terres de Goodwin qui appartenoient à un Seigneur de ce nom, & qui à préfent ne font plus que des fables couverts par les eaux de la mer; ainfi la mer gagne en plufieurs endroits du terrein, & en perd dans d'autres, cela dépend de la différente fituation des côtes & des endroits où le mouvement des marées s'arrête, où les eaux tranfportent d'un endroit à l'autre les terres, les fables, les coquilles, &c. *Voyez Tranf. Phil. abr. vol. 4, pag. 234.*

Sur la montagne de Stella en Portugal il y a un lac dans lequel on a trouvé des débris de vaiffeaux, quoique cette montagne foit éloignée de la mer de plus de 12 lieues. *Voyez la Géographie de Gordon, édit. de Londres 1733, pag. 149.* Sabinus dans fes Commentaires fur les Métamorphofes d'Ovide, dit qu'il paroît par les monumens de l'Hiftoire, qu'en l'année 1460 on trouva dans une mine des Alpes un vaiffeau avec fes ancres.

Ce n'eft pas feulement en Europe que nous trouverons des exemples de ces changemens de mer en terre & de terre en mer, les autres parties du monde nous en fourniroient peut-être de plus remarquables & en plus grand nombre, fi on les avoit bien obfervées.

Calecut a été autrefois une ville célèbre & la capitale d'un royaume de même nom, ce n'eft aujourd'hui qu'une grande

grande bourgade mal bâtie & aſſez déſerte; la mer qui depuis un ſiècle a beaucoup gagné ſur cette côte, a ſubmergé la meilleure partie de l'ancienne ville avec une belle fortereſſe de pierre de taille qui y étoit; les barques mouillent aujourd'hui ſur leurs ruines, & le port eſt rempli d'un grand nombre d'écueils qui paroiſſent dans les baſſes marées, & ſur leſquels les vaiſſeaux font aſſez ſouvent naufrage. *Voyez Let. édif. Recueil 2, pag. 187.*

La province de Jucatan péninſule dans le golfe du Mexique, a fait autrefois partie de la mer; cette pièce de terre s'étend dans la mer à 100 lieues en longueur depuis le continent, & n'a pas plus de 25 lieues dans ſa plus grande largeur; la qualité de l'air y eſt tout-à-fait chaude & humide: quoiqu'il n'y ait ni ruiſſeaux ni rivières dans un ſi long eſpace, l'eau eſt par-tout ſi proche, & l'on trouve en ouvrant la terre, un ſi grand nombre de coquillages, qu'on eſt porté à regarder cette vaſte étendue comme un lieu qui a fait autrefois partie de la mer.

Les habitans de Malabar prétendent qu'autrefois les iſles Maldives étoient attachées au continent des Indes, & que la violence de la mer les en a ſéparées; le nombre de ces iſles eſt ſi grand, & quelques-uns des canaux qui les ſéparent, ſont ſi étroits que les beauprés des vaiſſeaux qui y paſſent, font tomber les feuilles des arbres de l'un & de l'autre côté, & en quelques endroits un homme vigoureux ſe tenant à une branche d'arbre peut ſauter dans une autre iſle. *Voyez les Voyages des Hollandois aux Indes orientales, pag. 274.* Une preuve que le continent des

Maldives étoit autrefois une terre sèche, ce font les cocotiers qui font au fond de la mer, il s'en détache fouvent des cocos qui font rejetez fur le rivage par la tempête; les Indiens en font grand cas & leur attribuent les mêmes vertus qu'au bézoar.

On croit qu'autrefois l'ifle de Ceylan étoit unie au continent & en faifoit partie, mais que les courans qui font extrêmement rapides en beaucoup d'endroits des Indes, l'ont féparée, & en ont fait une ifle; on croit la même chofe à l'égard des ifles de Rammanakoiel & de plufieurs autres. *Voyez Voyages des Hollandois aux Indes orientales, tom. 6, pag. 485.* Ce qu'il y a de certain c'eft que l'ifle de Ceylan a perdu 30 ou 40 lieues de terrein du côté du nord-oueft, que la mer a gagné fucceffivement.

Il paroît que la mer a abandonné depuis peu une grande partie des terres avancées & des ifles de l'Amérique; on vient de voir que le terrein de Jucatan n'eft compofé que de coquilles, il en eft de même des baffes terres de la Martinique & des autres ifles Antilles. Les habitans ont appellé le fond de leur terrein la *chaux,* parce qu'ils font de la chaux avec ces coquilles, dont on trouve les bancs immédiatement au deffous de la terre végétale; nous pouvons rapporter ici ce qui eft dit dans les nouveaux voyages aux ifles de l'Amérique. « La chaux que l'on trouve par » toute la grande terre de la Guadeloupe, quand on fouille » dans la terre, eft de même efpèce que celle que l'on pêche » à la mer, il eft difficile d'en rendre raifon. Seroit-il poffible » que toute l'étendue du terrein qui compofe cette ifle ne fût, dans les ſiècles paſſez, qu'un haut fond rempli de plantes de chaux, qui ayant beaucoup crû & rempli les vuides qui étoient entr'elles occupez par l'eau, ont enfin hauſſé le terrein & obligé l'eau à ſe retirer & à laiſſer à ſec toute la ſuperficie! Cette conjecture, toute extraordinaire qu'elle paroît d'abord, n'a pourtant rien d'impoſſible, & deviendra même aſſez vrai-ſemblable à ceux qui l'examineront ſans prévention; car enfin, en ſuivant le commencement de ma ſuppoſition, ces plantes ayant crû & rempli tout l'eſpace que l'eau occupoit, ſe ſont enfin étouffées l'une l'autre; les parties ſupérieures ſe ſont réduites en pouſſière & en terre, les oiſeaux y ont laiſſé tomber les graines de quelques arbres, qui ont germé & produit ceux que nous y voyons, & la Nature y en fait germer d'autres qui ne ſont pas d'une eſpèce commune aux autres endroits, comme les bois marbrez & violets, & il ne ſeroit pas indigne de la curioſité des gens qui y demeurent, de faire fouiller en différens endroits pour connoître quel en eſt le ſol, juſqu'à quelle profondeur on trouve cette pierre à chaux, en quelle ſituation elle eſt répandue ſous l'épaiſſeur de la terre, & autres circonſtances qui pourroient ruiner ou fortifier ma conjecture. »

Il y a quelques terreins qui tantôt ſont couverts d'eau, & tantôt ſont découverts, comme pluſieurs iſles en Norvège, en E'coſſe, aux Maldives, au golfe de Cambaye, &c. La mer Baltique a gagné peu à peu une grande partie de la Poméranie, elle a couvert & ruiné le fameux port de Vincta : de même la mer de Norvège a formé pluſieurs petites isles, & s'est avancée dans le continent; la mer d'Allemagne s'est avancée en Hollande auprès de Catt, en sorte que les ruines d'une ancienne citadelle des Romains, qui étoit autrefois sur la côte, sont actuellement fort avant dans la mer. Les marais de l'isle d'Ely en Angleterre, la Crau en Provence, sont au contraire, comme nous l'avons dit, des terreins que la mer a abandonnez; les dunes ont été formées par des vents de mer qui ont jeté sur le rivage & accumulé des terres, des sables, des coquillages, &c. par exemple, sur les côtes occidentales de France, d'Espagne & d'Afrique il règne des vents d'ouest durables & violens, qui poussent avec impétuosité les eaux vers le rivage, sur lequel il s'est formé des dunes dans quelques endroits; de même les vents d'est, lorsqu'ils durent long-temps, chassent si fort les eaux des côtes de la Syrie & de la Phénicie, que les chaînes de rochers qui sont couverts d'eau pendant les vents d'ouest, demeurent alors à sec: au reste les dunes ne sont pas composées de pierres & de marbres, comme les montagnes qui se sont formées dans le fond de la mer, parce qu'elles n'ont pas été assez long-temps dans l'eau. Nous ferons voir dans le discours sur les minéraux que la pétrification s'opère au fond de la mer, & que les pierres qui se forment dans la terre, sont bien différentes de celles qui se sont formées dans la mer.

Comme je mettois la dernière main à ce Traité de la Théorie de la Terre, que j'ai composé en 1744, j'ai reçu de la part de M. Barrère sa dissertation sur l'origine des pierres figurées, & j'ai été charmé de me trouver d'accord avec cet habile Naturaliste, au sujet de la formation des dunes & du séjour que la mer a fait autrefois sur la terre que nous habitons; il rapporte plusieurs changemens arrivez aux côtes de la mer. Aigues-mortes, qui est actuellement à plus d'une lieue & demie de la mer, étoit un port du temps de Saint Louis; Psalmodi étoit une isle en 815, & aujourd'hui il est dans la terre ferme à plus de deux lieues de la mer; il en est de même de Maguelone; la plus grande partie du vignoble d'Agde étoit, il y a 40 ans, couverte par les eaux de la mer; & en Espagne la mer s'est retirée considérablement depuis peu de Blanes, de Badalona, vers l'embouchûre de la rivière Vobregat, vers le cap de Tortosa le long des côtes de Valence, &c.

La mer peut former des collines & élever des montagnes de plusieurs façons différentes, d'abord par des transports de terre, de vase, de coquilles d'un lieu à un autre, soit par son mouvement naturel de flux & de reflux, soit par l'agitation des eaux causée par les vents; en second lieu par des sédimens, des parties impalpables qu'elle aura détachées des côtes & de son fond, & qu'elle pourra transporter & déposer à des distances considérables; & enfin par des sables, des coquilles, de la vase & des terres que les vents de mer poussent souvent contre les côtes, ce qui produit des dunes & des collines que les eaux abandonnent peu à peu, & qui deviennent des parties du continent; nous en avons un exemple dans nos dunes de Flandres & dans celles de Hollande, qui ne sont que des collines composées de ſable & de coquilles que des vents de mer ont pouſſées vers la terre. M. Barrère en cite un autre exemple qui m'a paru mériter de trouver place ici. « L'eau de la mer par ſon » mouvement détache de ſon ſein une infinité de plantes, » de coquillages, de vaſe, de ſable que les vagues pouſſent » continuellement vers les bords, & que les vents impétueux » de mer aident à pouſſer encore; or tous ces différens corps » ajoûtez au premier atterriſſement, y forment pluſieurs nou- » velles couches ou monceaux, qui ne peuvent ſervir qu'à » accroître le lit de la terre, à l'élever, à former des dunes, » des collines, par des ſables, des terres, des pierres amon- » celées, en un mot à éloigner davantage le baſſin de la mer, » & à former un nouveau continent.

» Il eſt viſible que des alluvions ou des atterriſſemens » ſucceſſifs ont été faits par le même méchaniſme depuis » pluſieurs ſiècles, c'eſt-à-dire, par des dépoſitions réitérées » de différentes matières, atterriſſemens qui ne ſont pas de » pure convenance, j'en trouve les preuves dans la Nature » même, c'eſt-à-dire, dans différens lits de coquilles foſſi- » les & d'autres productions marines qu'on remarque dans » le Rouſſillon auprès du village de Naſſiac, éloigné de la » mer d'environ ſept ou huit lieues; ces lits de coquilles » qui ſont inclinez de l'oueſt à l'eſt ſous différens angles, » ſont ſéparez les uns des autres par des bancs de ſable & » de terre, tantôt d'un pied & demi, tantôt de deux à trois » pieds d'épaiſſeur; ils ſont comme ſaupoudrez de ſel lorſ- » que le temps eſt ſec, & forment enſemble des côteaux » de la hauteur de plus de vingt-cinq à trente toiſes; or une longue chaîne de côteaux si élevez n'a pû se former « qu'à la longue, à différentes reprises & par la succession « des temps, ce qui pourroit être aussi un effet du déluge « ou du bouleversement universel qui a dû tout confondre, « mais qui cependant n'aura pas donné une forme réglée à « ces différentes couches de coquilles fossiles qui auroient « dû être assemblées sans aucun ordre. »

Je pense sur cela comme M. Barrère, seulement je ne regarde pas les atterrissemens comme la seule manière dont les montagnes ont été formées, & je crois pouvoir assurer au contraire, que la plûpart des éminences que nous voyons à la surface de la terre, ont été formées dans la mer même, & cela par plusieurs raisons qui m'ont toûjours paru convaincantes ; premièrement, parce qu'elles ont entr'elles cette correspondance d'angles saillans & rentrans, qui suppose nécessairement la cause que nous avons assignée, c'est-à-dire, le mouvement des courans de la mer; en second lieu, parce que les dunes & les collines qui se forment des matières que la mer amène sur ses bords, ne sont pas composées de marbres & de pierres dures, comme les collines ordinaires, les coquilles n'y sont ordinairement que fossiles, au lieu que dans les autres montagnes la pétrification est entière; d'ailleurs les bancs de coquilles, les couches de terre ne sont pas aussi horizontales dans les dunes que dans les collines composées de marbre & de pierre dure, ces bancs y sont plus ou moins inclinez, comme dans les collines de Naffiac, au lieu que dans les collines & dans les montagnes qui se sont formées ſous les eaux par les ſédimens de la mer, les couches ſont toûjours parallèles & très-ſouvent horizontales, les matières y ſont pétrifiées auſſi-bien que les coquilles. J'eſpère faire voir que les marbres & les autres matières calcinables, qui preſque toutes ſont compoſées de madrépores, d'aſtroïtes & de coquilles, ont acquis au fond de la mer le degré de dureté & de perfection que nous leur connoiſſons; au contraire les tufs, les pierres molles & toutes les matières pierreuſes, comme les incruſtations, les ſtalactites, &c. qui ſont auſſi calcinables & qui ſe ſont formées dans la terre depuis que notre continent eſt découvert, ne peuvent acquerir ce degré de dureté & de pétrification des marbres ou des pierres dures.

On peut voir dans l'Hiſtoire de l'Académie, année 1707, les obſervations de M. Saulmon au ſujet des galets qu'on trouve dans pluſieurs endroits; ces galets ſont des cailloux ronds & plats & toûjours fort polis, que la mer pouſſe ſur les côtes. A Bayeux & à Brutel, qui eſt à une lieue de la mer, on trouve du galet en creuſant des caves ou des puits; les montagnes de Bonneuil, de Broie & du Queſnoy, qui ſont à environ dix-huit lieues de la mer, ſont toutes couvertes de galets, il y en a auſſi dans la vallée de Clermont en Beauvoiſis. M. Saulmon rapporte encore qu'un trou de ſeize pieds de profondeur, percé directement & horizontalement dans la falaiſe du Treſport, qui eſt toute de moëllon, a diſparu en 30 ans, c'eſt-à-dire, que la mer a miné dans la falaiſe cette épaiſſeur de ſeize pieds; en ſuppoſant qu'elle avance toûjours également, elle

elle mineroit mille toises, ou une petite demi-lieue de moëllon en douze mille ans.

Les mouvemens de la mer sont donc les principales causes des changemens qui sont arrivez & qui arrivent sur la surface du globe ; mais cette cause n'est pas unique, il y en a beaucoup d'autres moins considérables qui contribuent à ces changemens, les eaux courantes, les fleuves, les ruisseaux, la fonte des neiges, les torrens, les gelées, &c. ont changé considérablement la surface de la terre, les pluies ont diminué la hauteur des montagnes, les rivières & les ruisseaux ont élevé les plaines, les fleuves ont rempli la mer à leur embouchûre, la fonte des neiges & les torrens ont creusé des ravines dans les gorges & dans les vallons, les gelées ont fait fendre les rochers & les ont détachez des montagnes : nous pourrions citer une infinité d'exemples des différens changemens que toutes ces causes ont occasionnez. Varenius dit que les fleuves transportent dans la mer une grande quantité de terre qu'ils déposent à plus ou moins de distance des côtes, en raison de leur rapidité ; ces terres tombent au fond de la mer & y forment d'abord de petits bancs qui s'augmentant tous les jours, font des écueils, & enfin forment des isles qui deviennent fertiles & habitées : c'est ainsi que se sont formées les isles du Nil, celles du fleuve Saint-Laurent, l'isle de Landa située à la côte d'Afrique près de l'embouchûre du fleuve Coanza, les isles de Norvège, &c. *Voyez Varenii Geogr. gener. pag. 214.* On peut y ajoûter l'isle de Trong-ming à la Chine, qui s'est formée peu à peu des terres que le fleuve de Nanquin entraîne & dépose à son embouchûre ; cette isle est fort considérable, elle a plus de vingt lieues de longueur sur cinq ou six de largeur. *Voyez Lettres édiff. Recueil XI. pag. 234.*

Le Pô, le Trento, l'Athésis & les autres rivières de l'Italie amènent une grande quantité de terres dans les lagunes de Venise, sur-tout dans le temps des inondations, en sorte que peu à peu elles se remplissent, elles sont déja sèches en plusieurs endroits dans le temps du reflux, & il n'y a plus que les canaux que l'on entretient avec une grande dépense, qui aient un peu de profondeur.

A l'embouchûre du Nil, à celle du Gange & de l'Inde, à celle de la rivière de la Plata au Bresil, à celle de la rivière de Nanquin à la Chine, & à l'embouchûre de plusieurs autres fleuves on trouve des terres & des sables accumulez. La Loubère dans son voyage de Siam dit que les bancs de sable & de terre augmentent tous les jours à l'embouchûre des grandes rivières de l'Asie, par les limons & les sédimens qu'elles y apportent, en sorte que la navigation de ces rivières devient tous les jours plus difficile, & deviendra un jour impossible ; on peut dire la même chose des grandes rivières de l'Europe, & sur-tout du Volga, qui a plus de 70 embouchûres dans la mer Caspienne, du Danube qui en a sept, dans la mer noire, &c.

Comme il pleut très-rarement en Egypte, l'inondation régulière du Nil vient des torrens qui y tombent dans l'Ethiopie, il charie une très-grande quantité de limon, & ce fleuve a non seulement apporté sur le terrein de l'Egypte plusieurs milliers de couches annuelles, mais même il a jeté bien avant dans la mer les fondemens d'une alluvion qui pourra former avec le temps un nouveau pays, car on trouve avec la sonde, à plus de vingt lieues de distance de la côte, le limon du Nil au fond de la mer, qui augmente tous les ans. La basse Egypte, où est maintenant le Delta, n'étoit autrefois qu'un golfe de la mer. *Voyez Diodore de Sicile, lib. 3. Aristote, liv. 1er des Météores, chap. 14. Hérodote, § 4, 5, &c.* Homère nous dit que l'isle de Pharos étoit éloignée de l'Egypte d'un jour & d'une nuit de chemin, & l'on sçait qu'aujourd'hui elle est presque contigue. Le sol en Egypte n'a pas la même profondeur de bon terrein par-tout, plus on approche de la mer & moins il y a de profondeur; près des bords du Nil il y a quelquefois trente pieds & davantage de profondeur de bonne terre, tandis qu'à l'extrémité de l'inondation il n'y a pas sept pouces. Toutes les villes de la basse Egypte ont été bâties sur des levées & sur des éminences faites à la main. *Voyez le Voyage de M. Shaw, vol. 2, pag. 185 & 186.* La ville de Damiette est aujourd'hui éloignée de la mer de plus de dix milles, & du temps de Saint Louis, en 1243, c'étoit un port de mer. La ville de Fooah, qui étoit il y a trois cens ans à l'embouchûre de la branche Canopique du Nil, en est présentement à plus de sept milles de distance; depuis quarante ans la mer s'est retirée d'une demi-lieue de devant Rosette, &c. *Idem, pag. 173 & 188.*

Il est aussi arrivé des changemens à l'embouchûre de

tous les grands fleuves de l'Amérique, & même de ceux qui ont été découverts nouvellement. Le P. Charlevoix en parlant du fleuve Miſſiſſipi, dit qu'à l'embouchûre de ce fleuve, au deſſous de la nouvelle Orléans, le terrein forme une pointe de terre qui ne paroît pas fort ancienne, car pour peu qu'on y creuſe, on trouve de l'eau, & que la quantité de petites iſles qu'on a vû ſe former nouvellement à toutes les embouchûres de ce fleuve, ne laiſſent aucun doute que cette langue de terre ne ſe ſoit formée de la même manière. Il paroît certain, dit-il, que quand M. de la Salle deſcendit [a] le Miſſiſſipi juſqu'à la mer, l'embouchûre de ce fleuve n'étoit pas telle qu'on la voit aujourd'hui.

Plus on approche de la mer, ajoûte-t-il, plus cela devient ſenſible, la barre n'a preſque point d'eau dans la plûpart des petites iſſues que le fleuve s'eſt ouvertes, & qui ſe ſont ſi fort multipliées, que par le moyen des arbres qui y ſont entraînez par le courant, & dont un ſeul arrêté par ſes branches ou par ſes racines dans un endroit où il y a un peu de profondeur, en arrête mille, j'en ai vû, dit-il, à 200 lieues d'ici [b], des amas dont un ſeul auroit rempli tous les chantiers de Paris, rien alors n'eſt capable de les détacher; le limon que charie le fleuve leur ſert de ciment & les couvre peu à peu, chaque inondation en laiſſe une nouvelle couche, & après dix ans au plus les lianes & les

[a] Il y a des Géographes qui prétendent que M. de la Salle n'a jamais deſcendu le Miſſiſſipi.

[b] De la nouvelle Orléans.

arbrisseaux commencent à y croître ; c'est ainsi que se sont formées la plûpart des pointes & des isles qui font si souvent changer de cours au fleuve. *Voyez les Voyages du Père Charlevoix, pag. 440, tom. 3.*

Cependant tous les changemens que les fleuves occasionnent, sont assez lents, & ne peuvent devenir considérables qu'au bout d'une longue suite d'années ; mais il est arrivé des changemens brusques & subits par les inondations & les tremblemens de terre. Les anciens Prêtres Egyptiens, 600 ans avant la naissance de Jesus-Christ, assuroient, au rapport de Platon dans le Timée, qu'autrefois il y avoit une grande isle auprès des colonnes d'Hercule, plus grande que l'Asie & la Lybie prises ensemble, qu'on appelloit Atlantide, que cette grande isle fut inondée & abymée sous les eaux de la mer après un grand tremblement de terre. *Traditur Athieniensis civitas restitisse olim innumeris hostium copiis quæ ex Atlantico mari profectæ, propè cunctam Europam Asiamque obsederunt ; tunc enim fretum illud navigabile, habens in ore & quasi vestibulo ejus insulam quas Herculis Columnas cognominant : ferturque insula illa Lybiâ simul & Asiâ major fuisse, per quam ad alias proximas insulas patebat aditus, atque ex insulis ad omnem continentem è conspectu jacentem vero mari vicinam ; sed intrà os ipsum portus angusto sinu traditur, pelagus illud verum mare, terra quoque illa verè erat continens, &c. Post hæc ingenti terræ motu jugique diei unius & noctis illuvione factum est, ut terra dehiscens omnes illos bellicosos absorberet, & Atlantis insula sub vasto gurgite mergeretur. Plato in*

Timæo. Cette ancienne tradition n'est pas absolument contre toute vrai-semblance, les terres qui ont été absorbées par les eaux sont peut-être celles qui joignoient l'Irlande aux Açores, & celles-ci au continent de l'Amérique; car on trouve en Irlande les mêmes fossiles, les mêmes coquillages & les mêmes productions marines que l'on trouve en Amérique, dont quelques-unes sont différentes de celles qu'on trouve dans le reste de l'Europe.

Eusèbe rapporte deux témoignages au sujet des déluges, dont l'un est de Melon, qui dit que la Syrie avoit été autrefois inondée dans toutes les plaines; l'autre est d'Abidenus, qui dit que du temps du Roi Sisithrus il y eut un grand déluge qui avoit été prédit par Saturne. Plutarque *de solertia animalium,* Ovide & les autres Mythologistes parlent du déluge de Deucalion, qui s'est fait, dit-on, en Thessalie, environ 700 ans après le déluge universel. On prétend aussi qu'il y en a eu un plus ancien dans l'Attique, du temps d'Ogiges, environ 230 ans avant celui de Deucalion. Dans l'année 1095 il y eut un déluge en Syrie qui noya une infinité d'hommes. *Voyez Alfled. Chron. ch. 25.* En 1164 il y en eut un si considérable dans la Frise, que toutes les côtes maritimes furent submergées avec plusieurs milliers d'hommes. *Voyez Krank, lib. 5, cap. 4.* En 1218 il y eut une autre inondation qui fit périr près de 100000 hommes, aussi-bien qu'en 1530. Il y a plusieurs autres exemples de ces grandes inondations, comme celle de 1604 en Angleterre, &c.

Une troisième cause de changement sur la surface du

globe font les vents impétueux, non feulement ils forment des dunes & des collines fur les bords de la mer & dans le milieu des continens, mais fouvent ils arrêtent & font rebrouffer les rivières, ils changent la direction des fleuves, ils enlèvent les terres cultivées, les arbres, ils renverfent les maifons, ils inondent, pour ainfi dire, des pays tout entiers; nous avons un exemple de ces inondations de fable en France fur les côtes de Bretagne, l'hiftoire de l'Académie, année 1722, en fait mention dans les termes fuivans.

« Aux environs de Saint-Paul de Léon en Baffe-Bretagne, il y a fur la mer un canton qui avant l'an 1666 « étoit habité & ne l'eft plus à caufe d'un fable qui le couvre « jufqu'à une hauteur de plus de 20 pieds, & qui d'année « en année s'avance & gagne du terrein. A compter de « l'époque marquée il a gagné plus de fix lieues, & il n'eft « plus qu'à une demi-lieue de Saint-Paul, de forte que « felon les apparences il faudra abandonner cette ville. Dans « le pays fubmergé on voit encore quelques pointes de « clochers & quelques cheminées qui fortent de cette mer « de fable; les habitans des villages enterrez ont eu du « moins le loifir de quitter leurs maifons pour aller mendier. *pag. 7.* «

C'eft le vent d'eft ou du nord qui avance cette calamité, il élève ce fable qui eft très-fin, & le porte en fi « grande quantité & avec tant de vîteffe, que M. Deflandes « à qui l'Académie doit cette obfervation, dit qu'en fe « promenant en ce pays-là pendant que le vent charioit, il «

» étoit obligé de ſecouer de temps en temps ſon chapeau » & ſon habit, parce qu'il les ſentoit appéſantis : de plus » quand ce vent eſt violent, il jette ce ſable par deſſus un » petit bras de mer juſque dans Roſcof, petit port aſſez » fréquenté par les vaiſſeaux étrangers; le ſable s'élève dans » les rues de cette bourgade juſqu'à deux pieds, & on l'en- » lève par charretées. On peut remarquer en paſſant qu'il y » a dans ce ſable beaucoup de parties ferrugineuſes qui ſe » reconnoiſſent au couteau aimanté.

» L'endroit de la côte qui fournit tout ce ſable, eſt une » plage qui s'étend depuis Saint-Paul juſque vers Plloueſcat, » c'eſt-à-dire, un peu plus de quatre lieues, & qui eſt » preſqu'au niveau de la mer lorſqu'elle eſt pleine. La diſ- » poſition des lieux eſt telle qu'il n'y a que le vent d'eſt ou » de nord-eſt qui ait la direction néceſſaire pour porter le » ſable dans les terres. Il eſt aiſé de concevoir comment le » ſable porté & accumulé par le vent en un endroit, eſt » repris enſuite par le même vent & porté plus loin, & » qu'ainſi le ſable peut avancer en ſubmergeant le pays, » tant que la minière qui le fournit, en fournira de nouveau; » car ſans cela le ſable en avançant, diminueroit toûjours de » hauteur, & ceſſeroit de faire du ravage. Or il n'eſt que » trop poſſible que la mer jette ou dépoſe long-temps de » nouveau ſable dans cette plage d'où le vent l'enlève, il » eſt vrai qu'il faut qu'il ſoit toûjours auſſi fin pour être » aiſément enlevé.

» Le déſaſtre eſt nouveau, parce que la plage qui fournit » le ſable n'en avoit pas encore une aſſez grande quantité pour

pour s'élever au dessus de la surface de la mer, ou peut-être « parce que la mer n'a abandonné cet endroit & ne l'a laissé « découvert que depuis un temps; elle a eu quelque mou- « vement sur cette côte, elle vient présentement dans le « flux une demi-lieue en deçà de certaines roches qu'elle « ne passoit pas autrefois. «

Ce malheureux canton inondé d'une façon si singulière, « justifie ce que les anciens & les modernes rapportent des « tempêtes de sable excitées en Afrique, qui ont fait périr « des villes, & même des armées. »

M. Shaw nous dit que les ports de Laodicée & de Jebilée, de Tortose, de Rowadse, de Tripoly, de Tyr, d'Acre, de Jaffa, sont tous remplis & comblez des sables qui y ont été chariez par les grandes vagues qu'on a sur cette côte de la méditerranée lorsque le vent d'ouest souffle avec violence. *Voyez Voyages de Shaw, vol. 2.*

Il est inutile de donner un plus grand nombre d'exemples des altérations qui arrivent sur la terre; le feu, l'air & l'eau y produisent des changemens continuels, & qui deviennent très-considérables avec le temps: non seulement il y a des causes générales dont les effets sont périodiques & réglez, par lesquels la mer prend successivement la place de la terre & abandonne la sienne, mais il y a une grande quantité de causes particulières qui contribuent à ces changemens, & qui produisent des bouleversemens, des inondations, des affaissemens, & la surface de la terre, qui est ce que nous connoissons de plus solide, est sujette, comme tout le reste de la Nature, à des vicissitudes perpétuelles.

CONCLUSION.

IL paroît certain par les preuves que nous avons données (Art. VII & VIII) que les continens terrestres ont été autrefois couverts par les eaux de la mer; il paroît tout aussi certain (Art. XII) que le flux & le reflux, & les autres mouvemens des eaux, détachent continuellement des côtes & du fond de la mer, des matières de toute espèce, & des coquilles qui se déposent ensuite quelque part, & tombent au fond de l'eau comme des sédimens, & que c'est-là l'origine des couches parallèles & horizontales qu'on trouve par-tout. Il paroît (Art. IX) que les inégalités du globe n'ont pas d'autre cause que celle du mouvement des eaux de la mer, & que les montagnes ont été produites par l'amas successif & l'entassement des sédimens dont nous parlons, qui ont formé les différens lits dont elles sont composées. Il est évident que les courans qui ont suivi d'abord la direction de ces inégalités, leur ont donné ensuite à toutes la figure qu'elles conservent encore aujourd'hui (Art. XIII), c'est-à-dire, cette correspondance alternative des angles saillans toûjours opposez aux angles rentrans. Il paroît de même (Art. VIII & XVIII) que la plus grande partie des matières que la mer a détachées de son fond & de ses côtes, étoient en poussière lorsqu'elles se sont précipitées en forme de sédimens, & que cette poussière impalpable a rempli l'intérieur des coquilles absolument & parfaitement, lorsque ces matières se sont trouvées ou de la nature même des coquilles, ou d'une autre nature analogue. Il est certain (Art. XVII) que les couches horizontales qui ont été produites successivement par le sédiment des eaux & qui étoient d'abord dans un état de mollesse, ont acquis de la dureté à mesure qu'elles se sont desséchées, & que ce dessèchement a produit des fentes perpendiculaires qui traversent les couches horizontales.

Il n'est pas possible de douter après avoir vû les faits qui sont rapportez dans les Articles X, XI, XIV, XV, XVI, XVII, XVIII & XIX, qu'il ne soit arrivé une infinité de révolutions, de bouleversemens, de changemens particuliers & d'altérations sur la surface de la terre, tant par le mouvement naturel des eaux de la mer que par l'action des pluies, des gelées, des eaux courantes, des vents, des feux soûterrains, des tremblemens de terre, des inondations, &c. & que par conséquent la mer n'ait pû prendre successivement la place de la terre, sur-tout dans les premiers temps après la création où les matières terrestres étoient beaucoup plus molles qu'elles ne le sont aujourd'hui. Il faut cependant avouer que nous ne pouvons juger que très-imparfaitement de la succession des révolutions naturelles; que nous jugeons encore moins de la suite des accidens, des changemens & des altérations; que le défaut des monumens historiques nous prive de la connoissance des faits; il nous manque de l'expérience & du temps; nous ne faisons pas réflexion que ce temps qui nous manque, ne manque point à la Nature; nous voulons rapporter à l'instant de notre existence les ſiècles paſſez & les âges à venir, ſans conſidérer que cet inſtant, la vie humaine, étendue même autant qu'elle peut l'être par l'hiſtoire, n'eſt qu'un point dans la durée, un ſeul fait dans l'hiſtoire des faits de Dieu.

Fin du premier Volume.

Fautes à corriger dans ce volume.

Page 119 lig. 10 Aſſimpovals, *liſez* Aſſiniboïls.
Page 297 lig. 27 $2\frac{1}{9}$, *liſez* $2\frac{4}{9}$.
Page 355 lig. 8 connue, *liſez* contenue.

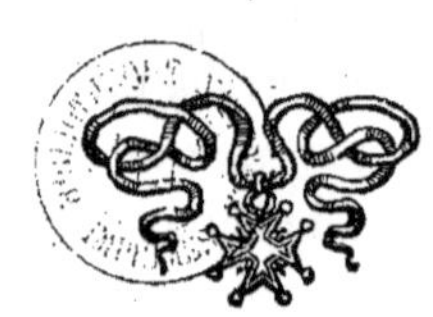

www.ingramcontent.com/pod-product-compliance
Lightning Source LLC
LaVergne TN
LVHW010117230826
846091LV00001BA/67

9782013066624